☆洛谷

深入浅出
程序设计竞赛

（基础篇）

洛谷学术组
汪楚奇　编著

高等教育出版社·北京

内容提要

本书分为4部分：第1部分介绍C++语言的基础知识，包括表达式、变量、分支、循环、数组、函数、字符串、结构体等内容；第2部分介绍一些基础算法，包括模拟、高精度、排序、枚举、递推、递归、贪心、二分、搜索等；第3部分介绍几种简单常用的数据结构，包括线性表、二叉树、并查集、哈希表和图；第4部分是在算法竞赛中需要使用的数学基础，包括位运算与进制转换、计数原理、排列与组合、质数与合数、约数与倍数等概念。

本书主要面向从未接触过程序设计竞赛（包括NOI系列比赛、ICPC系列比赛）的选手，也适用于稍有接触算法、希望进一步巩固算法基础的读者。

本书提供一些在线的配套资源，例如课件或勘误表，读者可以发邮件至编辑邮箱1548103297@qq.com或者在洛谷讨论区中获取。

图书在版编目（CIP）数据

深入浅出程序设计竞赛．基础篇 / 汪楚奇编著．－－北京：高等教育出版社，2020.10（2025.11重印）
ISBN 978-7-04-054276-9

Ⅰ．①深… Ⅱ．①汪… Ⅲ．①程序设计－教材 Ⅳ．①TP311.1

中国版本图书馆CIP数据核字(2020)第102486号

Shenru Qianchu Chengxu Sheji Jingsai (Jichu Pian)

策划编辑	侯昀佳	责任编辑	刘子峰	封面设计	赵 阳	版式设计	杜微言
插图绘制	邓 超	责任校对	李大鹏	责任印制	赵 佳		

出版发行	高等教育出版社	网 址	http://www.hep.edu.cn
社 址	北京市西城区德外大街4号		http://www.hep.com.cn
邮政编码	100120	网上订购	http://www.hepmall.com.cn
印 刷	人卫印务（北京）有限公司		http://www.hepmall.com
开 本	787 mm×1092 mm 1/16		http://www.hepmall.cn
印 张	20.5		
字 数	460千字	版 次	2020年10月第1版
购书热线	010-58581118	印 次	2025年11月第14次印刷
咨询电话	400-810-0598	定 价	59.50元

本书如有缺页、倒页、脱页等质量问题，请到所购图书销售部门联系调换
版权所有 侵权必究
物 料 号 54276-A0

前　言

在讲到本书之前,我想先介绍一下令我引以为傲的洛谷。

我在 2013 年被保送到上海交通大学后,为母校厦门一中开发了洛谷 Online Judge 并向公众公开。经过长年累月的持续开发运营,洛谷已经成为了一个拥有数十万用户的知名程序设计竞赛题库和社区。我因为洛谷能够帮助这么多用户提升编程水平而感到非常的荣幸。

随着信息技术的不断发展,越来越多的同学开始学习程序设计和算法。他们学习算法可能是为了参加 NOI 系列比赛、ICPC 系列比赛,也可能是为了求职、升学,甚至只是单纯因为喜好,享受算法之美。

但是光有题库还是不够的,很多同学希望能够有人指导他们如何学习。因此,洛谷举办了几次在线的算法竞赛课程,受到的评价颇佳,同时积累了不少宝贵的教学资源。为了让更多的人能够接触到这些资源,我们对这些资源进行了整合并加上了一些补充,于是深入浅出程序设计竞赛系列书问世了。

本书特色

本书是深入浅出程序设计竞赛系列书的第一本,主要面向从未接触过程序设计竞赛(包括 NOI 系列比赛、ICPC 系列比赛)的选手,也适用于稍有接触算法、希望进一步巩固算法基础的读者。本书不同于其他同类书籍,具有以下几个主要特点。

特点 1:覆盖重要的初级知识点,打好坚实的基础。

本书从介绍 C++ 语言开始,各个击破程序设计竞赛中的基础考点,包括各种基础算法、数据结构和数学知识。这些都是重中之重,如果没有掌握这些知识,继续深入的学习就如同试图建设空中楼阁。这些知识对读者的数学水平要求不高,有初中的数学基础即可阅读。

特点 2:深入浅出,解答"是什么、为什么、怎么办"的问题。

正如本书的书名一样,本书力求使用浅显易懂的语言讲述各种深刻的算法思想,因此读起来生动有趣,而不是面对冰冷的数学符号和代码。每个专题中都会以精心选择的例题为主线,先介绍这个知识点是用来干什么的;然后花费大量的篇幅,图文并茂地介绍各个知识点的详细过程和代码的实现方法;最后结合题目,介绍如何将算法应用到实战中。有些例题甚至介绍了多种不同做法,帮助读者拓展思维,举一反三。

特点 3:充满干货的经验之谈。

本书的多数例题都配备代码风格良好的示例代码,可以帮助读者更好地学习如何使用代码实现算法。在讲解的过程中给出了大量的算法竞赛中需要注意的琐碎问题,这些都是前人的经验之谈,希望读者可以少走弯路。

特点 4:讲练结合,提供大量的练习机会。

本书有约 400 道例题和习题。为了节约阅读时间和篇幅,例题和习题都只保留了题意简述。大部分的题目都可以在洛谷中找到并提交代码评测,还可在洛谷阅读其他同学提供的题解并进行讨论。题目选材范围多样,覆盖了应当学习了解的知识点。如果读者能够完全掌握这些题目,相信可以有相当程度的进步。

内容安排

本书作为系列书的第一本,分为 4 部分。

第 1 部分介绍 C++ 语言的基本知识,包括表达式、变量、分支、循环、数组、函数、字符串、结构体等内容,后续所有内容都需要使用到这些语言基础。同时,辅以一些需要思考的入门算法题目,使读者在学习语言的过程中初步接触到算法的思维之美。

第 2 部分介绍一些基础算法,包括模拟、高精度、排序、枚举、递推、递归、贪心、二分、搜索等。这些基础算法是程序设计竞赛中的重要部分,读者学习完这一部分可以解决一些简单算法类题目。

第 3 部分介绍几种简单常用的数据结构,包括线性表、二叉树、并查集、哈希表和图。数据结构是存储和操作数据的骨架,许多算法的实现需要依赖各种数据结构。

第 4 部分是在算法竞赛中需要使用的数学基础,包括位运算与进制转换、计数原理、排列与组合、质数与合数、约数与倍数等概念。数学问题也是算法竞赛的常考点,虽然相对比较抽象,但也应当掌握。

最后在附录中提供了程序设计环境配置,以及算法评价与复杂度的相关内容。这些内容不太适合放在前面任何章节中,但却是非常重要的参考资料,供需要的读者阅读。

学习建议

如果希望从新手成长为高手,学习的过程绝不是轻松的。学习如同登山,虽然希望通过本书和洛谷能助读者一臂之力,但仍要付出尽可能多的努力才行。希望读者可以做到以下几点。

1) 熟悉固定套路与算法模板:这些知识点学习起来很明确。本书已经整理出什么样的算法需要学习,读者应当理解每一种算法能干什么、适用于什么场合、算法复杂度是什么。除此之外，还要反复地敲算法模板，从空白文件开始敲，直到一遍通过为止，这一点你必须很熟练。

2) 分析方法与编程经验：除了本书所涉及的数百道例题和习题，洛谷和其他题库也提供了许多非常丰富的题目资源，可以帮助读者查缺补漏。如果希望能够熟练掌握算法，增强思维敏捷性，在学习完算法与数据结构后，必须要大量地完成相关的题目。建议本书的读者花费半年时间学习完这本书，至少完成 300 题，且每周不少于 10 题。书中给出的代码仅仅是用来参考的，千万不能照抄。只有亲自动手实践，学到的东西才是自己的。

3) 保证程序正确：培养一次写对的能力，提交评测之前要谨慎。学会怎样调试自己的程序。就算感觉对拍办不到，也应该人工生成多组数据，手算结果，然后测试自己的程序对不对。所有犯过的错误都要写笔记，并且不再犯第二次。

对于没有任何编程基础的读者，建议从头开始按章节顺序学习。如果有一定的基础，那么可以选择性地阅读其中希望进一步巩固的部分。除了第 1 部分外，后面部分的各章相对独立，读者可以根据实际情况自行安排学习顺序。

大量写题是很重要的。特别是对于参加 NOI 等赛事的选手而言，不应拘泥于一本书或者一个题库，而是应根据自己的实际需求，广泛涉猎自己需要的资源。比较常见的编程在线题库（Online Judge）包括以下几个。

洛谷：始于 2013 年，拥有强大的功能、活跃的社区、丰富且高质量的题目，是国内最为著名的 Online Judge 之一。本书例题和习题大多可以在这里找到。

LibreOJ：以自由著称，提供许多难度较高的题目，可以下载测试数据和查看其他用户代码。

POJ/HDU：分别是由北京大学和杭州电子科技大学主办的在线题库，在 ACM 选手中较为知名，也有许多好题。

Codeforces：俄罗斯题库，比较频繁地举办各种高质量在线比赛。

致谢

首先需要感谢厦门一中的吴旭日和赵艳老师，他们作为启蒙者将笔者带入了算法竞赛圈。

感谢当时和笔者一起创造洛谷的林梓楠同学、现在的洛谷科技合伙人林方正（lin_toto），以及金少海（soha）、施展（Darkflames）等开发者和各位为洛谷无私奉献的管理员们，还有洛谷网校的讲师们。没有你们就没有现在的洛谷。

参与本书编写的还有北京大学的周永隆（Flierking）、清华大学的李欣隆（nzhtl1477）、上海交通大学的徐牧辰（Scarlet）和哈尔滨工业大学的吴雨伦（ruanxingzhi）。尽管他们的平均年龄不到 20 岁，但都是在各项程序设计竞赛中取得斐然成绩的优秀选手。他们为本书提供了很多优质的内容。

在本书的编写过程中，参考了很多互联网和纸质资料，无法一一列举，在此表示诚挚的谢意。本书涉及的习题来源广泛，笔者已经尽可能在题目名称旁标注了题目来源或作者，但有些题目无法确定来源,希望出题者能够联系我们认领这些题目,再版时会补充这些信息。

感谢笔者的朋友黄鸿排版了本书的试读稿,以及许多找到疏漏和提出改进意见的洛谷网校学员和一线教练朋友们。

最后感谢高等教育出版社的编辑,帮助我们顺利出版此书,也感谢所有阅读本书的朋友。

尽管为编写这本书花费了笔者很多心血,但因为时间仓促,难免会存在瑕疵与疏漏,欢迎读者朋友们指正或提出建设性意见,以便再版时改进。如果在阅读中发现任何问题,欢迎在洛谷的讨论版中发帖并 @kkksc03。

作　者

2020 年 6 月

于上海

目 录

第1部分 语言入门 ··· 001

第1章 简简单单写程序 ································· 002
- 1.1 程序设计的目标和流程 ······················ 002
- 1.2 简单数学运算 ··································· 006
- 1.3 变量与常量 ····································· 009
- 1.4 课后习题与实验 ······························· 012

第2章 顺序结构程序设计 ···························· 014
- 2.1 变量的数据类型 ······························· 015
- 2.2 变量的输入与输出 ···························· 020
- 2.3 顺序结构程序设计案例 ······················ 024
- 2.4 提交评测与错误自查 ························ 028
- 2.5 课后习题与实验 ······························· 030

第3章 分支结构程序设计 ···························· 032
- 3.1 关系表达式与逻辑表达式 ·················· 033
- 3.2 分支语句 ·· 036
- 3.3 分支嵌套 ·· 040
- 3.4 分支程序设计案例 ···························· 043
- 3.5 课后习题与实验 ······························· 045

第4章 循环结构程序设计 ···························· 047
- 4.1 for 语句和 while 语句 ····················· 048
- 4.2 多重循环 ·· 053
- 4.3 循环结构程序设计案例 ······················ 056
- 4.4 课后习题与实验 ······························· 064

第5章 数组与数据批量存储 ························ 067
- 5.1 一维数组 ·· 067
- 5.2 多维数组 ·· 071
- 5.3 数组应用案例 ·································· 074
- 5.4 课后习题与实验 ······························· 078

第6章 字符串与文件操作 ···························· 081
- 6.1 字符数组 ·· 082
- 6.2 string 类型字符串 ···························· 087
- 6.3 文件操作与重定向 ···························· 091
- 6.4 课后习题与实验 ······························· 095

第7章 函数与结构体 ·································· 098
- 7.1 定义子程序 ····································· 099
- 7.2 变量作用域与参数传递 ······················ 102
- 7.3 递归函数 ·· 105
- 7.4 结构体的使用 ·································· 108
- 7.5 课后习题与实验 ······························· 112

第2部分 初涉算法 ··· 115

第8章 模拟与高精度 ·································· 116
- 8.1 模拟方法问题实例 ···························· 117
- 8.2 高精度运算 ····································· 121
- 8.3 课后习题与实验 ······························· 125

第9章 排序 ·· 129
- 9.1 计数排序 ·· 129
- 9.2 选择排序、冒泡排序、插入排序 ········· 131
- 9.3 快速排序 ·· 134
- 9.4 排序算法的应用 ······························· 136
- 9.5 课后习题与实验 ······························· 139

第10章 暴力枚举 ······································· 141
- 10.1 循环枚举 ······································ 142
- 10.2 子集枚举 ······································ 147
- 10.3 排列枚举 ······································ 149
- 10.4 课后习题与实验 ····························· 151

第11章 递推与递归 ···································· 153

11.1 递推思想 ·················· 154
11.2 递归思想 ·················· 158
11.3 课后习题与实验 ··········· 162

第12章 贪心 ······················ 164
12.1 贪心与证明 ················ 164
12.2 哈夫曼编码 ················ 169
12.3 课后习题与实验 ··········· 172

第13章 二分查找与二分答案 174
13.1 二分查找 ··················· 174
13.2 二分答案 ··················· 179
13.3 课后习题与实验 ··········· 184

第14章 搜索 ······················ 186
14.1 深度优先搜索与回溯法 ··· 186
14.2 广度优先搜索 ·············· 193
14.3 课后习题与实验 ··········· 199

第3部分 简单数据结构 ················· 203

第15章 线性表 ··················· 204
15.1 数组 ························· 205
15.2 栈 ···························· 207
15.3 队列 ························· 211
15.4 链表 ························· 214
15.5 课后习题与实验 ··········· 220

第16章 二叉树 ··················· 223
16.1 二叉树的概念和建立 ····· 224
16.2 二叉树的遍历 ·············· 228
16.3 二叉树的综合应用 ········ 230
16.4 课后习题与实验 ··········· 235

第17章 集合 ······················ 238
17.1 并查集 ······················ 238

17.2 Hash 表 ···················· 242
17.3 集合应用实例 ·············· 246
17.4 课后习题与实验 ··········· 250

第18章 图的基本应用 ·········· 252
18.1 图的概念和建立 ··········· 252
18.2 图的遍历 ··················· 256
18.3 DAG 与拓扑排序 ········· 260
18.4 课后习题与实验 ··········· 263

第4部分 基础数学与数论 ··············· 267

第19章 位运算与进制转换 ···· 268
19.1 各种进制 ··················· 269
19.2 二进制的深入探究 ········ 272
19.3 逻辑命题与位运算 ········ 274
19.4 课后实验与习题 ··········· 277

第20章 计数原理与排列组合 279
20.1 加法原理和乘法原理 ····· 279
20.2 排列与组合 ················ 282
20.3 课后习题与实验 ··········· 286

第21章 整除理论 ················ 288
21.1 整除的基本知识 ··········· 289
21.2 质数与合数 ················ 291
21.3 最大公约数与最小公倍数 294
21.4 （选读）算术基本定理 ··· 298
21.5 课后习题与实验 ··········· 301

附录 ································· 303

附录 A 程序设计环境配置 ······ 304
附录 B 算法评价与复杂度 ······ 311

第 1 部分

语言入门

第1章 简简单单写程序

千里之行,始于足下。程序设计虽然花样繁多,但还是要从最简单的地方开始学习,由浅入深,直至掌握。毕竟,任何复杂的工程代码都是由一行行简单的代码组成的。

本章将讲解程序设计的基本概念,介绍程序的输入输出,并使用简单的语句完成一些简单的任务。(图 1-1 所示为本章思维导图。)

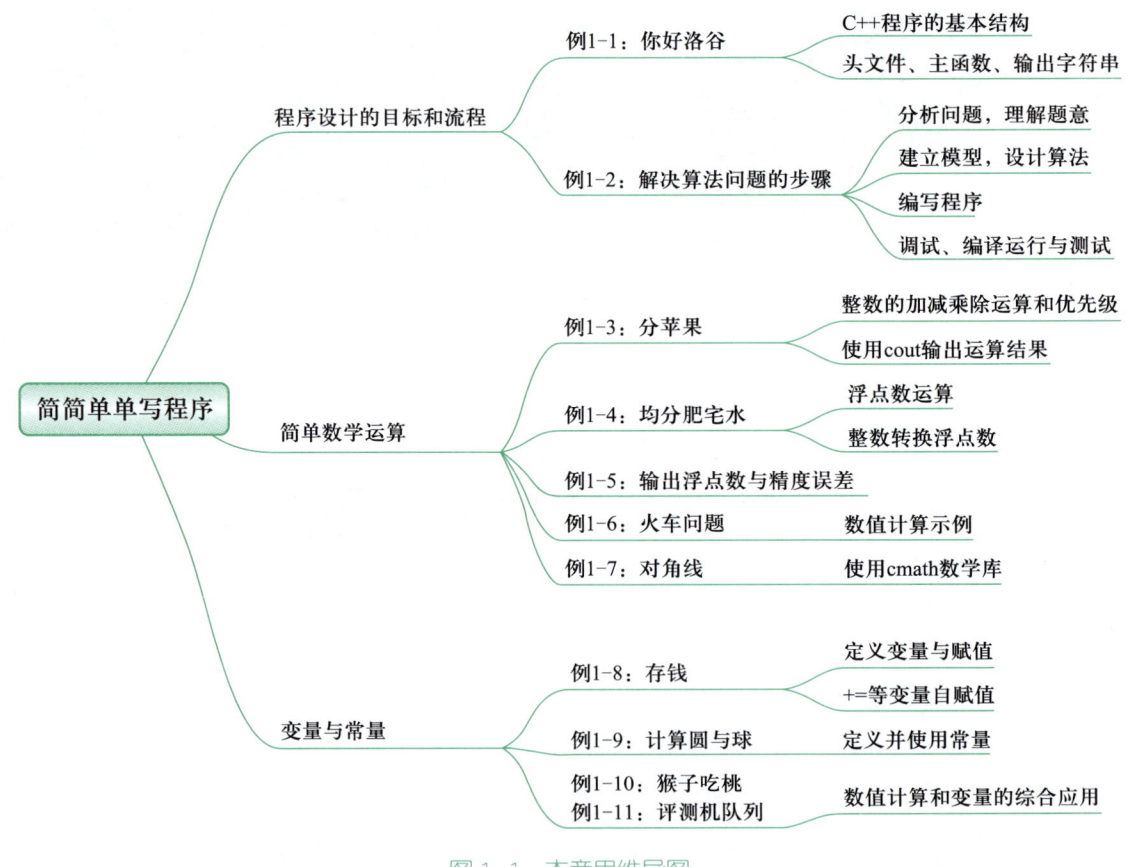

图 1-1 本章思维导图

1.1 程序设计的目标和流程

促使大家学习程序设计的原因可能有很多种:可能是为了参加各项算法竞赛,也可能是为了协助处理数据,还有可能是编写游戏使人娱乐。但是归根结底,设计一个程序是为了让计算机始终不渝地遵循指令,完成特定的任务。为了能让计算机听懂指令,人们编写**程序**来与计算机交流。

正如人类有很多种语言一样,人和计算机交流也有很多种**计算机语言**。在工程中常见的语言有 C、C++、Java、Python、PHP、JavaScript 等。这些语言有不同的特性和适用范围,活跃在不同的场合,所以讨论"什么是最好的语言"是毫无意义的。很多工程师能掌握多门语言以应对不同的场合。

对于算法竞赛来说,NOI 系列比赛主要使用 C++[1],而 ICPC 系列比赛除了 C++,还能使用 Java、Python 等[2]。本书使用 C++ 作为教学语言。几乎所有算法竞赛都允许使用 C++ 语言提交。

讲太多理论是非常枯燥的,因此直接开始上机实操帮助读者理解编程。即使现在不懂得这些理论也不影响学习编程。

> "知其然而不知其所以然"并非是不值得提倡的。很多概念晦涩难懂,因此在现阶段的学习过程中直接照做而不用理解原理以节约时间和精力。在以后的学习过程中还有机会去深究这些概念的本质。

例 1-1 打开 IDE,输入下面的程序,并且编译运行。

如果没能看懂前面一句话是什么意思,也可以翻到附录 A 跟着做。

```
#include<iostream>
using namespace std;
int main() {
    cout << "I love Luogu!";
    return 0;
}
```

可以看到计算机的输出:

```
I love Luogu!
```

请注意,编写程序时必须和例子完全一致,除了双引号里面的内容。同时要注意所有的符号均为半角而不是全角[3],特别注意不要遗漏行末的分号,否则可能会出现编译错误。如果尝试运行的时候发现编译错误,可以阅读一下编译报错信息(不要怕读英语),会指出你在哪里犯了什么错误,修正好就可以了。

这个程序的目的很简单,就是输出一句话。也可以改变双引号里面的内容,输出其他的任

---

[1] 早期允许使用 BASIC,2022 年前还允许使用 C 语言和 Pascal,但是使用比例已经很少。
[2] ICPC 2019 还允许使用 Kotlin 这种目前比较小众的语言,很有可能是因为该语言的发明公司 JetBrains 是 ICPC 的赞助商。
[3] 建议编写程序时不使用中文输入法而使用英语输入模式。

何想输出的内容。因为编码的问题,现阶段不建议在程序的任何地方出现中文,包括程序的文件名和程序片段。如果没有处理好,则可能会出现乱码或者其他的问题。

下面来逐句分解这个程序。

#include<iostream> 是**头文件**,用于引入外部库。举个例子,想要烹饪一道菜,除了食材之外还需要一些其他工具,如锅和铲子。这次使用的 iostream 头文件是一个可以用来输入输出的"工具",之后会接触更多的头文件,甚至可以自行编写头文件,也就是造一个工具。

using namespace std;是**命名空间**声明语句。暂时不用理解它是干什么用的,但是现在使用到了 C++ 的一些语句(例如 cin),则应当加上这句话。注意,最后的分号不要遗漏。

int main( )是**主函数**。可以看到主函数后面有一对大括号{ },将主函数中的语句给包围起来了。计算机运行程序的时候,会从 int main( )后面的大括号开始运行,依次执行大括号中的语句直到结束。举个例子,仍旧是想要烹饪一道菜,那么"炒菜"这个动作就是主函数。炒菜这个主函数里还包含别的步骤,例如"洗菜""切菜""下锅翻炒""调味""起锅装盘"就是这个主函数里面的语句。

cout << "I love Luogu!";是输出语句,该语句可以让计算机输出一句话(注意是两个英文的小于号而不是中文的左书名号)。有同学会问,既然这一句话就可以达成目的,那为什么还要前面和后面的那么多"废话"呢? 的确有的语言(比如 Python)只用一条语句就可以完成任务;但是对于 C++ 来说,这是语言特性所造成的。在之后的学习过程中会自然而然地理解 C++ 拥有这种特性的原因。

return 0 ;的意思是主函数需要返回一个"0",这说明程序正常运行结束。在主程序中即使不写这一句话,编译器也会在编译时自动加上这句话。注意,千万不要 return 一个其他的非 0 值,这会造成系统认为这个程序异常退出。在算法竞赛中,这会导致被认为运行错误。

如果想借助计算机解决实际问题,就要设计计算机程序并让计算机执行。在这里举一个非常简单的例子来说明使用计算机解决问题的具体步骤。

例 1-2 有 10 个苹果,小 A 拿走了 2 个,Uim 拿走了 4 个,小 B 拿走了剩下的所有苹果。想知道:

1) 小 A 和 Uim 两个人一共拿走了多少苹果?
2) 小 B 能拿走多少苹果?

现在需要编写一个程序,输出两个数字作为答案,中间使用空格分开。可以通过下面的步骤来解决这个问题(如图 1-2 所示)。

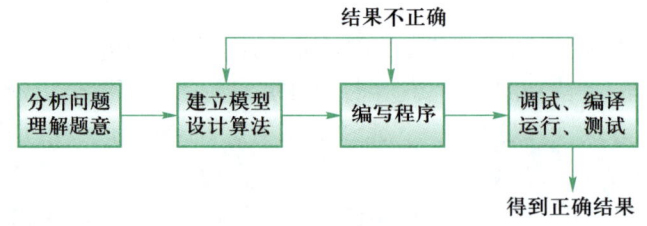

图 1-2 解决算法问题的步骤

(1) 分析问题,理解题意

这是个非常简单的小学应用题。首先是确定程序"做什么"。这个题意非常明确,就是要求出两个人拿到的苹果总数和第三个人拿到的苹果数量。但是,不是所有问题的题意都是这么直白的,有些问题描述冗长复杂,需要从题目描述中知道能给出什么输入,需要怎么处理数据,以及如何输出这些数据。后面会接触不少需要仔细揣摩题意的题目。

(2) 建立模型,设计算法

接下来需要考虑程序"如何做",也就是设计一个算法。算法是指一套确定的、有限的、能解决特定问题的流程。本题的算法很简单,就是直接输出答案(2+4)和(10-2-4)。后面将会设计很多较复杂的算法。

(3) 编写程序

下面将使用 C++ 来实现算法。根据题意,可以写出如下参考程序:

```
#include<iostream>
using namespace std;
int main() {
    cout << 2 + 4 << " " << 10 - 2 - 4;
    return 0;
}
```

(4) 调试、编译运行与测试

写完程序后,很可能程序中存在一些错误。有些错误(编译错误)可以被编译器发现并被拒绝运行,比如漏掉了一个分号";",而有的错误(逻辑错误)虽然可以运行,但并不会返回期望的结果,例如加减号录入反了。根据编译器的提示,更正编译错误后让计算机编译运行,检查是否是期望的结果。如果出现了偏差,那么就需要检查是否存在逻辑错误。甚至有时候会发现自己理解错了题意或者算法本身是不正确的,如果是这样,就要回到前面几个步骤重新设计。

运行该程序,可以看到计算机的输出:

```
6 4
```

和期望的结果一致。这个程序和例 1-1 的程序很像。其中的头文件、命名空间、主函数就不再解释了。计算机从主函数的大括号后开始执行语句。cout 语句分别输出了 2+4、" "、10-2-4 这 3 个项目,这说明 cout 语句可以同时输出多个项目,中间用 << 分割。首先计算并输出了第 1 项,即数字"6";然后输出了第 2 项,即一个空格;接着又计算并输出了第 3 项,数字"4"。和例 1-1 一样,双引号内的内容可以随意更改,比如换成两个空格或者一个逗号等。

到现在为止已经给出两个例子程序了,是不是比想象的简单一些?

> 陆游说过:纸上得来终觉浅,绝知此事要躬行。强烈建议读者上机编写程序而不是仅仅阅读本书。[①] 虽然这样可能会花不少时间,但这是学习编程的必要过程。

---

① 甚至读者在练习的时候可以尝试"故意犯错",比如少写分号,使用全角符号,漏写命名空间声明语句等,看看会产生什么后果。自己先踩一遍坑后,遇到相同的问题就可以很快解决了。

1.2 简单数学运算

计算机,顾名思义,就是非常擅长做"计算"的机器。上一节已经介绍了计算加减的方式,现在介绍更多的计算符号。

例 1-3 分苹果。现在有 14 个苹果,要均分给 4 名同学,分不掉的苹果放回冰箱。请问:
1) 每位同学能分得几个苹果?
2) 一共分出去多少个苹果?
3) 把几个苹果放回冰箱?

现在需要编写一个程序,输出 3 个数字作为答案,每行一个数字。

```
#include<iostream>
using namespace std;
int main() {
    cout << 14 / 4 << endl;
    cout << 14 / 4 * 4 << endl;
    cout << 14 - 14 / 4 * 4 << endl;
    // cout << 14 % 4 << endl;
    return 0;
}
```

运行程序,输出:

```
3
12
2
```

可以发现,符号 / 在这里是整除的意思。在数学中,14÷4×4 应该还是 14,但是在 C++ 中,14/4 就是 14 除以 4 后向下取整(也就是去除小数部分),是一个整数,所以会输出 3。第二行就输出了 3×4,也就是 12。endl 的意思是输出一个换行。当然,也可以将这 3 行输出语句浓缩成一行,但是这样写出来的程序可读性就比较差了。程序不仅是写给计算机看的,常常人也要看。可读性好的程序可以帮助阅读程序的人更好地理解程序内容。

* 是乘法运算符。它和在小学学到的一样,C++ 中的数学运算也是先乘除再加减。所以,表达式 14-14/4*4 会先计算乘除的部分,得到 12 这个结果后再去和 14 进行减法运算,得到答案 2。

求放回冰箱的苹果数量还有另外一种方法,就是程序中的 14%4,符号 % 的意思就是取余数,也称为求模。取余数的优先级和乘除是一样的。

注意到程序第 7 行的前面是两个斜杠 //,这说明这句话是**程序注释**。计算机运行程序的时候会忽略掉注释这一行,也就是说这一行会被跳过。可以在双斜杠后面添加任何内容来进行解释说明或者记录备忘。可以做个实验,把这一行前面的双斜杠去掉再编译运行程序,看看会输出什么?

如果想先计算 14-14 再计算乘除法,该怎么办呢? 那就加上括号,变成(14-14)/4*4。可以通过添加括号的方式改变计算优先级。即使不需要添加括号来改变运算优先级,有时候还是可以通过添加括号对表达式中的项目分组,让式子更容易让人理解。需要注意的是,括号前后的乘号不能省略。例如 3(4-2) 是不正确的,必须写成 3*(4-2)。

这里可以发现,括号的优先级最高,乘除的优先级比括号低,而加减的优先级最低。

例 1-4 均分肥宅水。现在有 500 毫升的肥宅快乐水,要均分给 3 位同学,每位同学可以分到多少毫升? 请输出一个数字作为答案。

```
#include<iostream>
using namespace std;
int main() {
    cout << 500.0 / 3 << endl;
    return 0;
}
```

运行程序,输出

```
166.667
```

本例中,除号还是使用斜杠 /,唯一的不同就是 500 变成了 500.0。在计算机中,500 被认为是整数,而 500.0 是浮点数[①],完全是两码事。整数加减乘除模整数还是整数,而如果希望得到一个带有小数的结果,那么需要将运算符两边至少一个数字以浮点数的形式表示,最简单的方法就是在整数后面加上".0"。

例 1-5 输入以下程序,观察输出。

```
#include<iostream>
using namespace std;
int main() {
    cout << 500.0 / 3 << endl;
    cout << 5000000.0 / 3 << endl;
    cout << 0.000005 / 3 << endl;
    cout << 5e6 / 3 + 5e-6 / 3 - 5e6 / 3 << endl;
    return 0;
}
```

运行程序,输出:

```
166.667
1.66667e+06
```

---

① 一些教材中会称之为"实数",但笔者认为并不准确,因为浮点数能够表示的精度和范围是有限的,不能表示全体实数。

```
1.66667e-06
1.6666e-06
```

本例中,C++ 使用 cout 输出浮点数,默认保留不超过 6 位有效数字。如果数字过大或者过小,那么就会使用科学记数法输出,同样保留不超过 6 位有效数字,比如 1.66667e+06 就是 $1.66667×10^6$ 的意思。在程序中也可以使用这样的形式来表示一个浮点数,只是要注意整个浮点数内部不能有空格(例如 1.667 e – 17 是不可以的,整个浮点数是一个整体,运算优先级相当高),而且如果指数是正的,那么加号可以省略。

最后一行输出了 1.6666e-06,可能与预想的不一样,这是因为计算机的存储方式决定了浮点数能够表示的精度是有限的[①]。在计算过程中,如果有效数字的位数超过了一定的限度,那么有效数字的最右端就会被舍去;此外,浮点数的指数范围也是有限的。至于一个浮点数能够有多少位有效数字以及指数能到多少,会在后面的章节讨论。

例 1-6 火车问题。甲列火车长 260m,每秒前进 12m;乙列火车长 220m,每秒前进 20m,两车相向而行,从两车车头相遇时开始计时,多长时间后两车车尾相离?已知答案是整数。

分析:如图 1-3 所示,以甲车为参考系(就是站在甲车上观察,甲车是静止的),乙相对于甲走了 220m+260m=480m。它们的相对速度是 12m/s+20m/s=32m/s,所以所需的时间是 480m/32m/s=15s。

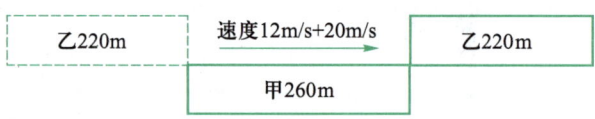

图 1-3 火车的相对路程和速度

```
#include<iostream>
using namespace std;
int main() {
    cout << (260 + 220) / (12 + 20) << endl;
    return 0;
}
```

考虑题目中已经保证答案是整数,所以可以使用整除。但是在很多情况下,不能保证中间结果一定是整数,所以常常需要考虑是否要转换为浮点数计算(也就是加上".0")。

例 1-7 对角线问题。一个长方形的长和宽分别是 6cm、9cm,求它的对角线长度。

分析:根据勾股定理,答案就是 $\sqrt{6^2+9^2}$。

```
#include<iostream>
#include<cmath>
using namespace std;
```

---

① 实际上,计算机能够精确表示的浮点数只有 2 的整数次幂(包括负数次幂)和它们的整数倍数,其余的都是近似值。

```
int main() {
    cout << sqrt(pow(6, 2) + pow(9, 2)) << endl;
    return 0;
}
```

这里使用了新的头文件 cmath。从这个名字可以看出,这个头文件跟数学有关。这个程序用到了 pow()、sqrt()两个函数,它们都是在 cmath 头文件中的。

函数可以被认为是一种实现特定功能的工具,把数据调入对应功能的函数中,这个函数就会在计算后返回值。不同函数的输入变量和输出类型会不同,有的函数甚至没有输入或者输出。

pow(6,2)的意思是计算 6 的 2 次方,返回的是一个浮点数。这里也可以使用 6*6 达到同样的效果。

sqrt()的意思是计算括号里的算术平方根,返回的也是一个浮点数。

最后把这个数字输出。

常用 cmath 头文件整理:头文件 cmath 还包括很多其他的数学函数,见表 1-1。这张表的"函数原型"告诉用户如何去调用这个函数,以及这个函数的返回值是什么类型。例如 double pow (double x,double y)的意思是 pow 函数需要输入两个 double 类型的数字 x 和 y,输出一个 double 类型的数字。如果输入的 x 或 y 是 int、float 等类型,就会自动转换为 double 类型。

表 1-1 数 学 函 数

函数原型	样例	说明
double sin(double x) double cos(double x)	sin(3.14159/2)	三角函数正弦和余弦,x 是弧度
double exp(double x)	exp(1)	返回 e^x,其中 e 是自然常数
double log(double x)	log(10)	返回 x 的自然对数
double pow(double x, double y)	pow(3, 2)	返回 x^y,也可以用来运算多次根式
double sqrt(double x)	sqrt(9)	返回 $\sqrt{x}$
double fabs(double x)	fabs(-10)	返回 x 的绝对值
double ceil(double x)	ceil(2.1)	返回大于或等于 x 的最小的整数值(上取整)
double floor(double x)	floor(2.9)	返回小于或等于 x 的最大的整数值(下取整)

当然现在不理解 double 之类的也没关系,在之后的章节中将会讲到。

1.3 变量与常量

学到这里,有些同学可能会认为 C++ 也不过就是一个计算器罢了。但是 C++ 能够完成的任务远不止计算几个表达式这么简单。有的问题是需要通过多个表达式计算才能解决的,因此需要有一个办法能够储存计算的中间结果。这时,可以使用**变量**来满足这个要求。

例 1-8 存钱。Uim 的银行账户里面有 100 元。经过了下面的操作:

1)往里面存了 10 元;

2)购物花掉了 20 元;

3) 把里面的钱全部取出。

请在每次操作后输出账户余额,并使用换行符隔开。

分析: 可以写出如下程序。

```cpp
#include<iostream>
using namespace std;
int main() {
    int balance = 100; // 初始余额
    balance = balance + 10;
    cout << balance << endl;
    balance -= 20;
    cout << balance << endl;
    balance = 0;
    cout << balance << endl;
    return 0;
}
```

运行程序,输出:

```
110
90
0
```

程序定义了 balance 这个 int 类型的变量,同时赋上初始值 100。int 是一种最基本的整型变量,可以储存一个整数。这相当于在厨房操作台上面摆上一个专门用来放整数的碗,这个碗的名字是 balance,里面装有 100 这个整数。后面的注释可以省略!

接下来,balance = balance + 10 是**赋值**语句。通俗来讲,赋值就是在碗中放东西。虽然有一个 = 符号,但这并不是说明等号的左边和右边是相等的。这条语句的意思是先计算表达式 balance + 10 的值,然后把这个计算结果放到 balance 中(原来的 balance 数据会被丢弃)。

balance -= 20 也是**赋值**语句,但确切地说是自赋值。这条语句的意思是把 balance 这个变量取出来,然后减去 20,最后再放回去,其效果和 balance=balance-20 是一样的。除了 -=,还能使用 +=、*=、/= 和 %= 来进行自赋值。读者可以尝试改变程序的第 5 行,使用自赋值语句。

balance = 0 说明了还可以给变量赋值一个数字,赋值后变量就变成了等号右边的值。

例 1-9 当半径为 $r=5$ 时,请输出圆的周长、面积和球体积。取 $\pi=3.141593$。

分析: 根据公式,圆的周长 $C=2\pi r$,圆面积 $S=\pi r^2$,球体积 $V=\dfrac{4}{3}\pi r^3$。可以写出如下程序:

```cpp
#include<iostream>
#include<cmath>
using namespace std;
int main() {
    double r = 5;
```

```
    const double PI = 3.141593;
//#define PI 3.141593
    cout << 2 * PI * r << endl;
    cout << PI * r * r<< endl;
    cout << 4.0 / 3 * PI * pow(r, 3) << endl;  // 不能写成 4/3*PI*pow(r,3)
    return 0;
}
```

程序多次用到表示圆周率的 PI,因此可以将其定义为常量。只需要像定义变量那样,在数据类型的前面或者后面加上 const,就可以定义常量。常量一经定义就不能在程序运行过程中修改了(否则会出现编译错误)。像这样固定不变的数字就非常适合定义为常量,习惯上将常量名用大写字母定义。

还有另外一种方法。如果使用 #define 宏定义的方法,程序编译时会将这行后面所有代码中的 PI 简单粗暴地替换成 3.141593,基于这样的特性常常会用这种方法来定义常量,而不需要确定其数据类型。

变量和常量的命名不是想怎么命名就怎么命名的,需要遵循以下要求:

1) 只能由英文字母、数字和下画线(_)组成。
2) 不能以数字开头。
3) 不能和其他"关键字"重复。关键字(又称保留字)有很多,如 int、if 等。并不需要知道哪些是关键字,如果出现编译错误,换一个词语即可。

还需要注意的是,变量名区分大小写,比如 Ans 和 aNS 是两个不同的变量;而且变量命名应当一看就知道是什么意思,如果全部的变量都是 a、b、x、y 之类的没有明确意思的字符,可能过一段时间自己都不知道每个变量是什么意思了,造成代码理解混乱。

例 1-10 猴子吃桃。一只小猴买了若干桃子。第一天它吃了这些桃子的一半之后,又贪嘴多吃了一个;第二天它也吃了剩余桃子的一半,又贪嘴多吃了一个;第三天它又吃了剩下的桃子的一半,并贪嘴多吃了一个。第四天起来一看,发现桃子只剩下一个了。请问:小猴买了几个桃子?

分析: 直接求解本题比较难。但是,如果从最后一天倒推回去,那就简单多了。第四天剩下一个;第三天吐出一个,然后翻倍(因为反过来是吃掉一半后又吃掉一个)。第二天和第一天也是同样的操作。因此可以写出如下程序:

```
#include<iostream>
using namespace std;
int main() {
    int num = 1;  // 第四天
    num = (num + 1) * 2;  // 第三天
    num = (num + 1) * 2;  // 第二天
    num = (num + 1) * 2;  // 第一天
    cout << num << endl;
    return 0;
}
```

这里定义了一个整型变量 num 来记录每一天的桃子的数量。这里的赋值语句不是说左右两边是相等的方程,而是将右边计算出来的结果赋值进左边的变量,同样的操作需要重复 3 次。

虽然本例完全可以写成一行(((1+1)*2+1)*2+1)*2,这个结果也是对的,但是式子比较复杂,不容易一下子就能看清楚中间的过程,而这种写法就清晰多了。

例 1-11 (选读)评测机队列。洛谷的评测任务是单位时间内均匀增加的。8 台评测机 30min 可以刚好把评测队列中的程序评测完毕,10 台评测机 6min 可以刚好把评测队列中的程序评测完毕。请问:几台评测机可以在 10min 时刚好把评测队列中的程序评测完毕?

分析: 这是著名的"牛吃草问题"的模型。假设 1 台评测机 1min 可以评测 1 份程序。

首先需要分析每分钟有多少新程序进入评测队列。8 台评测机 30min 可以评测 240 份,而 10 台评测机 6min 可以评测 60 份,可以得到 30min–6min=24min 内,增长了 240 份 – 60 份 =180 份程序。因此,每分钟程序的增长速度是(240 份 –60 份)/(30min–6min)=7.5 份/min。

6min 可以评测 60 份,其中 6min × 7.5 份 /min=45 份是新提交的程序,原有队列里面有 60 份 –45 份 =15 份程序。评测机 10min 一共需要评测 15 份 +10min × 7.5 份 /min=90 份程序,所以需要 90/10=9 台。根据这个思路,可以写出如下程序:

```
#include<iostream>
using namespace std;
int main() {
    int n1 = 8, t1 = 30, n2 = 10, t2 = 6;
    // 题目给出的评测机数量和时间
    int t3 = 10; // 题目要求的时间
    double inc_rate = (1.0 * n1 * t1 - n2 * t2) / (t1 - t2); // 增长速度
    double init_num = n2 * t2 - inc_rate * t2; // 初始队列长度
    double ans = (init_num + t3 * inc_rate) / t3; // 求得答案
    cout << ans;
    return 0;
}
```

这个问题相比于前面的问题来说比较复杂,很难使用一个表达式来直接求得结果。可以把一个大任务拆分成若干规模比较小的任务,抽丝剥茧,逐步击破,直到求得最终的答案。

> 编写程序时应当注意对变量的命名。变量不需要起很长的名字,但是至少要一看到变量名就知道它是干什么的。如果这种有明确意义的变量使用 a、b、c 之类的变量名,那么容易让人觉得困惑。一份可读性良好的程序不仅方便供他人观看,也能够使自己编写程序时思路更加清晰。

1.4 课后习题与实验

习题 1-1 请将下列公式翻译成表达式。

(1) $3x+5y$

(2) $\dfrac{c+1}{ab}$

(3) $\sqrt{3a^3}$

(4) (n+2)(n-9)

习题 1-2　下列变量名中,哪些是合法(可通过编译)的,哪些是非法的?

(1) kkksc03

(2) OhILoveLuoguVeryMuchAndIWillStudy

(3) _1apple

(4) char

(5) kkk@SH

(6) a

(7) iPhone

(8) 11dimensions

(9) __stdcall(两个下画线)

习题 1-3　安装配置好编程环境,将本章例题的所有代码输入到计算机中,亲自运行这些程序。

习题 1-4　编写程序解决以下问题,然后手工计算,验证答案。

(1) 3 名同学 3h 可以扫干净 3 间教室,那么 9 名同学 9h 可以扫干净几间教室?

(2) 长方形的长和宽之和是 24cm,长比宽多 4cm。请问:长方形的面积是多少?

(3) 小 A 和 Uim 在程序设计竞赛中的得分之和是 480,Uim 的得分是小 A 的 1.4 倍。请问:他们分别得了多少分?

(4) 给同学分苹果,若每人分 3 个就剩下 11 个;如果每人分 4 个则少一个。请问:有多少位同学,有多少个苹果?

(5) 小 A 每分钟输入 120 个字符,Uim 每分钟输入 80 个字符,Uim 比 小 A 先开始打字 12min。请问:小 A 开始打字多少时间后能赶上 Uim 的进度?

(6) 兔子有 4 只脚,鸡有 2 只脚。一个笼子里面有若干只兔子和鸡,有 35 个头,94 只脚。请问:兔子和鸡分别有几只?

(7) 银行定期存款年利率是一年定存 3.5%,五年定存 4%。小 A 和 Uim 手上各有 10000 元。小 A 决定每次存一年期,到期后将连本带利再存一年,直到存满 5 年。Uim 直接存五年定期。请问: 5 年后他们分别有多少钱?

第 2 章　顺序结构程序设计

在编写计算机程序时，将一个任务分解成一条一条的语句，计算机会按照顺序一条一条地执行这些语句，这就是顺序结构程序设计。

接着上一章的内容，本章引入变量数据类型的概念，介绍几种常见的、用于不同场合的变量类型。此外，用户希望将数据输入计算机，计算机就能给输出数据作为答案，帮助用户完成一个具体的编程任务，与人类交互。如果读者在第 1 章已经顺利解决了这个问题，那么对本章内容应该不会觉得太难。图 2-1 所示为本章思维导图。

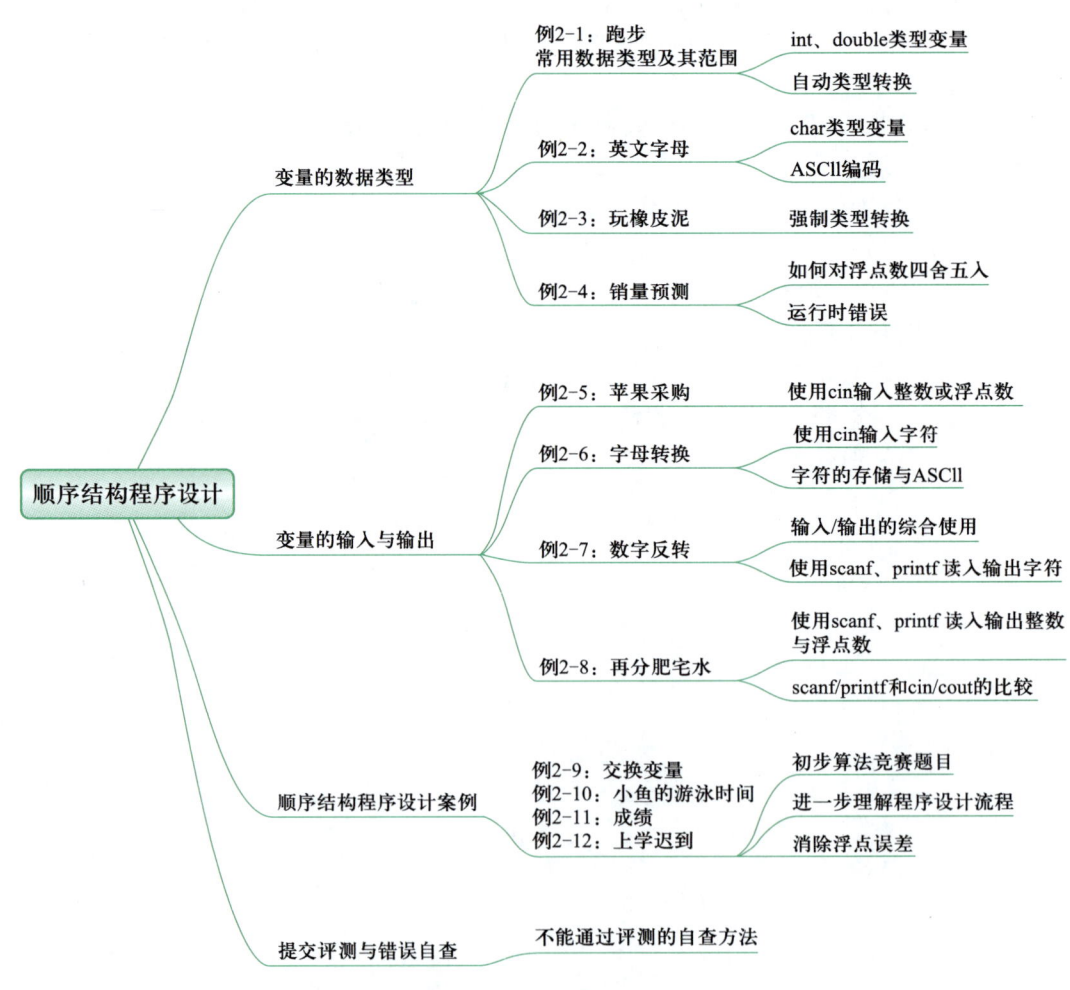

图 2-1　本章思维导图

2.1 变量的数据类型

还是以做菜为例子。首先处理好了一种原材料,接着要去处理另外一种。不可能将所有的原材料都拿在手上,因此需要找一个容器,把原料放在容器里,并放在操作台的空位,等需要的时候再拿来用。在这里,原材料相当于要处理的数据,容器就是变量,而操作台就是内存。一般不会把一只鸡和一撮葱花装在同样大小的容器中,也不会把熬好的高汤倒入菜篓子。C++ 语言有很多种变量类型,能够存储的数据精度和范围都不一样,所以要根据数据的实际情况选择合适的变量类型。

例 2-1 跑步。小 A 的跑步速度为 5m/s,小 B 跑步的速度为 8m/s,小 B 在小 A 后面 100m,他们同时起跑。请问:需要多长时间小 B 可以追上小 A?输出一个数字表示答案。

分析: 小 B 和小 A 之间的相对速度是 (8−5)m/s=3m/s。也就是说,每秒钟他们的相对距离就会缩短 3m,因此 100/3 就是答案。

```
#include<iostream>
using namespace std;
int main() {
    int v_a = 5, v_yao = 8, distance = 100; // 小A和小B的速度,以及距离
    double delta, ans; // 速度的差值和答案
    delta = v_yao - v_a; // 两人的相对速度,也就是每秒距离缩短多远
    ans = distance / delta;
    // ans = 1.0 * distance / (v_yao - v_a)
    cout << ans << endl;
    return 0;
}
```

运行程序,输出:

```
33.3333
```

最开始定义了 v_a、v_yao、distance 这 3 个 int 类型的变量并赋初始值。然后定义了 delta、ans 这两个 double 类型的变量,但是没有给它们赋初始值。double 类型的意思是双精度浮点数,暂时可以认为是能存放带小数的数字。

需要注意的是,如果一个在函数内(当然包括主函数 main)的变量没有被初始化,就不能拿来参与计算(但是可以被赋值)。设想一下,指定了一个变量碗,但是这个碗是之前程序用过的然后被废弃,里面不知道有什么奇怪的东西,如果直接拿来用搞不好就会食物中毒。因此,在使用这个变量前,必须给这个变量赋值,进行初始化。

正常情况下,赋值符号的右边的数据类型(整数或者是浮点数)应该和左边的变量数据类型相匹配,但是有些情况也可以不一致。正如程序第 6 行,赋值右边是两个整数的差,结果还是整数;但是左边的变量类型是浮点数,所以右边的整数类型会被自动转换成左边的浮点数的类型。相反,如果右边是浮点数类型,左边是整数类型,C++ 在自动转换的时候会舍去浮点数的小数部

分,这说明跨类型的自动转换可能会造成一些精度损失。

计算答案 ans 的时候,distance 是整数类型,delta 也是浮点数类型,所以它们相除会变为浮点数类型,刚好可以存在 ans 变量里。这种现象被称为**自动类型转换**。

还有另外一种写法可以不使用 delta 变量,就像注释行那样。因为右边的变量全部都是整数,所以需要乘上 1.0 将 distance 变成一个浮点数;否则,计算机就将其当作整除来处理造成答案错误。

常见的数据类型[①]见表 2-1。

表 2-1 常见数据类型

数据类型	占用空间	取值范围
char	1 字节,8 位	$-128 \sim 127$
int	4 字节,32 位	$-2^{31} \sim 2^{31}-1$,大约能够表示绝对值不超过 2.1×10^9 的整数
unsigned int	4 字节,32 位	$0 \sim 2^{32}-1$,大约能够表示不超过 4.2×10^9 的非负整数
long long	8 字节,64 位	$-2^{63} \sim 2^{63}-1$,大约能够表示绝对值不超过 9.2×10^{18} 的整数
unsigned long long	8 字节,64 位	$0 \sim 2^{64}-1$,大约能够表示不超过 1.8×10^{19} 的非负整数
float	4 字节,32 位	大约指数绝对值不超过 37,6 位有效数字
double	8 字节,64 位	大约指数绝对值不超过 307,15 位有效数字

取值范围中的"大约"是保守的估计,有时候即使稍微超过也能表示(也有可能不能),但是不超过这里的范围是可以确保准确的。另外可以看出,这些数据类型默认是带符号的(也就是 signed),可以表示正数、负数或 0。如果在数据类型前面加上 unsigned,就会变成无符号数:只能表示 0 或者正数,不过能够表示的正数范围相对于带符号数扩大了一倍。

从 2-1 表可以看出,long long 可以表示更大范围的数字。那么,能不能只使用这些大范围的数据类型而不用其他的类型呢?答案是否定的。一方面,计算机内存大小是有限的,如果选用这些数据类型,则能够容纳的数字位数就变少了,毕竟这些数据类型占用空间比较大;另一方面,对于一般的运算来说,大范围的数据类型运算速度比较慢(做一个粗浅的类比:做随机 5 位数乘 5 位数的运算速度肯定会比随机 10 位数乘 10 位数要快)。

因此,权衡精度和空间与速度,一般情况下使用 int 数据类型来存放整数。只有当 int 无法存下的一些特别大的数字时,才会去使用 long long;而浮点数如果因为空间有限制时选择 float,否则选择 double。

例 2-2 英文字母。英文有 26 个字母,其中 A 是第一个字母。现在请编程求出:
1) M 是字母表中的第几个字母?
2) 第 18 个字母是什么?
输出两个数字,使用换行隔开。

分析:首先给出如下代码。

[①] 不同编译器下的取值范围可能与表 2-1 中不同,本书统一按照 GCC8.2 32 位处理器的标准,多数算法竞赛的编译器和这个标准一致。

```
#include<iostream>
using namespace std;
int main() {
    int ans1;
    char ans2;
    ans1 = 'M' - 'A' + 1;
    ans2 = 'A' + 18 - 1;
    cout << ans1 << endl;
    cout << ans2 << endl;
    return 0;
}
```

注意:这里的代码中使用的是单引号,而不是之前的双引号。运行程序,得到输出:

```
13
R
```

在第 5 行定义了一个 char 类型的变量 ans2。按照表 2-1,char 类型不是一个储存 -128~127 的一种整数类型吗？实际上,char 类型更普遍的用法是存储一个字符,包括英文大小写字母、数字和标点符号等(汉字无法使用一个 char 储存),这些字符和 0~127 的数字是一一对应的。具体对应方式见表 2-2。

表 2-2　字符与数字对应表

数字	对应字符	数字	对应字符	数字	对应字符	数字	对应字符	数字	对应字符
32	[空格]	51	3	70	F	89	Y	108	l
33	!	52	4	71	G	90	Z	109	m
34	"	53	5	72	H	91	[	110	n
35	#	54	6	73	I	92	\	111	o
36	$	55	7	74	J	93	]	112	p
37	%	56	8	75	K	94	^	113	q
38	&	57	9	76	L	95	_	114	r
39	'	58	:	77	M	96	`	115	s
40	(	59	;	78	N	97	a	116	t
41	)	60	<	79	O	98	b	117	u
42	*	61	=	80	P	99	c	118	v
43	+	62	>	81	Q	100	d	119	w
44	,	63	?	82	R	101	e	120	x
45	-	64	@	83	S	102	f	121	y
46	.	65	A	84	T	103	g	122	z
47	/	66	B	85	U	104	h	123	{
48	0	67	C	86	V	105	i	124		
49	1	68	D	87	W	106	j	125	}
50	2	69	E	88	X	107	k	126	~

这个表称为 ASCII 表。第 0~31 个字符是不可见字符,现阶段读者不用去管这些不可见字符是干什么用的。从第 32 个开始,每个编号都对应一个可见字符。从表中可以发现,大写字母 'A' 和数字 65 对应(是表中的第 65 个字符),阿拉伯数字字符 '0' 和数字 48 对应(是表中的第 48 个字符)。注意这里的 '0' 是带有单引号的,是一个符号,本质上和 'A'、'a'、'+' 这种符号是一个性质,和数字 0 不是同样的东西。

char 类型的本质就是一个不大于 127 的整数,只是这些整数可以表示一个对应的字符。

'M'-'A'+1;是计算字母 'M' 和字母 'A' 中间的差距。从表 2-2 中可以看出,大写字母、小写字母和数字在 ASCII 表中都是按照顺序依次排列的。实际上,这个表达式和 77- 65+1 是一模一样的,因为 77 和 'M' 等价,65 和 'A' 等价,两种写法是一样的。

'A'+18-1 的作用是计算字母 'A' 后面的第 18-1 个字母是什么,所以就知道字母表中第 18 个字母是什么了。容易知道,ans2 的值是 65+18-1,也就是 82。使用 cout 输出一个 char 类型的变量时,它会输出一个这个变量存储的数字对应的那个字符。如果非要输出 82 这个数字的话,可以把这个变量赋值给一个 int 类型,或者使用下面提到的类型强制转换方法。

🌱 **例 2-3** 玩橡皮泥。小 A 有两块球形橡皮泥,一个半径是 4,另一个半径是 10。他想把这两块橡皮泥揉在一起,然后塑造成一个正方体。请问:这个正方体的边长是多少? 如果结果不是整数,则舍去小数点之后的数字。取 π=3.141593。

分析: 已知球半径求体积的公式是 $V=\frac{4}{3}\pi r^3$。所以总体积是 $\frac{4}{3}\pi(4^3+10^3)$,其正方体的边长就是体积的立方根,所以最后的结果是 $\sqrt[3]{\frac{4}{3}\pi(4^3+10^3)}$。代码如下:

```
#include<iostream>
#include<cmath>
using namespace std;
#define PI 3.141593
int main() {
    int r1 = 4, r2 = 10;
    double V, l;
    V = 4.0 / 3 * PI * (r1 * r1 * r1 + r2 * r2 * r2);  // 计算体积
    l = pow(V, 1.0 / 3);  // 使用立方根计算边长,注意这里不能写成 1/3
    cout << (int)l << endl;
    return 0;
}
```

运行程序,输出:

16

这里依然使用了 <cmath> 头文件中的数学函数来解决问题。

这里定义了整型变量 r1 和 r2,因为它们都是整数。但是答案 V 和 l 变量定义为了实数,这是因为经过计算,它们有可能不是整数而会带有小数,但是输出的时候还是要按照整数的方式输出。

计算边长使用了 pow 函数用于计算立方根,得到 l 的准确值。当然,就本题而言,变量 l 也可以定义为 int 类型,pow 函数计算完后赋值给整数变量 l,就会自动转换为整数,而代价是失去了小数点后的数字。

接下来是输出答案。之前学过如何把一个整数变成浮点数(加 .0 或者 *1.0),但无法使用同样的方法把浮点数 b 变成整数。因此,采用**强制类型转换**的方法来达到这个目的。根据实际需要,int 可以换成其他的类型。当然也可以通过这种方式将一个整数转换成浮点数,比如(double)3,就可以起到和 3.0 一样的效果。

例 2-4 销量预测。根据咕咕网校的预测,当课程定价为 110 元时,会有 10 人报名。如果课程价格每降低 1 元,就会多 1 名报名者,反之亦然。如果希望总共能收到 3500 元学费,那么应该定价多少呢?已知本题有两个答案符合要求,则取较小的那一个。如果这个答案不是整数,则需四舍五入精确到整数。

分析: 假设课程价格降低 x 元,那么定价就是 $110-x$ 元,报名人数是 $10+x$ 人,可以列出方程 $(110-x)(10+x)=3500$。经过化简得到方程 $x^2-100x+2400=0$。根据二次方程求根公式 $x_{1,2}=\dfrac{-b\pm\sqrt{\text{delta}}}{2a}$,其中 delta=$b^2-4ac$。最后取较大的那个根即可,这样定价就是较小的那一个解。

```
#include<iostream>
#include<cmath>
using namespace std;
int main() {
    double a = 1, b = -100, c = 2400;
    double delta, ans;
    delta = pow(b, 2) - 4 * a * c;
    ans = (-b + sqrt(delta)) / (2 * a);
    cout << 110 - int(ans + 0.5) << endl;
    return 0;
}
```

运行程序,输出:

```
50
```

主函数的最前面定义了二次方程的 3 个参数。尽管题目并没有直接告知这些参数,但是可以通过一些预处理来降低编程难度(目前还没有办法直接让计算机去解一个方程)。

pow(b,2) 的意思是计算 b 的 2 次方,需要注意的是,4*a*c 的乘号不能省略。

sqrt(delta) 的意思是计算 delta 的算术平方根,带入求根公式得到方程的解 ans。要注意括号可以改变运算顺序,所以这里的括号不能省略。

int(ans + 0.5) 的意思是四舍五入到整数,将 ans 加上 0.5 之后,强制类型转换为 int 使得去除小数部分(想一想,为什么)。进行强制类型转换时,除了像上例那样在类型外面加括号之外,也可以在强制转换的对象外面套一层括号,前面加上需要转换的类型名即可。不能直接 int(ans),

因为这样就会把小数部分给直接舍去,而不是四舍五入了[①]。

当程序遇到"不合理"的情况以至于无法继续执行时,就会出现**运行时错误**。可以尝试将 sqrt 里面的数字变成一个负数,或者把 a 变为 0,看看会出现什么后果。注意,在之后的学习中会遇到更多的运行时错误。

2.2 变量的输入与输出

到现在为止的程序都是没有输入的,这相当于走进厨房执行"做菜"时,发现原材料已经放在碗里准备好了。然而更多的情况是:要把原材料从厨房外带到厨房里面,然后才能对这些菜进行处理;这样的话就可以使用同一套流程炒菠菜、炒白菜,甚至是炒从来没见过的某种蔬菜。如果为炒每一种菜都要建立一个独立的食谱,那就会做很多不必要的重复工作。

写程序也是这样。就例 2-3 的程序而言,在编写程序时并不知道有多少毫升饮料分给几个人,那么就不能直接把 500.0、3 这些确定的数字写进程序。在运行程序的时候告诉程序这两个数字,程序可以返回答案。为了达成这个目的,必须让程序接受输入,并让程序能够处理这些输入。

例 2-5 苹果采购(洛谷 P5703)。现在需要采购一些苹果,每名同学都可以分到固定数量的苹果,并且已经知道了同学的数量。请问:需要采购多少个苹果? 完成如下程序:

```
#include<iostream>
using namespace std;
int main() {
    int t, n; // 每人的苹果数量和学生数量
    cin >> t >> n;
    cout << t * n << endl;
    return 0;
}
```

运行程序,发现除了一个黑框什么都没有。不用慌,这是因为还没告诉计算机每人有几个苹果和一共有几名同学呢! 于是,在黑框中输入下面的内容,并且按回车键:

```
3 4
```

意思是每人 3 个苹果,有 4 名同学。程序马上给出结果:

```
12
```

即一共需要采购 12 个苹果,答案正确。

程序第 4 行和第 6 行的作用是:首先定义两个 int 类型的变量 t 和 n,分别表示每人可以分到的苹果数量和学生数量,最后输出了 t*n 的值表示答案。

[①] 在 C++11 的标准中,cmath 有 round 这个函数也可以达到四舍五入的作用,但是有些旧版的编译器不支持这个函数。

聪明的读者肯定已经猜到,第 5 行的作用是把输入的 3 这个数字装进 t 变量里,把 4 这个数字装进了 n 变量里。可以尝试重新运行程序并换掉这两个数字作为输入,看看会不会出现正确的结果?当然不能乱输,假设 $1≤t≤100,1≤n≤100$。

没错,cin 的作用就是接受用户的输入,并且把用户输入的数据按照顺序装进指定的变量中,用户输入的数据之间应当有间隔。可以尝试重新运行程序,分别输入"3　4［回车］""3　　4　　［回车］""34［回车］"及"3［回车］4［回车］",查看现象并总结规律。

使用 cin 输入整数或浮点数时,各个数据之间的输入可以使用空格或者回车隔开,而多余的空格或者回车会被忽略。在本例中,也可以使用两个 cin 语句分别输入两个变量,效果是一样的。需要注意的是,cin 要用 >>,和 cout 的 << 是相反的。

例 2-6　字母转换(洛谷 P5704)。输入一个小写字母,输出其对应的大写字母。例如输入"q［回车］"时,会输出"Q"。

分析: 可以定义字符类型的变量,然后使用 cin 读入一个字符,使用变量 ch 储存。

```
#include<iostream>
using namespace std;
int main() {
    char ch, ans;
    cin >> ch;
    ans = ch - 'a' + 'A';
    cout << ans;
    return 0;
}
```

程序第 6 行,ans 是经过计算得到的答案。ch 是小写字符(实际上存储成对应 ASCII 数字,例如字母 q 对应数字 113)。由于 ASCII 的小写字母和大写字母都是连续排列的,所以将 ch 的 ASCII 数字减去 'a' 的 ASCII 数字(也就是 97)就是 0~25 的整数(也就是第几个字母,从 0 开始计算,'q' 是第 16 个)。最后加上 'A' 的 ASCII 数字(即 65),就可以得到 'Q' 的 ASCII 数字。

当然也可以理解为 ch-('a'-'A'),也就是 ch-32。根据表 2-1 可以发现,每个大写字母和小写字母的 ASCII 之间刚好差 32。小写字母的 ASCII 比较大,大写字母的 ASCII 比较小,这样也可以完成字母转换。

输出的时候,虽然 ans 实际上是存储为一个数字,但是毕竟是字符型变量,因此直接使用 cout 输出的时候还是会输出 ASCII 码对应的字符。

例 2-7　数字反转(洛谷 P5705)。输入一个不小于 100 且小于 1000,同时包括小数点后一位的一个浮点数,例如 123.4,要求把这个数字翻转过来,变成 4.321 并输出。

解法 1: 需要分离出这个数字的所有位数。首先需要乘 10 把这个数字变成一个 4 位数整数,然后把这个数字模 10 取余数,就可以获得这个 4 位数的个位数字。可以通过类似的办法获得这个 4 位数的其他位数。

```
#include<iostream>
using namespace std;
```

```
int main() {
    double p; // 输入的数字
    int q, a, b, c, d; // 转换成的4位数和分离出来的4位数字
    cin >> p;
    q = int(p * 10);
    a = q / 1000;   // 千位
    b = q / 100 % 10; // 百位
    c = q / 10 % 10; // 十位
    d = q % 10; // 个位
    cout << d << "." << c << b << a << endl;
    return 0;
}
```

定义完变量后,需要输入一个浮点数。如果非要把输入数据写成类似于1.234e+02这样的科学记数法形式也不是不可以。

其实下一行即使不加类型强制转换,也会自动将类型转换成int类型。但是,如果不是将这个结果存入变量q中而是直接进行整除操作,那么就应当进行类型强制转换(例如int(p*10)/1000),因为整除要求除号的两边都是整数。

接下来是各位数字分离的操作,如果不理解,可以随便拿一个4位数来进行模拟操作。

最后是输出语句,依次输出各个分离出来的数字以及小数点。当然,在这里小数点的双引号可以换成一对单引号(这就是前面讲过的char类型)。虽然效果看起来是一样的,但是单引号只能用于单个字符,双引号可以表示由多个字符组成的字符串,本质上有很大的不同。我们会在后面的章节详细研究字符串。

解法2:既然学习过了char类型,那么可以把输入视为5个字符,然后直接输出。

```
#include<iostream>
using namespace std;
int main() {
    char a, b, c, dot, d;
    cin >> a >> b >> c >> dot >> d;
    cout << d << dot << c << b << a << endl;
    return 0;
}
```

这里依次读入了5个字符。既然输入数字的时候中间必须要有空格或者换行来分割两个数字,那么为什么读入字符的时候不用呢?这是因为一个char只能容纳一个字符,所以不需要额外分割。

解法3:可以使用C语言风格的输入输出,利用类似的手段来解决这个问题。

```
#include<cstdio>
using namespace std; // 因为没有使用到C++语言的特性,这条语句不加也没什么问题
int main() {
    char a, b, c, d;
```

```
    scanf("%c%c%c.%c", &a, &b, &c, &d);
    printf("%c.%c%c%c", d, c, b, a);
    return 0;
}
```

可以发现头文件变成 #include<cstdio> 了,这个头文件包括了下面要使用的 scanf 和 printf 函数。

程序第 5 行使用 scanf 进行读入,类似于厨房的"原料分拣窗口"。这个函数的第一个参数是格式字符串。其中 %c 表示一个接受 char 类型的占位符,相当于分拣器的一个框框。此时,计算机期望读取到"[一个字符][一个字符][一个字符].[一个字符]"这样格式的输入数据。当读到数据 123.4 的时候,就会分析这个读入并拆分成"['1']['2']['3'].['4']"。分拣器的每一个框框都读到足够的数据后,就会把分拣后的数据转交给函数后面的变量。第一个分拣框中的数据 '1' 转交给了变量 a,一直到第四个分拣框的数据 '4' 转交给了变量 d。请注意这边需要转交的变量前面应当有一个 & 符号,否则就会转交失败。

同样,这里输入的数据也不能出现多余的空格,否则这个空格就会被 %c 分拣框给分拣走了。

下一行使用 printf 进行输出,类似于厨房的"传菜窗口"。同样需要提供一个格式化字符串,告知计算机应该怎么输出。这时,程序会给出一个"[一个字符].[一个字符][一个字符][一个字符]"这样的输出,第一个占位符的数据 '4' 由 d 来提供,然后输出一个"."。同理,c、b、a 这 3 个变量的数据也会依次放入第 2、3、4 个占位符中。等这些数据都放置完毕,程序就会把最后的结果输出来。输出时变量前不需要加 & 符号。

例 2-8   再分肥宅水(洛谷 P5706)。现在有 t 毫升肥宅快乐水,要均分给 n 名同学。每名同学需要两个杯子。想知道每名同学可以获得多少毫升饮料(严格精确到小数点后 3 位),以及一共需要多少个杯子。输入一个实数 t 和一个整数 n,使用空格隔开。输出两个数字表示答案,使用换行隔开。

```
#include<cstdio>
using namespace std;
int main() {
    double t;
    int n;
    scanf("%lf%d", &t, &n);
    printf("%.3f\n%d", t / n, n * 2);
    return 0;
}
```

%lf 表示接受一个 double 类型的占位符,而 %d 表示接受一个 int 类型的占位符。此时,计算机期望读取到"[一个浮点数][一个整数]"这种格式的输入数据。和例 2-10 一样,这两个数据需要被分隔开(空格或者换行)才能被正确读入。需要注意的是,输出 double 或者 float 都应当使用 %f。[1]

---

[1]   这是按照常见的 C++98 的标准。其他的标准会有些不一样。

接着程序会输出一个"[保留到小数点后 3 位的数字][换行符][整数]"这种格式的字符串。第一个占位符的数据由 t/n 提供,第二个占位符的数据由 n*2 提供。而 \n 如果包含在字符串里,表示一个换行符(注意这里不能用 endl 来表示换行了)。%.3f 表示一个保留到小数点后 3 位的浮点数。在表 2-3 中整理了更多占位符的用法。

表 2-3 常见输入输出占位符

占位符	说明
%d	一个十进制整数,一般用于 int 类型(最常用)
%nd(n 是正整数)	输出一个整数,如果不足 n 位,前面用空格补齐直到够 n 位
%I64d(Windows),%lld(Linux)	一个十进制整数,一般用于 long long 类型。要非常注意在不同的系统下,这个占位符是不一样的
%f	读入一个 float 类型的带小数点的浮点数,或者输出 float 或者 double 类型的浮点数,默认 6 位小数
%lf	读入 double 类型的浮点数
%.nf(n 是正整数)	用于输出一个固定 n 位小数的浮点数
%0nd(n 是正整数)	输出一个整数,如果不足 n 位,前面用 0 补齐直到够 n 位
%c	一个 char 类型的字符
%s	一个字符串

当然,也可以使用 cout 输出,配合 fixed 和 setprecision() 可以达到保留指定位数小数的效果,但这种写法在算法竞赛中不多用,因此不展开讲解,感兴趣的读者可查找相关资料学习。在 cout 语句中,也可以使用 \n 代替 endl,达成一样的输出换行效果,虽然它们在本质上是不一样的。

根据在洛谷中提交的 C++ 代码的统计,使用 C 风格的 scanf/printf 数量要多于 C++ 的 cin/cout。一般来说,使用 scanf 读入同样数据的速度要快于 cin,数据量较大(百万级别)时差距会相当明显,有兴趣的读者可以自己尝试做实验。而且 printf 还能通过使用占位符来支持更加丰富的格式化。大多数情况下程序的输出数量不会很多,这两种输出方式耗时差异不明显。使用 cin/cout 输入输出时可以不用考虑各种占位符了,相对较方便。

此外,还可以通过关闭同步的方式加快 cin 的读入速度,只需要在程序开始时加上一条语句 ios::sync_with_stdio(false);即可。需要注意的是,加上这条语句时就不可以使用 scanf 了(因为关闭了 cin 和 scanf 之间的同步)。

本书接下来的例题代码,可能会使用 C++ 的输入/输出流,也有可能使用 C 风格的输入/输出方式,请务必两种方式都要掌握。

顺序结构程序设计案例

这一节中会举几个例子来巩固这一整章学习的内容,同时也会给出一些可以在 Online Judge 上提交的题目供选手练习。其中的一些题目是各类比赛的真题(但是现在遇到的都很简单,不用担心)。

例 2-9　交换变量。定义两个变量 a 和 b 并输入两个数字存储进它们。交换这两个变量并输出。

```
#include<cstdio>
using namespace std;
int main() {
    int a, b, t;
    scanf("%d %d", &a, &b);
    t = a; a = b; b = t; // 一组相关的短语句也可以写在一行内
    printf("%d %d", a, b);
    return 0;
}
```

想象一下，有两个碗，互相交换里面的东西。这时需要准备第三个碗，将第一个碗中的东西放进第三个碗，然后将第二个碗中的东西放入第一个碗，最后把第三个碗中的东西放回第二个碗，这样就达成了交换的任务。

但是，如果交换的内容是可加可减的数字，甚至不需要这"第三个碗"，只需要在两个变量之间加加减减也可以交换数字，请读者自己设计方案。

不过，如果只是题目要求输入两个数字并且输出交换后的两个数字，那么直接输出 b 和 a 就可以完成任务了。

例 2-10　小鱼的游泳时间（洛谷 P1425）。

题目描述：小鱼从 a 时 b 分一直游泳到当天的 c 时 d 分，请帮小鱼计算一下，它这天一共游了多少分钟呢？

输入格式：一行内输入 4 个整数，分别表示 a、b、c、d。

输出格式：一行内输出 2 个整数 e 和 f，用空格间隔，依次表示小鱼这天一共游了多少小时多少分钟。其中表示分钟的整数 f 应该小于 60。

输入样例：

```
12 50 19 10
```

输出样例：

```
6 20
```

数据规模限制与说明：对于全部测试数据，$0 \leq a \leq 24$，$0 \leq c \leq 24$，$0 \leq b \leq 60$，$0 \leq d \leq 60$[①]，且结束时间一定晚于开始时间。

分析：这是一个符合大多数算法竞赛格式的题目，选手在训练时接触的题目形式也基本上

[①] 实际上，很多题目的数据规模部分并不严谨，比如 a 不给最小值，或者写成 $0 \leq a, c \leq 24$ 这样的形式，但是一般来说并不影响理解题意。

是这样的。

题目描述是告诉选手需要解决一个什么样的问题,输入格式和输出格式是告知输入数据和输出数据应该是长什么样子。样例输入输出是给选手一个参考,进一步帮助选手理解题意和输入输出格式;有些题目会对样例进行解释,有些样例甚至可以帮助选手检查出一些错误。数据规模限制与说明会告知测试数据的范围以确定解题方法。题目的每一部分都很重要,请仔细阅读。

回到本题,一些读者会想通过 $c-a$ 得到经过的小时数,通过 $d-b$ 得到经过的分钟数。但是,如果出现 $b>d$ 的情况(比如从 0 时 50 分游到 1 时 10 分)就需要进行一些类似于进位判断,这就比较麻烦了。事实上,可以把这两个时间统一转换成距离 0 点 0 分经过了多少分钟,然后相减就可以得到两个时间的分钟差,经过简单的整除和取余就可以得到答案。

```
#include<cstdio>
using namespace std;
int main()
{
    int a, b, c, d, e, f, delta;
    scanf("%d%d%d%d", &a, &b, &c, &d);
    delta = (60 * c + d) - (60 * a + b);
    e = delta / 60;
    f = delta % 60;
    printf("%d %d", e, f);
    return 0;
}
```

例 2-11 成绩(洛谷 P3954,NOIP 2017 普及组)。

题目描述: 某门课程成绩的计分方法是,总成绩 = 作业成绩 ×20%+ 小测成绩 ×30%+ 期末考试成绩 ×50%。现在已经知道各项得分,求总成绩。

输入格式: 输入共 1 行,3 个非负整数 A、B、C 分别表示作业成绩、小测成绩和期末考试成绩。相邻两个数之间用一个空格隔开,三项成绩满分都是 100 分。

输出格式: 输出一个数字,表示课程的总成绩,满分也是 100 分。

输入样例:

```
60 90 80
```

输出样例:

```
79
```

样例说明: 作业成绩是 60 分,小测成绩是 90 分,期末考试成绩是 80 分,总成绩是(60×20%+90×30%+80×50%)分 =(12+27+40)分 =79 分。

数据规模限制与说明: 对于全部测试数据,$0 \leq A,B,C \leq 100$ 且 A、B、C 都是 10 的整数倍。

分析：只需计算加权平均分即可，注意数据类型的选用。

解法 1：可以直接乘上权重后输出这个数。注意，整数乘上一个浮点数后就会变成又一个浮点数了，所以最后输出一个整数的时候需要强制类型转换。注意最后面的 +0.5 的意思是四舍五入。虽然看起来这个计算的结果是一个整数，但是因为浮点数计算容易产生误差，导致结果可能会出现类似于 78.9999999 这样的数字，如果直接强制类型转换后面的小数就会被舍去了。

```
#include<cstdio>
using namespace std;
int main()
{
    int a, b, c;
    scanf("%d%d%d", &a, &b, &c);
    printf("%d", int(a * 0.2 + b * 0.3 + c * 0.5 + 0.5));
    return 0;
}
```

解法 2：题目在数据规模中提到"A、B、C 都是 10 的整数倍"，这个非常重要（看题的时候不要遗漏这些有用的信息）。每一小项经过加权，即使又乘上一个小数，但是结果一定是整数。可以把 *0.2 变成 *2/10，使程序不会接触到浮点数，不必考虑浮点数误差。

```
#include<cstdio>
using namespace std;
int main()
{
    int a, b, c;
    scanf("%d%d%d", &a, &b, &c);
    printf("%d", a * 2 / 10 + b * 3 / 10 + c * 5 / 10);
    return 0;
}
```

例 2-12　（选读）上学迟到（洛谷 P5707）。yyy 的学校要求学生早上 8 点前到达。学校到 yyy 家的距离共有 s（$s \leq 10000$）m，而 yyy 可以以 v（$v<10000$）m/min 的速度匀速走到学校。此外，在上学的路上他还要额外花 10min 时间进行垃圾分类。请问：为了避免迟到，yyy 最晚应什么时候出门？输出 HH:MM 的时间格式，不足两位时补零。由于路途遥远，yyy 可能不得不提前一天出发，不过不可能提前超过一天。

分析：思路很简单，但是细节很多。读入数字 s 和 v，路程就要花去 s/v 的时间（要向上取整，如果向下取整，则肯定会迟到），还要加上 10min。然后可以计算出需要几小时和几分钟。

这道题可以使用和前面例 2-10 "小鱼的游泳时间"类似的做法。为了简单地解决问题，由于最多只有可能提前一天，那么可以把前一天的零点时刻作为基准点，从这个时间到次日 8 点经过的时间是 $60 \times (24+8)$ 分钟。用这个时间减去路程花掉的时间，得到的就是出门时间相对于基准点经过的分钟数。然后可以分别计算小时和分钟，最后输出。

```cpp
#include <cstdio>
#include <cmath>
using namespace std;
int main() {
    int s, v;
    scanf("%d%d", &s, &v);
    int t_walk = ceil(1.0 * s / v) + 10; // 两次类型转换注意到了吗
    int from_zero = 60 * (24 + 8) - t_walk; // 计算到前一天零点的时间
    int hh = (from_zero / 60) % 24; // 计算小时
    int mm = from_zero % 60; // 计算分钟
    printf("%02d:%02d\n", hh, mm); // 输出两位，用0补齐
    return 0;
}
```

这里的 ceil 函数是向上取整，例如 ceil(3)=ceil(2.9)=ceil(2.1)=3。注意，这个函数的输入和输出都是 double 类型，而 s 和 v 是整数，所以要进行类型转换（要不然就是整除了），最后再将答案存储到 m 变量中，类型由 double 转换为 int。

使用 printf 输出，%02d 占位符的意思是输出至少 2 位整数，如果不足两位，前面用 0 补足，例如 2 输出为 02，12 还是输出为 12。本题稍微有一点思维难度，请读者尝试理解每一个细节。

2.4 提交评测与错误自查

在程序设计竞赛中，选手按照要求编写完程序后需要自己进行测试，以保证程序符合题目要求，然后统一提交并进行评测。本书的编程例题大多也是符合这样的格式。读者可以去各个在线题库（即 Online Judge，例如洛谷）找到更多的题目并提交自己的代码让评测系统进行编译运行和评分。

出题人会生成多组测试数据，向选手编写的程序编译后的可执行文件输入，将得到的选手输出和标准输出进行比对；如果选手输出和标准输出一致（或者通过特殊判断认为选手输出是合法的）就能够获得这部分的分数。如果出现输出错误答案或者运行时间过久、运行时错误等问题，则不能得分。

评测结果会出现以下常见的情况。

1）Waiting / Judging / Pending：程序正在等待评测，或者正在评测。
2）Accepted（AC）：程序通过了测试点。
3）Compile Error（CE）：程序编译错误。
4）Wrong Answer（WA）：错误的答案。
5）Runtime Error（RE）：运行时错误。
6）Time Limit Exceeded（TLE）：超出时间限制。
7）Memory Limit Exceeded（MLE）：超出内存限制。

如果有一个或者多个测试点没有通过测试，那么就无法获得该题的 AC，经常可能因为一点微小的错误就造成程序错误。练习时未能通过题目是常见情况，不用惊慌，找到错误改正即可。

如果没有通过题目,可以通过下列方式来尝试自查更正。

情形 1:编译错误

选手在本地成功编译好程序,并能够运行,方可提交到在线题库上进行评测。如果程序连运行都实现不了,那么大概就是编译错误。

使用各种 IDE 编写程序时,如果程序存在语法错误,那么会产生编译错误,尤其是在初学阶段。编译器会定位到出错的地方并给出出错的原因(用英语写的)。尝试去阅读编译错误信息并进行更正。常见的错误包括使用了全角符号、漏写分号或括号、没有提前定义变量,等等。如果无法根据信息找到编译错误的原因,也可以去寻求老师、其他同学甚至网友的帮助。

情形 2:错误的答案

如果选手的程序和标准输出的答案不一致,那么会返回错误的答案。程序在提交评测前,应当先在自己的计算机上输入样例,如果程序给出的结果和输出样例不一致,那么程序肯定有问题。

首先必须确保算法本身是正确的;如果算法不对,写得越多则错的越离谱。如果不确定算法是否正确,不妨看看其他同学写的文字版的思路(而不是代码)。如果算法错了,就要重新写了。

算法是正确的但还是不能过样例,可以使用"输出中间变量"的技巧来辅助查错。这其实很简单,在程序的中间插入很多输出语句,把这个位置的变量的结果全部输出,然后通过人脑计算这些变量本应当是什么。当手工计算的变量结果和输出的变量结果不一致时,输出变量语句的前面的某些语句就不正确。

仔细检查这些语句,可能是变量录入错、运算符录入错、选择错了数据类型,或者是少写了一些步骤。改正这些错误再尝试运行一次,提交时不要忘记删除这些多余的输出。

有时候测试样例比较刁钻,可能会出现一些选手没有考虑到的情况。在洛谷中很多基础题目都会提供测试数据下载,可以下载这些数据看看有没有陷阱,也可以使用刚才提到的输出中间变量法来进行调试。需要注意的是,编写程序时尽可能养成全面思考的习惯,不要过于依赖测试数据进行调试。

情形 3:超过时间限制

接下来的内容读者目前还不会遇到,但是以后碰到这些问题却是家常便饭。因此,如果遇到了这样的情况,记得回来翻阅这里的内容。

最常见的超时原因是虽然算法给出的结果是正确的,但算法复杂度不够优,以至于需要进行特别多的运行次数才能正确解出。这种情况下还是可以去看看题解,学学新算法,然后重新改进思路。

除此之外,新手也经常遇到因为死循环而超时的问题。这里同样可以使用输出中间变量的方法来调试。如果运行程序,发现某条语句无限输出,那么这条语句所在的循环就可能是死循环(无法跳出的循环)。尝试检查这个循环的错误,比如循环变量有没有正常变更,有没有用错循环变量,等等。

在某些在线判题系统中,没有全部读入完输入数据也可能造成超时,但是在洛谷不会出现这样的情况。

情形 4:运行时错误

最常出现的运行时错误的原因是数组越界,虽然有时候数组越界不会引发运行时错误而只是会影响后面定义的变量。被零除等非法操作也会导致运行时错误。如果某些评测机没有设定足够大的栈空间,那么栈空间溢出也会造成 RE(虽然在洛谷和 NOI 系列比赛的栈空间和内存限制是一样大了)。

需要注意的是,在主程序最后 return 一个非零的数字也会造成评测机认为 RE。

情形 5:超出内存限制

最有可能的原因是因为估计错误而开了非常大的数组。此外,还有可能是申请了过多的动态空间、STL 容器存储了过多内容等原因。

总而言之,请读者注意:解决问题的前提是发现问题,所以找到那条语句出错才是更正程序的关键所在。出现错误、发现错误、改正错误是正常的流程。读者应当在练习的时候,记录下自己犯过并已解决的错误,并且以后尽可能不犯同样的错误。

2.5 课后习题与实验

习题 2-1 编写程序解决以下问题。问题和第 1 章的习题 1-4 是完全一样的,只是要求题目中出现所有的数字都从键盘中输入,而不是直接写在程序中。然后手工计算,并验证答案。

1) 3 名同学 3h 可以扫干净 3 间教室,那么 9 名同学 9h 可以扫干净几间教室?
2) 长方形的长和宽之和是 24cm,长比宽多 4cm。请问:长方形的面积是多少?
3) 小 A 和 Uim 在程序设计竞赛中的得分之和是 480,Uim 的得分是小 A 的 1.4 倍。请问:他们分别得了多少分?
4) 给同学分苹果,若每人分 3 个就剩下 11 个,如果每人分 4 个则少一个。请问:有多少位同学,有多少个苹果?
5) 小 A 每分钟输入 120 个字符,Uim 每分钟输入 80 个字符,Uim 比 小 A 先开始打字 12min,请问:小 A 开始打字多少时间后能赶上 Uim 的进度?
6) 兔子有 4 只脚,鸡有 2 只脚。一个笼子里面有若干只兔子和鸡,有 35 个头、94 只脚。请问:兔子和鸡分别有几只?
7) 银行定期存款年利率是一年定存 3.5%,五年定存 4%。小 A 和 Uim 手上各有 10000 元。小 A 决定每次存一年期,到期后将连本带利再存一年,直到存满 5 年。Uim 直接存五年定期。请问:5 年后他们分别有多少钱?保留两位小数。

习题 2-2 求三角形面积(洛谷 P5708)。一个三角形的三边长分别是 a、b、c,那么它的面积为 $\sqrt{p(p-a)(p-b)(p-c)}$,其中 $p=\frac{1}{2}(a+b+c)$。输入这 3 个数字,计算三角形的面积,四舍五入精确到 1 位小数。

提示:如果故意输出不合法的边长,比如两边之和小于第三边,会出现什么情况?

习题 2-3 尝试将本章例题中使用 cin/cout 输入输出的程序,改成使用 scanf/printf 输入输出,并测试。

习题 2-4 阅读下列程序,猜测结果,并上机验证。

```
#include<cstdio>
using namespace std;
int main()
{
    float a = 0.1;
    printf("%d", int(2 - a * a * 100));
    // printf("%.10f", 2 - a * a * 100);
```

```
    return 0;
}
```

习题 2-5 小玉买文具(洛谷 P1421)。班主任给小玉一个任务,到文具店里买尽量多的签字笔。已知一支签字笔的价格是 1 元 9 角,而班主任给小玉的钱是 a 元 b 角($a \leqslant 10000$, $0 \leqslant b \leqslant 9$),小玉想知道,她最多能买多少支签字笔呢。

习题 2-6 (选做)Apples Prologue(洛谷 P5709)。小 B 喜欢吃苹果。她现在有 m($m \leqslant 100$)个苹果,吃完一个苹果需要花费 t($t \leqslant 100$) min,吃完一个后立刻开始吃下一个。现在时间过去了 s($s \leqslant 10000$) min。请问:她还有几个完整的苹果?

提示:本题有陷阱!如果时间过长,她吃掉了所有的苹果,那么剩下的苹果数量是 0 而不是负数。尝试使用 abs 函数应对这种情况。虽然使用 if 语句会更方便,但是目前还没有教。

习题 2-7 (选做)对角线(洛谷 P2181)。对于一个有 N($N \leqslant 100000$)个顶点的凸多边形,它的任何三条对角线都不会交于一点。请求出这个多边形内部对角线交点的个数。

提示:画图分析,利用数学方法得到通项公式,然后编程求解。如果担心数字太大造成溢出,可以怎么办呢?

第 3 章 分支结构程序设计

人在一生中需要做出许多选择,小到考虑晚上吃什么,大到决定高考志愿填报的学校。只有通过一次次的选择,才能有无限种可能。因此,要根据自己掌握的情况,在所面对的一次次选择中做出最佳的选择。

程序的执行也不是一成不变的,往往会要求程序能够在不同的场合有不同的动作,这时就需要在代码中使用条件语句来做出不同的选择。比如说,登录洛谷网时,网站后台会将登录者提交的用户名和密码在后台数据库中看看是否匹配,如果能够匹配就登录成功,否则就登录失败[①]。这一章就来介绍如何让程序做出选择。图 3-1 所示为本章思维导图。

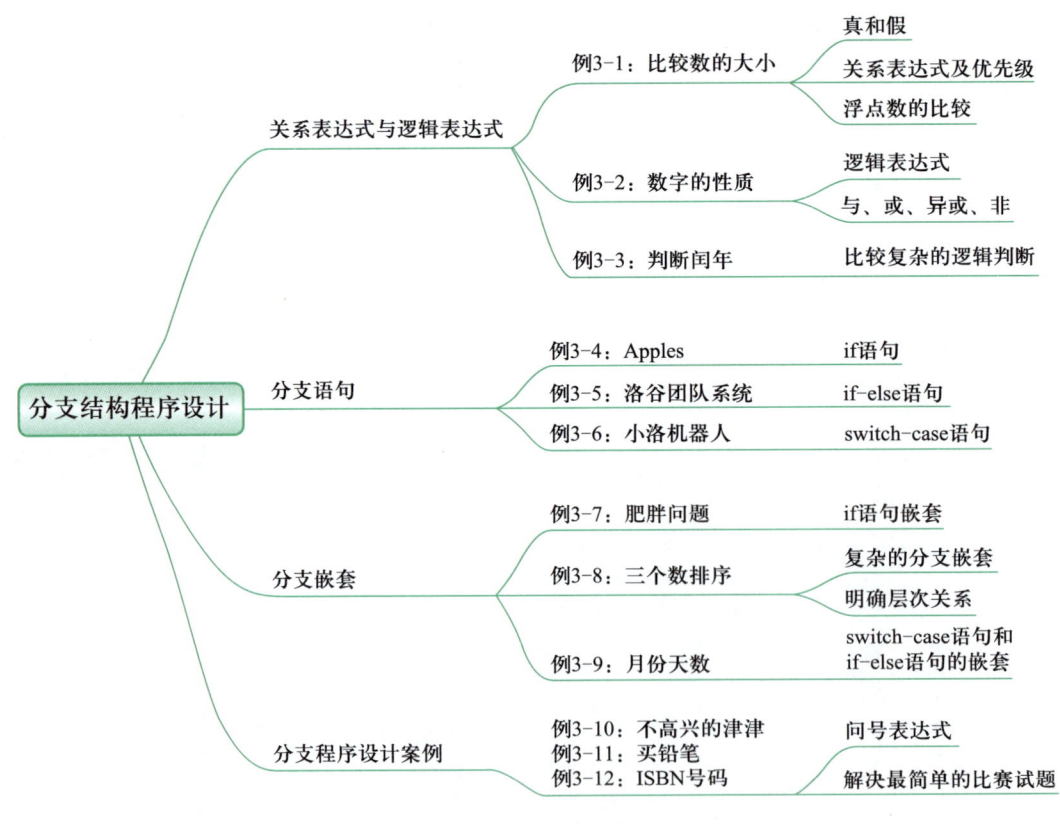

图 3-1 本章思维导图

---

① 为了保证安全性,实际的登录验证机制要复杂得多。

3.1 关系表达式与逻辑表达式

现实生活中,虽然很多事情真假难辨,但是在计算机中真假是黑白分明的。计算机的世界由 0 和 1 组成,0 代表假,1 代表真。这一节中将明确一些元素之间的关系,不会介绍新的编程知识点。

 例 3-1 输入两个整数 a 和 b,想知道:
1) a 是否大于 b?
2) a 是否小于或等于 b?
3) a 是否不等于 b?

输出 3 个整数,用空格隔开。对于每一个询问,如果成立(条件为真)输出 1,否则输出 0。

分析: 假设 a 为 2,b 为 3,那么很显然 $a>b$ 不成立,$a\leq b$ 成立,$a\neq b$ 成立。如果要写程序,代码如下,其输出是 0 1 1。注意,如果没有括号,则会编译错误。

```cpp
#include <iostream>
using namespace std;
int main(){
    int a, b;
    cin >> a >> b;
    cout << (a > b) << ' ';
    cout << (a <= b) << ' ';
    cout << (a != b) << endl;
    return 0;
}
```

可以发现,> 是大于,>= 是大于或等于,!= 是不等于。注意,如果要比较两个数是否相等,使用的是 == 而不是 =,因为一个等号是赋值的意思。由这些关系运算符组成的不是 0 就是 1 的表达式被称为**关系表达式**。用 1 来代表真(成立),用 0 来代表假(不成立)。在关系运算符左右两边放表达式(数字或者变量等),就会计算这两边的关系,返回 1 或者 0。

需要注意的是,如果关系表达式和算数表达式符号(如 +、-、*、/、%)一起使用,需要注意优先级问题。关系表达式的地位比算术表达式还低,具体的优先级如图 3-2 所示:

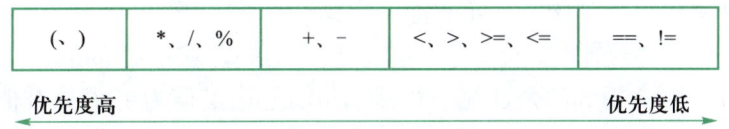

图 3-2 运算符优先级

括号的优先级最高,所以计算机会先去计算括号里面的内容,其次是乘除取余,然后是加减。而大于或小于之类的关系运算符优先级还要低一些,相等或不等的优先级更低,所以读者一定要注意运算顺序。

有一点特殊的情况:一般不会用 == 来判断两个浮点数是否相等,这是因为浮点数可能会产生精度误差。正确的方式是比较这两个数的差值是否小于一定程度。例如,假设 fabs(a-b)<1e-6 成立,就可以认为浮点数 a 和 b 相等。至于差值要小到多少取决于实际需求,一般来说不超过 1e-6 就可以了。

例 3-2 数的性质(洛谷 P5710)。一些数字可能拥有以下的性质。

性质 1:是偶数。

性质 2:大于 4 且不大于 12。

小 A 喜欢这两个性质同时成立的数字;Uim 喜欢这两个性质至少符合其中一种性质的数字;小 B 喜欢刚好有符合其中一个性质的数字;阿正喜欢不符合这两个性质的数字。现在输入一个一个数字 $x(0 \leq x \leq 100)$,要求输出这 4 个人是否喜欢这个数字,如果喜欢,则输出 1;否则,输出 0,用空格分隔。

分析: 如果需要像题目这样将多个条件复合成一个条件进行判断,在汉语语境下类似 "且" "或" "不" 的情况,就需要使用逻辑运算符进行连接,这样的表达式称为**逻辑表达式**。和关系表达式一样,逻辑表达式也是取值 0 或者 1。

为了简化问题,可以把性质 1 和性质 2 存成 bool 类型的变量。bool 类型变量占用 1 字节,只能表示 0 或者 1 这两种取值(当然使用 char、int 这些类型来存储也是可以的)。然后再对这两种性质进行逻辑计算,代码如下:

```cpp
#include <iostream>
using namespace std;
int main(){
    int x; bool p1, p2;
    cin >> x;
    p1 = x % 2 == 0;
    p2 = 4 < x && x <= 12;
    cout << (p1 && p2) << ' '; // 两个性质同时成立
    cout << (p1 || p2) << ' '; // 两个性质至少一个成立
    cout << (p1 ^ p2) << ' ';  // 两个性质刚好一个成立
    cout << (!p1 && !p2);      // 两个性质同时不成立
    // cout << !(p1 || p2);    // 也可以这么写
}
```

当输入 "5" 时,p1 不成立,p2 成立,输出是 "0 1 1 0";而输入 "13" 时,p1 和 p2 都不成立,输出是 "0 0 0 1"。读者可以尝试构造其他的输入并观察输出结果。

p1 变量中,% 的优先级比 == 的优先级更大,所以会先计算 x%2 的值,然后再计算这个值是否和 0 相等。如果 x 除 2 得到的余数等于 0,那么 p1 成立,其值为 1,否则其值为 0。而 p2 变量中,关系运算符的优先级要高于逻辑运算符,所以会先分别计算 4<x 和 x<=12 的结果,然后再判断这两个条件是否同时成立。

在 C++ 中可以使用以下几种逻辑运算符。

1)与运算符:用 && 来判断两个条件是否同时成立。

2)或运算符:用 || 来判断两个条件是否至少有一个成立。

3) 异或运算符[①]：用^表示两个条件是否刚好一个成立、另一个不成立。

4) 非运算符：用!可以将一个条件取反（将其颠倒）。

逻辑运算产生的结果也是0（不成立）或者1（成立），具体的运算规则如图3-3所示。

p1	p2	p1&&p2
0	0	0
1	0	0
0	1	0
1	1	1

(a) 与运算符

p1	p2	p1‖p2
0	0	0
1	0	1
0	1	1
1	1	1

(b) 或运算符

p1	p2	p1^p2
0	0	0
1	0	1
0	1	1
1	1	0

(c) 异或运算符

p1	!p1
0	1
1	0

(d) !非运算符

图3-3 逻辑运算规则

和运算表达式一样，可以使用逻辑运算符构造出更加复杂的逻辑表达式。比如，如果想判断两个性质是否至少一个成立，还可以直接写成 x%2==0‖4<x&&x<=12，如果感觉比较混乱，这时可以加上括号使条件变得清晰，也就是(x%2==0)‖((4<x)&&(x<=12))。请再次注意运算符优先级，以及不要把 == 错误地输入成 =。图3-4所示为运算符优先级补充。

(、)	!、-（负号）、++、--	*、/、%	+、-（加减运算）	<<、>>（左右位移）	<、>、>=、<=	==、!=	&&	‖

优先度高 →→→→→→→→→→→→→→→→→→→→→→→ 优先度低

图3-4 运算符优先级补充

即使不加括号，上面的式子也是对的，因为根据运算优先级，会先计算运算表达式（取余），然后关系表达式（大于或小于），最后才是逻辑表达式（除了!）；而 && 的优先级要比 ‖ 高，所以会先计算后面两项。

例 3-3 闰年判断（洛谷 P5711）。输入一个年份（大于 1582 的整数[②]），判断这一年是否为闰年，如果是，输出 1；否则，输出 0。

[①] 严格来说，异或运算符是位运算符而不是逻辑运算符，但是经常会用来做逻辑运算，所以一起在这里讲了。
[②] 现行公历制度是 1582 年颁行后的格里历。

分析：这是一个常识，被 4 整除是闰年，被 100 整除不是闰年，而被 400 整除又是闰年。但是这种说法并不严谨。比如说，2000 年同时满足这 3 个条件（被 4、100、400 整除），但是第一和第三条说它是闰年，第二条又说它不是，所以它到底是不是闰年呢？

将这三个条件分别定义为 p1、p2、p3。如果 p3 成立，那么它肯定是闰年。如果 p3 不成立，那么当 p1 成立且 p2 不成立时它也是闰年。这两种情况只要满足一种，它都是闰年。根据之前的分析，可以写成 p3||!p3&&(p1&&!p2)，其中后面的!p3 是可以省略的，因为即使去掉也不影响结果，此时表达式可以写成 p3||p1&&!p2。带入判断是否整除，可以写出如下程序：

```
#include <iostream>
using namespace std;
int main() {
    int x; bool p;
    cin >> x;
    p = (x % 400 == 0) || (x % 4 == 0) && (x % 100 != 0);
    //p = !(x % 400) || !(x % 4) && x % 100;
    cout << p << endl;
    return 0;
}
```

也可以使用注释中的写法。对于 &&、|| 和 ! 来说，参与计算的元素如果非零（无论正数还是负数），都会被视为 1。例如，如果要判定 x 不是 100 的倍数时，x%100 非零，那么它就会被视为 1；而判定 x 是 4 的倍数时，x%4 为零，需要将它取反才能使该条件为 1，因此 x%4==0 和！(x%4) 是等价的。

3.2 分支语句

例 3-4 Apples（洛谷 P5712）。小 B 喜欢吃苹果，她今天吃掉了 x（$0 \leq x \leq 100$）个苹果。英语课上学到了 apple 这个词语，想用它来造句。如果她吃了 1 个苹果，就输出 "Today, I ate 1 apple."；如果她没有吃，那么就把 1 换成 0；如果她吃了不止一个苹果，别忘了 apple 这个单词后面要加上代表复数的 s。请帮她完成这个句子。

分析：本例中，要写出一个正确的英语句子。根据输入数据不同程序要做出不同的表现——如果输入不是 0 或 1，就多输出一个 s。代码如下：

```
#include <iostream>
using namespace std;
int main() {
    int x;
    cin >> x;
    cout << "Today, I ate " << x << " apple";
    if (x != 0 && x != 1) { // 也可写成 !(x==0||x==1)
        cout << "s";
    }
```

```
        cout << "." << endl;
        return 0;
}
```

在这里,使用 if 语句来控制程序在指定条件下需要做什么事情。if 语句的一种用法如下:

```
if (成立条件表达式) {
    当条件成立时需要执行的语句;
}
```

首先输入 x,知道吃了几个苹果。然后输出 Today, I ate x apple,因为无论 x 是多少,都要输出这样的句子。

然后,当 x 既不是 0,也不是 1 时,说明要加上复数的 s。这就是 if 语句的作用。如果条件成立,大括号里面的语句就会执行(在这里就是输出一个 s);如果条件不成立,就什么也不做,跳过大括号中的部分。这里的"成立条件表达式"一般是指上面介绍过的关系表达式或者逻辑表达式——如果表达式是 1,或者只要不是 0,条件都会成立;如果是 0,条件就不成立了。

最后不要忘记加上结尾的句号。本程序的流程图如图 3-5 所示。

有了 if 语句,程序就可以根据不同的情况做出不同的动作。不过有时候会希望当某个条件成立时做一些事情,不成立时做另外一些事情,如果这样,可以使用 if-else 语句。

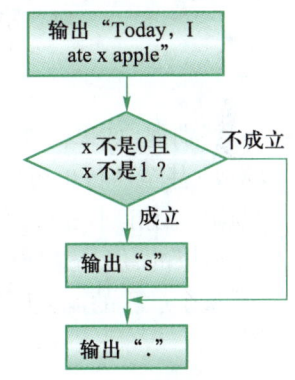

图 3-5 if 语句的流程

在接触 if 语句时,写出来的代码开始有了"层次感"——代码中输出 s 的那条语句相比于其他语句要往右移动了一点,这就是缩进。建议使用 4 个空格作为每个层级的缩进,这样可以一目了然地知道那些语句是条件成立时才执行的。

例 3-5 洛谷团队系统(洛谷 P5713)。在洛谷上使用团队系统可以非常方便地添加自己的题目。如果在自己的计算机上配置题目和测试数据,每题需要花费 5min 时间;而在洛谷团队中上传私有题目,每题只需要花费 3min,但是上传题目之前还需要一次性花费 11min 创建与配置团队。现在要配置 n ($n \leqslant 100$) 道题目,如果本地配置花费的总时间短,请输出"Local",否则输出"Luogu"。

分析: 可以很容易地列出两种方式下分别消耗的时间——本地上传需要花费 $5n$ min 的时间,而上传洛谷需要花费 $11+3n$ min 时间。如果前者小于后者,则选择在本地配置,否则选择洛谷上传。代码如下:

```
#include <iostream>
using namespace std;
int main() {
    int n;
    cin >> n;
    if ((5 * n) < (11 + 3 * n)) {
        cout << "Local" << endl;
```

```
    } else {
        cout << "Luogu" << endl;
    }
    return 0;
}
```

这里是 if 语句的另外一种用法,配合上 else,就可以在条件成立的情况下做什么事情,否则,当条件不成立时做另外的一些事情,用法如下:

```
if (成立条件表达式) {
    当条件成立时需要执行的语句;
} else {
    当条件不成立时需要执行的语句;
}
```

特别地,如果需要执行的语句只有一条语句(也就是只有结尾的一个分号),那么大括号可以不要(甚至换行也可以不要),而空格和换行也都不是硬性要求(必要的分割还是要的)。在这里,判断语句还能不分行,写成 if((5*n)<(11+3*n)) cout<<"local"<<endl;else cout<<"Luogu"<<endl;也是可以的,但是这样可读性比较差,因此不推荐。

整个过程的流程图如图 3-6 所示。

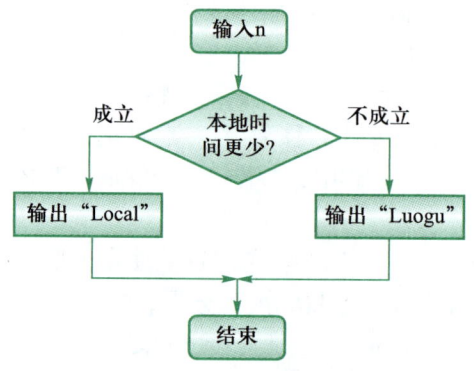

图 3-6 if-else 语句的流程图

> 使用大括号括起来的语句称为代码块。代码块里面的代码相比于外面应当有统一的缩进(建议 4 个空格)。开头大括号可以像例子中给出的那样不换行,也可以另起一行,看个人习惯。总之,写程序应当有良好的代码规范,比如换行、空格、缩进等,这也是为了使代码可读性强,更容易理解。

例 3-6 小洛机器人。小洛机器人是洛谷自行研发的人工智能聊天机器人。不过,目前它只支持最基本的几个功能,需要给它提供以下指令(一个字符),它才会按照指令给出对应的回复。

1）输入"G"：打招呼，小洛会回复"Hello, my master！"，还会在下一行加上一句"I'm Xiaoluo."。
2）输入"N"：自我介绍，小洛只会回复"I'm Xiaoluo."。
3）输入"S"：唱歌，小洛会哼唱"Teinei teinei teinei~"。
4）输入"B"或者"Q"：告别，小洛会说"Bye bye！"。
5）其他任何字符：小洛无法理解，只能回复"Sorry..."。

作为小洛机器人的总设计师，请编写程序实现以上功能。

分析： 这里的分支语句不像前面的 if 那样只需要判断是否成立了，而是需要根据读到的字母指令来做出不同的操作。可以使用多个 if 语句来判断多个条件，某个条件成立时执行相应的动作。不过，也可以使用更简单的办法，代码如下：

```
#include <iostream>
using namespace std;
int main() {
    char opt;
    cin >> opt;
    switch (opt) {
    case 'G': cout << "Hello, my master!" << endl;
    case 'N': cout << "I'm Xiaoluo." << endl; break;
    case 'S': cout << "Teinei teinei teinei~" << endl; break;
    case 'B': case 'Q':
        cout << "Bye bye!" << endl;
        break;
    default: cout << "Sorry..." << endl;
    }
    return 0;
}
```

这里使用了 switch-case 语句，可以判断一个变量是什么值，根据不同的值来进行操作，其一般结构如下：

```
switch (变量名) {
    case 变量可能的情况1：执行语句1；break;
    case 变量可能的情况2：执行语句2；break;
    ...
    default：执行语句n;
}
```

读入变量 opt，然后使用 switch 语句来看看它可能有哪些取值。当发现 opt 的值是 N 时，输出对应的自我介绍语句，然后遇到了 break，就跳出了 switch；如果发现值是 G 时，会输出对应的打招呼语句，由于这里没有 break，它就会接着运行下一条，也就是输出自我介绍，此时发现 break 后跳出；如果发现 opt 的值是 B 或者 Q 时，就会输出告别语句然后跳出；如果 opt 的值不是上面的几种情况，就会运行 default 后面的语句，也就是抱歉。需要再次强调的是，如果某一种情况运行完后没有 break，它就会接着运行下一种情况的语句。

switch-case 语句的 case 需要的只能是常量,不能是变量。这些常量类型可以是整数,也可以是字符类型等,但是不能使用浮点数(如果用浮点数,则还是要用多重 if 嵌套作为分支判断,最好不要直接用 == 判断浮点数相等)。

3.3 分支嵌套

例 3-7 肥胖问题(洛谷 P5714)。BMI 指数是国际上常用的衡量人体胖瘦程度的一个标准,其算法是 m/h^2 ($40 \leq m \leq 120, 1.4 \leq h \leq 2.0$),其中 m 是指体重(单位:kg),h 是指身高(单位:m)。不同体型范围与判定结果如下:

1) 小于 18.5kg/m^2:体重过轻,输出 "Underweight"。
2) 大于或等于 18.5kg/m^2 且小于 24kg/m^2:正常体重,输出 "Normal"。
3) 大于或等于 24kg/m^2:肥胖,不仅要输出 BMI 值(使用 cout 的默认精度),还要输出 "Overweight"。

现在给出体重和身高数据,需要根据 BMI 指数判断体型状态并输出对应的判断。

分析: 本例中需要计算 BMI 指数,直接按照给出的公式计算即可,关键是如何根据不同的区间来分类(这回是分成了 3 组),这里还是使用 if 语句。if 语句可以嵌套,组成更复杂的条件分支,代码如下:

```
#include <iostream>
using namespace std;
int main() {
    double m, h, BMI;
    cin >> m >> h;
    BMI = m / h / h;
    if (BMI < 18.5)
        cout << "Underweight";
    else if (BMI < 24)
        cout << "Normal";
    else {
        cout << BMI << endl;
        cout << "Overweight" << endl;
    }
    return 0;
}
```

首先判断是否体重过轻,先判断 BMI 是否小于 18.5,如果成立就判断为体重过轻;剩下的部分,再次判断是否是小于 24,如果成立就判断为正常(体重过轻的情况在这里已经被筛选出去了,留下的都是正常或者超重);如果不成立,说明 BMI 大于或等于 24(已经把体重过轻和正常筛出去了,剩下的都是胖子),达到了肥胖标准。

在本例中,如果某个条件成立所需要执行的语句只有一条语句,在代码结构清晰的情况下,可以不加上大括号,但是在该语句前面加上 4 个空格的缩进为宜。

例 3-8 三个数排序(洛谷 P5715)。给出三个整数 a、b、$c(0 \leq a,b,c \leq 100)$，要求把这三个整数从小到大排序。

解法 1：将 3 个整数从小到大排列,可能有［a b c］［a c b］［b a c］［b c a］［c a b］［c b a］这 6 种排列。枚举这 6 种排列的关系(小中大),就可以依次判断属于那种情况了。比如,当 $a \leq b \leq c$ 时,判断条件就是 a<=b&&b<=c。在 C++中,不可以连着写成 if(a<=b<=c)。

```
#include <cstdio>
using namespace std;
int main() {
    int a, b, c;
    scanf("%d%d%d", &a, &b, &c);
    if (a <= b && b <= c) printf("%d %d %d\n", a, b, c);
    else if (a <= c && c <= b) printf("%d %d %d\n", a, c, b);
    else if (b <= a && a <= c) printf("%d %d %d\n", b, a, c);
    else if (b <= a && c <= a) printf("%d %d %d\n", b, c, a);
    else if (c <= a && a <= b) printf("%d %d %d\n", c, a, b);
    else /*if (c <= b && b <= a)*/ printf("%d %d %d\n", c, b, a);
    return 0;
}
```

需要注意的是,这 6 个条件并不是互斥的。如果不加上 else,而且输入数据是 a=b=c 时,这些条件同时满足,就会输出多次;将小于或等于换替换成小于也是不可以的,这还因为,如果出现数据相等的情况,那么这些条件一个都不满足,将导致没有输出。因此,必须在每种情况结束后加上 else,不管输入是什么,都能够刚好进入到其中一个分支中。

最后一个 else 这里,出现了 /* ... */ 的语句,这也是注释。这种注释比较自由地控制需要注释部分的起始点和终止点。这种写法可以对一行内的内容进行注释,也可以一下子注释多行内容。程序运行时,注释内的内容将会被忽略。本程序中的注释语句可加可不加,因为枚举了前 5 种情况,剩下的情况肯定就是这一种了。

解法 2：另外一种做法是,首先拎出最大的一个数字,分为 3 种情况——a 最大、b 最大或 c 最大。对于每一种情况,还能分成两种情况,就是剩下两个变量的大小关系。这样还是有 6 种情况。按照这样的思路,可以写出这样的代码：

```
#include <cstdio>
using namespace std;
int main() {
    int a, b, c;
    scanf("%d%d%d", &a, &b, &c);
    if (a >= b && a >= c)
        if (b >= c)printf("%d %d %d\n", c, b, a);
        else printf("%d %d %d\n", b, c, a); // 这个else搭配哪个if呢？
    else if (b >= a && b >= c)
        if (a >= c)printf("%d %d %d\n", c, a, b);
```

```
        else printf("%d %d %d\n", a, c, b);
    else // if (c >= a && c >= b) 本句可加可不加
        if (a >= b)printf("%d %d %d\n", b, a, c);
        else printf("%d %d %d\n", a, b, c);
    return 0;
}
```

和上面一种解法一样,对于 if 语句下属的语句,都要留出缩进;此外判断 c 是否是最大的逻辑表达式是可加可不加的,因为不是 a 最大,也不是 b 最大,那自然就是 c 最大。

还有一个问题:观察第 8 行的 else,它前面有两个 if 语句,那么这个 else 语句和哪个 if 语句搭配呢?是第一个,还是最接近的一个?不一定,还是观察层级结构:最里层的 else 对应最里层的 if,次里层的 else 对应次里层的 if,所以这个 else 对应的是第 7 行的 if(因为是最里层的)。这里使用缩进格式,从而清楚地显示了复杂条件分支语句的关系。如果没有良好的缩进习惯,编程人员也容易被绕晕[①]。

如果要求将这个 else 和最前面的那个 if 配对,而不是和上面一行的 if 配对,该怎么办呢?只需要将上一行的那个 if 连同它的条件成立执行语句使用大括号括起来即可,就像下面这样:

```
if (条件1) {
    if (条件2)
        条件2成立执行语句;
} else
    条件1不成立执行语句;
```

例 3-9 月份天数(洛谷 P5716)。输入年份和月份,输出这一年的这一月有多少天。需要考虑闰年。

分析:不管是哪一年,除了 2 月之外的其他月份天数都是固定的,因此可以使用 switch-case 语句来先判断月份是大月还是小月——可能是 31 天的大月,也有可能是 30 天的小月;但是如果是 2 月,那么情况就不一样了,天数跟是否是闰年有关。如何判断闰年在本章已经介绍过了,在这里直接嵌套判断闰年的逻辑表达式,如果是闰年输出 29,否则输出 28。不要忘记加上 break 跳出分支语句。

```
#include <iostream>
using namespace std;
int main() {
    int y, m;
    cin >> y >> m;
    switch (m) {
    case 1: case 3: case 5: case 7: case 8: case 10: case 12:
        cout << 31 << endl; break;
    case 4: case 6: case 9: case 11:
```

[①] 在 Python 语言中,是需要强制使用缩进来表示层次关系的。

```
            cout << 30 << endl; break;
        case 2:
            if (!(y % 400) || !(y % 4) && y % 100)
                cout << 29 << endl;
            else
                cout << 28 << endl;
            break;
        default: break;
    }
    return 0;
}
```

如果能保证输入数据一定是合法的,那么分支语句中的 default 不写也是可以的,毕竟所有的情况都能够取得到。

3.4 分支程序设计案例

例 3-10 不高兴的津津(洛谷 P1085,NOIP2004 普及组)。津津除了上学之外,还要参加各科课外补习班。津津如果一天学习超过 8h 就会不高兴,而且上得越久就会越不高兴。假设津津不会因为其他事不高兴,并且她的不高兴不会持续到第二天。已知津津下周每天的上学时间和补习班学习时间,看看下周她会不会不高兴;如果会,那么哪天最不高兴。

分析: 程序中需要记录学习时间最长的一天,并记下来是星期几。首先定义变量 maxtime 记录最长的学习时间,将其初始化为 8 的原因是当学习时间超过 8h 才会去"打破"这个记录,否则这一天就过去了。maxday 变量用于记录星期几的时候打破纪录的。

然后就是整齐划一地处理每一天了,看起来很长但实际上是同样重复的内容。每次读入两个数,然后判断这两个数都能否打破纪录。如果能够打破纪录就更新 maxtime 和 maxday 这两个变量。所有 7 组数据读入处理后,直接输出答案即可。

```
#include <iostream>
using namespace std;
int main() {
    int t1, t2, maxtime = 8, maxday = 0;
    cin >> t1 >> t2;
    if (t1 + t2 > maxtime) maxtime = t1 + t2, maxday = 1;
    cin >> t1 >> t2;
    if (t1 + t2 > maxtime) maxtime = t1 + t2, maxday = 2;
    cin >> t1 >> t2;
    if (t1 + t2 > maxtime) maxtime = t1 + t2, maxday = 3;
    cin >> t1 >> t2;
    if (t1 + t2 > maxtime) maxtime = t1 + t2, maxday = 4;
    cin >> t1 >> t2;
    if (t1 + t2 > maxtime) maxtime = t1 + t2, maxday = 5;
```

```
        cin >> t1 >> t2;
        if (t1 + t2 > maxtime) maxtime = t1 + t2, maxday = 6;
        cin >> t1 >> t2;
        if (t1 + t2 > maxtime) maxtime = t1 + t2, maxday = 7;
        cout << maxday;
        return 0;
    }
```

写这么多重复的语句很烦琐。下 1 章将会介绍循环语句,这样只需要把这 7 天的处理语句写一遍就可以解决问题。

例 3-11 买铅笔(洛谷 P1909,NOIP2016 普及组)。P 老师要买 n 支铅笔。商店一共有 3 种包装的铅笔,不同包装内的铅笔数量和总价有可能不同且已知。P 老师决定只买同一种包装的铅笔。由于铅笔的包装不能拆开,因此 P 老师可能需要购买超过 n 支铅笔才够。请问:在商店每种包装的数量都足够的情况下,要买够至少 n 支铅笔最少需要花费多少钱?所有输入数据不超过 10000。

分析:计算出每种类型的笔需要买几包,然后乘上单价就是总价格。接着通过打擂台的方式比较选择哪种包装的笔最为便宜。假设需要 n 支笔,每包有 n_1 支,那么如果 n 可以整除 n_1(也就是 $n\%n_1==0$),那么就需要 n/n_1 包;如果不能整除,那么还需要多买一包,也就是 n/n_1+1 包。可以使用 if 语句来进行判断,但是还有更简单的写法:

```
#include <iostream>
using namespace std;
int main() {
    int n, n1, n2, n3, p1, p2, p3, t1, t2, t3, total;
    cin >> n >> n1 >> p1 >> n2 >> p2 >> n3 >> p3;
    t1 = !(n % n1) ? n / n1 * p1 : (n / n1 + 1) * p1;
    t2 = !(n % n2) ? n / n2 * p2 : (n / n2 + 1) * p2;
    t3 = !(n % n3) ? n / n3 * p3 : (n / n3 + 1) * p3;
    total = t1; // 假设第一种是最省钱的方案
    if (t2 < total)total = t2;
    if (t3 < total)total = t3;
    cout << total << endl;
    return 0;
}
```

这里使用了**问号表达式**。问号表达式的形式是 S1?S2:S3,意思是如果 S1 条件成立,那么它的值就是 S2,否则就是 S3。本例中,t1 = !(n%n1)? n/n1*p1 : (n/n1+1)*p1 的意思就是如果条件 !(n%n1) 成立(等同于 n%n1==0 成立),那么 t1 就是 n/n1*p1;否则 t1 就是 (n/n1+1)*p1,后面两条以此类推。问号表达式的优先级相当低,所以可以先将问号表达式的各项先计算出来,然后再进行判断。

本题还可以使用 cmath 头文件中的 ceil( ) 函数,进行上取整运算,直接得到需要购买几包铅笔。

例 3-12 （选读）ISBN（洛谷 P1055，NOIP2008 普及组）。每一本正式出版的图书都有一个国际标准书号（ISBN）。其规定格式如 x-xxx-xxxxx-x，前面 9 位都是数字，最后一位是识别码。当前面 9 位已经确定后，识别码的计算方法是：第 1 位数字乘 1 加上第 2 位数字乘 2，以此类推一直加到第 9 位，其和对 11 取余数。如果余数是 10 那么识别码就是 X。现在要求编写程序判断输入的 ISBN 的识别码是否正确，如果正确则输出 "Right"，否则修正识别码并输出。

分析：将每位数字读入，然后计算识别码。如果读到的识别码是 X 且计算得到的识别码是 10，或者读到的识别码的那位数字和计算得到的数字相等，则识别码正确；否则识别码错误，需要照原样输出 ISBN，然后输出正确的识别码，代码如下：

```cpp
#include <cstdio>
using namespace std;
int main() {
    char a, b, c, d, e, f, g, h, i, j;
    int check;
    scanf("%c-%c%c%c-%c%c%c%c%c-%c", &a,&b,&c,&d,&e,&f,&g,&h,&i,&j);
    check = (a-'0')*1 + (b-'0')*2 + (c-'0')*3 + (d-'0')*4 + (e-'0')*5
          + (f-'0')*6 + (g-'0')*7 + (h-'0')*8 + (i-'0')*9;
    check %= 11;
    if(j=='X'&&check==10 || check==j-'0')
        printf("Right\n");
    else
        printf("%c-%c%c%c-%c%c%c%c%c-%c",a,b,c,d,e,f,g,h,i,check==10?'X':check+'0');
    return 0;
}
```

这里复习了 scanf 读入和字符处理。读者还记得 ASCII 是单个字符和数字的映射吗？使用 scanf 读入 a 到 j 的所有每一位（注意是 char 类型，读入的是单个字符，而不是 int 类型）。读到的单个字符，比如 '0'（注意是字符 '0'），对应的整数是 48，所以不能直接对这个字符进行识别码计算，而是要减去 '0' 后才能变成数字 0，这样才可以参与计算。输出的时候也要注意识别码是不是 10，如果是，那么还需要另外输出 'X'。

3.5 课后习题与实验

习题 3-1 当 $a=3, b=4, c=5$，判断以下表达式是否成立？

(1) a<b||b>c||a>b

(2) a>c||b>a&&c>b

(3) b-a==c-b

(4) a*b-c>a*c-b||a*b+b*c==b*b*(c-a)

习题 3-2 当 $a=1, b=0, c=1$，判断以下表达式是否成立？

(1) !a|| !b

(2) (a&& !a)||(b|| !b)

(3) a&&b&&c||!a||!c

(4) a&&(b&&c||a&&c)

(5) !b&&(c&&(a&&(!c||(!b||(!a)))))

习题 3-3 对于整数变量 x，写出与判断以下性质对应的表达式：

(1) x 是否为偶数。

(2) x 是否为 4 位整数。

(3) x 是否为完全平方数（提示：数据类型转换）。

(4) x 是否同时是奇数、完全立方数，而且是 3 位整数。

(5) x 是否是水仙花数（也就是说 x 是各位数的立方和等于 x 的 3 位整数）。

习题 3-4 小玉家的电费（洛谷 P1422）。某地用电标准如下：月用电量在 150 千瓦时及以下部分的电价为 0.4463 元/千瓦时，月用电量在 151~400 千瓦时部分的电价为 0.4663 元/千瓦时，月用电量在 401 千瓦时及以上部分的电价为 0.5663 元/千瓦时。已知当月用电量（整数且不大于 10000），根据电价规定计算出应交的电费。

习题 3-5 小鱼的航程（洛谷 P1424）。有一只小鱼，它平日每天游泳 250km，周末休息（实行双休日），假设从周 x（$1 \leq x \leq 7$）开始算起，过了 n（$n \leq 10^7$）天以后，小鱼一共累计游泳了多少 km 呢？

习题 3-6 三角函数（洛谷 P1888）。输入一组勾股数 a、b、c（$a \neq b \neq c$），且不大于 10^9，用分数格式输出其较小锐角的正弦值。（提示：如果要求约分，则需要分子和分母各除以它们的最大公约数，学完下一章就知道怎么求了，现阶段不要求约分。）

习题 3-7 陶陶摘苹果（洛谷 P1046，NOIP2005 普及组）。一棵苹果树结出 10 个苹果。陶陶有个 30cm 高的板凳，当她不能直接用手摘到苹果的时候，就会踩到板凳上再试试。现在已知 10 个苹果到地面的高度，以及陶陶把手伸直的时候能够达到的最大高度，请帮陶陶算一下她能够摘到的苹果的数目。假设她碰到苹果，苹果就会掉下来。

习题 3-8 三角形分类（洛谷 P5717）。给出 3 条线段 a、b、c 的长度，均是不大于 10000 的整数。打算把这 3 条线段拼成一个三角形，它可以是什么三角形呢？

(1) 如果三条线段不能组成一个三角形，输出 "Not triangle"。

(2) 如果是直角三角形，输出 "Right triangle"。

(3) 如果是锐角三角形，输出 "Acute triangle"。

(4) 如果是钝角三角形，输出 "Obtuse triangle"。

(5) 如果是等腰三角形，输出 "Isosceles triangle"。

(6) 如果是等边三角形，输出 "Equilateral triangle"。

如果这个三角形符合以上多个条件，请分别输出，并用换行符隔开。

习题 3-9 （选做）ABC（洛谷 P4414，COCI2006）。已知 3 个整数 A、B、C 满足 $A<B<C$，题目会告知这 3 个数字，但是不会按照排序后的顺序直接给出（可能会乱序），而是另外给一个顺序，要求按照给定的顺序重新输出它们。例如，当输入是 "6 4 2 C A B" 时，即 $A=2$，$B=4$，$C=6$，要求按照 C、A、B 的顺序输出，因此应当输出 "6 2 4"。

第 4 章　循环结构程序设计

虽然计算机可以在短时间批量处理成千上万条指令，但是不少问题中有许多规律性的重复操作，比如计算几百个学生的平均分，或者对上万人的名单进行排序。在程序设计中，仅使用顺序或者分支结构，对每一步操作都写出对应的语句是不可能的，但可以使用循环语句让计算机反复执行类似的任务。

本章将会介绍循环结构程序设计，同时也会进一步巩固前面所学内容。学完这一章，读者可以初步感受到计算机高效解决问题的能力。图 4-1 所示为本章思维导图。

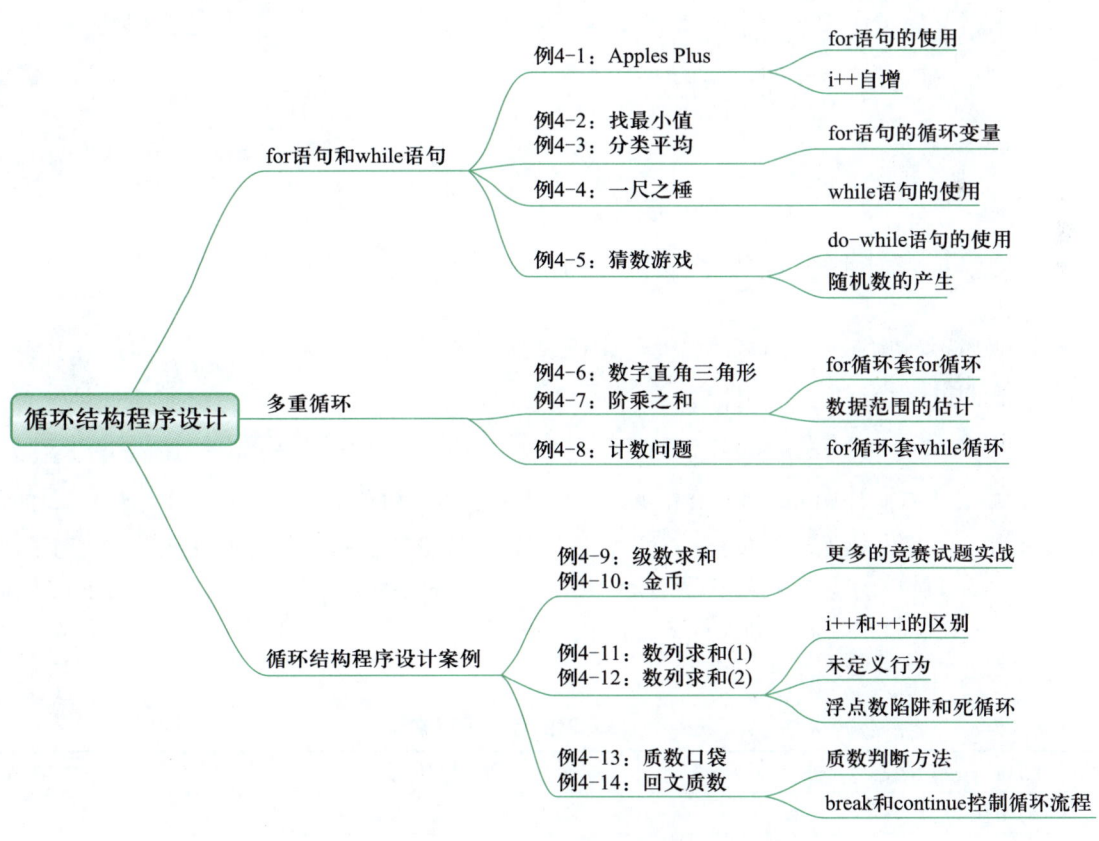

图 4-1　本章思维导图

4.1 for 语句和 while 语句

例 4-1 Apples Plus。小 B 今天又吃掉了 $L(1 \leq L \leq 100)$ 个苹果。她从吃第 1 个苹果开始，每吃一个苹果都会在纸上记录下来，在纸上写出一行 "Today, I ate x apples."，其中，x 是指吃到第几个苹果；在她吃第一个苹果时，别忘了 apple 这个单词后面不用加上代表复数的 s。她吃完苹果后，在纸上记录了什么内容？

分析：在分支结构程序设计一章已介绍过如何写出一条语句。但是当小 B 吃掉了 100 个苹果的时候，真的要写出 100 条语句吗？当然不用，因为看起来写语句是重复的工作，只需要让计算机重复地去写每一行就可以了。代码如下：

```cpp
#include <iostream>
using namespace std;
int main() {
    int L, i; cin >> L;
    for (i = 1; i <= L; i++) {
        cout << "Today, I ate " << i << " apple";
        if (i != 0 && i != 1) cout << "s";
        cout << "." << endl;
    }
    return 0;
}
```

这里使用 for 循环来进行重复的操作。for 循环语句的一般形式如下：

```
for( 循环变量初始值 ； 循环条件 ； 每轮循环结束操作 ) {
    循环体
}
```

首先读入 L，然后使用 for 循环语句进行循环。定义一个变量 i 来作为循环计数器，将它的初始值设置为 1，然后开始循环的过程。对于每次循环，程序会输出一行带有循环变量 i 的句子，然后进行每轮循环结束的操作：i++，其意思是 i 增加 1（本书的后面章节还会对此进行详细介绍），也可以写成 ++i；接着就重新进行新的循环，直到开始循环时，发现循环条件不成立时就停止循环。

假设读入的 L 是 4，具体的流程见表 4-1。

表 4-1 L=4 时的程序循环流程

i 的值	i<=L 是否成立	循环体执行	循环结束后
1(初始化)	成立	输出 "Today, I ate 1 apple."	i++
2	成立	输出 "Today, I ate 2 apples."	i++
3	成立	输出 "Today, I ate 3 apples."	i++
4	成立	输出 "Today, I ate 4 apples."	i++
5	不成立	跳出循环不执行	

和分支结构的 if、switch 等语句一样,如果循环体不止一条语句,那么需要使用花括号括起;如果只有一条,则可以不需要花括号。同样,为了代码的可读性,应当给循环体也加上缩进(推荐使用 4 个空格)。

例 4-2 找最小值(洛谷 P5718)。给出 n($n \leq 100$)和 n 个整数 a_i($0 \leq a_i \leq 1000$),求这 n 个整数中的最小值是什么。

分析: 如果要输入固定个数的数字,是很简单的事情。但是如果输入的数量不固定时该怎么办呢?当然还是使用循环。可以读入数量 n,然后循环 n 次(从 0 数到 n−1 或从 1 数到 n 都是可以的,但是推荐使用前者),这样每次循环都只用读入一个数字,一共可以读入 n 个数字了。

程序读入了一个又一个数字后怎么统计最小值呢?可以想象出一种"打擂台"的方式。首先定义一个擂主变量 minnum,其初始值是一个非常大、一定大于所有输入的数字(这里定义为 100000000。请读者思考一下,如果要取最大值,初始值可以设为多少)。然后从第 1 个数字到第 n 个数字都找擂主打擂。如果新输入的数字要小于擂主,那么新数字打擂成功,代替原来的擂主;如果没有小于擂主,那么打擂失败,新的数字只能灰溜溜地下去了。直到最后,经过历练最后留下来的擂主就是最小值。代码如下:

```cpp
#include <iostream>
using namespace std;
int main() {
    int n, tmp, minnum = 100000000;
    cin >> n;
    for (int i = 0; i < n; i++) {
        cin >> tmp;
        if (tmp < minnum)minnum = tmp;
    }
    cout << minnum << endl;
    return 0;
}
```

当 n=5,输入数据为 5 3 4 2 4 时,程序的执行步骤见表 4-2。

表 4-2 n=5 时的程序执行步骤

i 的值	i<n 是否成立	循环体执行	循环结束后
0(初始化)	成立	读入 tmp=5;tmp<minnum 成立,minnum=tmp(即 5)	i++(变为 1)
1	成立	读入 tmp=3;tmp<minnum 成立,minnum=tmp(即 3)	i++(变为 2)
2	成立	读入 tmp=4;tmp<minnum 不成立,minnum 不变(还是 3)	i++(变为 3)
3	成立	读入 tmp=2;tmp<minnum 成立,minnum=tmp(即 2)	i++(变为 4)
4	成立	读入 tmp=4;tmp<minnum 不成立,minnum 不变(还是 2)	i++(变为 5)
5	不成立	跳出循环不执行	

请注意循环初始值是写成 int i=0,可以在这里定义一个"循环专用"变量,也就是说变量 i 只能在这个 for 循环的循环体(花括号里面)才会生效,在外面就不见了。如果要求循环结束后还能保留 i 变量,就需要将这个变量在循环外面定义。

当然，这一题可以把 minnum 的初始值设置为读到的第一个数据,把第一个数直接作为擂主,然后和后面的数字打擂台,也可以得到相同的效果,请读者尝试实现这种写法。

还有一种偷懒的办法——使用 min( ) 或者 max( ) 函数,要使用 algorithm 头文件。例如 minnum=min(minnum,tmp)的意思就是 minnum 取 minnum 和 tmp 之间的较小值。

> 如果需要执行 n 次循环,可以用 for(i=0;i<n;i++),这样 i 从 0 循环至 n-1;也可以 for(i=1; i<=n;i++),i 从 1 循环至 n。两种写法根据实际情况和习惯进行选择,笔者更倾向于第一种写法。

例 4-3 分类平均(洛谷 P5719)。给定 n($n \leq 10000$)和 k($k \leq 100$),将 1~n 的所有正整数分为 A、B 两类:A 类数可以被 k 整除(也就是说是 k 的倍数),而 B 类数不能。请输出这两类数的平均数,精确到小数点后 1 位,用空格隔开。

分析:使用变量 Asum 来记录 A 类数的总和,使用 for 循环,循环变量 i 以 k 为初始值,累加 i 进入 Asum 变量中,然后 i 增加 k,这样的话 i 就是 k 的倍数,也就是 A 类数了。直到 i 超过了 n,就退出循环。

如果要计算一些数字的平均数,除了要知道这些数字的总和,还要知道这些数字有几个。因为每 k 个自然数中就有一个是 k 的倍数,所以 A 类数字的个数是 n 整除以 k。

由于剩下的数字都是 B 类数。根据等差数列求和公式,1~n 的和是 (n+1)×n/2,减去 Asum 就是 B 类数字的和。同理,也可以得到 B 类数字的个数就是 n 减去 A 类数字的个数。代码如下:

```
#include<cstdio>
using namespace std;
int main() {
    int n, k;
    int Asum = 0, Bsum = 0;
    scanf("%d%d", &n, &k);
    for (int i = k; i <= n; i += k)
        Asum += i;
    Bsum = (1 + n) * n / 2 - Asum;
    printf("%.1f ", double(Asum) / (n / k));
    printf("%.1f", double(Bsum) / (n - n / k));
    return 0;
}
```

假设数据中 k=3,n=10,具体的流程见表 4-3。

表 4-3 k=3 和 n=10 时的程序流程

i 的值	i<=n 是否成立	循环体执行	循环结束后
3(初始化)	成立	Asum+=3(变为 3)	i+=3(变为 6)
6	成立	Asum+=6(变为 9)	i+=3(变为 9)
9	成立	Asum+=9(变为 18)	i+=3(变为 12)
12	不成立	跳出循环不执行	

由于 Asum 和 Bsum 都是整数,所以如果要得到带有小数点的平均数,必须要将其强制转换为浮点数类型。由于有规定要求输出 1 位小数,使用 printf 会比较方便。需要注意的是,这里的占位符 %.1f 是数字 1 而不是字母 l。%lf 仅用于读入 double 类型变量而不用于输出。

就本例来说,甚至 Asum 也可以直接使用等差数列公式求出而不需要使用循环,请读者自行尝试改进。

例 4-4　一尺之棰(洛谷 P5720)。《庄子》中说到,"一尺之棰,日取其半,万世不竭"。第一天有一根长度为 a ($a \leq 10^9$) 的木棍,从第二天开始,每天都要将这根木棍锯掉一半(每次除 2,向下取整)。第几天的时候木棍会变为 1？

分析:for 循环非常适合进行明确知道重复次数的循环,然而本例中并不能很明确地知道到底应该循环几次,所以也可以使用 while 循环解决,代码如下:

```
#include <iostream>
using namespace std;
int main() {
    int a, days = 1;
    cin >> a;
    while (a > 1)
        days++, a /= 2;
    cout << days;
}
```

这里使用了 while 循环来进行重复操作。while 循环的一般形式是:

```
while (循环成立条件) {
    循环体
}
```

先定义输入变量 a 和计数变量 days,然后读入 a 后进入循环。当 a>1 成立时,计数器就增加 1,a 变量就整除 2。这里循环体虽然是两个操作,但是使用了**逗号表达式**,将两个不同的表达式写在了一起,变成了一条语句,这样就可以不需要加上花括号了。一次次循环后,a 会越来越小,直到 a 变为 1 的时候,循环条件不再成立,这时就跳出循环。

假设输入的 a 是 22,循环的流程见表 4-4。

表 4-4　a=22 时的程序循环流程

a 的值	a>1 是否成立	循环体执行	days	a
22	成立	执行	days++(变为 2)	a/=2(变为 11)
11	成立	执行	days++(变为 3)	a/=2(变为 5)
5	成立	执行	days++(变为 4)	a/=2(变为 2)
2	成立	执行	days++(变为 5)	a/=2(变为 1)
1	不成立	跳出循环不执行		

当然，本例的程序完全可以改成 for 循环。事实上，while 循环可以被认为是 for 循环的简化版。请读者尝试将它改成 for 循环。需要注意的是，如果循环条件一直成立，它就会一直执行下去，造成死循环。

例 4-5　猜数游戏。小洛机器人和你玩猜数游戏！小洛随机选择并默默记下一个 1~100 的整数，你需要不断猜测这个数字是什么并输入验证。如果你输入的数字比小洛选择的数字小，小洛会输出 "Too small"；如果比小洛选择的数字大，小洛输出 "Too large"；如果刚好猜对，小洛输出 "You are right !!"。如果一次没有猜中，则继续猜，直到猜中为止。

分析：由于事先不清楚循环的次数，所以还是可以使用 while 循环。这里介绍一种新的形式，即 do while 循环，其一般形式为：

```
do {
    循环体
} while ( 循环成立条件 );
```

和前面介绍过的 while 循环不同的是，无论怎么样 do-while 循环都会直接执行循环体一次，等循环体运行结束后再验证循环成立条件，如果成立就会重新开始循环，否则就退出循环。

如何让计算机产生一个随机数呢？可以使用 rand() 函数来产生一个 0 到 RAND_MAX 的整数，其中 RAND_MAX 是一个常量，其值与编译器和系统有关[①]，而且别忘了加上头文件 cstdlib。可以用 rand()%a 来产生一个 0 到 a-1 的随机数。如果想产生一个 a 到 b 的随机数可以使用 rand()%(b-a+1)+a。

在继续介绍本例前，先来做个实验。多次运行下面的代码，观察输出结果：

```
#include<iostream>
#include<cstdlib>
using namespace std;
int main(){
    cout<<rand();
    return 0;
}
```

结果令人吃惊：无论运行多少次，输出的结果都是一样的，随机数完全不随机！这是由随机数的生成特性所导致的[②]。解决方案是在生成随机数前加上一句 "srand(time(0));"，同时加上头文件 ctime，代码如下：

```
#include <iostream>
#include <cstdlib>
#include <ctime>
```

[①] 一般来说 Windows 下其值为 32767，而 Linux 下其值是 int 的最大值。
[②] 计算机通过确定的算法生成 "伪随机数"，因此每次执行随机数算法前都要 "喂给它" 不同的初始值（srand() 函数）作为随机数种子，这样才能生成不同的随机数。喂给它当前的时间就是一个比较好的选择，当然也可以把部分输入数据作为随机数种子。

```cpp
using namespace std;
int main() {
    int ans, guess;
    srand(time(0));
    ans = rand() % 100 + 1;
    do {
        cin >> guess;
        if (guess < ans)
            cout << "Too small" << endl;
        if (guess > ans)
            cout << "Too large" << endl;
    } while (ans != guess);
    cout << "You are right!!" << endl;
    return 0;
}
```

定义变量 ans 是一个 1~100 的随机数。然后开始重复循环体,读入一个用户猜的数字,然后进行比较,输出过大或者过小。如果猜测的数字和答案不一致,那就重新开始循环体,继续让用户输入数字;如果猜中了就退出循环并告知用户猜对了。

> rand( )%a 看起来能产生一个 0 到 a-1 的随机数,但是每个数字并不是等可能的。假设 RAND_MAX 是 32767,取 0~99 的随机数时,抽到 0~67 的可能要比剩下的数字大一点(想一想,为什么)。如果 RAND_MAX 远大于 a 时,影响并不大。请读者考虑一种等可能的生成区间随机数方式(可能需要多次抽取)。

4.2 多重循环

正如分支条件语句也能嵌套分支条件语句一样,循环语句也能互相嵌套。如果一些需要循环的"大操作"中有好几个重复的小操作,就可以进行循环嵌套。

例 4-6 数字直角三角形(洛谷 P5721)。给出 $n(1 \leqslant n \leqslant 13)$,请输出一个直角边长度是 n 的数字直角三角形。例如,当 $n=5$ 时,应该输出:

```
0102030405
06070809
101112
1314
15
```

分析:可以把这个任务分成两个层级。
1) 大任务:输出每一行。
2) 小任务:输出一行中的每一个数字。

对于大任务来说,需要一个外层循环,其循环体就是输出一行的内容;对于小任务来说,需要一个内层循环,用于输出一行中的每一个数字。

本例一共需要打出 n 行,所以外循环可以是从 1~n(也可以 0~n-1)。当处理第 i 行时,需要输出 $n-i+1$ 个数字。在前面定义一个变量 cnt 来记录输出到什么地方了,代码如下:

```cpp
#include <cstdio>
using namespace std;
int main() {
    int cnt = 0, n;
    scanf("%d", &n);
    for(int i = 1; i <= n; i++) {
        for(int j = 1; j <= n - i + 1; j++)
            printf("%02d", ++cnt);
        printf("\n");
    }
    return 0;
}
```

这里由于只有一位数时需要在前面补齐 0,所以还是使用 printf 格式化输出比较方便。

当 n=3 的时候,循环的执行(为了区分,外层循环的行为使用粗体表示)过程见表 4-5。

表 4-5　n=3 时,程序的循环过程

循环层级	i 的值	i<=n ?	j 的值	j<=n-i+1?	循环体执行	循环结束后
外层	1(初始)	成立			进入内层循环	
内层			1(初始)	成立	cnt=1;输出 01	j++(变为 2)
内层			2	成立	cnt=2;输出 02	j++(变为 3)
内层			3	成立	cnt=3;输出 03	j++(变为 4)
内层			4	不成立	退出内层循环	
外层	1				输出换行	i++(变为 2)
外层	2	成立			进入内层循环	
内层			1(初始)	成立	cnt=4;输出 04	j++(变为 2)
内层			2	成立	cnt=5;输出 05	j++(变为 3)
内层			3	不成立	退出内层循环	
外层	2				输出换行	i++(变为 3)
外层	3	成立			进入内层循环	
内层			1(初始)	成立	cnt=6;输出 06	j++(变为 2)
内层			2	不成立	退出内层循环	
外层	3				输出换行	i++(变为 4)
外层	4	不成立			退出外层循环	

因此，会有这样的输出：

```
010203
0405
06
```

本题其实可以只使用一层循环来实现，也就是输出的数字从 1~n(n+1)/2，然后在合适的地方换行。这种方法需要一些思考，请读者也尝试实现一下。

> 内外层的循环计数变量不应当是一样的，否则就会发生混乱。对于外层循环里定义的变量，内层循环也可以访问得到，但是反过来就不可以了。其实，非要把二重循环写成 for(int i=0;i<n;i++){ for(int i=0;i<n;i++) ... } 的话，虽然两层变量都是 i，但由于都加上了 int，所以内层的 i 和外层的 i 互相不干涉（其实是两个不同的 i，会让人觉得迷惑）；如果内层循环不加上 int，那么内层循环的 i 和外层循环的 i 就是同一个变量，这会导致内层循环变量的变更直接影响外层循环。

例 4-7 阶乘之和（洛谷 P1009，NOIP 普及组 1998）。计算 $S=1!+2!+3!+\cdots+n!(n\leq20)$ 的值，其中 $i!$ 是指 i 的阶乘，即 $i!=1\times2\times\cdots\times i$。

分析：经过手动计算（也可用计算器）可以发现，20 的阶乘大约 2.4×10^{18}，而 1~19 的阶乘对 20 的阶乘来说就是零头，所以可以使用 long long 类型存下。循环变量 i 从 1 开始，到 n 结束，每次都加上 i 的阶乘，最后统计即可。

至于如何计算 i 的阶乘，需要定义一个循环变量 j，从 1 到 i 连续相乘计算统计。这个例子介绍了 for 循环也可以嵌套 for 循环的应用，代码如下：

```cpp
#include <iostream>
using namespace std;
int main() {
    long long n, ans = 0;
    cin >> n;
    for (int i = 1; i <= n; i++) { // 外层循环
        long long factor = 1;
        for (int j = 1; j <= i; j++) // 内层循环
            factor *= j;
        ans += factor;
    }
    cout << ans << endl;
    return 0;
}
```

事实上，本题还可以改进一下，可以去掉一层循环，不需要每次都重新计算阶乘，上一轮循环计算的结果下一次循环还能继续使用，请读者自行尝试改进。

> 和分支结构程序设计一样,循环结构(尤其是结构复杂的程序)也应当按照层级加上合适的缩进。这样可以使程序的层次关系比较明显,可读性好。

例 4-8 计数问题(洛谷 P1980,NOIP2013 普及组)。试计算在区间 1 到 n($n \leq 10^6$)的所有整数中,数字 x($0 \leq x \leq 9$)共出现了多少次?

分析:先考虑对于一个整数 tmp,如何获得它的每一位并进行统计。这其实很简单,只要对它除 10 取余数,就可以得到它的个位数字,判断是不是等于 x,如果就是 x,那么计数器加 1;然后把 tmp 自除 10,把原来的个位数去掉了;重复刚才的流程,每次都统计个位数,直到 tmp 为 0 为止。这是内层循环。

剩下的事情就很简单了:从 1 到 n 枚举 i,然后将 i 的值赋给 tmp 后再统计 tmp 枚举每一位;不能直接处理 i,否则 i 就会被改变,这是外层循环。本例是 for 循环套用 while 循环的一个例子,代码如下:

```
#include <iostream>
using namespace std;
int main() {
    int n, x, ans = 0;
    cin >> n >> x;
    for (int i = 1; i <= n; i++) { // 外层循环
        int tmp = i, num;
        while (tmp != 0) { // 内层循环
            num = tmp % 10;
            if (num == x)
                ans++;
            tmp /= 10;
        }
    }
    cout << ans;
    return 0;
}
```

> 实际上,各种循环都可以进行嵌套,而且可以嵌套很多层。不过,如果循环嵌套层数过多,而且每层循环都需要较多循环次数时,就可能需要比较久的运行时间,导致超时。

4.3 循环结构程序设计案例

本节将会介绍更多的关于循环的用法,题目会有一点复杂,前面的知识都会涉及。

例 4-9 级数求和（洛谷 P1035，NOIP2002 普及组）。已知 $S_n=1+1/2+1/3+\cdots+1/n$。显然对于任意一个整数 k，当 n 足够大时，S_n 大于 k。现给出一个整数 $k(1\leqslant k\leqslant 15)$，要求计算出一个最小的 n，使得 $S_n>k$。

分析：这个思路非常明显，就是从 1 开始，取其倒数，然后加入到 Sn 中，判断 Sn 是否大于 k，如果超过了，就跳出循环。考虑到 n 足够大，为了得到比较精确的结果，选用 double 类型计算倒数和累加，代码如下：

```
#include<iostream>
using namespace std;
int main() {
    int k, ans = 0;
    cin >> k;
    for (double Sn = 0; Sn <= k; ans++, Sn += 1.0 / ans);
    cout << ans;
    return 0;
}
```

请注意程序第 6 行的循环语句，它直接以一个分号结尾，说明它没有循环体。不过也没有关系，在 for 循环的第三项每轮结束后的操作就是增加答案和累加倒数操作，使用了逗号表达式。

当 k 再大一点，比如到 20，这个程序就无法运行出答案了，因为 1/n 太小了以至于 n 即使很大，循环次数很多，也凑不到 20。这说明计算机虽然运行速度快，但是也不是无限快，每秒钟能运行的循环总数是有限的，如果循环次数太多就会超时[①]。具体请参考附录。

> 如果担心这么写运行速度还是比较慢，本题有一种"投机取巧"的办法：在自己的计算机上写这个程序，分别计算 1~15 得到的答案，然后记录这些答案，写一个新程序，根据输入不经过计算，直接输出这些记录的答案并提交这个程序。这种策略被称为**打表**，在输入数据比较简单、数据范围不大、输出也比较简单的情况下可以考虑使用。

例 4-10 金币（洛谷 P2669，NOIP2015 普及组）。国王将金币发给骑士。第一天，骑士收到一枚金币；之后两天（第二天和第三天），每天收到两枚金币；之后三天（第四、五、六天），每天收到三枚金币；之后四天（第七、八、九、十天），每天收到四枚金币……这种工资发放模式会一直这样延续下去：当连续 N 天每天收到 N 枚金币后，骑士会在之后的连续 $N+1$ 天里，每天收到 $N+1$ 枚金币。请计算在前 $k(k\leqslant 10000)$ 天里，骑士一共获得了多少枚金币。

分析：本题有很多种思路。其中一种简单的思路是枚举"每轮"金币发放，其中第 i 轮发金币时，每天发 i 个金币，连发 i 天。在每天发金币的时候记录下骑士收到的金币并累加，同时天数加 1，等到加到足够天数时输出答案即可，代码如下：

[①] 多数情况下程序设计竞赛限时 1 秒或者几秒，视情况可以执行数千万到数亿次单重循环。

```
#include<iostream>
using namespace std;
int main() {
    int k, coin = 0, day = 0;
    cin >> k;
    for (int i = 1;; i++)
        for (int j = 1; j <= i; j++) {
            coin += i; day++;
            if (day == k) {
                cout << coin << endl;
                return 0;
            }
        }
    return 0;
}
```

由于事先并不知道要发几轮,但知道迟早能发够对应的天数,所以外层循环可以不设终止条件。一旦发够了天数,可以直接输出答案,在主函数中直接使用 return 0 就可以直接中止整个程序,而不需要一定要运行到程序结尾。

例 4-11 数列求和(1)(洛谷 P5722)。计算 $1+2+3+\cdots+(n-1)+n$ 的值,其中 n 不大于 100。由于你没有高斯聪明[①],所以你不被允许使用等差数列求和公式直接求出答案。

解法 1:其实有很多种循环方法,最简单的方法就是使用 for 循环,从 1 循环枚举到 n,使用累加变量记录和,代码如下:

```
#include<iostream>
using namespace std;
int main() {
    int s = 0, n;
    cin >> n;
    for (int i = 1; i <= n; i++)
        s += i;
    cout << s;
    return 0;
}
```

解法 2:这是一种有趣但却有点不好理解的方法。这部分介绍的内容很重要,请尝试理解这种方法。代码如下:

```
#include<iostream>
```

---

① 据称高斯发现了等差数列求和公式。

```
using namespace std;
int main() {
    int s = 0, i = 0, n;
    cin >> n;
    while (n--) s += ++i;
    cout << s;
    return 0;
}
```

前面的章节介绍过 i++ 或者 ++i 都是让变量 i 增加 1,效果和 i+=1 是一样的。但是它们还是有区别的,考查下面的语句:

```
int s1 = 0, s2 = 0, i1 = 1, i2 = 1;
s1 += i1++;
s2 += ++i2;
cout << i1 << " " << i2 << " " << s1 << " " << s2;
```

运行上面的片段,可以得到的输出是"2 2 1 2"。i1 和 i2 的值都由初始值 1 增加 1 变成了 2,但是 s1 和 s2 的值却是不一样的。可见,++i 和 i++ 不仅可以对变量进行加 1 的操作,还能作为表达式的一部分,有一个确定的值,但是这个"确定的值"却是不一样的。如果读者对此有疑惑,我们可以给出这两条语句的等效写法:

```
s1 += i1++; // 等效于 s1 += i1; i1 += 1;
s2 += ++i2; // 等效于 i2 += 1; s2 += i2;
```

可见,作为表达式的元素,加号在变量后面(i1++)时,表达式先取变量 i1 原来的值进行运算,然后对变量 i1 进行加 1 操作,所以 s1 得到的 i1 的值是 1;加号在变量前面(++i2)时,顺序就会反过来,先对变量 i2 进行加 1 操作,然后再对变量取加后的值进行运算,所以 s2 得到 i2 的值就是 2。如果把 ++ 改成 --,就是减 1,道理是相同的。

回到例题。while(n--)的意思是,先判断 n 是否非零(不是零的数字都会被认为是 true),然后 n 减 1;如果改成 while(--n)就是先将 n 减 1,然后再判断是否非零,意思就不一样了。在每次循环中,先将 i 加 1,然后再将 i 的值累加进 s 中;如果 i 的初始值是 1 而不是零,这一条语句就要改成 s+=i++ 了。希望读者根据实际需要来决定如何使用自加自减语句。

像 i = i++ + ++i 这样的语句,到底结果是多少呢?这是一种**未定义行为**,也就是说 C++ 标准中并没有规定应该先计算哪一部分[1],这就导致了不同的编译器可能会产生不同的结果。所以,不需要钻牛角尖地研究它到底是多少,只需要注意避免在同一表达式中多次对同一个变量进行自增自减操作,或者使用自增自减操作后,赋值给同一变量,以免造成混乱。

例 4-12 数列求和(2)。计算 $0.1+0.2+0.3+\cdots+(n-0.2)+(n-0.1)$ 的值,其中 n 为不大于 100 的整数。

---

[1] 至少 C++ 98 标准没有进行规定,不排除之后的标准会对这些情况进行规定的可能。

分析：和上个例子差不多，只是将整数变成了浮点数。可以很方便地改进出代码。不过，为了消除浮点数的误差，所以最好的办法还是将所有数字乘 10 然后累加。也就是从 1 累加到 $10n-1$。请读者自己尝试实现程序。

不过，这道题的重点不是题目本身，而是希望大家知道一些别的坑点。但是有些同学希望使用简单粗暴的方法，循环变量 i 从 0.1 开始，以 0.1 为步长增加，直到 i 等于 n 为止，于是写出了这样的代码：

```cpp
// 错误的程序
#include<iostream>
using namespace std;
int main() {
    int n;
    double s = 0;
    cin >> n;
    for (double i = 0.1; i != n; i += 0.1) {
        s += i; // cout << i << endl;
    }
    cout << s;
    return 0;
}
```

运行程序，输入数字 10，结果发现程序一直在运行，并没能给出结果。

上次遇到类似的情况是在学习变量的输入时没有提供足够的输入数据，但这回只需要输入一个整数且的确只给了一个整数。多次按回车键，光标并不会移动，这说明程序一直处于运行的状态。

这就很奇怪了。按理说算法没错，i 从 0.1 开始累加，迟早可以加到 10 而退出循环，但是并没有！还记得第 2 章介绍的"无法通过程序"里面的应对"超过时间限制"的那一节吗？可以输出中间变量看看究竟是怎么回事。

将程序中的注释行的斜杠去掉，就可以看到每次循环时变量 i 的值了。重新运行程序，发现程序源源不断地输出 i 的值，而且增长幅度的确是 0.1，它在到 10 的时候并没有停下[①]，也就是说，10 != 10 是成立的！

其实造成这个 bug 的原因前面章节已经提到过了：浮点数精度误差。由于 0.1 这个数字无法被精确地表示成一个二进制浮点数，而且变量 i 进行了大量的运算，难免会产生误差。小小的误差累积起来，就会越偏越多，导致 100 个 0.1 累加起来就不是准确的 10 了。这也是为什么浮点数比较是否相等时不能使用 == 而是要检查差距是否小于可以接受的误差之内。像这样无论怎么样都达不到循环终止条件的循环，我们称其为**死循环**。

请注意，同样因为浮点数误差，这里条件判断不能写为 i<n，否则虽然不会引发死循环，但是可能导致延迟跳出循环，请读者自行证明这是为什么。在本例中，将条件判断修改为 i+0.01<n，则可以得到正确的结果，其中 0.01 是可以接受的精度误差（也可视情况写成 1e-3 等）。

[①] 可以在终端按 Ctrl+Z 组合键或者 Ctrl+C 组合键来强制停止程序。

产生死循环的程序在算法竞赛中是不能通过的,但是解决起来也很简单:检查条件变量是否正常变化,然后检查条件判断是否可以成立。

例 4-13 质数口袋(洛谷 P5723)。小 A 有一个质数口袋,里面可以装各个质数。他从 2 开始,依次判断各个自然数是不是质数,如果是质数就会把这个数字装入口袋。口袋的负载量就是口袋里的所有数字之和。但是口袋的承重量有限,不能装下总和超过 $L(1 \leq L \leq 100000)$ 的质数。给出 L,请问:口袋里能装下几个质数?将这些质数从小往大输出,然后输出最多能装下的质数个数,所有数字之间有一空行。

分析: 如同题目所述,设一个循环变量 i 从 2 开始,依次判断它是不是质数。如果它不是质数,就重新进行下一轮循环;如果它是质数,就判断加入它后会不会超重。如果超重了,那么更大的质数也一定会超重,于是就结束循环;如果没有超重,就输出 i,同时把 i 加入到背包里。

如何判断 i 是否为质数呢?根据定义,如果一个大于 1 的整数仅能被 1 和自身整除,它就是个质数,否则就是合数(1 既不是质数也不是合数)。i 从 2 开始进行循环,一个数一个数地枚举 j,看看能不能被 i 整除,如果能被整除,说明它不是质数,立刻跳出循环。如果到最后也都不能整除,说明它就是质数。

难道要从 1 一直枚举到 i-1 吗?完全没有必要,只需要枚举到 $\sqrt{i}$ 即可。如果 i 存在不是 1 或者自身的约数,那么会成对出现(或者就是 i 的算数平方根),其中一个不大于 $\sqrt{i}$,另一个不小于 $\sqrt{i}$。所以只需要枚举小于或等于 $\sqrt{i}$ 的那些数字就可以了,尽可能在不影响结果的情况下减少循环次数。程序如下:

```cpp
#include <iostream>
using namespace std;
int main() {
    int L, load = 0, ans = 0;
    cin >> L;
    for (int i = 2;; i++) {
        int is_prime = 1;
        for (int j = 2; j * j <= i;j++)
            if (i % j == 0) {
                is_prime = 0;
                break;
            }
        if (!is_prime) continue;
        if (i + load > L) break;
        cout << i << endl;
        ans++; load += i;
    }
    cout << ans;
    return 0;
}
```

程序中没有专门判断 j<=√i，而是将不等式左右两边平方，判断 j*j≤i。这么做的理由是计算机进行乘法运算要比计算除法或者开平方计算快得多。

读者注意到了外层 for 循环没有循环条件，按理说这就是一个可以一直运行下去的死循环，但可以在循环体中达到一定条件时主动退出循环。

在这里，break 的作用是跳出一层循环，而 continue 的作用就是跳过本次循环中未执行的语句，重新开始一轮新的循环。使用这两个语句可以使循环或者循环体提前结束，且只能控制这两种语句上一层循环的流程。请注意，switch-case 分支语句中的 break 只能跳出分支语句，不会对外面的循环语句产生影响。

例 4-14 （选读）回文质数（洛谷 P1217，Usaco Training）。写一个程序来找出范围 [a,b]（$5 \leq a < b \leq 100000000$）（1 亿）间的所有回文质数，每行输出一个。

例如 151 既是一个质数又是一个回文数（从左到右和从右到左看是一样的），所以 151 是回文质数。

分析：最容易想到的方式是外层循环从 a 一个个地枚举，直到 b 为止。先判断这个数字是否是回文数。如果读者知道如何使用数组，那么判断回文数就非常容易了；但即使不会使用数组，也可以判断这个数字的位数，然后分离各位数字（还记得数字反转一题吗），判断首尾是否相等。如果是回文数，则再判断它是否是质数（前面刚刚介绍过的方法）。如果这个数字既是回文数，又是质数，那么就输出它。

由于时限只有 1 秒，外重循环多达 1 亿次，还需要花费几条语句来判断是否是回文数，还要判断回文数是否是质数，运行次数过多，很难在 1 秒之内得到答案。因为这样枚举出来的数字大多数是无效的数字（回文数所占的比例非常少），所以效率非常低。有没有办法高效地枚举所有回文数呢？

考虑一个回文数第一个数字等于最后一个数字，第二个数字等于倒数第二个数字……所以只需要枚举回文数的前面一半，后面一半也能根据前面一半构造出来。例如枚举到了 4 位数字 1234，它可以构造出来回文数 1234321 或者 12344321。这样，1 亿之内的回文数都最多只需要枚举所有 4 位数字就可以构造出来了，枚举的数量也减少到了 1 万。然后将构造出来的数字判断是否是质数，如果是质数，就输出。代码如下：

```
#include <iostream>
using namespace std;
int main() {
    int a, b;
    cin >> a >> b;
    if (a <= 5 && b >= 5)cout << 5 << endl;
    if (a <= 7 && b >= 7)cout << 7 << endl;
    if (a <= 11 && b >= 11)cout << 11 << endl;

    for (int d1 = 1; d1 <= 9; d1 += 2)
        for (int d2 = 0; d2 <= 9; d2++) {
            int num = 100 * d1 + 10 * d2 + d1;
            if (num < a)continue;
            if (num > b)return 0;
```

```
            int flag = 1;
            for (int j = 3; j * j <= num; j++)
                if (num % j == 0) {
                    flag = 0; break;
                }
            if(flag)
                cout << num << endl;
        }
    for (int d1 = 1; d1 <= 9; d1 += 2)
        for (int d2 = 0; d2 <= 9; d2++)
            for (int d3 = 0; d3 <= 9; d3++) {
                int num = 10000 * d1 + 1000 * d2 + 100 * d3 + 10 * d2 + d1;
                if (num < a)continue;
                if (num > b)return 0;
                int flag = 1;
                for (int j = 3; j * j <= num; j++)
                    if (num % j == 0) {
                        flag = 0; break;
                    }
                if(flag)
                    cout << num << endl;
            }

    for (int d1 = 1; d1 <= 9; d1 += 2)
        for (int d2 = 0; d2 <= 9; d2++)
            for (int d3 = 0; d3 <= 9; d3++)
                for (int d4 = 0; d4 <= 9; d4++) {
                    int num = 1000000 * d1 + 100000 * d2 + 10000 * d3
                        + 1000 * d4 + 100 * d3 + 10 * d2 + d1;
                    if (num < a)continue;
                    if (num > b)return 0;
                    int flag = 1;
                        for (int j = 3; j * j <= num; j++)
                            if (num % j == 0) {
                                flag = 0; break;
                            }
                        if(flag)
                            cout << num << endl;
                }
    return 0;
}
```

本程序比较长,但是结构并不复杂。首先它特殊判断不小于 5 且在两位数以内的回文质数——只有 5、7 和 11,其他的两位数的回文数都是 11 的倍数。可以证明,所有偶数位数的回文数(除了 11 以外)都是 11 的倍数,因此不是质数,证明放在本例最后。因为最大范围到 100000000,又不存在 8 位的回文质数,所以只需要枚举所有的 3 位回文数、5 位回文数和 7 位回文数即可。

可以看出程序中这 3 块代码是非常类似的。以最后一块代码为例,这是枚举 7 位回文数的代码。枚举前面 4 位 d1、d2、d3、d4 这 4 个数码,也就是回文数的前 4 位,然后将其构造成一个 7 位的回文数。由于前 4 位组成的 4 位数字的枚举顺序是从小到大,生成出来的数字也是从小到大的。如果生成出来的数字还没到要求的下限 a,那么就继续枚举;如果得到的数字超过了上限 b,后边枚举出来的数字一定还是会大于 b,那就中止枚举,退出程序。这里的 d1 只会枚举奇数,因为个位数也是 d1,如果 d1 是偶数则该回文数一定不是质数了,可以减少一些枚举次数。

得到枚举出来的回文数 num,就要判断这个数字是否是质数了。首先定义一个变量 flag,假设 num 是一个质数,设置它的初始值为 1,然后从 3 枚举到 $\sqrt{num}$ 依次判断是否整除(没必要枚举 2,因为不可能是偶数)。如果能整除就将 flag 设置为零并跳出循环。如果所有枚举的因数都不能整除 num,变量 flag 依然保持为 1,说明它就是质数,将它输出。

还有另外的方法:循环从 1 枚举到 9999,然后分离各个位数的值,然后将其对称地构造回文数,判断是否为质数。但是这么做如何分离各位数也是比较麻烦。如果读者继续学习后续的数组和函数部分,使用循环分离各位数字并存储在数组中,而且使用函数判断是否是质数,那么这个程序就可以写得更加的精炼而不是像这个例子这样冗长了。

> 在不影响结果的情况下,应当尽可能减少循环的次数。在枚举时排除掉一定不可能的情况,这样就可以提升效率,加快程序运行速度。

最后不太严谨地证明一下:所有偶数位数的回文数都是 11 的倍数。因为考虑到严格证明的话需要涉及同余之类的数论知识,为方便读者理解这里放弃了一些严谨性,但结论是正确的。

证明: 假设有 6 位数字 $abcdef$=100000a+10000b+1000c+100d+10e+f。其等号右边起偶数位的数,例如 a 所占的权重是 100000a=(99990a+11a)−a。因为 99…90(偶数个 9)是 11 的倍数,所以括号里的数也是 11 的倍数。同理,其他偶数位 x 的权重对 11 取余数可以获得 −x。

而等号右边起奇数位的数,例如 b 所占权重是 10000b=(9999b)+b,括号里还是 11 的倍数。同理,其他奇数位 x 的权重对 11 取余数可以获得 +x。

将这些权重加起来并除以 11 求余数,括号里的数都消去了,最后只剩下 −a+b−c+d−e+f,也就是(b+d+f)−(a+c+e)。当这个式子是 0 或者 11 的倍数时,最终的 6 位数字也是 11 的倍数。

对于回文数来说,奇数位的和等于偶数位的和,所以前面的式子是 0,所以这个回文数是 11 的倍数。同理,其他偶数位的回文数也是 11 的倍数。

所以除了 11 之外,所有偶数位的回文数都不是质数。

4.4 课后习题与实验

习题 4-1 如果想求一个数列的最大值,还要求出是第几个数字是最大的,该如何实现呢?

习题 4-2 小玉在游泳(洛谷 P1423)。小玉在游泳,第一步能游 2m,可是随着越来越累,力气越来越小,她接下来的每一步都只能游出上一步距离的98%。现在小玉想知道,如果要游到不小于距离 $x(x \leqslant 100)$ m 的地方,她需要游多少步呢?

习题 4-3 数字反转(洛谷 P1307,NOIP2011 普及组)。给定一个整数(其绝对值不大于 10^9),请将该数各个位上的数字反转得到一个新数。新数也应满足整数的常见形式,即除非给定的原数为零,否则反转后得到的新数的最高位数字不应为零。比如输入"-380",输出"-83"。

习题 4-4 斐波那契数列(洛谷 P1720)。观察下面的数列:1 1 2 3 5 8 13 21 34 55 89 144 233… 除了最开始的两个数字,后面的数字都是前面两个数字的和,这就是斐波那契数列。请输出前 $n(n \leqslant 30)$ 项斐波那契数列。

习题 4-5 求极差(洛谷 P5724)。给出 $n(n \leqslant 100)$ 和 n 个整数 $a_i(0 \leqslant a_i \leqslant 1000)$,求这 n 个整数中的极差是什么。极差的意思是一组数中的最大值减去最小值的差。

习题 4-6 最长连号(洛谷 P1420)。输入 $n(n \leqslant 10^4)$ 个不超过 10^9 的正整数,要求输出最长的连续自然数子序列的长度。

习题 4-7 质因数分解(洛谷 P1075,NOIP2012 普及组)。已知正整数 $n(n \leqslant 2 \times 10^9)$ 是两个不同的质数的乘积,试求出两者中较大的那个质数。

习题 4-8 求三角形(洛谷 P5725)。模仿例题,打印出不同方向的正方形或三角形矩阵。例如输入 4,输出:

```
01020304
05060708
09101112
13141516

      01
    0203
  040506
07080910
```

习题 4-9 打分(洛谷 P5726)。现在有 $n(n \leqslant 1000)$ 位评委给选手打分,分值为 0~10。需要去掉一个最高分,去掉一个最低分(如果有多个最高或者最低分,也只需要去掉一个),剩下的评分的平均数就是这位选手的得分。现在输入评委人数和他们的打分,请输出选手的最后得分,精确到两位小数。

习题 4-10 Davor(洛谷 P4956,COCI2017)。Davor 需要筹集 n 元钱。他打算在每个星期一筹集 x 元,星期二筹集 $x+k$ 元,……星期日筹集 $x+6k$ 元,并在 52 个星期时筹集完。其中 x 和 k 为正整数,并且满足 $1 \leqslant x \leqslant 100$。现在请帮忙计算 x 和 k 为多少时,能刚好筹集 n 元。如果有多个答案,输出 x 尽可能大,k 尽可能小。

习题 4-11 津津的储蓄计划(洛谷 P1089,NOIP2004 提高组)。津津每月月初会获得 300 元零花钱,她会预算这个月的花销,并且能做到实际花销和预算的相同。津津制订了一个储蓄计划:每个月的月初,在得到妈妈给的零花钱后,如果她预计到这个月的月末手中还会有不少于 100 元,就会把整百的钱存在妈妈那里,剩余的钱留在自己手中。到了年末,妈妈会返还所有的存款,并且加上 20% 的利息。

然而存在妈妈那里的钱在年末之前不能取出。有可能在某个月的月初,津津手中的钱加上这个月妈妈给的钱,不够这个月的原定预算。如果出现这种情况,津津将不得不在这个月省吃俭用,压缩预算。

现在请根据 1—12 月每个月津津的预算,判断会不会出现这种情况。如果会,输出 –X,其中 X 是第一次出现这种情况的月份;如果不会,计算到年末,妈妈将津津平常存的钱加上 20% 还给津津之后,津津手中会有多少钱。

第 5 章 数组与数据批量存储

计算机运算速度很快,一秒钟可以处理成千上万的数据。之前的例子都是读取一个数据后立刻对这些数据进行处理,然后再也不需要用到这些数据了;有时候,读入数据后还需要将这些数据保存下来,以便以后再次使用。如果保存个别几个数据,可以设立几个变量存储;但是如果要存储成千上万个数据,总不能定义成千上万个变量吧。

既然可以通过循环语句来重复执行结构类似的语句,也有办法一次定义一组成千上万个的相同类型的变量——使用数组,这样就可以把大量的数据存储下来,并随时使用。数组不仅可以存储输入的数据,还能存下运算过程中的"半成品"甚至答案,是 C++ 中非常重要的一部分。图 5-1 所示为本章思维导图。

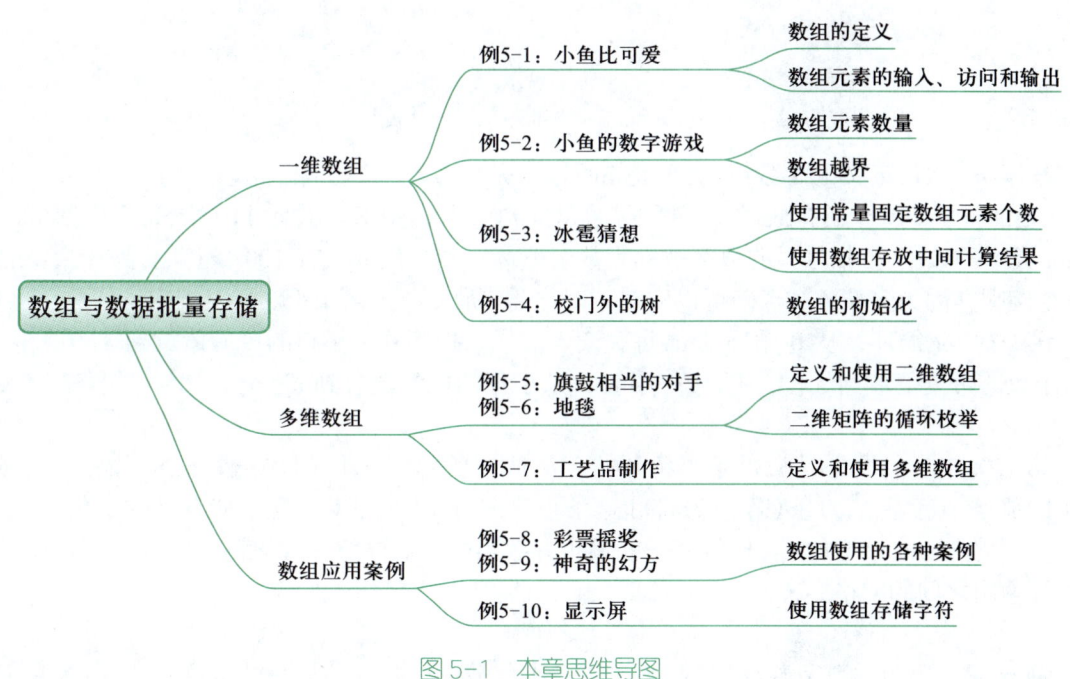

图 5-1 本章思维导图

5.1 一维数组

例 5-1 小鱼比可爱(洛谷 P1428)。$n(n \leq 100)$ 只小鱼最近参加了一个"比可爱"比赛,比的是每条鱼的可爱程度。参赛的鱼被从左到右排成一排,头都朝向左边。每条鱼会有一个整数数值,表示这条鱼的可爱程度,而且可能存在可爱程度相同的两条鱼。由于所有的鱼头都朝向左边,它们在心里都在计算,在自己的眼力范围内有多少条鱼不如自己可爱呢。

分析: 对于每条小鱼来说,都要查找一下之前读入过的所有小鱼的数据,然后进行比较。所以读入的数据不能就这么丢了,必须要存储下来!可以使用**数组**来存下这些数据。

定义一维数组的方式是"数组类型 数组变量名称[元素个数];",代码如下:

```
#include<iostream>
using namespace std;
int main() {
    int a[110], n;
    cin >> n;
    for (int i = 0; i < n; i++) // 读入每条鱼的可爱值
        cin >> a[i];
    for (int i = 0; i < n; i++) { // 枚举n条鱼
        int cnt = 0;
        for (int j = i - 1; j >= 0; j--)   // 从第i个位置倒着往前找
            if (a[j] < a[i])
                cnt++; // 如果找到比第i条鱼没有比不上,计数器就增加1
        cout << cnt << ' ';
    }
    return 0;
}
```

程序第 4 行,定义了 a 数组,类型是 int,数量是 110 个。这回就不是在操作台准备一个碗了,而是准备了 110 个碗排成一排,碗的编号从 a[0]到 a[109],共计 110 个,每个碗都可以盛放 int 类型的数据,方括号里的数字被称为数组下标。不是最多只有 100 条鱼吗,为什么要准备 110 个碗呢?因为多准备一点碗可以应对不时之需,所以数组空间多开 10 个比较好。

第一次 for 循环,i 从 0 循环到 n,每次读入 a[i],把第 0 条小鱼的可爱值放到 a[0]中,第 1 条小鱼的可爱值放到 a[1]中,……第 n-1 条小鱼的可爱值放到 a[n-1]中。这样就读入完毕了。

第二次 for 循环,还是从每条小鱼开始。从这条(第 i 条)小鱼的左边那条开始,一直到最开头的那条小鱼为止,每条(第 j 条)都和这条小鱼进行比较,如果发现不如自己的小鱼(a[j]<a[i]),计数器 cnt 就增加 1。比较完毕就输出计数器的值。注意,每次都要清空计数器,而且不要漏掉输出之间的空格。

例 5-2 小鱼的数字游戏(洛谷 P1427)。小鱼最近被要求参加一个数字游戏,要求它记忆一串数字(个数不定,最多不超过 100 个,数字大小不超过 $2^{32}-1$,最后以 0 结束),然后反着念出来(表示结束的数字 0 就不要念出来了)。这对小鱼的那点记忆力来说实在是太难了,请你帮小鱼编程解决这个问题。

分析: 和上面差不多,一个一个读入数字,存入数组,从 a[0]存到 a[n-1](一共有 n 个数字),然后再从 a[n-1]开始,逆序输出,直到输出到 a[0]为止。代码如下:

```
#include<iostream>
using namespace std;
int main() {
    int n = 0, tmp, a[110];
    do {
        cin >> tmp; a[n] = tmp; n++; // 本行可以替代成cin>>a[n++];
    } while (tmp != 0);
    n--; // 或者 --n;
    while (n--) // 不能写成 while (--n)
        cout << a[n] << ' ';
    return 0;
}
```

最初 n 从 0 开始，每次读入 tmp 变量，然后 a[n] 赋值成 tmp，然后 n 增加 1，直到 tmp 读到 0 为止。当要读入 100 个非零整数时，数组从 a[0] 一直读到 a[99]，此时 n 变为了 100。如果刚好只定义到了 a[100]，实际上可以使用的数组元素只有 a[0] 到 a[99]，没有 a[100]。如果这时读入最后的一个 0，就会访问 a[100]，这就会导致**数组越界**。数组越界一般来说不会导致运行时错误，但是经常会导致一些其他的后果（比如把其他无关变量的值给改掉了）。

读入后就要输出，需要将 n 减 1，因为刚刚进行了 n++，此时的 n 是指向下一个待存变量的位置，所以要减回去。接下来就是使用 while 语句，首先判断 n 是否为 0，然后对 n 减 1，接着依次输出 a[n] 的值。由于开始时 a[n] 是最后读入的 0，不需要输出，所以可以先自减，然后输出 a[n]。当判断 n 是 0 的时候，说明 a[0] 上一轮循环已经输出过了，这时就可以退出循环，结束程序。

例 5-3 冰雹猜想（洛谷 P5727）。给出一个正整数 $n(n \leqslant 100)$，然后对这个数字一直进行下面的操作：如果这个数字是奇数，那么将其乘 3 再加 1，否则除以 2。经过若干次循环后，最终都会回到 1。经过验证很大的数字（7×10^{11}）都可以按照这样的方式比变成 1，所以称为"冰雹猜想"。例如当 n 是 20，变化的过程是 [20, 10, 5, 16, 8, 4, 2, 1]。

根据给定的数字，验证这个猜想，并从最后的 1 开始，倒序输出整个变化序列。例如当输入 "20" 时，输出应当是 "1 2 4 8 16 5 10 20"。已知变化次数不会超过 200 次。

分析：按照题目的要求计算数字，并像上一个例子一样依次将计算结果存入数组，直到计算到了 1 为止。最后使用 for 循环倒序输出。while 语句和 do-while 只是在判定循环条件的位置不一样，是可以相互转换的。代码如下：

```
#include<iostream>
using namespace std;
#define MAXN 205
int main() {
    int n, num = 0, a[MAXN];
    cin >> n;
    while (n != 1) {
        a[num] = n; num++; // 本行可以替代成a[num++]=n;
```

```
        if (n % 2 == 0)n /= 2;
        else n = 3 * n + 1;
    }
    a[num] = 1;    // 将最后的 1 加入数组
    for (int i = num; i >= 0; i--)    // 倒序输出
        cout << a[i] << ' ';
    return 0;
}
```

首先使用宏定义,将 MAXN 定义为 205。然后,依然定义一个 a 数组,一共有 MAXN 个元素,也就是 205 个元素。这么做的目的是:在要定义多个个数相同的数组时,如果需要调整数组大小,只要调整 MAXN 定义的数字即可,而不需要逐一调整。在定义数组时,个数应当是一个确定的正整数,这个正整数可以是直接数字的形式(如 a[205])、表达式(如 a[200+5])、宏定义或者 const 整数常量(如 a[MAXN]),但是定义个数不可以是一个变量,比如定义成 a[n]是不可以的,因为 n 不是固定的常量。

for 循环中 i 从 num 开始循环,每次减少 1,直到它小于 0 终止循环。这里特别要注意的是,如果使用倒序循环,那么不要习惯性地录入成 i++,要不然就成为死循环了。此外,变量 num 因为是在主函数中定义的,所以使用前必须初始化,否则运行时就会出问题。

例 5-4 校门外的树(洛谷 P1047,NOIP2005 普及组)。有一条长度为 L 的马路上有一排树,每两棵相邻的树之间的间隔都是 1m。可以把马路看成一个数轴,马路的一端在数轴 0 的位置,另一端在 L 的位置;数轴上的每个整数点,即 0,1,2,…,L,都种有一棵树。

由于马路上有一些区域要用来建地铁。这些区域用它们在数轴上的起始点和终止点表示。已知任一区域的起始点和终止点的坐标(a,b)都是整数,区域之间可能有重合的部分。现在要把这些区域中的树(包括区域端点处的两棵树)移走。你的任务是计算将这些树都移走后,马路上还有多少棵树。

分析: 建立一个数组,模拟每一个点的树是否还在,如果这个点的树还在,则该数组元素的值为 0,否则就是 1。最开始所有数组元素都是 0。每次移掉树木,将这一段从左到右的所有元素都设置为 1。最后,循环枚举路上的每一个点,统计有多少个点是 0 即可,代码如下:

```
#include <iostream>
// #include <cstring>
using namespace std;
int main() {
    int l, m, tree[10010] = {0}, a, b, s = 0;
    cin >> l >> m;
    // memset(tree, 0, sizeof(tree));
    for (int i = 0; i < m; i++) {
        cin >> a >> b;
        for (int j = a; j <= b; j++)
            tree[j] = 1;
    }
```

```
    for (int i = 0; i <= 1; i++)
        if (tree[i] == 0) s++;
    cout << s << endl;
    return(0);
}
```

在之前的章节中提到过,在函数体(比如 main 函数)中定义的变量,必须要初始化才能直接引用,否则不知道变量里面装的都是些什么。数组也需要**数组初始化**,只不过数组不是单个元素,而是由很多个元素组成。数组初始化的方法也很简单,在定义数组后面加上 ={0} 就可以将整个数组初始化为 0;如果是 int a[10010]={1},那么可不是将数组全部初始化为 1,而是将 a[0] 赋值成 1,后面剩余的都初始化为 0;还可以初始化为 int a[10010]={5,2,1},这样的话,a[0]、a[1]、a[2] 分别就是 5、2、1,后面剩余的还是 0。

除了在定义数组时可以初始化,数组还可以随时使用 memset 函数(需要 cstring 头文件),将数组内的全部"填充"成 0,以达成初始化的效果。方法是 memset(数组名称,0,sizeof(数组名称))。如果数组是 int 类型,那么中间的一项只有是 0 或者 -1 的时候,数组的每一项值才会被变成 0 或者 -1,其他的值并不能达成你所想象的效果,具体原因不在这里深究。

5.2 多维数组

例 5-5 旗鼓相当的对手(洛谷 P5728)。现有 $N(N \leq 1000)$ 名同学参加了期末考试,并且获得了每名同学的信息:语文、数学、英语成绩(均为不超过 150 的自然数)。如果某对学生 <i,j> 的每一科成绩的分差都不大于 5,且总分分差不大于 10,那么这对学生就是"旗鼓相当的对手"。现在想知道这些同学中,有几对"旗鼓相当的对手"? 同样一个人可能会和其他好几名同学结对。

分析:如果说一维数组是一排容器,那么多维数组就是一片容器的矩阵了。可以建立一个 $3 \times MAXN$ 的二维数组 a,这样相当于有一个 3 行 MAXN 的表格可以用来存放东西了。其实二维数组的本质也是一个一维数组,只是这个一维数组的每一个元素不是一个 int,而还是一个一维数组。

和一维数组类似,定义 a[3][MAXN] 后,可以用 a[i][j] 来访问第 i 行、第 j 列的元素。需要注意的是,i 的范围是 0 到 2,没有 3。不过,考虑到第一维的数组下标无论怎么样都没有越界的可能,所以可以不用考虑余量,也就不需要多定义了。a[0][i] 存储了第 i 名同学的语文成绩,a[1][i] 存储了他的数学成绩,a[2][i] 存储了他的英语成绩。使用数组记录下读入的每名同学的所有信息,然后枚举任意一对同学来判断这一对同学是不是"旗鼓相当的对手"即可。如果发现符合条件,就在答案变量中增加 1。

```
#include <iostream>
#include <cmath>
#define MAXN 1024
using namespace std;
int main() {
```

```
int n, a[3][MAXN], ans = 0;
cin >> n;
for (int i = 1; i <= n; i++)
    cin >> a[0][i] >> a[1][i] >> a[2][i];
for (int i = 1; i <= n - 1; i++)  // 枚举第一个学生 i
    for (int j = i + 1; j <= n; j++)  // 枚举第二个学生 j
        if (abs(a[0][i] - a[0][j]) <= 5
            && abs(a[1][i] - a[1][j]) <= 5
            && abs(a[2][i] - a[2][j]) <= 5
            && abs(a[0][i]+a[1][i]+a[2][i]-a[0][j]-a[1][j]-a[2][j])<=10
            )
            ans++;  // 如果这两名学生是旗鼓相当的对手，那么 ans++
cout << ans << endl;
return 0;
}
```

在程序中，由于要枚举所有两个不一样的对象，可以使用两重循环——外层循环变量 i 从 1 枚举到 n−1，内层循环变量 j 从 i+1 枚举到 n，这样可以保证 i<j 并且可以不重复、不遗漏地比较所有两个元素了。

例 5-6　地毯（P3397，By 阮行止）。在 $n \times n$ 的格子上有 m 块地毯（$n \leq 50, m \leq 100$），给出每块地毯的两个对角的坐标（x_1, y_1）和（x_2, y_2）。问：最后格子每个点被多少块地毯覆盖。

分析：同样建立一个不小于 50×50 的二维数组 a[MAXN][MAXN] 来模拟地毯的情况。这个二维数组相当于一个棋盘，里面有很多个小格子，每个小格子存储一个数字，记录这个小格子上面堆放了几块地毯。

当有一块左上角为（x_1, y_1），右下角为（x_2, y_2）的地毯覆盖时，a[i][j]（其中 $x_1 \leq i \leq x_2$ 且 $y_1 \leq j \leq y_2$）中的每一个元素都在这块地毯的覆盖范围中，因此对这一片范围中的每一个元素增加 1（使用双重循环）。最后使用双重循环枚举所有格子，输出每个格子的地毯覆盖数量。

```
#include <iostream>
#include <cstdio>
#include <cstring>
#define MAXN 55
using namespace std;
int main() {
    int n, m, a[MAXN][MAXN];
    memset(a, 0, sizeof(a));
    cin >> n >> m;
    for (int i = 1; i <= m; i++) {
        int x1, y1, x2, y2;
        cin >> x1 >> y1 >> x2 >> y2;
        for (int j = x1; j <= x2; j++)
            for (int k = y1; k <= y2; k++)
```

```
                a[j][k]++;
                // 对于每块地毯覆盖的所有格子，把其值++，代表被覆盖了一次
    }
    for (int i = 1; i <= n; i++)
        for (int j = 1; j <= n; j++)
            cout << a[i][j] << (j == n ? '\n' : ' ');
            // 输出这个二维数组每个位置的值
    return 0;
}
```

原题数据范围较大，需要使用二维前缀和的思路，感兴趣的同学可以查阅相关资料。

例 5-7　工艺品制作（洛谷 P5729）。现有一个长、宽、高分别为 w、x、h（$1 \leq w,x,h \leq 20$）的实心玻璃立方体，可以认为是由 $1 \times 1 \times 1$ 的数个小方块组成的，每个小方块都有一个坐标 (i,j,k)。现在需要进行 q（$q \leq 100$）次切割。每次切割给出 (x_1,y_1,z_1) 和 (x_2,y_2,z_2) 这 6 个参数，保证 $x_1 \leq x_2, y_1 \leq y_2, z_1 \leq z_2$；每次切割时，使用激光工具切出一个立方体空洞，空洞的壁平行于立方体的面，空洞的对角点就是给出的切割参数的两个点。

换句话说，所有满足 $x_1 \leq i \leq x_2, y_1 \leq j \leq y_2, z_1 \leq k \leq z_2$ 的小方块 (i,j,k) 的点都会被激光蒸发。例如有一个 $4 \times 4 \times 4$ 的大方块，其体积为 64；给出参数 $(1,1,1)$ 和 $(2,2,2)$ 时，中间的 8 块小方块就会被蒸发，剩下 56 个小方块。现在想知道经过所有切割操作后，剩下的工艺品还剩下多少个小方块的体积？

分析：C++ 中的数组不仅可以支持二维数组，还能建立更多维数的数组。在本例中，建立了一个三维数组 v[22][22][22] 来模拟立方体的每一个小方块的情况，记录每个小方块是否还存在。每次操作就是把三维各在一个区间内的小方块全部消除，类似于上一个例题的覆盖地毯，把这个三维数组三维在一个区间内的值全部赋值为 0。当进行完所有操作之后，使用三重循环枚举每个小方块，看看每个位置是否为 1 即可，如果是 1，答案就增加 1，最后输出答案。

```
#include <iostream>
#include <cstdio>
using namespace std;
int main() {
    int v[22][22][22], w, x, h, q, x1, x2, y1, y2, z1, z2, ans = 0;
    cin >> w >> x >> h >> q;
    for (int i = 1; i <= w; i++)
        for (int j = 1; j <= x; j++)
            for (int k = 1; k <= h; k++)
                v[i][j][k] = 1;
    // 先把三维数组的每个位置赋值为 1
    while (q--) {
        cin >> x1 >> y1 >> z1 >> x2 >> y2 >> z2;
        for (int i = x1; i <= x2; i++)
            for (int j = y1; j <= y2; j++)
```

```
                    for (int k = z1; k <= z2; k++)
                        v[i][j][k] = 0;
                // 对每个操作，把删掉的小方块所对应的数组位置赋值为 0
    }
    for (int i = 1; i <= w; i++)
        for (int j = 1; j <= x; j++)
            for (int k = 1; k <= h; k++)
                ans += v[i][j][k];
                // 所有操作结束之后，对每个小方块看一下是 1 还是 0，计算答案
    cout << ans << endl;
    return 0;
}
```

5.3 数组应用案例

例 5-8 彩票摇奖（洛谷 P2550，安徽省队选拔 2001）。某种彩票的规则如下：

1) 每张彩票上印有 7 个各不相同的号码，且这些号码的取值范围为 1~33。
2) 每次在兑奖前都会公布一个由 7 个各不相同的号码构成的中奖号码。
3) 共设置 7 个奖项，特等奖和一等奖至六等奖。兑奖时并不考虑彩票上的号码和中奖号码中的各个号码出现的位置。兑奖规则如下：

特等奖：要求彩票上的 7 个号码都出现在中奖号码中。
一等奖：要求彩票上有 6 个号码出现在中奖号码中。
二等奖：要求彩票上有 5 个号码出现在中奖号码中。
三等奖：要求彩票上有 4 个号码出现在中奖号码中。
四等奖：要求彩票上有 3 个号码出现在中奖号码中。
五等奖：要求彩票上有 2 个号码出现在中奖号码中。
六等奖：要求彩票上有 1 个号码出现在中奖号码中。

输入 n（$n \leq 1000$）、已知中奖号码和小明买的 n 张彩票的号码，请写一个程序帮助小明判断他买的彩票的中奖情况，也就是特等奖、一等奖到六等奖分别中了几次。

分析： 首先使用数组 a 读入 7 个中奖号码。外层循环是枚举每一张彩票，用 ans 变量来统计这张彩票上的数字是否和某个中奖号码一致，将所有中奖号码对比一下是否相等，如果发现相等，ans 就增加 1。统计完一张后就知道彩票有几个号码和中奖号码相等了，这时就可以使用另外一个数组 num 记录有几个数字和中奖号码相同。最后依次输出中了 7 个数字、6 个数字……一直到 1 个数字的次数，注意输出的顺序。

```
#include <iostream>
using namespace std;
int main() {
    int n, a[10], num[10] = {0};
    cin >> n;
```

```
    for (int i = 1; i <= 7; i++) cin >> a[i]; // 创建一个数组存下中奖号码
    while (n--) { // 用 for 也可以
        int ans = 0;
        for (int i = 1; i <= 7; i++) {
            int x;
            cin >> x;
            for (int j = 1; j <= 7; j++) // 每次比较每个号码是否为中奖号码
                if (a[j] == x)
                    ans++;
        }
        num[ans]++;
    }
    for (int i = 7; i; i--)
        cout << num[i] << (i == 1 ? '\n' : ' '); /* 输出答案,注意最后一个要加换
行而不是空格 */
    return 0;
}
```

例 5-9 神奇的幻方(洛谷 P2615,NOIP2015 提高组)。幻方是一种很神奇的 $N \times N$ 矩阵:它由数字 $1,2,3,\cdots,N \times N$ 构成,且每行、每列及两条对角线上的数字之和都相同。当 N 为奇数时,可以通过以下方法构建一个幻方:首先将 1 写在第一行的中间;之后,按如下方式从小到大依次填写每个数 $K(K=2,3,\cdots,N \times N)$。

1) 若 $(K-1)$ 在第一行但不在最后一列,则将 K 填在最后一行,$(K-1)$ 所在列的右一列。
2) 若 $(K-1)$ 在最后一列但不在第一行,则将 K 填在第一列,$(K-1)$ 所在行的上一行。
3) 若 $(K-1)$ 在第一行最后一列,则将 K 填在 $(K-1)$ 的正下方。
4) 若 $(K-1)$ 既不在第一行,也不在最后一列,如果 $(K-1)$ 的右上方还未填数,则将 K 填在 $(K-1)$ 的右上方,否则将 K 填在 $(K-1)$ 的正下方。

现给定 N,请按上述方法构造 $N \times N$ 的幻方。

分析: 使用一个二维数组 g 来存下这个幻方。从 1 开始,依次按照构造规则进行判断是属于哪一种情况,根据不同的规则将数字填入指定的位置(将题意翻译成代码),并且记录下刚才填写的坐标。最后把这个二维数组输出。

```
#include <iostream>
using namespace std;
int n, g[40][40], x, y;
int main() {
    cin >> n;
    g[1][n / 2 + 1] = 1;
    x = 1; y = n / 2 + 1;
    for (int i = 2; i <= n * n; i++) {
        if (x == 1 && y != n) // 第一行但不是最后一列
            g[n][y + 1] = i, x = n, y++;
```

```
        else if (y == n && x != 1) // 最后一列但不是第一行
            g[x - 1][1] = i, x--, y = 1;
        else if (x == 1 && y == n) // 第一行最后一列
            g[2][n] = i, x = 2;
        else if (x != 1 && y != n) { // 不在第一行，也不在最后一列
            if (g[x - 1][y + 1] == 0) // 右上方未填数
                g[x - 1][y + 1] = i, x--, y++;
            else
                g[x + 1][y] = i, x++;
            continue;
        }
    }
    for (int i = 1; i <= n; i++) {
        for (int j = 1; j <= n; j++)
            cout << g[i][j] << " ";
        cout << endl;
    }
    return 0;
}
```

例 5-10 （选读）显示屏（洛谷 P5730）。液晶屏上，每个阿拉伯数字都是可以显示成 3×5 的点阵的（其中 X 表示亮点，. 表示暗点）。现在给出数字位数（不超过 100）和一串数字，要求输出这些数字在显示屏上的效果。例如，当输入是：

```
10
0123456789
```

输出应当是（注意每个数字之间都有一列间隔）：

```
XXX...X.XXX.XXX.X.X.XXX.XXX.XXX.XXX.XXX
X.X...X...X...X.X.X.X...X.....X.X.X.X.X
X.X...X.XXX.XXX.XXX.XXX.XXX...X.XXX.XXX
X.X...X.X.....X...X...X.X.X...X.X.X...X
XXX...X.XXX.XXX...X.XXX.XXX...X.XXX.XXX
```

分析：显示屏可以分为 7 个显示管，如图 5-2（a）所示，按照 0~6 的对每个显示管进行标号。然后使用一个数组 tubes 来指定每个数字到底有哪些管子是亮的。由于每个数字亮的管子数量还不一样，所以 tubes[i][0] 表示数码 i 要显示几个显示管，而 tubes[i][j] 表示数码 i 的第 j 个显示管的编号是什么。编写程序时需要人工预处理这些数据，并对各数组进行初始化。

然后还需要知道每个显示管对应哪几个点阵。使用 dot 数组存储这些信息。每个显示管可以点亮 3 个点，因此存储下每个显示管相对于左上角的偏移量——往右是增加 y 坐标，往下是增加 x 坐标，如图 5-2（b）所示。这里使用 dot 变量来存储每个显示管的 3 个点的 x 和 y 的迁移

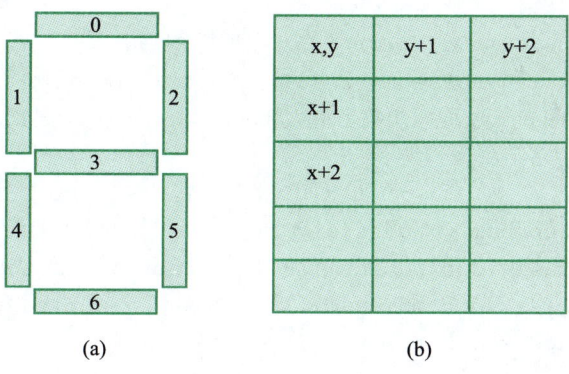

图 5-2 显示管和液晶点阵

量,仍然人工处理数据并初始化。

将数字读入字符数组中,然后开立 out 字符数组用于存储答案。可以知道第 i 个数字中,左上角的 x 坐标是 i*4(使用 basex 变量),y 坐标是 0(使用 basey 变量)。根据上面的信息,枚举这个数字的每一个显示管。对于每一个显示管来说,将它对应的 3 个点的坐标,把 out 数组的指定位置替换成 X。然后输出这个字符数组。代码如下:

```cpp
#include <iostream>
#include <cstdio>
using namespace std;
int main() {
    int tubes[10][8] = { // 数码 i 的第 j 个显示管是什么
        {6, 0, 1, 2, 4, 5, 6}, {2, 2, 5}, {5, 0, 2, 3, 4, 6}, {5, 0, 2, 3, 5, 6}, // 0123
        {4, 1, 2, 3, 5}, {5, 0, 1, 3, 5, 6}, {6, 0, 1, 3, 4, 5, 6}, {3, 0, 2, 5}, // 4567
        {7, 0, 1, 2, 3, 4, 5, 6}, {6, 0, 1, 2, 3, 5, 6} // 89
    };
    int dot [7][3][2] = { // 每个显示管的 3 个点相对于左上角的坐标偏移
        {{0, 0}, {0, 1}, {0, 2}},
        {{0, 0}, {1, 0}, {2, 0}},
        {{0, 2}, {1, 2}, {2, 2}},
        {{2, 0}, {2, 1}, {2, 2}},
        {{2, 0}, {3, 0}, {4, 0}},
        {{2, 2}, {3, 2}, {4, 2}},
        {{4, 0}, {4, 1}, {4, 2}}
    };
    char num[110], out[5][500];
    int n;
    cin >> n;
    for (int i = 0; i < n; i++)
        cin >> num[i];
    for (int i = 0; i < 5; i++)
        for (int j = 0; j < 4 * n - 1; j++)
            out[i][j] = '.';
```

```
    for (int i = 0; i < n; i++) { // 处理每个字符
        int basex = 0, basey = i * 4, digit = num[i] - '0';
        /* basex 和 basey 是每个数字左上角的坐标值，digit 是正在处理哪一个数码（转换成int）*/
        for (int j = 1; j <= tubes[digit][0]; j++) { // 处理每个要被点亮的显示管
            int tubenum = tubes[digit][j]; // 第几个显示管点亮
            out[basex+dot[tubenum][0][0]][basey+dot[tubenum][0][1]] = 'X';
            out[basex+dot[tubenum][1][0]][basey+dot[tubenum][1][1]] = 'X';
            out[basex+dot[tubenum][2][0]][basey+dot[tubenum][2][1]] = 'X';
        }
    }
    for (int i = 0; i < 5; i++, cout << endl)
        for (int j = 0; j < 4 * n - 1; j++)
            cout << out[i][j];
    return 0;
}
```

在程序中使用了 digit 变量和 tubenum 变量作为中间变量，用于记录正在处理哪个数字，以及第几个显示管将被点亮。如果不这么做，这条语句就会写成 out[basex + dot[tubes[num[i]- '0'][j]][0][0]][basey + dot[tubes[num[i]- '0'][j]][0][1]]= 'X';。虽然它们的意思是一样的，但是这条语句非常冗长难懂，因此如果用到了复杂的数组下标表示，可以利用中间变量来简化下标运算。

本题有点不好理解，且做法不唯一，请读者仔细阅读并尝试实现。

5.4 课后习题与实验

习题 5-1 梦中的统计(洛谷 P1554,USACO 未知年份比赛)。给出两个整数 M 和 N ($1 \leq M \leq N \leq 2 \times 10^9, N-M \leq 500000$)，求每一个数码(从 0 到 9)出现了多少次。

习题 5-2 珠心算测试(洛谷 P2141,NOIP2014 普及组)。给出 $n(n \leq 100)$ 个不超过 10000 互不相同的正整数，求这些数字中，有多少个数恰好等于集合中另外两个不同的数之和。

习题 5-3 爱与愁的心痛(洛谷 P1614)。给出 $n(n \leq 3000)$ 个不超过 100 的非负整数，组成一个序列。求一个长度为 $m(m \leq n)$ 的连续子序列(也就是 m 个连续的数字)，使其和最小。例如 8 个数字组成的序列 [1,4,7,3,1,2,4,3] 求一个长度为 3 的连续子序列，当子序列为 [3, 1,2] 时，总和最小值为 6。

提示：尝试仅使用一重循环完成此题，没有必要重复计算求和的过程。

习题 5-4 牛骨头(洛谷 P2911,USACO2008 October)。贝茜有了 3 个骰子,这 3 个不同的骰子的面数分别为 $S_1、S_2、S_3(1 \leq S_1,S_2,S_3 \leq 40)$。对于一个有 S 面的骰子每面上的数字是 $1,2,\cdots,S$。每面上的数字出现的概率均等。现在给出每个骰子的面数，贝茜希望找出在所有"3 面上的数字的和"中，哪个和的值出现的概率最大。如果有很多个和出现的概率相同，那么只需要输出最小的那个。例如骰子的面分别是 3、2、3 时，其和为 5 或 6 出现的可能性最大，答案就是 5。

习题 5-5 开灯(洛谷 P1161)。路上有无数盏关着的灯，编号为 1,2,3,…。"反向操作"是指将关着的灯打开，或者把打开的灯关上。一共有 $n(n \leq 5000)$ 次操作，第 i 次操作给出两

个数 a_i 和 t_i,其中 a_i 是 1~1000 的实数,$t_i \leq T$。每次操作需要把所有编号为 $\lfloor a_i \rfloor$,$\lfloor 2 \times a_i \rfloor$,$\lfloor 3 \times a_i \rfloor$,…,$\lfloor t_i \times a_i \rfloor$ 的灯全部"反向操作"一次。所有操作结束后,编号最小的开着的灯是哪一盏?

本题中 $\lfloor x \rfloor$ 是将实数向下取整,例如 $\lfloor 2 \rfloor = \lfloor 2.1 \rfloor = \lfloor 2.9 \rfloor = 2$。测试数据保证对于所有的 i 来说,$t_i \times a_i$ 的最大值不超过 2000000,且所有 t_i 的总和不超过 2000000。

习题 5-6　蛇形方阵(洛谷 P5731)。输出蛇形方阵。例如输入 4 时,输出:

```
 1  2  3  4
12 13 14  5
11 16 15  6
10  9  8  7
```

习题 5-7　杨辉三角(洛谷 P5732)。给出 $n(n \leq 20)$,输出杨辉三角的前 n 行。例如当 $n=6$ 时,输出:

```
1
1 1
1 2 1
1 3 3 1
1 4 6 4 1
1 5 10 10 5 1
```

习题 5-8　Mc 生存——插火把(洛谷 P1789)。有一天,linyorson 在"我的世界"中新建了一个 $n \times n (n \leq 100)$ 的方阵,现在他有 m 个火把和 k 个萤石,分别放在 (x_1,y_1),…,(x_m,y_m) 和 (o_1,p_1),…,(o_k,p_k) 的位置,没有光或没放东西的地方会生成怪物。请问:在这个方阵中有几个点会生成怪物?

火把的照亮范围是:

```
|暗|暗|光|暗|暗|
|暗|光|光|光|暗|
|光|光|火把|光|光|
|暗|光|光|光|暗|
|暗|暗|光|暗|暗|
```

萤石:

```
|光|光|光|光|光|
|光|光|光|光|光|
|光|光|萤石|光|光|
|光|光|光|光|光|
|光|光|光|光|光|
```

习题 5-9　压缩技术(洛谷 P1319)。设某汉字由 $N \times N$ 的 0 和 1 的点阵图案组成。依照以下规则生成压缩码的连续一组数值:从汉字点阵图案的第一行第一个符号开始计算,从左到右,由上至下。第一个数表示连续有几个 0,第二个数表示接下来连续有几个 1,第三个数表示再接下来连续有几个 0,第四个数接着连续几个 1,以此类推。例如以下汉字点阵图案:

```
0001000
0001000
0001111
0001000
0001000
0001000
1111111
```

对应的压缩码是:7 3 1 6 1 6 4 3 1 6 1 6 1 3 7(第一个数是 N,其余各位交替表示 0 和 1 的个数,压缩码保证 $N \times N=$ 交替的各位数之和)。

现在给出压缩码,请求出汉字点阵图(不留空格)。

习题 5-10 压缩技术——续集版(洛谷 P1320)。压缩方法和上例一样,但是给出汉字的点阵图,需要求出对应的压缩码。

习题 5-11 方块变换(洛谷 P1205,USACO Training)。一块 $N \times N(1 \leq N \leq 10)$ 正方形的黑白瓦片的图案(输入中由 @ 和 - 组成)要被转换成新的正方形图案。写一个程序来找出将原始图案按照以下转换方法转换成新图案的最小方式。

1) 转 90°:图案按顺时针转 90°。
2) 转 180°:图案按顺时针转 180°。
3) 转 270°:图案按顺时针转 270°。
4) 反射:图案在水平方向翻转(以中央铅垂线为中心形成原图案的镜像)。
5) 组合:图案在水平方向翻转,然后再按照 1~3 之间的一种再次转换。
6) 不改变:原图案不改变。
7) 无效转换:无法用以上方法得到新图案。

如果有多种可用的转换方法,请选择序号最小的那个。需要注意的是,转换操作只有 1 次。例如输入样例是

```
3
@-@
---
@@-
@-@
@--
--@
```

可以发现,原图(输入数据的 2~4 行)按顺时针旋转 90° 可以变为所给图形转换后的图形(输入数据的后 3 行),所以输出 1。

第 6 章　字符串与文件操作

计算机并不仅仅能够处理数学问题,还可以用来处理文字,比如写文章、处理代码、记录信息等,如果需要将各种语句记录在计算机中,就要用到字符串或者字符数组。

在本书的开始已经尝试输出过"I love Luogu"的字符串,也介绍过单个字符和数字对应的 ASCII 编码。本章将介绍字符串的存储和处理方法,同时也初步接触 STL,这使得我们可以"站在前人的肩膀上"完成程序,简化编程的难度。

本章的最后一部分介绍文件输入输出,包括 NOI 系列比赛在内的很多比赛的输入输出要求。图 6-1 所示为本章思维导图。

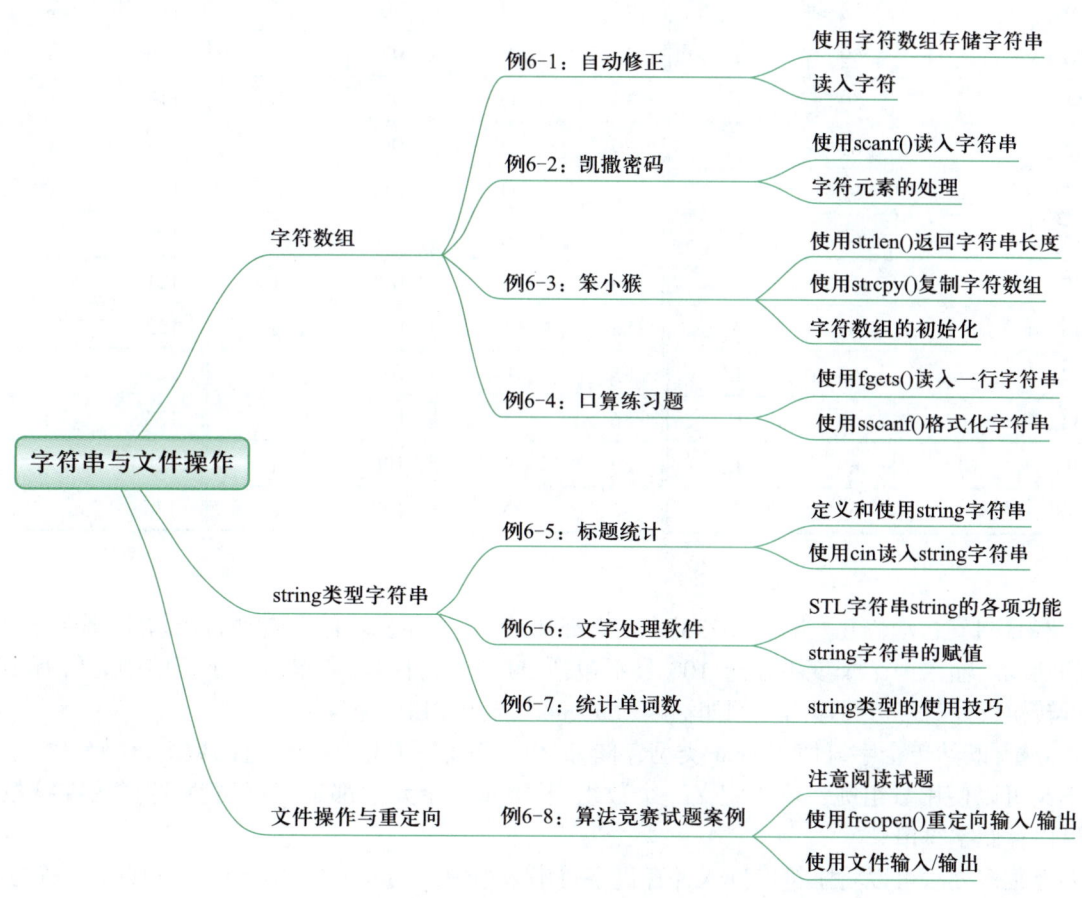

图 6-1　本章思维导图

6.1 字符数组

字符数组实质上和整数数组没什么区别,只是数组中的每一个元素都是一个字符(实际上,都是存成对应 ASCII 的数字)。将这些字符存储下来,便组成了一串字符,可以进行进一步操作。为了方便读者,再次放上 ASCII 表(见表 6-1)。当然,读者并不需要把这个表背下来,只需要记住几个重要的对应数字就可以了(比如 '0'、'A'、'a')。

表 6-1 ASCII 表

数字	对应字符	数字	对应字符	数字	对应字符	数字	对应字符	数字	对应字符
32	[空格]	51	3	70	F	89	Y	108	l
33	!	52	4	71	G	90	Z	109	m
34	"	53	5	72	H	91	[	110	n
35	#	54	6	73	I	92	\	111	o
36	$	55	7	74	J	93	]	112	p
37	%	56	8	75	K	94	^	113	q
38	&	57	9	76	L	95	_	114	r
39	'	58	:	77	M	96	`	115	s
40	(	59	;	78	N	97	a	116	t
41	)	60	<	79	O	98	b	117	u
42	*	61	=	80	P	99	c	118	v
43	+	62	>	81	Q	100	d	119	w
44	,	63	?	82	R	101	e	120	x
45	-	64	@	83	S	102	f	121	y
46	.	65	A	84	T	103	g	122	z
47	/	66	B	85	U	104	h	123	{
48	0	67	C	86	V	105	i	124	|
49	1	68	D	87	W	106	j	125	}
50	2	69	E	88	X	107	k	126	~

例 6-1 自动修正(洛谷 P5733)。大家都知道,一些办公软件有自动将小写字母转换为大写的功能。输入一个长度不超过 100 且不包括空格的字符串。要求将该字符串中的所有小写字母转换成大写字母并输出。例如输入"Luogu4!",输出"LUOGU4!"。

分析:既然单个字符使用 char 类型存储,回想一下上一章刚刚介绍过的数组,存储一排字符是不是可以使用数组呢?可以定义一个数组,其中每一个元素都是字符类型,这样的**字符数组**就可以**存储字符串**。

有很多办法可以将字符串读入并存进字符串数组中。用 scanf("%s",s);语句读入一个字符串,其中 %s 表示读入的这个数据的类型是字符串,s 是定义的字符数组名(注意,这里的 s 前面没有表示取地址的 &)。类似的可以使用 cin >> s 来读入这个字符串。需要注意的是,这两种读入方式只能读入到空格或者换行符为止,如果输入包括空格或者换行但是又想读进同一个字符数组中,就要想想别的办法啦。代码实现如下:

```
#include <iostream>
#include <cstdio>
using namespace std;
int main() {
    char s[110];
    scanf("%s", s); // 读入这个字符串，还可以使用 cin>>s; 语句
    for (int i = 0 ; s[i] != '\0' ; i++)
        if ('a' <= s[i] && s[i] <= 'z') /* 如果这个字符在 'a' 到 'z' 中间，说明是小写字母 */
            s[i] -= 'a' - 'A'; // 把这个字母转换成对应的大写字母，减去偏移量
    printf("%s\n", s); // 输出这个字符串，还可以使用 cout<<s<<endl; 语句
    return 0;
}
```

观察 ASCII 表,小写字母的顺序和大写字母的顺序分别是按照字母表顺序给出的,'a'-'A' 就是小写字母和对应大写字母的 ASCII 的差距,注意小写字母的 ASCII 编码比较大。如果判断得到这是一个小写字母,就将其减去这个差距,这样得到的 ASCII 值对应的就是大写字母了。

这个字符串实际上在字符数组中的储存方式如图 6-2 所示。

s[0]	s[1]	s[2]	s[3]	s[4]	s[5]	s[6]	s[7]
76 'L'	117 'u'	111 'o'	103 'g'	117 'u'	52 '4'	33 '!'	0 '\0'

图 6-2　字符数组的存储方式

数组 s 中的每一个元素,都储存了一个不超过 127 的整数,这些整数代表了对应的 ASCII 编码字符。最开始的那个字符存储在 s[0] 中。这个字符串虽然只有 7 个字符,但这个字符数组却占了 8 位(s[0] 到 s[7])。字符串结束后,还需要有一个特殊的"结束标记字符"——'\0',其对应的数字就是 0。这个结束标记用于提示一个字符串的结束位置,输出时碰到这个标记就停止输出了。顺带一提,类似这样的"特殊字符"还有好几个,除了这里介绍过的 '\0' 还有表示换行的 '\n',如果要表示一个单引号就写成 '\''。请读者思考一下,如何表示一个反斜杠(\)呢?

当然,也可以不用读入整个字符串,而是每次读入一个字符,判断是否需要处理,再将这个字符直接输出。这里可以使用 getchar( ) 函数获取输入数据中的一个字符(读入后就准备读取接下来的字符了),而相应的,putchar( ) 函数则是输出一个字符。

```
#include <iostream>
#include <cstdio>
using namespace std;
int main() {
    char s;
    while (1) {
```

```
        s = getchar(); // 每次调用getchar()函数，读入一个字符
        if (s == EOF) break;
        if ('a' <= s && s <= 'z') // 如果这个字符是小写字母
            s += 'A' - 'a'; // 把它转换成大写字母，这样写和上面是一样的
        putchar(s); // 调用putchar()函数，输出一个字符
    }
    return 0;
}
```

运行程序，结果发现无论输入什么，程序都没有反应，这是因为程序不认为输入已经结束了，继续在等待输入。遇到这种情况，输入完字符串后，按一下 Ctrl+Z 组合键，再按一次回车，就可以完成读入了。程序中读入一个字符都会判断是否读完了整个文件，如果文件被读完了，那么 getchar() 函数会返回 EOF（一个特殊的常量），即 End of File，这标志着读入已经结束了。在控制台中可以使用 Ctrl+Z 组合键（Windows 下）或者 Ctrl+D 组合键（Linux 下）来输入 EOF 标记提示程序输入已经完毕。

> 至于一些教材使用的 gets() 函数将字符串读入字符数组，由于存在字符数组越界的风险，已经不再建议使用，新的 C++11 标准更是删除了这个函数。而输出一个字符串还可以使用 puts() 方法，同时会自动输出换行，这倒是还能使用。

例 6-2 凯撒密码（洛谷 P1914）。凯撒密码是由原文字符串（由不超过 50 个小写字母组成）中每个字母向后移动 n 位形成的。z 的下一个字母是 a，如此循环。给出 n 和移动前的原文字符串，请求出密码。

分析： 读入这个字符串，然后将每个字符处理后输出。既然往后面移动 n 位，直接在这个字符上加上 n 输出不就可以了吗？并不行，因为加上 n 之后，对应的 ASCII 编码就有可能超出 'a' 到 'z' 的区间，不知道会输出什么了。题目要求 'z' 的下一个是 'a'，如此循环，因此需要思考别的方法。

使用 s[i]-'a' 计算这个小写字母是字母表中的第几个（'a' 是第 0 个，'b' 是第 1 个，确切地说是和 'a' 的偏移量）。然后加上 n，得到目标字母的位置，比如说 'b' 这个字母移动 4 位，就是第 1 个字母向右移动 4 位，是第五个字母，即 'f'。为了要求这个位置始终在 0 到 25 之间，需要对 26 取模。最后还要加回 'a'，变成 ASCII 中对应的字母。代码实现如下：

```
#include <iostream>
#include <cstdio>
using namespace std;
int main() {
    int n;
    char s[60];
    scanf("%d %s", &n, s);     // 读入字符串
    for (int i = 0 ; s[i] ; i++)
        putchar((s[i] - 'a' + n) % 26 + 'a'); // 计算偏移量并还原
    return 0;
}
```

例 6-3 笨小猴(洛谷 P1125, NOIP2008 提高组)。给出一个单词(由不超过 100 个小写字母组成),假设 maxn 是单词中出现次数最多的字母的出现次数,minn 是单词中出现次数最少的字母的出现次数,如果 maxn-minn 是一个质数,那么笨小猴就认为这是个 Lucky Word,输出 Lucky Word,然后在第二行输出 maxn-minn 的值;否则输出 No Answer,第二行输出 0。

分析: 读入每个字符串之后,用一个数组记录从 'a' 到 'z' 中每个字母出现的数量(注意这里 a[i]-'a' 可以将字母 'a' 到 'z' 转换为 0 到 25 的数字),然后再使用"打擂台"的思路来寻找出现次数最多字母的次数和最少次数(最少次数不能为 0),最后判断这个差是否为质数即可。需要注意的是,0 和 1 都不是质数。代码如下:

```cpp
#include <cstdio>
#include <iostream>
#include <cstring>
using namespace std;
int main() {
    char a[110];
    int ans[26] = {0}; /* ans[0] 到 ans[25] 分别代表 'a' 到 'z' 出现的次数,注意要初始化 */
    int l, mmax, mmin, delta; /* 字符长度,出现次数最多的字母出现次数和出现次数最少的字母出现次数,以及差值 */
    scanf ("%s", a);
    l = strlen (a);
    for (int i = 0; i < l; i++)
        ans[a[i] - 'a']++; // 统计增加某个字母的数量
    mmax = 0; mmin = 10000; // 最大最小值初始化
    for (int i = 0; i < 26; i++) { // 寻找每个字母的最大值和最小值
        if (ans[i] > mmax) mmax = ans[i]; // 如果超过最大值
        if (ans[i] != 0 && ans[i] < mmin) mmin = ans[i]; /* 如果小于最小值,但是不能为 0*/
    }
    delta = mmax - mmin;
    if (delta == 0 || delta == 1) { // 质数特判
        printf ("No Answer\n0\n");
        return 0;
    }
    for (int h = 2; h * h <= delta; h++) // 枚举质数
        if (delta % h == 0) {
            printf ("No Answer\n0\n"); // 直接输出答案并退出程序
            return 0;
        }
    printf ("Lucky Word\n%d\n", mmax - mmin);
    return 0;
}
```

这里遇到了新的函数和头文件。首先知道输入的字符串的长度,除了对字符串从前到后枚举 '\0' 的位置以外,还可以使用 strlen 函数来查询字符串的长度。该函数包含在 cstring 头文件里的,这个头文件里面还有其他的一些函数可用于处理字符数组,比如,strcpy 可用来复制字符数组、strcmp 可用于比较两个字符数组(按照字典序)等,这里不再详细叙述。

字符数组如何赋值一个字符串常量呢? 不能直接赋值,因为字符数组的数组名也只是一个数组名。可以使用 strcpy ( ) 函数来复制一遍字符串常量到字符数组中,例如 char a [100];strcpy (a, "hello");。类似的,将字符数组 b 的字符串中的内容赋值到字符数组 a,也是不能直接赋值的,必须用 strcpy (a,b)。但是在初始化的时候例外:在初始化的时候可以像初始化数组那样赋值一个字符串常量,例如 char a [100]="Luogu!"。

例 6-4 口算练习题(洛谷 P1957)。王老师收集了 i($i \leqslant 50$)道学生经常做错的口算题,并且想整理编写成一份练习。王老师希望尽量减少输入的工作量,比如 5+8 的算式最好只输入 5 和 8,输出的结果要尽量详细以方便后期排版使用。对于上述输入进行处理后,输出 5+8=13 以及该算式的总长度 6。

输入数据第 1 行是 i,接着的 i 行是需要输入的算式,每行可能有 3 个数据或两个数据。

1) 若该行是 3 个数据,则第一个数据表示运算类型,a 表示加法运算,b 表示减法运算,c 表示乘法运算,接着的两个数据表示参加运算的运算数。

2) 若该行是两个数据,则表示本题的运算类型与上一题的运算类型相同,而这两个数据为运算数。

分析:如果每次输入固定是三个数据,那就比较简单了,直接依次读入处理就可以得到这三个数据。但是这里给出的数据,可能是两个数字,也有可能是三个数字,所以就不能直接读入了。因此,可以将整条语句读进字符数组中,然后再根据字符串进行判断,根据不同情况分离出需要的数据,代码如下:

```
#include <iostream>
#include <cstdio>
#include <cstring>
using namespace std;
int main() {
    int n, a, b, c;
    char last, s[20], ans[20];
    scanf("%d\n", &n);
    while (n--) {
        fgets(s, sizeof(s), stdin); // 读入一行
        if (s[0] == 'a' || s[0] == 'b' || s[0] == 'c')
            last = s[0], s[0] = ' '; // 获取计算符号,并替换为空格
        sscanf(s, "%d %d", &a, &b); // 从这个字符串里面读入两个数 a 和 b
        switch (last) {
        case'a': c=a+b; sprintf(ans, "%d+%d=%d", a, b, c); break; //+
        case'b': c=a-b; sprintf(ans, "%d-%d=%d", a, b, c); break; //-
        case'c': c=a*b; sprintf(ans, "%d*%d=%d", a, b, c); break; //×
        }
```

```
        printf("%s\n%d\n", ans, strlen(ans)); // 输出
    }
}
```

  本题使用了 fgets( ) 函数来进行读入一行字符串,并存入字符数组中,空格也一起存下了。之前常使用的 gets( ) 函数因为存在可能溢出的风险所以不使用。fgets(s,sizeof(s),stdin);这条语句中指定了字符数组的最大读入数量,因此是安全的。

  接下来使用了 sscanf( ) 函数,可以从已经存储下来的字符串中读入信息。sprintf( ) 可以将信息输出到字符串中。回顾一下 scanf( ) 的用法,就会发现 sscanf( ) 和 scanf( ) 是很接近的。比如,sscanf(s,"%d",&a);就可以从 s 字符串中读入一个整数 a。它们的区别是,scanf( ) 是从标准输入中读入,而 sscanf( ) 是从给定的一个字符串中读入,所以要求提供字符数组的名称,表示从哪个字符串里面读入信息。

  本题中的指令字符串第一个字符是 'a','b','c',这会影响从这个字符串里面读入后面的信息,所以把这个字符赋值为空格,由于 scanf( ) 会自动忽视掉空格,所以这样可以规避这个问题。

  同理 sprintf(s,"%d",a);就可以将一个 int 类型的数 a 输出到字符串 s 中而不是标准输出。请读者将这个函数和 printf( ) 进行比较。

6.2 string 类型字符串

  使用 C 语言风格的字符数组有诸多不便,比如不能弹性变化长度,不能直接赋值或者复制,也有数组越界的风险。在 C++ 中提供了一些更好的工具——**标准模板库**(Standard Template Library,STL),将很多有用的功能进行了封装,开箱即用,而不需要另外重新开发这些功能。STL 包括各类容器(如队列、栈等)、算法(如排序)和其他的一些功能。现在,将要使用 string 数据类型来处理字符串问题。

  例 6-5 标题统计(洛谷 P5015,NOIP2018 普及组)。凯凯刚写了一篇美妙的作文,请统计这篇作文的标题中有多少个字符。注意:标题中可能包含大、小写英文字母、数字字符、空格和换行符,且字符串中的字符和空格数总和不超过 5。统计标题字符数时,空格和换行符不计算在内。

  分析:因为读入字符串时会忽略前面的空格,并且读到分隔符(空格或者换行)时停止,所以可以一直读入字符串,每次读入一个字符串,把其长度加入答案中即可。代码如下:

```
#include <iostream>
#include <string>
using namespace std;
int main() {
    string s;
    int ans = 0;
    while (cin >> s)
        ans += s.length();
    cout << ans << endl;
    return 0;
}
```

这里没有使用字符数组,而是使用了一种新的"数据类型"——string。一个 string 类型的变量可以用来存储一个字符串,并且可以将这个字符串当作一个整体进行处理——可以对 string 进行赋值、拼接、裁切等,而字符数组毕竟是个数组,做到这些就比较麻烦了。

输入时使用 cin 语句,不断读入字符串。当发现读入文件读完后(遇到 EOF,在标准输入的时候可以按 Ctrl+Z 组合键),cin>>s 本身就会返回 0,中断 while 语句,结束读入。这里的 s 变量可以被认为是一个"加强版"的字符数组,可以使用 s.length( ) 来直接查询字符串 s 的长度,也可以和字符数组一样使用 s[0] 来查询这个字符串最开头的字符是什么。更厉害的是,string 类型的字符串可以直接拿来赋值、拼接操作,比如 s=s+s 就是将两个字符串 s 拼接在一起,其结果赋值回 s 的意思。这样操作的便利性可不是字符数组可以比拟的。

例 6-6 文字处理软件(洛谷 P5734)。现在需要开发一款文字处理软件。最开始时输入一个字符串(不超过 100 个字符)作为初始文档。可以认为文档开头是第 0 个字符,需要支持以下操作。

1) 1 str:后接插入,在文档后面插入字符串 str,并输出文档的字符串。
2) 2 a b:截取文档部分,只保留文档中从第 a 个字符起 b 个字符,并输出文档的字符串。
3) 3 a str:插入片段,在文档中第 a 个字符前面插入字符串 str,并输出文档的字符串。
4) 4 str:查找子串,查找字符串 str 在文档中最先出现的位置并输出;如果找不到输出 −1。

为了简化问题,规定初始的文档和每次操作中的 str 都不含有空格或换行。最多会有 $q\ (q\leqslant 100)$ 次操作。例如输入数据是:

```
4
ILove
1 Luogu
2 5 5
3 3 guGugu
4 gu
```

那么输出数据是:

```
ILoveLuogu
Luogu
LuoguGugugu
3
```

保证每次操作输入的字符串长度不超过 100 且输入合法((2)和(3)操作不会越界)。

分析: 字符串 string 需要使用头文件 string,包括下面的常用方法。

1) string s:定义一个名字为 s 的字符串变量。
2) s+=str 或 s.append(str):在字符串 s 后面拼接字符串 str。
3) s<str :比较字符串 s 的字典序是否在字符串 str 的字典序之前。
4) s.size( ) 或 s.length( ):得到字符串 s 的长度。
5) s.substr(pos,len):截取字符串 s,从第 pos 个位置开始 len 个字符,并返回这个字符串。
6) s.insert(pos,str):在字符串 s 的第 pos 个字符之前,插入字符串 str,并返回这个字符串。

7) s.find(str, [pos]): 在字符串 s 中从第 pos 个字符开始寻找 str, 并返回位置, 如果找不到返回 -1。pos 可以省略, 默认值是 0。

对于本题来说, 可以活用这些方法来处理字符串。

有一点需要注意的是, 使用 find 函数查找子串但是找不到时, 它会返回一个常数 string::npos, 但是由于它不一定是个 int 类型的常量, 所以需要将其强制转换为 int 类型才能直接输出 -1(读者可以试一下直接使用 cout 输出, 这个数字会是什么)。

```cpp
#include <iostream>
#include <string>
using namespace std;
int main() {
    int n, opt, l, r;
    string s, a;
    cin >> n;
    cin >> s;
    while (n--) {
        cin >> opt;
        if (opt == 1) {
            cin >> a;
            s.append(a);
            // 使用 append() 函数, 将 a 字符串加在 s 字符串后面
            cout << s << endl;
        } else if (opt == 2) {
            cin >> l >> r;
            s = s.substr(l, r);
            // 使用 substr() 函数, 提取出 s 从 l 起的 r 个字符
            cout << s << endl;
        } else if (opt == 3) {
            cin >> l >> a;
            s.insert(l, a);
            // 使用 insert() 函数, 将 a 字符串插入到 l 位置
            cout << s << endl;
        } else {
            cin >> a;
            cout << (int)s.find(a) << endl;
            // 使用 find() 函数, 输出 a 字符串在 s 字符串中第一次出现的位置
        }
    }
    return 0;
}
```

string 类型就要简单很多了, 可以直接赋值常量, 也可以相互赋值。注意, 字符数组不能直接像下面这样赋值:

```
string a, b;
a = "LUOGU";
b = a;
```

例 6-7 统计单词数（洛谷 P1308，NOIP2011 普及组）。给定一个单词（长度不超过 10，仅由英文字母组成），请输出它在给定的文章（长度不超过 1000000，包括字母和空格）中出现的次数和第一次出现的位置。注意：匹配单词时，不区分大小写，但要求完全匹配所有字母。

分析： 由于匹配单词的时候不区分大小写，所以需要先将文章里面的单词和给定的这个单词中的大写字母统一转换为小写字母，然后再进行匹配。

还记得之前提到过的 find( ) 函数吗？但是在这里使用 find( ) 函数会遇到这样一个问题：假设文本是 s = "i know that iakioi"；a = "ak"，进行 find(s,a) 会得到什么样的结果呢？会得到 find(s,a) = 14，但是这篇文章中并没有一个单词是 "ak"，而是 find( ) 函数把单词 iakioi 的一个子串 ak 认为是一个独立的单词了。

为了解决这个问题，将给定的单词前后都加一个空格，将其变成 " ak "，这样再使用 find( ) 函数，找出来的单词前后一定都有一个空格，所以不会找到一篇文章中单词的子串了（别忘了，文章前后也要加一个空格，应对需要的单词刚好在开头或者结尾的情况）。

那么，该如何统计这个给定单词在文章中的出现次数呢？每次记录下 find( ) 函数返回的这个单词第一次出现的位置，如何从这个位置开始继续进行查找，这样就可以找出这个单词的出现次数了。

```
#include <iostream>
#include <string>
using namespace std;
int main() {
    string word, s;
    getline(cin, word);
    getline(cin, s);
    for (int i = 0; i < word.length(); i++)
        if ('A' <= word[i] && word[i] <= 'Z')
            word[i] += 'a' - 'A'; // 将给定单词的所有大写字母转换为小写字母
    for (int i = 0; i < s.length(); i++)
        if ('A' <= s[i] && s[i] <= 'Z')
            s[i] += 'a' - 'A'; // 将文章中的所有大写字母转换为小写字母

    word = ' ' + word + ' '; // 将给定单词前后都加上空格，防止多算
    s = ' ' + s + ' '; /* 文章的前后也需要加上空格，不然第一个和最后一个单词的统计可能出现问题 */

    if (s.find(word) == -1) {
        cout << -1 << endl;
    } else {
        int firstpos = s.find(word);
        int nextpos = s.find(word), cnt = 0;
```

```
        while (nextpos != -1) {
            cnt++;
            nextpos = s.find(word, nextpos + 1); /* 每次从上一次出现次数开始往后
面查询这个单词下一次出现的位置 */
        }
        cout << cnt << " " << firstpos << endl;
    }
    return 0;
}
```

代码中使用了 getline( ) 函数,这可以将完整一行的输入数据读入到字符串中,无论这一行中是否有空格。使用方法是 getline(cin,字符串名称)。cin 是指输入流。

字符数组是 C 语言中就存在的,而在 C++ 中可以使用字符数组的"进化版本",也就是 string。string 的变量名在很多情况下可以被当作字符数组的变量名,用于 sscanf、sprintf 等地方。string 和字符数组也是可以相互转换的,类似如下代码:

```
// string 转字符数组
char arr[10];
string s = "LUOGU";
int len = s.copy(arr, 9); // 最多允许复制 9 个字符,否则就越界了
arr[len] = '\0'; // 在末尾增加结束标记
// 或者
char arr[10];
string s = "LUOGU";
strcpy(arr, s.c_str()); // strncpy(arr, s.c_str(), 10);
// 字符数组转 string 就更简单了
char arr[10];
strcpy(arr, "LUOGU");
string s;
s = arr;
```

6.3 文件操作与重定向

到现在为止,输入输出方式都是标准输入输出(stdin,stdout):弹出一个窗口,手动输入内容,然后程序运行后,会在同一个窗口输出运行结果。包括洛谷在内,大多数 Online Judge 都是使用这种方式对程序进行评判的。

但是许多程序设计竞赛(比如 NOI 系列比赛)要求使用文件输入和输出。这种输出方式可以将硬盘上的文件调入程序,程序运算后生成另外一个文件。这一点非常重要,如果没有按照要求正确地使用文件输入输出,即使算法完全正确,也不能获得分数。

例 6-8 算法竞赛试题案例。以下是 NOIP2018 普及组复赛试题节选,请仔细阅读以下内容。

CCF 全国信息学奥林匹克联赛（NOIP2018）复赛

普及组

（请选手务必仔细阅读本页内容）

一、题目概况

中文题目名称	标题统计	龙虎斗	摆渡车	对称二叉树
英文题目与子目录名	title	fight	bus	tree
可执行文件名	title	fight	bus	tree
输入文件名	title.in	fight.in	bus.in	tree.in
输出文件名	title.out	fight.out	bus.out	tree.out
每个测试点时限	1s	1s	2s	1s
测试点数目	20	25	20	25
每个测试点分值	5	4	5	4
附加样例文件	有	有	有	有
结果比较方式	全文比较（过滤行末空格及文末回车）			
题目类型	传统	传统	传统	传统
运行内存上限	256MB	256MB	256MB	256MB

二、提交源程序文件名

对于 C++ 语言	title.cpp	fight.cpp	bus.cpp	tree.cpp
对于 C 语言	title.c	fight.c	bus.c	tree.c
对于 Pascal 语言	title.pas	fight.pas	bus.pas	tree.pas

三、编译命令（不包含任何优化开关）

对于 C++ 语言	g++ –o title title.cpp –lm	g++ –o fight fight.cpp –lm	g++ –o bus bus.cpp –lm	g++ –o tree tree.cpp –lm
对于 C 语言	gcc –o title title.c –lm	gcc –o fight fight.c –lm	gcc –o bus bus.c –lm	gcc –o tree tree.c –lm
对于 Pascal 语言	fpc title.pas	fpc fight.pas	fpc bus.pas	fpc tree.pas

注意事项：

1）文件名（程序名和输入输出文件名）必须使用英文小写。

2）C/C++ 中函数 main() 的返回值类型必须是 int，程序正常结束时的返回值必须是 0。

3）全国统一评测时采用的机器配置为：Intel(R) Core(TM) i7-8700K CPU @ 3.70GHz，内存 32GB。上述时限以此配置为准。

4）只提供 Linux 格式附加样例文件。

5）特别提醒：评测在当前最新公布的 NOI Linux 下进行，各语言的编译器版本以其为准。

标题统计（title.cpp/c/pas）

【问题描述】

凯凯刚写了一篇美妙的作文，请问：这篇作文的标题中有多少个字符？

注意：标题中可能包含大、小写英文字母、数字字符、空格和换行符。统计标题字符数时，空格和换行符不计算在内。

【输入格式】

输入文件名为 title.in。

输入文件只有一行，一个字符串 s。

【输出格式】

输出文件名为 title.out。

输出文件只有一行，包含一个整数，即作文标题的字符数（不含空格和换行符）。

【输入输出样例 1】

title.in	title.out
234	3

见选手目录下的 title/title1.in 和 title/title1.ans。

【输入输出样例 1 说明】

标题中共有 3 个字符，这 3 个字符都是数字字符。

【输入输出样例 2】

title.in	title.out
Ca 45	4

见选手目录下的 title/title2.in 和 title/title2.ans。

【输入输出样例 2 说明】

标题中共有 5 个字符，包括 1 个大写英文字母，1 个小写英文字母和 2 个数字字符，还有 1 个空格。由于空格不计入结果中，故标题的有效字符数为 4 个。

【数据规模与约定】

规定 $|s|$ 表示字符串 s 的长度（即字符串中的字符和空格数）。

对于 40% 的数据，$1 \leq |s| \leq 5$，保证输入为数字字符及行末换行符。

对于 80% 的数据，$1 \leq |s| \leq 5$，输入只可能包含大、小写英文字母、数字字符及行末换行符。

对于 100% 的数据，$1 \leq |s| \leq 5$，输入可能包含大、小写英文字母、数字字符、空格和行末换行符。

分析：本章刚刚分析了第一题"标题统计"的做法，写出了一段程序代码。但是选手在赛场上并不能直接提交写完的程序，必须要按照题目的要求提交代码。读者需要特别注意以下信息：

1) 提交源程序文件名，对于 C++，文件名为 title.cpp。

2) 输入文件名：title.in。

3) 输出文件名：title.out。

其余信息虽然也比较重要，但是现阶段还无法利用这些信息。按照前面的例题写完如下代码：

```cpp
#include <iostream>
#include <string>
using namespace std;
int main() {
    string s;
    int ans = 0;
    while (cin >> s)
        ans += s.length();
    cout << ans << endl;
    return 0;
}
```

根据要求,这个文件名应当保存为 title.cpp,而不是未命名 .cpp 或者 5015.cpp 之类的文件名。然后需要将输入输出方式"重定向"到文件输入输出中。正确的方式如下:

```cpp
#include <iostream>
#include <cstdio>
#include <string>
using namespace std;
int main() {
    freopen("title.in", "r", stdin);
    freopen("title.out", "w", stdout);
    string s;
    int ans = 0;
    while (cin >> s)
        ans += s.length();
    cout << ans << endl;
    return 0;
}
```

在主程序的开头多出了两条语句,同时还使用了 cstdio 头文件,这就是重定向输入输出到文件 的方式,其一般形式为:

```cpp
freopen("输入文件名", "r", stdin);
freopen("输出文件名", "w", stdout);
```

然后再尝试运行程序———一闪而过,但什么都没有!

别忘了,既然是文件输入输出,就应当给它输入文件啊!在 title.cpp 相同的文件夹里新建一个文件 title.in,使用记事本打开这个文件,把样例输入"234"复制进去并保存[1]。这时,重新运行程序,还是一闪而过,但在文件夹里出现了一个 title.out 的文件。使用记事本打开这个文件,这就是这个程序的输出。

---

[1] 可能赛场上下发的压缩包里面有 title1.in 的样例输入文件,也可以把它复制到程序代码相同目录后重命名为 title.in。由于系统差异,如果 Windows 下记事本不能正确显示换行,可以使用写字板打开。

但是，如果自己练习在 Online Judge 提交时，还要把重定向删除或者注释，以免无法通过评测。还有如下一种操作：

```
#ifndef ONLINE_JUDGE
    freopen("title.in", "r", stdin);
    freopen("title.out", "w", stdout);
#endif
```

在包括洛谷在内的许多 Online Judge 评测中，编译时会定义 ONLINE_JUDGE 宏。如果有检测到这个宏，就不会运行重定向操作，这样就可以在本地使用文件输入输出，在线提交使用标准输入输出了。

需要再次强调，代码文件名、输入输出必须完全和题目说明要求的一致，包括大小写、字母和数字等。保险起见，建议从赛题中直接复制文件名而不是重新手工输入一遍。

> 本地编写调试使用文件输入输出还有一个好处——不需要每次运行程序时都用键盘敲一遍输入。只需在记事本中写好输入文件并保存好，直接就可以运行程序了，这样节约时间。当然，还可以注释掉输出文件的重定向（第 7 行），仅保留输入重定向。这样运行程序结束时可以直接在弹出的窗口中观察到输出结果，进一步节约时间。

6.4 课后习题与实验

习题 6-1 手机（洛谷 P1765）。一般的手机键盘如图 6-3 所示。

要按出英文字母就必须要按数字键多下。例如，要按出 x 就得按 9 两下：第一下会出 w，而第二下会把 w 变成 x。0 键按一下会出一个空格。现在的任务是读取若干句只包含英文小写字母和空格的句子，求出要在手机上输入完这个句子至少需要按多少下键盘。

1	2 abc	3 def
4 ghi	5 jkl	6 mno
7 pqrs	8 tuv	9 wxyz
*	0	#

图 6-3 手机键盘

习题 6-2 小果的键盘（洛谷 P3741）。小果用一个只有 V 和 K 两个键的键盘输入了一个只有这两个字符的字符串。当这个字符串里含有"VK"这个字符串的时候，小果就特别喜欢这个字符串。所以，她想改变至多一个字符（或者不做任何改变）来最大化这个字符串内"VK"出现的次数。只有当"V"和"K"正好相邻时，则认为出现了"VK"。字符串的长度不超过 100。给出原来的字符串，请计算她最多能使这个字符串内出现多少次"VK"。

习题 6-3 单词覆盖还原（洛谷 P1321）。一个长度为 l（$3 \leq l \leq 255$）的字符串中被反复贴有 boy 和 girl 两单词，后贴上的可能覆盖已贴上的单词（没有被覆盖的用句点表示），最终每个单词至少有一个字符没有被覆盖。问：贴有几个 boy 和几个 girl？

例如，输入的 ... boyogirlyy... girl... 是由 4 个 boy 和 2 个 girl 拼成的。

习题 6-4 数字反转升级版（洛谷 P1553）。给定一个数，请将该数各个位上的数字反转得到一个新数。

注意,本题与NOIP2011普及组第一题不同的是:这个数可以是小数、分数、百分数、整数。

1) 整数反转是将所有数位对调。

2) 小数反转是把整数部分的数反转,再将小数部分的数反转,不交换整数部分与小数部分。

3) 分数反转是把分母的数反转,再把分子的数反转,不交换分子与分母。

4) 百分数的分子一定是整数,百分数只改变数字部分。

整数新数也应满足整数的常见形式,即除非给定的原数为零,否则反转后得到的新数的最高位数字不应为0;小数新数的末尾不为0(除非小数部分除了0没有别的数,那么只保留1个0);分数不约分,分子和分母都不是小数,本次没有负数。下面给出4个输入:

```
5087462
600.084
700/27
8670%
```

分别对应的输出是:

```
2647805
6.48
7/72
768%
```

习题 6-5 斯诺登的密码(洛谷 P1603)。给出一个含有 6 个单词的句子,需要破译密码,方法如下:

1) 找出句子中所有用英文表示的数字(≤20),列举如下:

正规:one two three four five six seven eight nine ten eleven twelve thirteen fourteen fifteen sixteen seventeen eighteen nineteen twenty

非正规:a both another first second third

2) 将这些数字平方后对 100 取余,得到一个两位数。如果十位数是零,那么去掉。

3) 把这些数字按数位排成一行,组成一个新数。

4) 找出所有排列方法中最小的一个数,即为密码。

习题 6-6 你的飞碟在这儿(洛谷 P1200,USACO Training)。输入两行,每行是一个长度为 1~6 的字符串,每个字符串对应一个数字:将这个字符串中的每个字母对应的数字(A 对应 1,B 对应 2,……Z 对应 26)相乘,然后对 47 取模。如果这两个字符串对应的数字是相同的,输出 GO,否则输出 STAY。

习题 6-7 语句解析(洛谷 P1597)。一串长度不超过 255 的 Pascal 语言代码,只有 a、b、c 3 个变量,而且只有赋值语句,赋值只能是一个一位的数字或一个变量,每条赋值语句的格式是 [变量]:=[变量或一位整数];。未赋值的变量值为 0。输出 a、b、c 的值。

例如,当输入是 "a:=3;b:=4;c:=5;" 时,输出为 "3 4 5"。

习题 6-8 (选做)垂直柱状图(洛谷 P1598)。编写一个程序从输入文件中去读取 4 行句子(全都是大写的,每行不超过 100 个字符),然后用柱状图输出每个字符在输入文件中出现的次数。严格地按照输出样例来安排你的输出格式。

请将程序命名为 diagram.cpp，并要求使用文件输入输出，输入文件是 diagram.in，输出文件是 diagram.out。请从洛谷对应的题面上复制数据，保存到 diagram.in 文件中作为输入文件，并检查输出文件是否和样例输出一致。

例如，当输入数据为：

```
THE QUICK BROWN FOX JUMPED OVER THE LAZY DOG.
THIS IS AN EXAMPLE TO TEST FOR YOUR
HISTOGRAM PROGRAM.
HELLO!
```

应当输出：

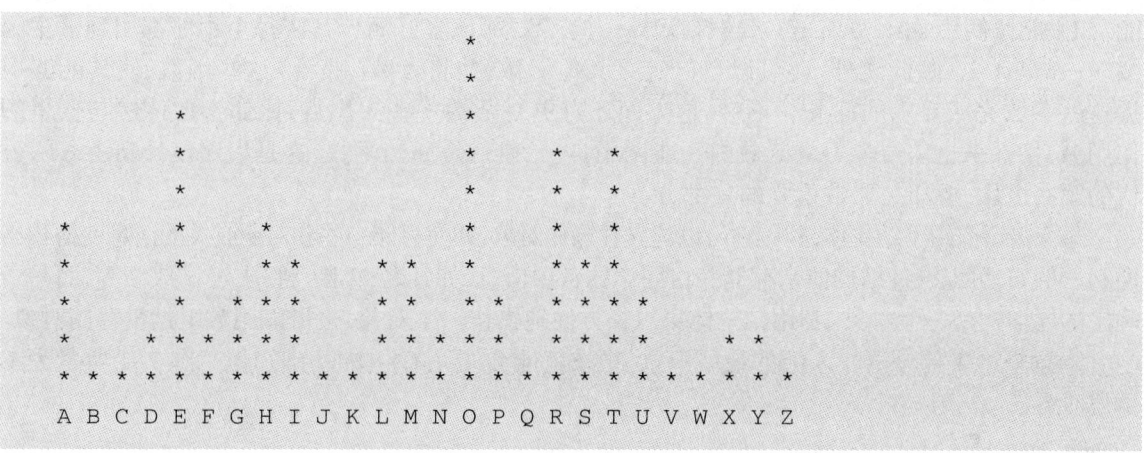

第 7 章　函数与结构体

程序中有时会多次使用相同的语句,而且无法通过循环来减少重复编程。对于这样的功能,如果能像使用 sqrt( )、max( )这样变成一个函数,那该多好啊！其实每个程序都用到了主函数——main( )。除此之外,还可以自己定义其他函数,并将参数"喂给"这些函数,使其能够根据这些参数完成要求的任务。不过,这方面还有更复杂的一些知识点,比如参数传递与变量的作用域,接下来也需要学习。函数内还能调用自己,也就是递归函数,这是程序设计新手入门公认的第一道坎,但却是非常重要的一部分。

本章最后介绍了结构体,利用它可以建立并操作对象,并使存储一些和对象有关的信息变得相当便利。例如,可以设计结构体来存储一位同学的各项信息,如姓名、年龄、性别、考试成绩等,而一个确定的同学就是一个对象。利用结构体可以很方便地操作一个对象,也可以用数组批量存储对象。

本章是第 1 部分语言入门的最后一章,很快就能介绍完 C++ 的基础知识。图 7-1 所示为本章思维导图。

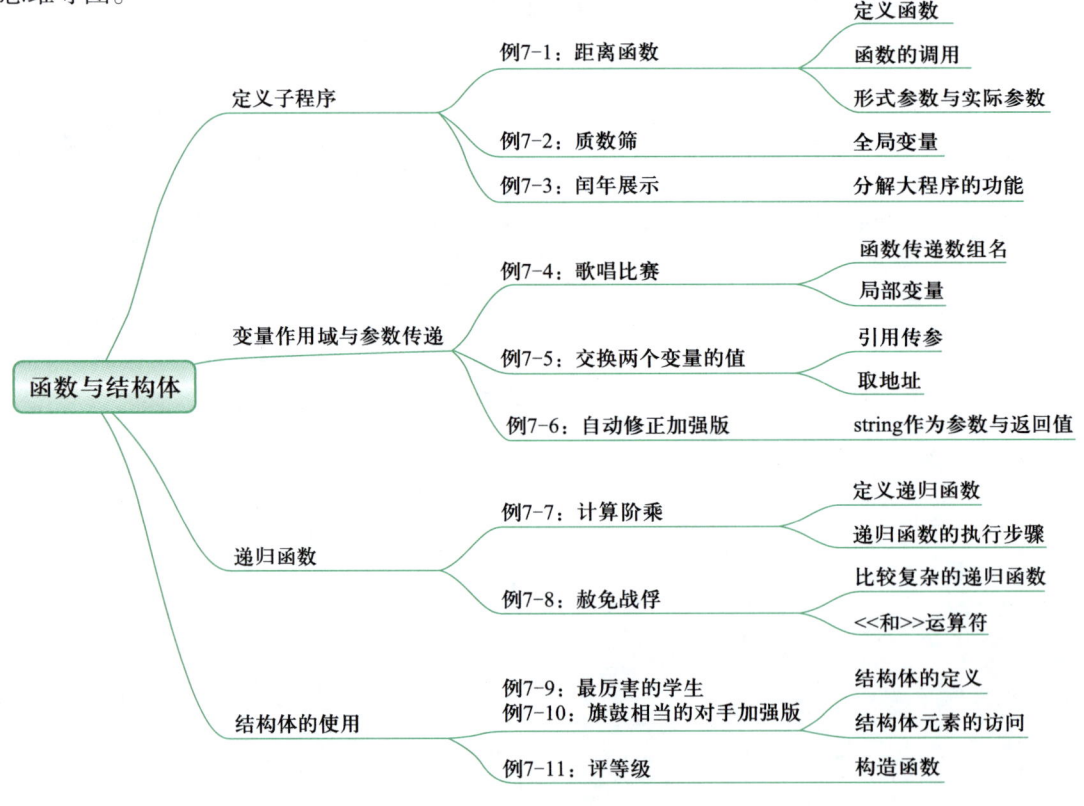

图 7-1　本章思维导图

7.1 定义子程序

例 7-1 距离函数（洛谷 P5735）。给出平面坐标上不在一条直线上 3 个点坐标 (x_1, y_1)、(x_2, y_2)、(x_3, y_3)，坐标值是实数，且绝对值不超过 100.00，求其围成的三角形周长。

分析： 3 个点，两两组成一条线段。平面上两个点的距离是 $\sqrt{(x_1-x_2)^2+(y_1-y_2)^2}$。分别计算这三条线段的长度，累加到一起，就可以得到三角形的周长。可以得到下面的程序：

```
#include <cstdio>
#include <cmath>
using namespace std;
int main() {
    double x1, y1, x2, y2, x3, y3, ans;
    scanf("%lf%lf%lf%lf%lf%lf", &x1, &y1, &x2, &y2, &x3, &y3);
    ans = sqrt((x2 - x1) * (x2 - x1) + (y2 - y1) * (y2 - y1));
    ans += sqrt((x3 - x2) * (x3 - x2) + (y3 - y2) * (y3 - y2));
    ans += sqrt((x3 - x1) * (x3 - x1) + (y3 - y1) * (y3 - y1));
    printf("%.2f", ans);
}
```

这个程序是完全正确的，但是显得比较啰嗦——手动算了 3 次两点距离和 6 次平方，不仅看起来复杂，而且还容易笔误。因此希望有一种办法减少重复的代码，简化程序的主干。因此，使用到了**函数**。改进后的代码如下：

```
#include <cstdio>
#include <cmath>
using namespace std;
double sq(double x) { // 计算平方
    return x * x;
}
double dist(double x1, double y1, double x2, double y2) { // 两点距离
    return sqrt(sq(x1 - x2) + sq(y1 - y2));
}
int main() {
    double x1, y1, x2, y2, x3, y3, ans;
    scanf("%lf%lf%lf%lf%lf%lf", &x1, &y1, &x2, &y2, &x3, &y3);
    ans = dist(x1, y1, x2, y2);
    ans += dist(x1, y1, x3, y3);
    ans += dist(x2, y2, x3, y3);
    printf("%.2f", ans);
}
```

函数定义的一般形式如下：

```
返回类型 函数名 ( 参数类型 1 参数名 1, ..., 参数类型 n 参数名 n ) {
    函数体
    return 结果 ;
}
```

函数又称为子程序,可以认为是厨房中的自造的机器。本例中定义了两个函数:一个是 sq( ) 函数,需要调用一个 double 类型的变量 x,经过计算后"吐出"一个 double 类型的结果;另一个是 dist( )函数,调用 4 个 double 类型的变量 x1、y1、x2、y2,经过计算后返回一个 double 类型的结果。由于在 main( ) 函数中使用了 dist( ) 函数,dist( )函数又使用了 sq( ) 函数,所以 sq( ) 函数应在 dist( )函数前面定义,dist( )函数应在 main( ) 函数前面定义。

当输入数据为"0 0 3 0 0 4",计算 dist(x2,y2,x3,y3); 时,步骤如图 7-2 所示。

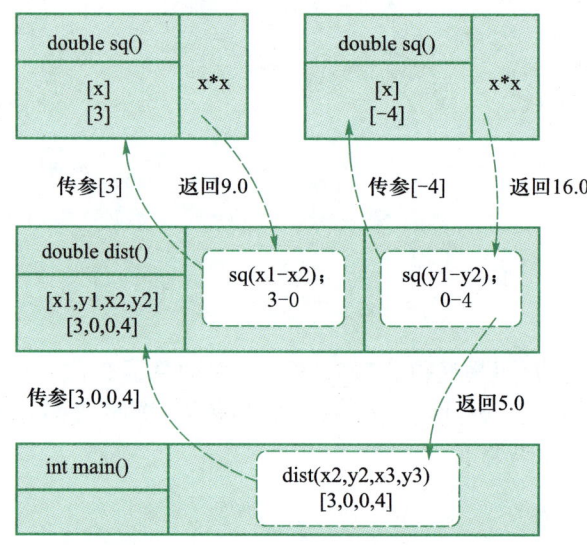

图 7-2　函数的运行步骤

运行步骤如下:

1) 进入 main( )函数(主程序)。由于主程序中的三个 dist( ) 函数是一样的形式,因此仅举 dist(x2,y2,x3,y3)作为例子。程序运行到这边时收集了 4 个**参数**[3,0,0,4],然后传递给 dist( )函数,也就是调用 dist(3,0,0,4)。

2) 进入 dist( )函数,需要接收 4 个 double 类型的变量 x1、y1、x2、y2,这些是**形式参数**(因为传递参数之前,并不知道具体的值是什么)。传递过来的 4 个参数的值[3,0,0,4]称为**实际参数**,然后按照顺序分配给参数列表中的 4 个变量,因此 x1=3,y1=0,x2=0,y2=4。需要注意的是,这里的 x1 和 主程序的 x1 没有直接关系,是两个不同的变量。然后要求 sq(x1-x2)的值,程序接收到参数[3-0],传递给 sq( )函数调用 sq(3)。

3) 进入 sq( )函数,接收到了传递归来的 1 个参数,按照顺序分配给参数列表中唯一的变量 x,因此 x=3。经过计算后,返回结果 9.0。

4) 回到 dist( )函数,得到了 sq(x1-x2)的值是 9。同理,sq(y1-y2)的值是 16。加起来取平方根,得到结果 5.0,返回这个结果。

5) 回到 main( )函数,得到了 dist(x2,y2,x3,y3)的结果是 5.0。用同样的方法,得到其他两个 dist 的结果。得到这些值之后累加，就得到了最终的答案并输出。

需要注意的是，在一个函数里定义的变量，在其他函数里是不能直接使用的。例如，在 dist()函数里不能访问 main()里面定义的 ans 变量进行累加操作。

例 7-2　质数筛（洛谷 P5736）。输入 $n(n\leq 100)$ 个不大于 100000 的整数，要求全部存储在数组中，去除不是质数的数字，依次输出剩余的质数。

分析: 之前已介绍了如何判断质数，但是完全可以把判断质数这一部分给独立出来成为一个函数，这样主程序就会更加清楚明了。代码如下：

```cpp
#include <iostream>
using namespace std;
int a[100], n;
bool is_prime(int x) {
    if (x == 0 || x == 1) return 0; //0 和 1 都不是质数，需要特判
    for (int i = 2; i * i <= x; i++) // 枚举 1 到 sqrt(x)，来判断 x 是否为质数
        if (x % i == 0)
            return 0;
    return 1;
    // 如果是质数，则返回 1, 否则返回 0
}
int main() {
    cin >> n;
    for (int i = 0; i < n; i++)
        cin >> a[i];
    for (int i = 0; i < n; i++)
        if (is_prime(a[i]))
            cout << a[i] << " ";
    cout << endl;
    return 0;
}
```

程序中定义了一个 is_prime()的函数，接收一个 int 类型的变量。在主程序中读入数组后，is_prime()函数依次调用 a[i] 对应的数字。进入 is_prime()函数后，调用的数字就成为了函数内的 x 变量的值。根据质数判断条件，返回 1 或者 0 代表是质数或者不是质数。回到主程序，得到了函数返回的结果，如果返回的是 1，就输出这个数字。

这里的 a 数组和 n 变量定义在了主程序外面，这样就是**全局变量**。全局变量的特点是所有的函数都可以访问这个变量（除非函数中定义了同名变量，或者函数的参数表中有这个变量名）。全局变量会自动进行初始化操作，全部都会成为 0。

例 7-3　闰年展示（洛谷 P5737）。输入 x 和 y $(1582\leq x<y\leq 3000)$，输出 $[x,y]$ 区间中闰年个数，并在下一行输出所有闰年年份数字，使用空格隔开。

分析: 虽然本例题比较简单，但是对于一个比较复杂的程序，可以分割成几个相对独立的部分，组成一个个模块，便分解问题，便于编写与调试。因此，本例也尝试这种方法，写出如下程序：

```cpp
#include <iostream>
using namespace std;
void init(); // 定义读入部分
void doit(); // 定义处理部分
void output(); // 定义输出部分

int x, y, ans[500], cnt;

int main() {
    init(); // 读入部分
    doit(); // 处理部分
    output(); // 输出部分
    return 0;
}
void init() {
    cin >> x >> y;
}
void doit() {
    for (int i = x; i <= y; i++)
        if (!(i % 400) || !(i % 4) && i % 100) // 之前章节介绍过的闰年判断
            ans[cnt++] = i; // 等同于 ans[cnt]=i, cnt++;
}
void output() {
    cout << cnt << endl;
    for (int i = 0; i < cnt; i++)
        cout << ans[i] << " ";
    cout << endl;
}
```

本例中,将整个算法分解成读入部分、处理部分、输出部分。之前说过,函数必须先定义,后面才能使用。但是在函数使用前,只需要像例题程序一样,进行一行定义即可。程序定义需要写清楚函数返回值、函数名和参数列表,别忘了分号。void 的意思是这个函数没有返回值,只会执行一些操作。而函数的具体完整实现可以放在后面。

和例 7-2 一样,这里也使用了全局变量。全局变量是会默认初始化为 0 的。

7.2 变量作用域与参数传递

例 7-4 歌唱比赛(洛谷 P5738)。n($n \leqslant 100$)名同学参加歌唱比赛,并接受 m($m \leqslant 20$)名评委的评分,评分范围是 0~10 分。每名同学的得分就是这些评委给分中去掉一个最高分,去掉一个最低分,剩下 $m-2$ 个评分的平均数。请问:得分最高的同学分数是多少? 评分保留 2 位小数。

分析: 相信读者已经能够熟练地读入数组,抽出每名同学得分中的最大、最小评分,去掉后求平均值,然后再取最大值。但是这里使用了一个 stat( ) 函数处理一个给定的数组评分信息,然后更新最高分的同学分数。

```cpp
#include <cstdio>
#include <algorithm>
using namespace std;
int s[25], n, m, maxsum;
void stat(int a[], int m) {
    int maxscore = 0, minscore = 10, sum = 0;
    for (int i = 0; i < m; i++) {
        maxscore = max(a[i], maxscore);
        minscore = min(a[i], minscore);
        sum += a[i];
    }
    maxsum = max(maxsum, sum - maxscore - minscore); // 记录剩下的n-2评分总和
}
int main() {
    scanf("%d%d", &n, &m);
    for (int i = 0; i < n; i++) {
        for (int j = 0; j < m; j++)
            scanf("%d", &s[j]);
        stat(s, m);
    }
    printf("%.2f", double(maxsum) / (m - 2)); // 最后再计算平均值
    return 0;
}
```

本例的 stat( ) 函数中,接收的参数列表中的 int a [ ] 是指可以接收一个 int 类型的数组名。在函数中单个变量是可以传递实际参数的,但是传递数组名作为参数可不会把数组的所有信息当作实际参数传入函数,而只是传递数组在内存中的地址。就像在操作厨房自制机器时,可以把一个土豆、一个番茄放入机器中,但是如果有一排碗的食材,则只能告诉机器那一排碗的第一个碗在什么位置,让机器自己去指定位置找食材。因此在函数 stat( ) 中,数组 a [ ] 其实就是全局变量 s [ ] 的别名,如果在函数中改变 a [ ] 中的一项值,s [ ] 也会相应地改变。

和全局变量对应的,在 stat( ) 函数中的变量 m、maxscore、sum 等,都是在函数中定义的、在机器内部的变量,因此被称为**局部变量**。在函数中无论怎么改变这些变量,都不会影响到函数外面(函数里的 m 变量和外面的 m 没有关系了,也就是说函数外面的变量 m 被屏蔽了)。

> 在程序设计竞赛中,建议大数组(超过 1000)作为全局变量定义。一是方便程序所有地方都可以访问到这个数组,二是有些评测环境栈空间(就是每个函数被分配到的内存空间)有限,可能会造成栈溢出。不过现在大多数比赛的评测环境下,栈空间可以达到要求的内存上限了。

例 7-5 交换两个变量的值。输入两个整数变量 a 和 b，设计一个交换函数将其交换后再输出。注意：不能直接输出 b 和 a。

分析： 可能会写出如下代码。

```cpp
#include <iostream>
using namespace std;
void swap(int x, int y) {
    int t = x;
    x = y;
    y = t;
}
int main() {
    int a, b;
    cin >> a >> b;
    swap(a, b);
    cout << a << " " << b << endl;
    return 0;
}
```

经过测试，发现完全不起作用！这是因为在 swap( ) 函数中，x 和 y 都是局部变量，所以怎么变都不会影响到外面了。经过改正的函数如下：

```cpp
void swap(int &x, int &y) {
    int t = x;
    x = y;
    y = t;
}
```

在参数的变量名前面加上一个 & 符号，代表引用传参，相当于告诉 swap( ) 函数 a 和 b 这两个碗放在了什么地方，而不是直接把食材丢入机器中。如果这样，x 就是 a 的别名，y 就是 b 的别名，修改 x 和 y 的值，就会影响到 a 和 b。

回想一下 scanf( ) 函数，比如 scanf("%d", &n)，这里加上 & 是一样的道理。将变量 n 的地址告诉给这个函数，这样才能让输入函数直到将读到的数据放入那个碗里。

例 7-6 自动修正加强版。设计一个函数，将一个 string 类型的字符串中的小写字母转换为大写字母。输出原字符串和新字符串。

分析： 定义并实现了 to_upper 的函数，传入的参数是一个 string 字符串 s，经过处理后返回它。之前介绍过了如何将字母转换成大写，这里不再赘述。代码如下：

```cpp
#include <iostream>
#include <string>
using namespace std;
```

```
string to_upper(string s) {
    for (int i = 0; i < s.length(); i++)
        if ('a' <= s[i] && s[i] <= 'z')
            s[i] -= 'a' - 'A';
    return s;
}
int main() {
    string s1, s2;
    getline(cin, s1);
    s2 = to_upper(s1);
    cout << s1 << endl << s2 << endl;
    return 0;
}
```

有些读者会有疑惑:原来的字符串 s1 并没有变化。字符串不就是一个"加强版"的字符数组吗?为什么可以直接向函数传输实际参数而不是传递地址?这正是 string 类型的一个高明之处——将字符数组封装起来成为一个整体,传进函数就是从原来的字符串复制了一份新的字符串,所有的改动都在新的字符串上进行。而字符数组的本质还是数组,只能传递一个地址。

7.3 递归函数

例 7-7 计算阶乘(洛谷 P5739)。求 $n!$ ($n \leq 12$),也就是 $1 \times 2 \times 3 \times \cdots \times n$。不允许使用循环语句。

分析:计算阶乘很简单,但如果不允许使用循环语句,那么得想想别的办法。

假设 $f(n)$ 代表 n 的阶乘,那么阶乘还有另外一种表示方法:$f(1)=1$;$f(n)=n*f(n-1)$。当想求 $f(n)$ 时,就可以调用 $f(n-1)$ 进而调用 $f(n-2)$……直到调用 $f(1)$ 为止。像这样将规模大的问题转化成形式相同,但是规模更小的问题,就称为子问题。代码如下:

```
#include <iostream>
using namespace std;
int f(int x) {
    if (x == 1) return 1; // 如果x为1, 则返回1!=1
    return x * f(x - 1); /*否则递归调用函数计算(x-1)!,并且将其乘上x返回,从而得
到x!的结果 */
}
int main() {
    int n;
    cin >> n;
    cout << f(n) << endl;
    return 0;
}
```

一个函数不仅可以调用其他的函数,甚至还能调用自己,这种自己调用自己被称为**递归**。因此根据题意和上述思路,可以写出上面的递归做法。假设输入是 3,那么函数执行的步骤如图 7-3 所示。

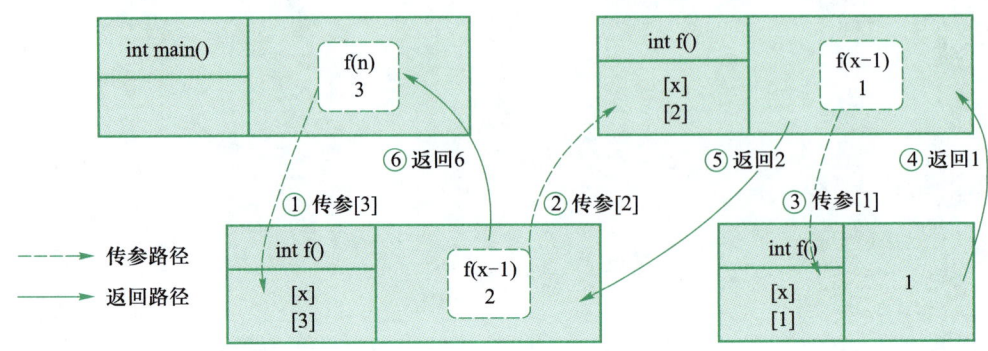

图 7-3　递归函数的步骤

程序计算步骤如下:

1) 进入 main( )函数,收集到了参数［3］,传递参数给 f( )函数,也就是调用 f(3)。

2) 进入第 1 层 f( )函数,需要接收一个 int 类型的变量 x。传递进来了 3,所以这里的 x=3。现在需要知道 f(3-1)的值。因此传递参数［2］给 f( )函数,调用 f(2)。

3) 进入第 2 层 f( )函数(别忘了第一层 f( )函数还没结束,在等待答案呢),这里的 x=2。现在又要知道 f(2-1)的值,因此再次传递参数［1］给 f( )函数,调用 f(1)。

4) 进入第 3 层 f( )函数。发现当 x 等于 1 时就返回 1,返回到第 2 层 f( )函数,得到 f(2-1)的值就是 1,继续进行运算。

5) 返回结果 2*1=2,返回到第 1 层 f( )函数,得到 f(3-2)的值就是 2,继续进行运算。

6) 返回结果 3*2=6,返回到 main( )函数,得到 f(3)的值是 6,输出这个结果。

显然,虽然递归函数可以自己调用自己,但是不能无限制调用下去,所以必须要设置递归终止条件。本例的递归终止条件是 f(1)=1。

递归函数有点类似于剥洋葱,一层套着一层,直到掰到最里层。请读者听听下面的故事,进一步了解递归。

> 从前有座山,山中有座庙,庙里有个老和尚,老和尚在给小和尚讲故事:"从前有座山,山中有座庙,庙里有个老和尚,老和尚在给小和尚讲故事:"从前有座山,山中有座庙,庙里有个老和尚,老和尚在给小和尚讲故事:"从前有座山,山中有座庙,庙里有个老和尚,老和尚在给小和尚讲故事:"太困了不讲了不讲了",于是都回去睡觉了。"于是都回去睡觉了。"于是都回去睡觉了。"于是都回去睡觉了。

这样的故事可以抽象成:

```
void 讲故事() {
    if (困了) return;
    讲故事();
    回去睡觉;
}
```

例 7-8 赦免战俘（洛谷 P5461）。现有 $2^n \times 2^n$（$n \leqslant 10$）名战俘站成一个正方形方阵等候国王的发落。国王决定赦免一些俘虏。他将正方形矩阵均分为 4 个更小的正方形矩阵，每个更小的矩阵的边长是原矩阵的一半。其中左上角那一个矩阵的所有战俘都将得到赦免，剩下 3 个小矩阵中，每一个矩阵继续分为 4 个更小的矩阵，然后通过同样的方式赦免战俘……直到矩阵无法再分下去为止。

给出 n，请输出每名战俘的命运，其中 0 代表被赦免，1 代表不被赦免。例如，当 $n=3$ 时，输出如下：

```
0 0 0 0 0 0 0 1
0 0 0 0 0 0 1 1
0 0 0 0 0 1 0 1
0 0 0 0 1 1 1 1
0 0 0 1 0 0 0 1
0 0 1 1 0 0 1 1
0 1 0 1 0 1 0 1
1 1 1 1 1 1 1 1
```

分析： 需要一个方形数组矩阵记录每名战俘是否被豁免，2^n 不超过 1024，因为需要定义足够大的数组 a。这个数组可以定义在函数外面作为全局变量，自动初始化为 0。

每次处理一个大矩阵，将这个矩阵分成 4 部分——左上角不处理，右上角、左下角、右下角矩阵使用相同的方式处理。函数 $cal(x,y,n)$ 就是递归函数，x 和 y 表示正在处理的矩阵的左上角坐标是 (x,y)；n 表示这个矩阵的大小是 2^n，如图 7-4 所示。当 $n=0$ 时说明矩阵无法再分割了，那么这个倒霉的战俘将不能被赦免，因此在 a 数组的相应坐标加上标记；当 n 不等于 0 时，说明矩形可以分割，就确定好剩下 3 个矩形的左上角坐标，递归继续执行下去。

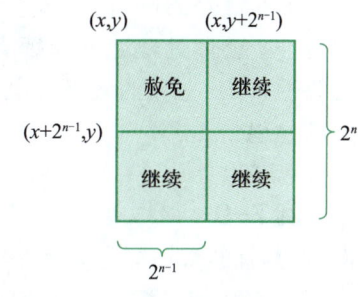

图 7-4 矩形分割

已知这个矩阵左上角坐标 (x,y)，和矩阵的边长 2^n，就可以求出剩下 3 个矩阵的左上角坐标，并且进行下一层的处理。代码如下：

```
#include <cstdio>
using namespace std;
int a[1050][1050], n;
void cal(int x, int y, int n) {
    if (n == 0) a[x][y] = 1;
    else {
        cal(x + (1 << n - 1), y, n - 1); // 左下角矩阵
        cal(x, y + (1 << n - 1), n - 1); // 右上方矩阵
        cal(x + (1 << n - 1), y + (1 << n - 1), n - 1); // 右下角矩阵
    }
}
```

```
int main() {
    int n;
    scanf("%d", &n);
    cal(0, 0, n);
    for (int i = 0; i < 1 << n; i++)
        for (int j = 0; j < 1 << n; j++)
            printf("%d%c", a[i][j], j == (1 << n) - 1 ? '\n' : ' ');
    return 0;
}
```

这里有一个技巧,i<<n 的值等于 $i \times 2^n$。<< 被称为左移运算符。相应的,i>>n 的值等于 $i/2^n$ (向下取整),这叫右移运算符。要注意的是 i 应当是整数,而且 n 不能太大以免使运算结果溢出。左移右移的优先级相当低,而且注意和输入输出流的符号 << 和 >> 区分。

7.4 结构体的使用

有时候要大量存储批量数据,比如说某位考生的信息,可以考虑使用数组。但是数组只能存储一组同样数据类型的信息,如果同时记录考生的姓名、成绩等不同的信息,就不能使用一个数组来存储了。

第 6 章介绍过 string 类型字符串,它可以存下很多信息(字符数组数据、长度等),将字符串作为一个整体处理。可以赋值,可以作为参数直接传递给函数。本节介绍的结构体,可以达到类似于 string 对象的效果。也就是说,可以将一些不同类型的信息聚合成整体,以便于处理这些信息。

例 7-9 最厉害的学生(洛谷 P5740)。现有 $N(N \leqslant 1000)$ 名同学参加了期末考试,并且获得了每名同学的信息:姓名(不超过 8 个字符的字符串,没有空格),语文、数学、英语成绩(均为不超过 150 的自然数)。总分最高的学生就是最厉害的,请输出最厉害学生的各项信息(姓名、各科成绩)。如果有多个总分相同的学生,输出靠前的那位。

分析: 对每个学生的信息使用结构体存储,每次比较当前总分最大的答案和枚举到的学生的总分,如果后者更大,就把当前学生的结构体赋值给答案的结构体,代码如下:

```
#include <iostream>
#include <string>
using namespace std;
struct student {
    string name;
    int chinese, math, english;    // 定义一个结构体记录每个学生的信息
} a, ans;

int main() {
    int n;
    cin >> n;
```

```
    for (int i = 1; i <= n; i++) {
        cin >> a.name >> a.chinese >> a.math >> a.english;
        if (a.chinese + a.math + a.english > ans.chinese + ans.math + ans.
english || i==1) // i==1是特判了所有人的分数相同的情况
            ans = a; //比较两个结构体的大小，如果这个更大，就用这个来更新答案
    }
    cout << ans.name<<" "<<ans.chinese<<" "<<ans.math<<" "<<ans.english<<
endl;
    return 0;
}
```

C++ 的**结构体**是由一系列具有相同类型或不同类型的数据构成的数据集合。比如说,一名学生有姓名信息(字符串),有成绩信息(整数)。结构体定义的一般形式如下:

```
struct 类型名 {
    数据类型1 成员变量1;
    数据类型2 成员变量2;
} [结构体变量名];

struct 已经定义过的类型名 结构体变量名;
//"struct" 也可以不加
```

本例中定义了一个名字是 student 的结构体类型,里面包括 name、chinese、math、english 这几个成员变量,其中姓名为 string 字符串,而成绩是整数。然后定义了 a 和 ans 这两个变量,类型是 student。

变量 a 作为一个学生,可以用 a.name 来表示 a 同学的姓名,a.chinese 代表他的语文成绩。这些成员变量可以像普通的变量那样读入、赋值或者参与表达式运算。而相同类型的结构体变量之间也可以直接进行赋值运算。

由于需要找到总分最高的,设置 ans 作为擂主。不断进行打擂比较,当总分更高时,就将 a 赋值给 ans,最后输出 ans 的姓名和各项成绩。

例7-10 旗鼓相当的对手加强版(洛谷 P5741)。现有 $N(N \leq 1000)$ 名同学参加了期末考试,并且获得了每名同学的信息:姓名(不超过 8 个字符的字符串,没有空格),语文、数学、英语成绩(均为不超过 150 的自然数)。如果某对学生 <i,j> 的每一科成绩的分差都不大于 5,且总分分差不大于 10,那么这对学生就是"旗鼓相当的对手"。现在想知道这些同学中,哪些是"旗鼓相当的对手",请输出他们的姓名。

分析:之前使用多维数组实现过类似的题目,但这回由于还需要记录学生的名字,所以要使用结构体。结构体也能批量定义,就跟数组一样,用于存储大量学生的信息。

```
#include <iostream>
#include <string>
#define MAXN 1024
using namespace std;
```

```
    int n, x, ans;
    struct student {
        string name;
        int chinese, math, english;    // 定义一个结构体记录每个学生的信息
    };
    struct student a[MAXN];
    bool check(int x, int y, int z) { // 检查两个数 x, y 的差是否不超过 z
        return x <= y + z && y <= x + z;
    }
    int main() {
        cin >> n;
        for (int i = 1; i <= n; i++)
            cin >> a[i].name >> a[i].chinese >> a[i].math >> a[i].english;
        for (int i = 1; i <= n; i++) // 枚举第一个学生 i
            for (int j = i + 1; j <= n; j++) // 枚举第二个学生 j
                if (check(a[i].chinese, a[j].chinese, 5)
                    && check(a[i].math, a[j].math, 5)
                    && check(a[i].english, a[j].english, 5)
                    && check(a[i].chinese + a[i].math + a[i].english,
                        a[j].chinese + a[j].math + a[j].english, 10)
                ){
                    cout << a[i].name << " " << a[j].name << endl;
                }
        return 0;
    }
```

这里定义了一个函数来判断两个数的差是否小于一个值,简化程序。事实上,结构体也能作为函数的参数或者返回值,请读者自己尝试实验。

例 7-11 (选读)评等级(洛谷 P5742)。现有 N(N≤1000)名同学,每名同学需要设计一个结构体记录以下信息:学号(不超过 100000 的正整数)、学业成绩和素质拓展成绩(分别是 0~100 的整数)、综合分数(实数)。每行读入同学的学号、学业成绩和素质拓展成绩,并且计算综合分数(分别按照 70% 和 30% 的权重累加),存入结构体中。还需要在结构体中定义一个成员函数,返回该结构体对象的学业成绩和素质拓展成绩的总分。

然后需要设计一个函数,其参数是一个学生结构体对象,判断该学生是否"优秀"。优秀的定义是学业和素质拓展成绩总分大于 140 分,且综合分数不小于 80 分。

分析:在建立一个新的结构体对象时,可以在结构体中定义和结构体名称相同的**构造函数**(本例中结构体名称为 student,在结构体定义中实现名为 student 的函数,不必加上函数返回类型)。在定义一个新的结构体并进行初始化时,给结构体定义一些变量,结构体对象调用构造函数,对这些变量进行处理。本例中,除了定义了一个接收 3 个变量的初始化构造函数,还定义了一个不接收任何变量的空的构造函数 student( ){ },否则直接定义结构体对象时(如 student one_student;)就会编译失败。

还可以在结构体中定义成员函数(如 sum( )函数),用于处理结构体对象的内部事务。构造

函数是一种特殊的成员函数。在结构体内访问自己对象结构体的成员变量或者成员函数时，在对应的变量名或函数名前加 this->，但是如果不产生歧义，不加也可以。在结构体外调用结构体成员函数时只需要"结构体变量名.成员变量名"即可，例如本例的 one_student.sum( )。

不仅如此，结构体对象还能像单个变量一样，作为参数直接传参进入函数，而不是和数组一样只能传入一个地址。这样的话在函数中修改直接传入的结构体对象中的成员变量，也不会影响到函数外面，除非加上 & 符号变成引用传参。代码如下：

```cpp
#include <iostream>
#include <string>
#define MAXN 1024
using namespace std;
int n, x, ans;
struct student {
    int id;
    int academic, quality;
    double overall;
    student(int _id, int _ac, int _qu){ // 初始化构造函数
        this->id = _id;
        this->academic = _ac;
        this->quality = _qu;
        this->overall = 0.7 * _ac + 0.3 * _qu;
        // 这里的 this-> 也可以省略
    }
    student() {} // 没有传递参数的初始化构造函数
    int sum(){
        return academic + quality;
        // 返回值也可写为 this->academic+this->quality;
    }
};

int is_excellent(student s) {
    // 访问成员变量与调用成员函数
    return s.overall >= 80 && s.sum() > 140;
}

int main() {
    cin >> n;
    for (int i = 1; i <= n; i++){
        int tmp_id, tmp_ac, tmp_qu;
        cin >> tmp_id >> tmp_ac >> tmp_qu;
        student one_student(tmp_id, tmp_ac, tmp_qu); // 结构体初始化
        if(is_excellent(one_student)) // 结构体变量作为参数传递
            cout << "Excellent" << endl;
        else
```

```
            cout << "Not excellent" << endl;
    }
    return 0;
}
```

需要注意的是,本例题中的 one_student 这个结构体变量是在 for 循环里面定义的局部变量,循环结束后该变量即销毁。如果需要留存做后期处理,则需要像例 7-10 一样在循环体外面定义结构体数组以留存数据。

成员函数(除了构造函数以外)在算法竞赛中使用较少,因此本例仅作为了解。结构体还有很多复杂的特性,例如公开或私有访问权限,这里不进行介绍,感兴趣的读者可以自行查阅相关资料。

至此,已经介绍完了入门部分的全部内容。虽然只介绍了 C++ 的基本内容,但是已经足以应对大多数的算法竞赛所要求的语言知识了。C++ 是一种非常复杂的编程语言,可能在接下来的学习过程中会继续补充新的知识点。

编程绝不是靠读书或听课就能搞懂的,必须要亲自上机实践。章末的课后习题与实验是非常重要的部分,请尽力完成。如果有条件,可尽可能多地去完成洛谷中"入门难度"的题目。

7.5 课后习题与实验

习题 7-1 设计以下的函数:
(1) 判断某个整数是不是完全平方数。
(2) 给出三维空间的 2 对点,6 个变量,求出这两个点之间的距离。
(3) 给出圆柱的半径和高,求出这个圆柱的体积。
(4) 传入一个字符串,将这个字符串的所有空格去掉后返回处理好的字符串。
(5) 给出一位 int 类型整数,计算它的每位数字的和。
(6) 寻找指定数组中的平均数。

习题 7-2 观察以下程序,哪些变量是局部变量?哪些是全局变量?如果输入数据是"1 2"时,应该输出什么呢?

```
#include <iostream>
#include <string>
using namespace std;
const int MAXN = 10000;
int a, b, c, array[MAXN];
bool check(int x, int y, int z) {
    return x <= y + z && y <= x + z;
}
void add(int a, int b) {
    c = a + b;
}
int multi() {
    return a * b;
```

```
}
int main() {
    int c = 3;
    cin >> a >> b;
    add(c, a);
    b = multi();
    if (check(a, b, c))
        cout << a;
    else
        cout << c;
    return 0;
}
```

习题 7-3　质因数分解(洛谷 P1075,NOIP2012 普及组)。已知正整数 $n(n \leq 2 \times 10^9)$ 是两个不同的质数的乘积,试求出两者中较大的那个质数。

习题 7-4　哥德巴赫猜想(洛谷 P1304)。输入一个偶数 $N(N \leq 10000)$,验证 4~N 的所有偶数是否符合哥德巴赫猜想:任一大于 2 的偶数都可写成两个质数之和。如果一个数不止一种分法,则输出第一个加数相比其他分法最小的方案。例如输入 10,因为 10=3+7=5+5,因此 10=5+5 是错误答案。

习题 7-5　回文质数(洛谷 P1217,USACO Training)。因为 151 既是一个质数又是一个回文数(从左到右和从右到左看是一样的),所以 151 是回文质数。写一个程序来找出范围为 $[a,b]$ ($5 \leq a < b \leq 100000000$)(1 亿)的所有回文质数。

习题 7-6　集合求和(洛谷 P2415)。给定一个集合 $S(|S| \leq 30)$(即集合元素数量不超过 30),求出此集合所有子集元素之和。例如,当集合是 {2,3} 时,子集包括 [ ][2][3][2,3],子集元素的和是 2+3+(2+3)=10。

习题 7-7　利用递归函数求解:
(1) 不使用循环和数组,输入一串整数,然后将整数倒序输出。假设给出的整数串以 0 结尾。
(2) 使用辗转相除法,求出两个给定的整数的最大公约数。
(3) 求出斐波那契数列 $fib(n)$ 的值,$n \leq 10$。更进一步,如果 $n=20$,递归函数可能会很慢,因为进行了很多重复计算同一个 $fib(n)$ 的值,有什么办法改进效率吗?

习题 7-8　猴子吃桃(洛谷 P5743)。一只小猴买了若干桃子。第一天他刚好吃了这些桃子的一半,又贪嘴多吃了一个;接下来的每一天它都会吃剩余的桃子的一半外加一个。第 n $(n \leq 20)$ 天早上起来一看,只剩下 1 个桃子了。请问:小猴买了几个桃子?

提示:虽然可以使用逆推求解,但也可以从第一天编写递归函数顺着求解,思维更加直接。

习题 7-9　培训(洛谷 P5744)。某培训机构的学员有如下信息:
1) 姓名(字符串);
2) 年龄(周岁,整数);
3) 去年 NOIP 成绩(整数,且保证是 5 的倍数)。

经过为期一年的培训,所有同学的成绩都有所提高,提升了 20%(当然 NOIP 满分是 600 分,不能超过这个得分)。

输入学员信息,请设计一个结构体存储这些学生信息,并设计一个函数模拟培训过程,其参数是这样的结构体类型，返回同样的结构体类型，并输出学员信息。

例如输入：

```
3
kkksc03 24 0
chen_zhe 14 400
nzhtl1477 18 590
```

应当输出：

```
kkksc03 25 0
chen_zhe 15 480
nzhtl1477 19 600
```

第 2 部分

初涉算法

第 8 章 模拟与高精度

恭喜完成了第一部分语言入门，相信读者已经可以使用 C++ 写出一些简单程序了。

听说过"建模"一词吗？所谓"建模"，就是对事物进行抽象，根据实际问题来建立对应的数学模型。"抽象"并不意味着晦涩难懂；相反，它提供了大量的便利。计算机很难直接去解决实际问题，但是，如果把实际问题建模成数学问题，就会大大地方便计算机来"理解"和"解决"。

举个生活中常见的例子：拿到某次数学考试的成绩单，现在需要知道谁考得最好。当然不能把成绩单对着计算机晃一晃，然后问"谁考得最好？"而是需要通过一种途径让计算机来理解这个问题。这个问题可以建模成："给定数组 score [ ]，问数组内元素的最大值"。这样建模后，就能很方便地写程序解决问题了。对于这个问题，采用之前讨论过的"擂台法"，就可以给出答案。

如何把实际问题建模成数学问题，主要依靠经验和直觉，当然还有灵动的思维；而算法与数据结构，正是解决数学问题的两把利剑。从本章开始会介绍程序设计竞赛中的一些常见套路算法，而下一部分会介绍基础的数据结构。如果已经认真学习完了第一部分，相信这一部分也不在话下。

本章是语言部分的延伸，介绍一些竞赛中会出现的"模拟题目"。这里的"模拟"不是指模拟某场比赛的模拟题，而是指让程序完整地按照题目叙述的方式运行得到最终答案。同时也会介绍可以计算很大整数的高精度运算方法。这一章对思维与算法设计的要求不高，但是会考验编程的基本功是否扎实。图 8-1 所示为本章思维导图。

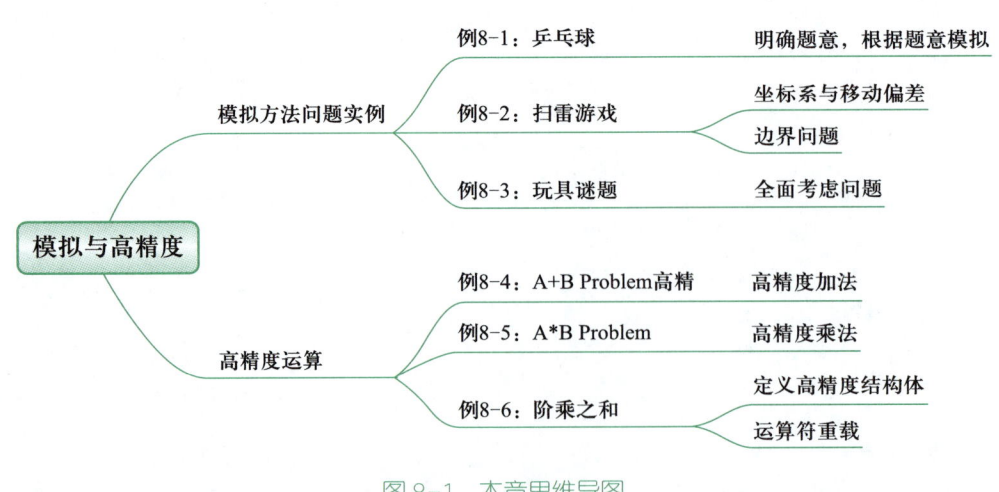

图 8-1 本章思维导图

8.1 模拟方法问题实例

在各类算法竞赛中,常常会出现各类"模拟题目"作为签到送分题。"模拟题目"并不是指某种算法,所以无法直接告诉大家如何去掌握模拟题目。本章提供几种模拟题目的例题供读者举一反三。实际上,如果读者想要掌握模拟题目,就需要去多写题、多整理技术细节。

例 8-1 乒乓球(洛谷 P1042,NOIP 2003 普及组)。华华和朋友打乒乓球,得到了每一球的输赢记录:W 表示华华得一分,L 表示对手得一分,E 表示比赛信息结束。一局比赛刚开始时比分为 0∶0。每一局中达到 11 分或者 21 分(赛制不同),且领先对方 2 分或以上的选手可以赢得这一局。现在要求输出在 11 分制和 21 分制两种情况下的每一局得分。输入数据每行至多有 25 个字母,最多有 2500 行。

分析: 根据题意,只需要对读入的内容进行统计即可。使用数组 a 来记录下从最开始到结束的得分情况,如果是华华赢了就记为 1,反之记为 0。读到 E 的时候直接就不再继续读入,而读到换行符时也直接忽略。同时要记录他们一共打了几球(就是 n)。

然后分别对两种赛制进行计算。首先计分板上双方都是 0。如果华华赢了,w 就增加 1,否则 l 就增加 1。如果发现计分板上得分高的一方达到了赛制要求的球数,而且分差也足够,就将计分板的得分输出,同时计分板清零开始下一局。到最后还要输出正在进行中的比赛的得分。

```
#include<iostream>
#include<cmath>
using namespace std;
int f[2] = {11, 21}; // 两种赛制的获胜得分
int a[25 * 2500 + 10], n = 0;
int main() {
    char tmp;
    while(1) {
        cin >> tmp; // 不断读入结果
        if(tmp == 'E') break;
        else if(tmp == 'W') a[n++] = 1; // 华华赢
        else if(tmp == 'L') a[n++] = 0; // 华华输
    }
    for(int k = 0; k < 2; k++){ // 两种赛制循环
        int w = 0, l = 0;
        for(int i = 0; i < n; i++){
            w += a[i]; l += 1 - a[i];
            if((max(w, l) >= f[k]) && abs(w - l) >= 2){ /* 获胜者超过对应分数且超出对手2分 */
                cout << w << ": " << l << endl;
                w = l = 0;
            }
        }
```

```
            cout << w << ": " << l << endl;  // 未完成的比赛也要输出结果
            cout << endl;
        }
        return 0;
    }
```

本题思路很简单,直接根据题意和生活常识模拟运算,但是还是有一些需要注意的地方:
1) 数组要开够,至少需要容纳 25×2500 条得分记录。
2) 读到 E 就停止读入了,后面的都忽略掉。同时遇到换行符等也要忽略。
3) 注意要分差 2 分以上才能结算一局的结果。
4) 最后还要输出正在进行中的比赛,就算是刚刚完成一局也要输出 0∶0。

> 题目几乎每一句话都很关键,所以一定要认真审题。不过,有些题目可能因存在不严谨的地方而引起歧义,所以在比赛中如果发现字面意思不清楚,可以找比赛组织者(监考老师、志愿者、答疑帖等)明确题意。

例 8-2 扫雷游戏(洛谷 P2670,NOIP 2015 普及组)。给出一个 $n \times m$ 的网格,有些格子埋有地雷。求问这个棋盘上每个没有地雷的格子周围(上、下、左、右和斜对角)的地雷数。

输入第一行的两个整数 n 和 m,表示网格的行数和列数,接下来的 n 行,每行 m 个字符,描述了雷区中的地雷分布情况。字符 * 表示相应格子是地雷格,字符 ? 表示相应格子是非地雷格。m 和 n 不超过 100。

输出包含 n 行,每行 m 个字符,描述整个雷区。用 * 表示地雷格,用周围的地雷个数表示非地雷格。

分析:根据题意,对于每个非地雷的格子,只需要统计其上、下、左、右、左上、右上、左下、右下 8 个方向的格子中地雷的数量。如果需要统计的格子的坐标是 (x,y),那么它左上角的坐标是 $(x-1,y-1)$。其他相邻的格子的坐标如图 8-2 所示。

和一般的直角坐标系不一样,在这里,上方是 $x-1$ 而右方是 $y+1$。一般情况下,算法竞赛涉及的坐标系表示方法(图 8-3(a))相对于日常接触的直角坐标系(图 8-3(b))的表示方法是右转 90°的,原点在左上角。这样就能很方便地将行数和 x 对应起来,列数与 y 对应起来,比如第 1 行第 2 列可以表示成 (1,2),便于存储和查询。

没有必要列举出 8 个 if 语句逐一判定这个格子的 8 个方向是否是雷,只要将预先定义好的这 8 个方向的格子相对于这个格子的偏移量,然后简单地循环即可。

$(x-1,y-1)$	$(x-1,y)$	$(x-1,y+1)$
$(x,y-1)$	(x,y)	$(x,y+1)$
$(x+1,y-1)$	$(x+1,y)$	$(x+1,y+1)$

图 8-2 相对坐标偏移

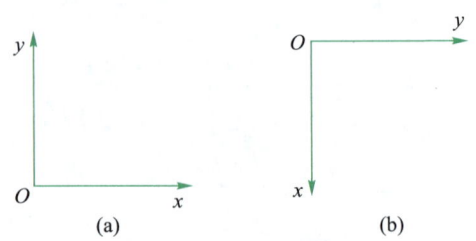

图 8-3 直角坐标系方向

还有一点需要注意的是边界问题。在枚举某些边界上的格子时,它的某些方向会超出这个阵列,如果不经过特殊处理就可能造成数组越界。有两种方法可以解决这个问题,一是对需要查询的坐标进行范围判断;二是可以在这个阵列外围加一圈空白"虚拟的"非雷区参与统计。

至于怎么读入,怎么输出,是第一部分字符串中介绍过的,这里不再赘述。可以得到如下代码:

```cpp
#include <iostream>
using namespace std;
const int dx[] = {1, 1, 1, 0, 0, -1, -1, -1};
const int dy[] = {-1, 0, 1, -1, 1, -1, 0, 1};
// (i, j) 分别加上 (dx, dy) 就可以得到该点 8 个方向相邻的新坐标
const int maxn = 105;
char g[maxn][maxn]; // 函数外定义的变量默认初始化为 0, 反正不是 '*'
int n, m;
int main() {
    cin >> n >> m;
    for (int i = 1; i <= n; i++)
        for (int j = 1; j <= m; j++)
            cin >> g[i][j];
    for (int i = 1; i <= n; i++) {
        for (int j = 1; j <= m; j++)
            // 这里用到了一些偷懒的技巧, 没有专门加上一圈"虚拟边框", 但不影响判断
            if (g[i][j] != '*') {
                int cnt = 0;
                for (int k = 0; k < 8; k++)
                    if (g[i + dx[k]][j + dy[k]] == '*') cnt++;
                cout << cnt;
            }
            else cout << "*";
        cout << endl; // 行末换行
    }
    return 0;
}
```

例 8-3 玩具谜题(洛谷 P1563,NOIP 2016 提高组)。$n(n<100000)$ 名同学依次逆时针方向围成一个圈,有些同学面向圈内,有些面向圈外。第一个同学手里有礼物。从这名同学开始进行 $m(m<100000)$ 次传递。拥有礼物的同学将礼物传递给左手/右手边的第 $s(s<n)$ 个人。已知每名同学的姓名(长度不超过 10 的字符串)和朝向(0 表示朝圈内,1 表示朝圈外),以及每次传递的方向(0 表示往这名同学的左边,1 表示往右边)和传过的同学人数,求最后礼物在谁手上,输出姓名。

分析: 如果模拟现实中击鼓传花的过程,一个传一个,模拟礼物在谁的手上,考虑到数据范围很大,两重循环的做法会超时。

把手里拥有礼物的第一个同学称为 0 号同学(因为数组习惯从 0 开始,最后一名同学是 $n-1$ 号同学)。当他面朝内时,往右边传递 3 名同学,就会变成 0+3=3 号同学拥有礼物。如果 0 号同学往左边传递 3 名同学,就会变成 0−3=−3 号同学拥有礼物,显然没有 −3 号同学。考虑 0 号同学和 7 号同学等价(因为 6 号同学的下一个就是 0 号同学),1 号同学和 8 号同学等价,……可以猜出:−3 号同学和 −3+n=4 号同学等价。面朝外的同学往右边数 s 个就是编号增加 s,往左边数就是编号减少 s。如果得到的编号不在 0~n−1 的范围内,则需要通过增减 n 调整到这个范围内。为了达到这个目的,可以使用取余数的方式。

如果这名同学面朝外,那么方向和加减的关系就和上面一种情况反过来,但是依然需要调整到 0~n−1 的范围内。

枚举这 4 种情况,可以得到如下代码:

```cpp
#include <iostream>
#include <string>
using namespace std;
const int MAXN = 1e6 + 5;
struct node { // 使用结构体存储同学的姓名和方向
    int head;
    string name;
}a[MAXN];
int n, m, x, y;
int main() {
    cin >> n >> m;
    for (int i = 0; i < n; i++)
        cin >> a[i].head >> a[i].name;
    int now = 0;
    for (int i = 1; i <= m; i++) {
        cin >> x >> y;
        if (a[now].head == 0 && x == 0) // 情况 1
            now = (now + n - y) % n;
        else if (a[now].head == 0 && x == 1) // 情况 2
            now = (now + y) % n;
        else if (a[now].head == 1 && x == 0) // 情况 3
            now = (now + y) % n;
        else if (a[now].head == 1 && x == 1) // 情况 4
            now = (now + n - y) % n;
    }
    cout << a[now].name << endl;
    return 0;
}
```

这段代码还能进行一些精简,例如将一些情况合并(提示:使用异或判断同学的朝向和传递方向甚至可以压缩成唯一的一种情况),但是这段示例代码便于读者理解。

虽然现在接触的模拟题目难度比较低,没什么思维难度,但是这不意味着模拟题目就一定是作为签到题。很多模拟题目的状态和操作非常复杂烦琐,实现难度和代码长度很大。读者可以查看以下这些高难度模拟题:
1) 猪国杀(洛谷 P2482,山东省选 2010)。
2) 立体图(洛谷 P3326,山东省选 2015)。
3) 杀蚂蚁(洛谷 P2586,浙江省选 2008)。
4) 小九的冰雪小屋(洛谷 P3693,By orangebird)。

8.2 高精度运算

在语言入门部分已经介绍了几种数据类型,并且已经知道每种数据类型能够容纳的数字范围是有限的。一般情况下使用 int 类型,如果数字大一点还能使用 long long 类型。如果需要存储或者使用更大的整数该怎么办呢?不能使用浮点数,因为浮点数的有效数字位数也是有限的。有些编译器允许提供 __int128 类型,但是不仅大小依然局限(最多可以表示接近 40 位的十进制数),而且使用范围也很局限。不过,可以使用数组来模拟非常长的整数。

例 8-4 A+B Problem 高精(洛谷 P1601)。分别在两行内输入两个 500 位以内的十进制非负整数,求它们的和。

分析:用数组来模拟非常长的整数,这意味着可以用数组的每一位记录那个数字上的每一位。也就是说,可以用 n 位数组来记录一个 n 位数字。

解决了存储问题之后,再来回顾一下竖式加法:

```
   514
 + 495
 ─────
  1009
```

竖式加法的实质就是模拟每一位的加法与进位。对于十进制加法来说,某一位上的和超过 9 时会产生进位现象,进位就是保留那一处数字的个位数,然后把十位上的数字加给下一位去,详见表 8-1。

表 8-1

数	第 4 位	第 3 位	第 2 位	第 1 位
a		5	1	4
b		4	9	5
中间产物		9	10	9
处理进位 1		10	0	9
处理进位 2	1	0	0	9
结果	1	0	0	9

可以看到，必须从低位到高位处理进位，否则可能会发生顺序上的错误。如表 8-1 所示，只有先处理了第 2 位处的进位，才发现第 3 位处也需要进位。那么，可以让处理进位和处理加法从低位到高位同时进行。

```cpp
#include <iostream>
#include <string>
#include <algorithm>
#define maxn 520
using namespace std;
int a[maxn], b[maxn], c[maxn];
int main() {
    string A, B;
    cin >> A >> B;
    int len = max(A.length(), B.length());
    for (int i = A.length() - 1, j = 1; i >= 0; i--, j++)
        a[j] = A[i] - '0';
    for (int i = B.length() - 1, j = 1; i >= 0; i--, j++)
        b[j] = B[i] - '0';
    for (int i = 1; i <= len; i++) {
        c[i] += a[i] + b[i];
        c[i + 1] = c[i] / 10; //模拟进位
        c[i] %= 10;
    }
    if (c[len + 1])// 最后进位可能会导致位数增加
        len++;
    for (int i = len; i >= 1; i--)
        cout << c[i];
}
```

例 8-5 A*B Problem（洛谷 P1303）。分别在两行内输入两个 2000 位以内的十进制非负整数，求它们的积。

先来回顾一下竖式乘法：

```
        514
    ×   495
    ————————
       2570
       4626
       2056
    ————————
     254430
```

鉴于这样的形式十分不直观，再换个表示方式来观察它的实质，详见表 8-2。

第 8 章 模拟与高精度

表 8-2

数	第 6 位	第 5 位	第 4 位	第 3 位	第 2 位	第 1 位
a				5	1	4
b				4	9	5
a*b [1]				25	5	20
a*b [2]			45	9	36	
a*b [3]		20	4	16		
中间产物		20	49	50	41	20
处理进位	2	5	4	4	3	0
结果	2	5	4	4	3	0

仔细观察,可以发现 a[i]*b[j] 的贡献全都在中间产物的第 i+j-1 位上,这个性质提供了一个简便的写法:可以把所有贡献算出来,最后一口气处理所有进位问题。这样可以避免处理多次进位事件,优化效率——计算机中取模的效率远低于加法和乘法。

这个进位模拟过程与加法过程中大同小异,都是把个位数留下,把个位以外的数字贡献给下一位,具体可见如下代码:

```cpp
#include <iostream>
#include <string>
#define maxn 5010
using namespace std;
int a[maxn], b[maxn], c[maxn];
int main() {
    string A, B;
    cin >> A >> B;
    int lena = A.length(), lenb = B.length();
    for (int i = lena - 1; i >= 0; i--)a[lena - i] = A[i] - '0';
    for (int i = lenb - 1; i >= 0; i--)b[lenb - i] = B[i] - '0';
    for (int i = 1; i <= lena; i++)
        for (int j = 1; j <= lenb; j++)
            c[i + j - 1] += a[i] * b[j]; //计算贡献
    int len = lena + lenb; //乘积的位数不超过两数的位数之和
    for (int i = 1; i <= len; i++) {
        c[i + 1] += c[i] / 10; //处理进位
        c[i] %= 10;
    }
    for (; !c[len]; )
        len--; //去掉前导零
    for (int i = max(1, len); i >= 1; i--)
        cout << c[i];
}
```

这样的高精度算法的复杂度是 $O(n^2)$，其中 n 是数字的位数。如果位数过大，那么计算速度还是比较慢。可以利用快速傅里叶变换的方式加速高精度乘法，将其复杂度优化到 $O(n\log n)$，但是相关内容超出了本书的范围，且思维和实现难度都比较大，现阶段可以不必深入了解。

例 8-6 阶乘之和(洛谷 1009, NOIP 普及组 1998)。用高精度计算出 $S=1!+2!+3!+\cdots+n!$ ($n\leqslant 50$)。

分析： 曾经在循环一章介绍过本题，但是本题数据范围使得阶乘的数字非常大，即使是使用 long long 类型也会超过限度。因此需要使用高精度来计算。

这里涉及高精度加高精度与高精度乘低精度两个问题，可以采用封装大整数类并重载运算符的方式来编写这道题的程序。封装结构体的一个好处是使得代码更加模块化，易于调试，并且使用时简洁干净，不易在接口上使用出错。

首先需要一个结构体来模拟大整数类。结构体不仅可以包括成员变量，还能定义成员函数。代码如下：

```cpp
#define maxn 100
struct Bigint {
    int len, a[maxn]; /* 为了兼顾效率与代码复杂度，用 len 记录位数，a 记录每个数位 */
    Bigint(int x = 0) { //通过初始化使得这个大整数能够表示整型 x，默认为 0
        memset(a, 0, sizeof(a));
        for (len = 1; x; len++)
            a[len] = x % 10, x /= 10;
        len--;
    }
    int &operator[](int i) {
        return a[i];       // 重载 []，可以直接用 x[i] 代表 x.a[i]，编写时更加自然
    }
    void flatten(int L) { /*一口气处理 1 到 L 范围内的进位并重置长度。需要保证 L 不小于有效长度 */
        // 因为相当于把不是一位数的位都处理成一位数，故取名为"展平"
        len = L;
        for (int i = 1; i <= len; i++)
            a[i + 1] += a[i] / 10, a[i] %= 10;
        for (; !a[len]; )// 重置长度成为有效长度
            len--;
    }
    void print() { //输出
        for (int i = max(len, 1); i >= 1; i--)
            printf("%d", a[i]);
    }
};
```

下一步是重载运算符 + 和 *，这样就可以像计算 int 类型一样直接对两个高精度对象进行加减了。

```
Bigint operator+(Bigint a, Bigint b) { /* 表示两个 Bigint 类相加，返回一个 Bigint 类 */
    Bigint c;
    int len = max(a.len, b.len);
    for (int i = 1; i <= len; i++)
        c[i] += a[i] + b[i]; // 计算贡献
    c.flatten(len + 1); /* 答案不超过 len+1 位，所以用 len+1 做一遍"展平"处理进位 */
    return c;
}
Bigint operator*(Bigint a, int b) { /* 表示 Bigint 类乘整型变量，返回一个 Bigint 类 */
    Bigint c;
    int len = a.len;
    for (int i = 1; i <= len; i++)
        c[i] = a[i] * b; // 计算贡献
    c.flatten(len + 11); /* int 类型最长 10 位，所以可以这样做一遍"展平"处理进位 */
    return c;
}
```

前面千辛万苦封装结构体，就是为了最后能让大整数类型像整型那样轻松使用。计算阶乘的时候不需要每次循环中都要从 1 乘到 i，而是使用变量，每次乘 i 并记录阶乘的值即可，这样可以减少一重循环。

```
int main() {
    Bigint ans(0), fac(1); /* 分别用 0 和 1 初始化 ans 与 fac，如果要将常数赋值给
    大整数，可以使用类似于 ans=Bigint(233) 的办法 */
    int m;
    cin >> m;
    for (int i = 1; i <= m; i++) {
        fac = fac * i; // 模拟题意
        ans = ans + fac;
    }
    ans.print(); // 输出答案
}
```

8.3 课后习题与实验

下面的题目经过了一些简化概括，如果对于细节还有不明确的地方，请登录题库查看原题。有些模拟题的题面较长，细节繁杂，读题时一定要认真仔细，实现代码的时候要耐心。

习题 8-1 魔法少女小 Scarlet（洛谷 P4924, By Scarlet）。Scarlet 首先把 1 到 n^2 的正整数按照从左往右，从上至下的顺序填入 $n \times n (n \leqslant 500)$ 的二维数组中，并进行 $m (m \leqslant 500)$ 次操作，使二维数组上将一个奇数阶方阵按照顺时针或者逆时针旋转 90°。每次操作给出 4 个整数 x、y、r、z，表示在这次魔法中，Scarlet 会把以第 x 行第 y 列为中心的 $2r+1$ 阶矩阵按照某种时针方向旋转，其中 $z=0$ 表示顺时针，$z=1$ 表示逆时针。要求输出最终所得的矩阵。

习题 8-2 生活大爆炸版石头剪刀布(洛谷 P1328,NOIP2014 提高组)。有某种剪刀石头布的变种,在传统的石头剪刀布的基础上增加了蜥蜴人和斯波克两种角色,胜负关系见表 8-3(甲对乙的结果)。

表 8-3 胜负关系对照表

甲	乙				
	剪刀	石头	布	蜥蜴人	斯波克
剪刀	平	输	赢	赢	输
石头		平	输	赢	输
布			平	输	赢
蜥蜴人				平	赢
斯波克					平

现在 小 A 和 小 B 在玩这种游戏,他们的出拳都是有周期性规律的(周期可能不一样,分别是 N_1 和 N_2),玩 $N(N \leq 200)$ 局,每局胜者得 1 分,败者或平局均不得分。给出 N、N_1、N_2 和他们出招的规律序列,剪刀、石头、布、蜥蜴人、斯波克分别用 0、1、2、3、4 表示,输出最后两人的得分。

习题 8-3 两只塔姆沃斯牛(洛谷 P1518,USACO Training)。给出一幅由 10×10 的格子组成的地图,一个格子可能是 .(空地)、*(障碍)、C(牛的初始位置)、F(农民的初始位置)。最开始是他们都面向正北(上方)。每分钟他们的运行方式都是一样的:可以向前移动或是转弯。如果前方无障碍(地图边沿也是障碍),他们会按照原来的方向前进一步。否则他们会用这一分钟顺时针转 90°。下面是一个地图的例子:

```
*...*.....
.......*..
...*.*....
..........
...*.F....
....*.....
..*.*.....
...*......
..C......*
...*.*....
.*.*......
```

请问:几分钟后他们会落在同一格子里? 如果他们永远都不会相遇,输出 0。

习题 8-4 多项式输出(洛谷 P1067,NOIP2009 普及组)。一元 n 次多项式可表示为 $f(x) = a_n x^n + a_{n-1} x^{n-1} + \cdots + a_1 x + a_0, a_n \neq 0$。给出一个一元多项式各项的次数和系数,请按照如下规定的格式要求输出该多项式:

1) 多项式中自变量为 x,从左到右按照次数递减的顺序给出多项式。
2) 多项式中只包含系数不为 0 的项。
3) 如果多项式 n 次项的系数为正,则多项式开头不出现"+"号,如果多项式 n 次项的系数为负,则多项式以"-"号开头。
4) 对于不是最高次的项,以"+"号或者"-"号连接此项与前一项,分别表示此项的系数为正或者系数为负。紧跟一个正整数,表示此项系数的绝对值(如果一个高于 0 次的项,其系数的绝对值为 1,则无需输出 1)。如果 x 的指数大于 1,则接下来紧跟的指数部分的形式为 x^b,其中 b 为 x 的指数;如果 x 的指数为 1,则接下来紧跟的指数部分的形式为 "x";如果 x 的指数为 0,则仅需输出系数即可。

5) 多项式中,多项式的开头、结尾不含多余的空格。

例如,当输入的系数为 "100,-1,1,-3,0,10" 时,则应当输出 100x^5-x^4+x^3-3x^2+10。

习题 8-5 字符串的展开(洛谷 P1098,NOIP2007 提高组)。给出一个长度不超过 100 的字符串和 3 个参数,要求对字符串展开,约定如下。

1) 遇到下面的情况需要做字符串的展开:在输入的字符串中,出现了减号 "-",减号两侧同为小写字母或同为数字,且按照 ASCII 码的顺序,减号右边的字符严格大于左边的字符。

2) 参数 p_1:展开方式。$p_1=1$ 时,对于字母子串,填充小写字母;$p_1=2$ 时,对于字母子串,填充大写字母。这两种情况下数字子串的填充方式相同。$p_1=3$ 时,不论是字母子串还是数字字串,都用与要填充的字母个数相同的星号 "*" 来填充。

3) 参数 p_2:填充字符的重复个数。$p_2=k$ 表示同一个字符要连续填充 k 个。例如,当 $p_2=3$ 时,子串 "d-h" 应扩展为 "deeefffgggh"。减号两边的字符不变。

4) 参数 p_3:是否改为逆序:$p_3=1$ 表示维持原来的顺序,$p_3=2$ 表示采用逆序输出,注意这时候仍然不包括减号两端的字符。例如,当 $p_1=1, p_2=2, p_3=2$ 时,子串 "d-h" 应扩展为 "dggffeeh"。

5) 如果减号右边的字符恰好是左边字符的后继,只删除中间的减号。例如,"d-e" 应输出为 "de","3-4" 应输出为 "34"。如果减号右边的字符按照 ASCII 码的顺序小于或等于左边的字符,输出时,要保留中间的减号。例如,"d-d" 应输出为 "d-d","3-1" 应输出为 "3-1"。

习题 8-6 作业调度方案(洛谷 P1065,NOIP2006 提高组)。用 $m(m \leq 20)$ 台机器加工 $n(n \leq 20)$ 个工件,每个工件都有 m 道工序,每道工序都在不同的指定的机器上完成。每个工件的每道工序都有指定的加工时间。每个工件的每道工序称为一个操作,用记号 j-k 表示一个操作,例如 2-4 表示第 2 个工件第 4 道工序的这个操作。

在本题中,还给定对于各操作的一个安排顺序。每个操作的安排都要满足以下的两个约束条件,且在安排后面的操作时,不能改动前面已安排的操作的工作状态。

1) 对同一个工件,每道工序必须在它前面的工序完成后才能开始;

2) 同一时刻每一台机器至多只能加工一个工件。

还要注意,"安排顺序" 只要求按照给定的顺序安排每个操作。不一定是各机器上的实际操作顺序。在具体实施时,有可能排在后面的某个操作比前面的某个操作先完成。

当一个操作插入到某台机器的某个空挡时,保证约束条件 1 和 2 的条件下,尽量插入到最前面的一个空挡,且靠前插入。例如,当 $n=2, m=3$ 时,安排顺序为 1、1、2、3、3、2,各工序信息如图 8-4(a)所示,得到安排工序方案如图 8-4(b)所示。

显然,在这些约定下,对于给定的安排顺序,符合该安排顺序的实施方案是唯一的,请你计算出该方案完成全部任务所需的总时间。

习题 8-7 (选做)帮贡排序[1](洛谷 P1786,By absi2011)。absi2011 在玩一款在线武侠游戏。丐帮内最多有 1 位帮主,两位副帮主,两位护法,4 位长老,7 位堂主,25 名精英,帮众若干。absi2011 作为副帮主,要对丐帮内几乎所有人的职位全部调整一番。他给你每个用户的数据:他的名字、原来职位、帮会贡献(简称帮贡)、等级。

---

[1] 建议学习完本书第 9 章排序后再尝试完成本题。

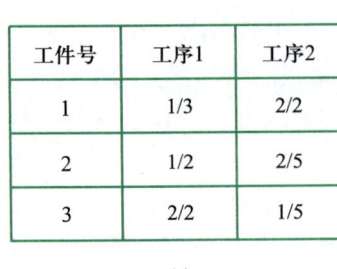 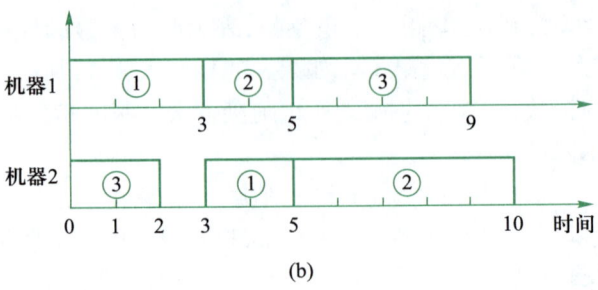

图 8-4 工序信息和安排方案

absi2011 要把护法的职位给帮贡最多的用户,其次是长老,以此类推。但是 absi2011 无权调整帮主、副帮主的职位,包括他自己。

游戏中丐帮成员列表是按照等级从高往低排序的,所以输入文件顺序也是按照职位第一关键字,等级第二关键字从高往低排序的。他想请你帮忙按照要求对这些成员进行帮贡排序、重新分配职位,然后输出调整职位后的成员列表,职位第一关键字,等级第二关键字。对于同职位同等级的用户,原先排名在前的,输出的排名还是在前面。对于同帮贡的用户,原列表在前的可以优先分配职位。

此外输入文件还遵循以下规则:

1) 保证职位必定为 BangZhu、FuBangZhu、HuFa、ZhangLao、TangZhu、JingYing、BangZhong 之中的一个;

2) 保证有一名帮主,保证有两名副帮主,保证有一名副帮主叫 absi2011;

3) 不保证一开始丐帮里所有职位都是满人的,但排序后分配职务请先分配高级职位;

4) 总人数不多于 110,名字长度不会超过 30 且不会重复,帮贡不大于 10^9,等级不大于 150。

习题 8-8 阶乘数码(洛谷 P1591)。求 $n!$ ($n \leq 1000$)中某个数码 a ($0 \leq a \leq 9$)出现的次数。例如 10!=3628800 中,8 出现的次数是 2 次。

习题 8-9 最大乘积(洛谷 P1249)。一个正整数一般可以分为几个互不相同的自然数的和,现在你的任务是将指定的正整数 n ($3 \leq n \leq 10000$)分解成若干互不相同的自然数的和,且使这些自然数的乘积最大。输出分解方案和最大乘积。

习题 8-10 麦森数(洛谷 P1045,NOIP2013 普及组)。输入 p ($1000<p<3100000$),计算 2^p-1 的位数和最后 500 位数字,用十进制高精度数表示。提示:判断位数可以列出方程 $2^p=10^q$,计算结果时,每次乘 2 速度很慢,所以可以每次乘 2^{30},提升 30 倍效率。

第 9 章 排序

在生活中,经常需要对一些东西排序。比如,考试评卷后,老师会按照成绩高低将试卷排序;玩扑克牌时,要按点数排序手牌;在洛谷刷题时,将题库按照难度排序,然后从简单题刷起(友情提示:长期只刷简单题不会有长进的)。多亏了排序过程,可以将无序的杂乱无章的东西整理清楚,便于查询统计和利用。

排序算法有很多,本章将介绍其中几种适用于不同场合的排序算法,并且会给出一些排序的应用题。这一部分不会很难,所以如果掌握了入门的语言部分,这章一定不在话下。图 9-1 所示为本章思维导图。

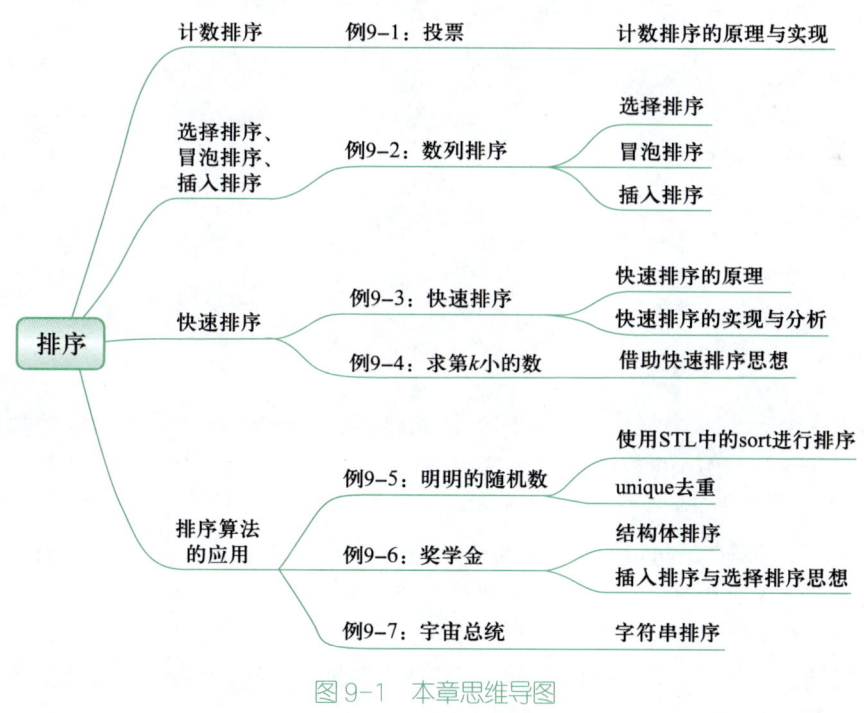

图 9-1 本章思维导图

9.1 计数排序

例 9-1 投票(洛谷 P1271)。学校正在选举学生会成员,有 $n(n \leqslant 999)$ 名候选人,每名候选人编号分别从 1 到 n,现在收集到了 $m(m<2000000)$ 张选票,每张选票都写了一个候选人编号。

现在想把这些堆积如山的选票按照投票数字从小到大排序。输入 n 和 m 以及 m 个选票上的数字,求出排序后的选票编号。例如,当有 5 个候选人,10 张选票分别是 2、5、2、2、5、2、2、2、1、2 时,需要输出 "1 2 2 2 2 2 2 2 5 5"。

分析:直接让投票人把选票投入同一个投票箱中,后期统计效率是很低的,不如让投票过程本身"自行完成排序"。在投票区放上 n 个投票箱,投票人支持谁就把票投入对应的投票箱中[①]。投票后只须统计每个投票箱有几张选票,直接按照候选人编号取出来就可以完成排序操作,如图 9-2 所示。

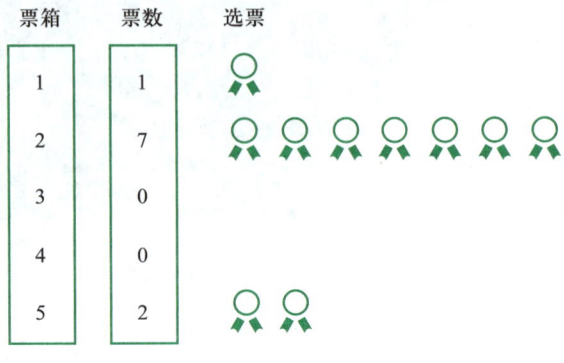

图 9-2 选票

代码如下:

```
#include<iostream>
using namespace std;
int a[1010] = {0}, n, m, tmp;
int main() {
    cin >> n >> m;
    for(int i = 0; i < m; i++) {
        cin >> tmp;
        a[tmp]++;
    }
    for(int i = 1; i <= n; i++)
        for(int j = 0; j < a[i]; j++)
            cout << i << ' ';
    cout << endl;
    return 0;
}
```

只需要开一个大小不小于 n 的数组作为票箱,依次读入选票,然后将选票号数加到对应的票箱中,最后按照每个票箱的数量输出候选人编号即可。在这个过程中,甚至不需要存储下每一张选票。

这种排序方法被称为**计数排序**。读入选票并统计的时间复杂度是 $O(m)$,输出选票的时间复杂度是 $O(m+n)$[②],空间复杂度是 $O(n)$。所以计数排序只能用于排序编号(值域)范围不是很大的数字。如果需要排序的数字要到 10^9,那么别说运行时间了,内存都无法存得下这么大的范围的数组。此外,如果希望将一些浮点数或者字符串进行排序,就没办法去建造合适的"投票箱",所以就不能使用这种算法了。

不过也有改进方法,比如**桶排序**和**基数排序**(不要和计数排序弄混了),使用类似的思路,但是相对比较复杂,限于篇幅不在这里介绍。无论是计数排序、桶排序,还是基数排序,这些排序算法都是基于分类而非基于比较的排序,不依赖排序对象之间的直接大小比较。

---

① 实际上需要做好隐私保护举措,要不然别人一看就知道某人把票投给了谁。
② 这里虽然有两重循环,但并非是二次方的复杂度,想一想,为什么?

9.2 选择排序、冒泡排序、插入排序

例 9-2 数列排序。输入 n ($n<1000$) 个数字 a_i ($a_i<10^9$)，将其从小到大排序后输出。

这里数值的范围相当大，使用上一节的计数排序算法是肯定不行了。读者可以先思考一下，你在玩纸牌的时候是怎么将纸牌排序的？假设手里抓到的牌是 4、1、9、5、1，如图 9-3 所示。

图 9-3　手上的牌

继续阅读下面的内容之前，建议读者先思考几分钟，看看能不能想出一种或者更多的做法。

解法 1（选择排序算法）： 在语言入门的章节介绍过如何寻求一个序列的最大值、最小值——使用打擂台法。那么，从第一张牌到最后一张牌中找到最小的一张，放在最前面的位置；然后从第二张牌到最后一张牌中继续找到最小的一张，放到第二位……如此反复，就可以得到从小到大的序列。如果遇到两张相等的牌比较时怎么办呢？一般不会去调换顺序的。具体过程如图 9-4 所示。

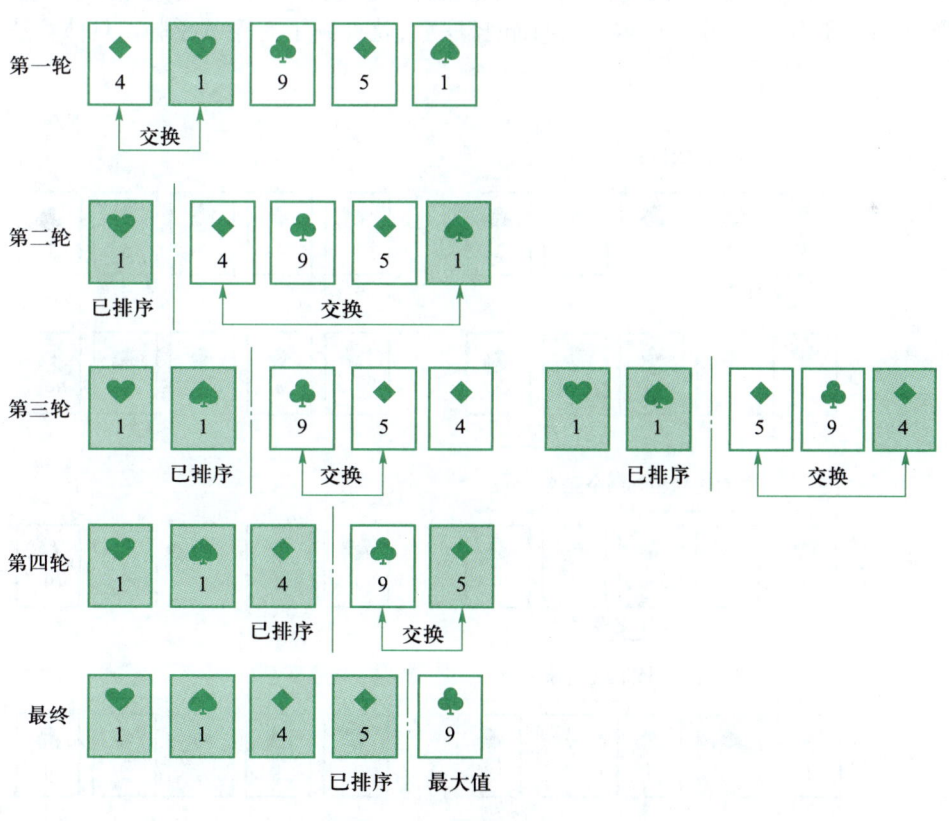

图 9-4　选择排序算法过程

模拟"找最小值放到指定位置"的过程，代码如下：

```
for (int i = 0; i < n - 1; i++) {
```

```
    for (int j = i + 1; j < n; j++)
        if (a[j] < a[i]) {
            int p = a[i];
            a[i] = a[j];
            a[j] = p;
        }
}
```

这种算法被称为**选择排序**。从代码中可以看出有两重循环,读者可以自己计算一下已知 n 的情况下一共需要比较的次数。选择排序的算法时间复杂度是 $O(n^2)$;由于需要一个数组存下这些数字即可,空间复杂度是 $O(n)$。

解法 2(冒泡排序算法):如果尝试把最大的一项放在后面呢?虽然可以倒过来使用选择排序,但是可以试试别的办法。首先比较第 1 张牌和第 2 张牌,如果后面的牌比前面的牌小,那么就交换位置;然后比较第 2 张牌和第 3 张牌,同样保证第 3 张牌要大于第 2 张牌……依此类推,直到比较最后一张牌和倒数第二张牌,这样就能保证最后面的一张牌是最大的一张了。

继续进行新的一轮,利用上面一样的交换,但是需要注意的是,由于最后一张牌已经是手牌中最大的一张了,所以只需要比较到倒数第二张就行了。这一轮后结束后倒数第二张牌就是第二大的牌(也有可能是并列最大)。经过 $n-1$ 轮排序后,就得到了有序的手牌。具体算法如图 9-5 所示。

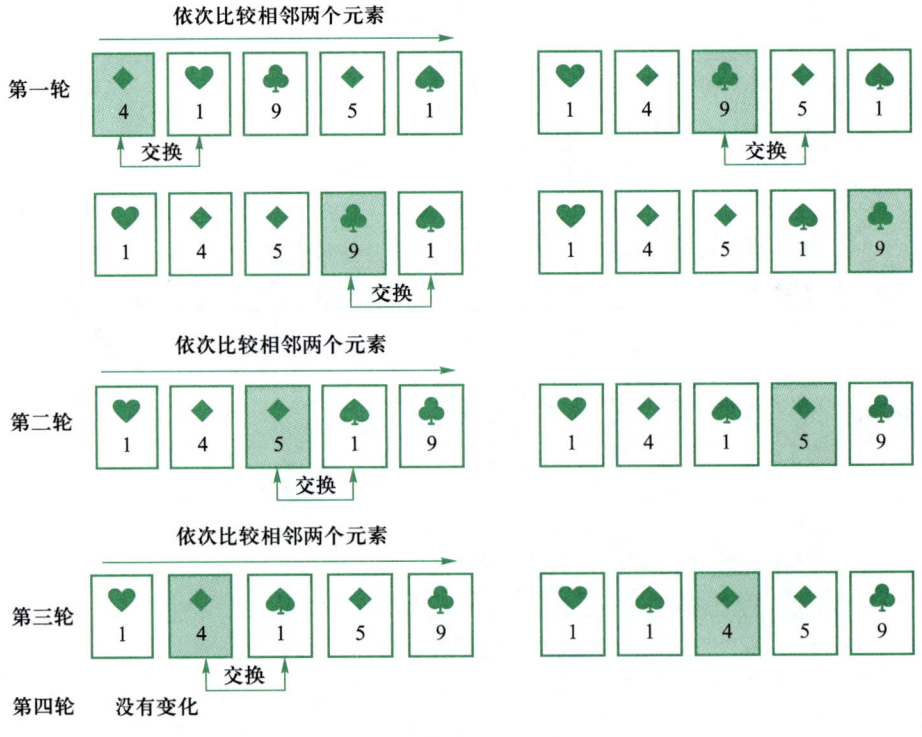

图 9-5 冒泡排序算法过程

代码如下:

```
for (int i = 0; i < n - 1; i++) {
    for (int j = 0; j < n - i - 1; j++)
        if (a[j] > a[j + 1]) {
            int p = a[j];
            a[j] = a[j + 1];
            a[j + 1] = p;
        }
}
```

这种算法被称为**冒泡排序**,在一轮中,最大的那张牌会"咕嘟咕嘟"地从左移动到右边,像冒泡泡一样。读者也可以计算一下排序的过程中需要进行几次比较。冒泡排序算法的时间复杂度也是 $O(n^2)$,空间复杂度也是 $O(n)$。冒泡排序相比于选择排序并没有实质性的改进。

有一种冒泡排序的改良版叫作**希尔排序**,不是相邻位置的两个数字比较,而是比较距离更远的两个数字。虽然能略微优化一些复杂度,但依然不实用,感兴趣的读者可以自行搜索相关资料学习。

解法 3(插入排序算法):在玩纸牌游戏的时候,从牌堆里抽牌,是怎么保证手牌是有序的呢?一般会看看刚刚抓到的牌的大小,然后看看已经有序的手牌,定位到合适的位置,再将这张牌插入。可以使用算法来模拟这一过程。

把手牌分为有序的和无序的两部分。最开始有序的就只有一张牌,也就是第一张。要把接下来的"无序区"中的一张牌(称为"待插牌")插入到"有序区"中,就是从有序区的末尾开始往前比较,如果待插牌比正在比较的牌小,那么就把有序区的正在比较的牌往后面放一格,然后继续往前面进行比较,直到待插牌遇到不大于自己的牌或者成为第一个为止。这时,待插牌就可以填入留出来的缺口中。反复将无序区中的待插牌插入到有序区中,直到所有的牌都在有序区中。具体算法过程如图 9-6 所示。

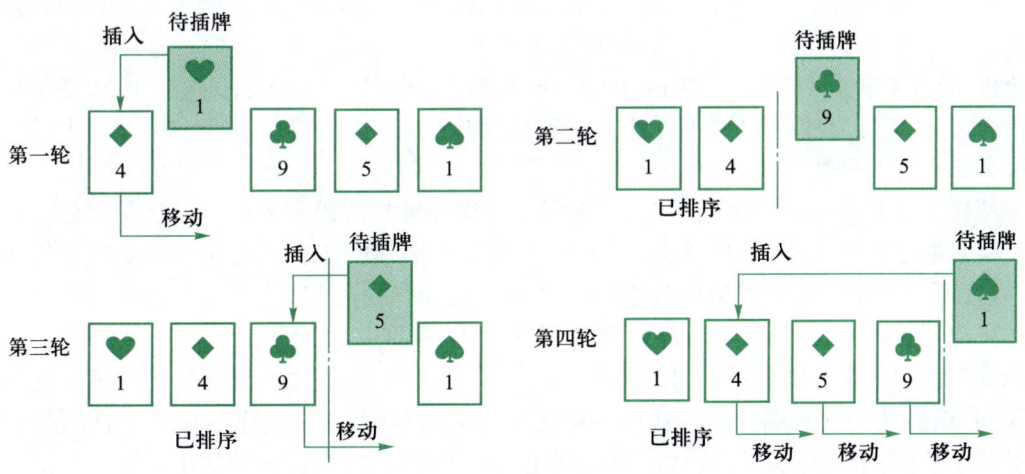

图 9-6 插入排序算法过程

代码实现如下:

```
for(int i = 1; i < n; i++) {
```

```
    int now = a[i], j; // 记录一下待插牌，等下还要放回去
    for(j = i - 1; j >= 0; j--)
        if(a[j] > now)
            a[j + 1] = a[j];
        else break;
    a[j + 1] = now;
}
```

这种算法叫作**插入排序**。如果序列本来已经从小到大排序，那么每次无序区的待插牌都不会插进有序区中，而是紧贴在有序区后使有序区一直扩大，那么只需要 $n-1$ 次比较就可以完成算法流程。然而，如果序列是从大往小排序，那么每次插入都会将有序区中的所有牌往后面挪动一次，这样速度就非常慢了。

讲时间复杂度一般会考虑最悲观的情况，所以插入排序的算法复杂度还是 $O(n^2)$，和选择排序、冒泡排序的复杂度一致；它们空间复杂度也是一样的。不过，如果能保证序列"基本有序"，那么使用插入排序的效率可能会不错。

> 由于这三种排序算法的时间复杂度并不佳，如果数据规模较大（比如需要排序几万个以上的数字），使用这些算法就可能耗时很久，所以一般不会在程序设计竞赛中使用这些算法。学习掌握这些算法是为了理解算法的原理，并且知道如何分析算法复杂度，这也是对思维的训练。

9.3 快速排序

例 9-3 快速排序（洛谷 P1177）。输入 n（$n<100000$）个数字 a_i（$a_i<10^9$），将其从小到大排序后输出。

分析：这个数据量就很大了，插入排序、选择排序、冒泡排序都无法胜任。这次将介绍在程序设计竞赛中最普遍使用的排序算法——**快速排序**，简称"快排"。既然名字敢叫作"快速排序"，那么必有过人之处。

快速排序说起来其实也挺简单的，但是需要读者能够理解语言入门中的递归部分。算法的大致过程是对于一个无序序列，找到一个"哨兵数"，将序列中所有比哨兵数小的数字都在哨兵数的左边，所有比哨兵数大的数字都在哨兵数的右边；然后分别对哨兵数左边和右边再使用同样的方法找到新的哨兵数，并再次进行分类，直到集合不可分割为止。

怎么选择哨兵呢？随便选，可以是第一个，可以是中间那个，也可以在序列中随机选择。选择好哨兵，然后从序列左端开始寻找第一个比哨兵大的数字，从右边选择第一个比哨兵小的数字，然后交换这两个数；接着继续从左边找到比哨兵大的数字，右边比哨兵小的数字并交换……直到将序列分为两组，左边序列都不大于哨兵，右边序列都不小于哨兵，就可以分别对左边和右边进行排序了。快速排序的算法过程如图 9-7 所示。

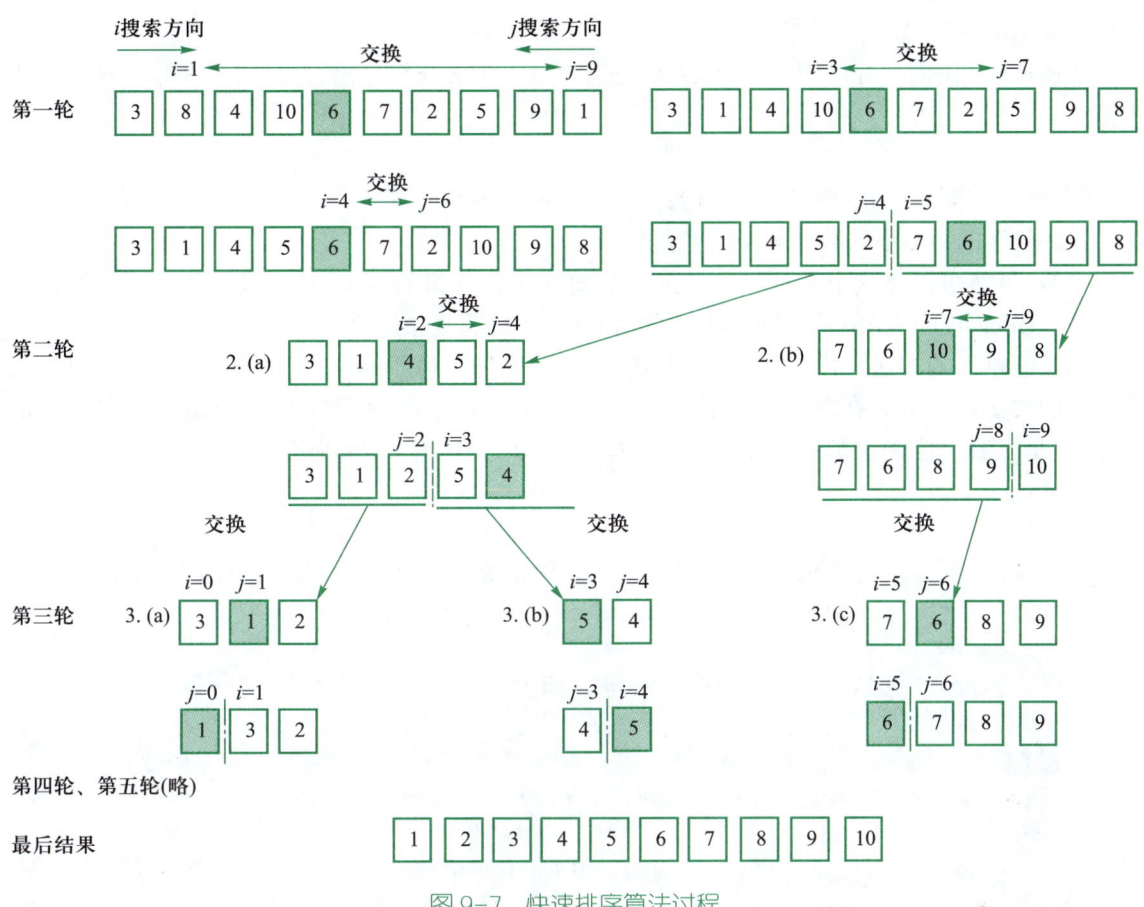

图 9-7 快速排序算法过程

快速排序有很多种实现方法,其中一种代码实现如下:

```
void qsort(int a[], int l, int r) { // 引入数组的地址
    int i = l, j = r, flag = a[(l + r) / 2], tmp;
    do {
        while (a[i] < flag)i++; // 从左找比哨兵大的数
        while (a[j] > flag)j--; // 从右找比哨兵小的数
        if (i <= j) { // 交换
            tmp = a[i]; a[i] = a[j]; a[j] = tmp;
            i++; j--;
        }
    } while (i <= j);
    if (l < j)qsort(a, l, j);
    if (i < r)qsort(a, i, r);
}
```

虽然在极端情况下(比如数列已经有序,且每次选择哨兵都会分出长度为 1 的小段),快速排序的时间复杂度是 $O(n^2)$,但是如果随机选择哨兵,则很难出现这种情况。实际上,随机化快速排序的算法复杂度是 $O(n\log n)$,空间复杂度是 $O(n)$,而且不需要额外的辅助空间,所以是一

种最为实用的排序算法。

快速排序利用了"分治"思想，在后面《进阶篇》中将会介绍分治，并且将会介绍一种新的排序算法——归并排序。

例 9-4　求第 k 小的数（洛谷 P1923）。输入 n（$n<5000000$ 且 n 为奇数）个数字 a_i（$a_i<10^9$），输出这些数字的第 k 小的数。最小的数是第 0 小。

分析：虽然可以将这个数列排序一遍之后直接定位数组的第 k 个，但是排序一遍的算法复杂度是 $O(n\log n)$。但是借鉴快速排序的分治思想，可以将复杂度降为 $O(n)$。

和快速排序的方法一样，任意取一个哨兵，将序列分为两部分，左边部分的所有数字都不大于右边的数字。如果 k 在左边的范围，则递归求解左边的部分，如果在右边，则递归求解右边的部分；但是也有可能两边都不属于（比如说 $j=4$ 而 $i=6$，但刚好 $k=5$），那么直接就可以给出答案。代码如下：

```
int ans = 0, k; // 记录答案，以及求第 k 小。k 是已知值，比如在 main 函数中赋值过
void findkth(int a[], int l, int r) { // 引入数组的地址
    if(l == r) {
        ans = a[l]; // 区间长度为 1 时，记录答案
        return;
    }
    int i = l, j = r, flag = a[(l + r) / 2], tmp;
    do {
        while (a[i] < flag)i++; // 从左找比哨兵大的数
        while (a[j] > flag)j--; // 从右找比哨兵小的数
        if (i <= j) { // 交换
            tmp = a[i]; a[i] = a[j]; a[j] = tmp;
            i++; j--;
        }
    } while (i <= j);

    if (k <= j)findkth(a, l, j); // 第 k 小的数字在左区间
    else if (i <= k)findkth(a, i, r); // 第 k 小的数字在右区间
    else findkth(a, j + 1, i - 1); // 第 k 小的数字既不在左区间，也不在右区间
}
```

虽然程序框架和快速排序几乎一模一样，但是每次处理的区间长度期望下都会减半，所以是线性复杂度。

9.4　排序算法的应用

例 9-5　明明的随机数（洛谷 P1059，NOIP2006 普及组）。给出 N（$N\leq 100$）个 1~1000 的数字，输出去重后剩余数字的个数，以及去重排序后的序列。

解法 1：发现数据范围不大，尤其是值域也不大，可以使用前面介绍的计数排序统计票数的

方法。在拿到新的选票时发现投票箱中已经有这个选票了,就扔掉这张选票,保持每个票箱中最多只有一张票。最后将有票的票箱编号输出即可。这里要求先输出不同数字的个数,可以先枚举一遍票箱记录,输出剩余数字的个数,然后再枚举一遍票箱,输出序列。也可以创建一个新的数组,在枚举票箱的时候将有票的编号复制进新的数组中。

解法 2: 当然也可以直接对这些数据进行排序,然后从小到大每个数字只输出一个。考虑数据规模,可以使用上面提到的所有排序方式。不过,这次介绍排序的 STL,这样就不需要去亲自实现排序算法了。

排序需要用到的头文件是 algorithm。其方法如下。

sort(a,a+n,cmp):对 a 数组从 a[0] 到 a[n−1] 进行排序。cmp 是指自定义排序函数,如果是将数组 a 从小到大排序,那么这一项可以省略。

代码如下:

```
#include <iostream>
#include <algorithm>
using namespace std;
int const MAXN = 1010;
int a[MAXN], ans[MAXN], n, cnt = 0, tmp = -1;
int main() {
    cin >> n;
    for (int i = 0; i < n; i++) cin >> a[i];
    sort(a, a + n);
    for (int i = 0; i < n; i++) {
        if (a[i] != tmp) ans[cnt++] = a[i]; /* 当前的和上一个不同才复制到新数组 */
        tmp = a[i];
    }
    cout << cnt << endl;
    for (int i = 0; i < cnt; i++) cout << ans[i] << ' ';
    return 0;
}
```

这里,sort 的时间复杂度是 $O(n\log n)$。如果要对数组 a[1] 到 a[n] 排序,就要用 sort(a+1, a+n+1)。那么,如果要求从大到小排序呢?只需要定义一个名字是 cmp 的自定义比较函数即可,这个函数的输入是两个元素,如果第一个在第二个之前,则返回 true,否则返回 false。代码如下:

```
bool cmp(int a, int b) {
    return a > b;
}
```

unique(a,a+n):对 a 数组从 a[0] 到 a[n−1] 进行去重,要求 a 数组已经有序,返回去重后最后一个元素对应的指针(如果不理解这句话,可以认为将它减去 a 的指针得到的值就是去重后的元素个数)。

如果使用 unique,就可以不用 ans 新数组了,可以直接获得去重后的数组和最终元素个数。核心代码如下:

```
    sort(a, a + n);
    cnt = unique(a, a + n) - a;
    cout << cnt << endl;
    for (int i = 0; i < cnt; i++) cout << a[i] << ' ';
```

例9-6 奖学金(洛谷P1093,NOIP2007普及组)。给出 $n(n\leq 300)$ 名学生的语文、数学、英语成绩,这些学生的学号依次是从1到 n。需要对这些学生进行排序。如果总分相同,则语文分数高者名次靠前;如果语文成绩还相同,学号小者靠前。输出排名前5的学生学号和总分。

解法1: 使用STL进行排序。构造一个结构体student用户存储学生的各项有用的信息(数学和英语并不重要,可以不用存下来)。注意,使用cmp来进行比较,当两个学生比较时,排名比较高的学生返回true。代码如下:

```
#include <algorithm>
#include <iostream>
using namespace std;
int const MAXN = 310;
int n;
struct student {
    int id, chinese, total;
}a[MAXN];
int cmp(student a, student b) {
    if (a.total != b.total) return a.total > b.total; // 总分先定胜负
    if (a.chinese != b.chinese) return a.chinese > b.chinese; // 然后比语文
    return a.id < b.id; // 最后比学号
}
int main() {
    cin >> n;
    for (int i = 0; i < n; i++) {
        int math, english;
        cin >> a[i].chinese >> math >> english;
        a[i].total = a[i].chinese + math + english;
        a[i].id = i + 1;
    }
    sort(a, a + n, cmp);
    for (int i = 0; i < 5; i++)
        cout << a[i].id << " " << a[i].total << endl;
    return 0;
}
```

解法2: 可以参考选择排序的思路。先从1到 n 搜索,利用"打擂台"的办法找到最优的学生(注意,如果总分一致,但是攻擂者语文分数更高也会打擂成功),把他的学号和1的同学交换位置。然后再从2到 n 搜索,找到剩下学生中最优的,放到第2个地方……重复到第5次。这样输出前 5 个人就是最优的 5 个人。时间复杂度是 $O(kn)$,本题中 k=5。

解法 3:可以参考插入排序的思路。建立一个长度为 5 的答案数组来维护前 5 名(初始假设有 5 个总分为 0 的学生),然后将每个学生和答案数组中从后往前比较,将这名学生插入到合适的位置(也有可能连第 5 名都比不过直接淘汰)。时间复杂度是 $O(kn)$,本题中 k=5。

当取前 k 个是固定的情况,k 就是常数,此时时间复杂度就是 $O(n)$。即使题目固定取前 100000 个,解法 2 和解法 3 的时间复杂度都还是 $O(n)$,但常数非常大时,运行效率并不高。因此,在常数特别大的情况下,低阶复杂度算法可能实际效果不如高阶复杂度算法。

例 9-7 宇宙总统(洛谷 P1781)。共有 $n(n \leq 20)$ 个非凡拔尖的人竞选总统,现在票数已经统计完毕,请算出谁能够当上总统。第一行输出候选人编号,第二行输出选票数量。票数可能很大,最大会有 100 位。

分析:由于本题只需要求出最大的那一个数字,所以用"打擂台"法。但是数字很大,没办法直接存下来(long long 也存不下)。不过前面的章节介绍过高精度,所以可以将数字存进数组里,然后对这些数组进行比较。

但是最方便的方式还是存进字符串。不过不能直接对这些字符串进行大小比较,因为字符串比较是比较字典序(第一位小的在前面,如果相同则比较第二位,以此类推),例如 10000 小于 1200 小于 200。所以需要自己去写一个比较器,代码如下:

```
struct node {
    string x; // 票数
    int num; // 候选人编号
}s[MAXN];
bool cmp(node a, node b) {
    if(a.x.length() != b.x.length())
        return a.x.length() > b.x.length(); // a 比 b 位数多时 a 在前面
    return a.x > b.x; // 位数相同,但 a 字典序排列比 b 大
}
```

9.5 课后习题与实验

习题 9-1 超级书架(洛谷 P2676,USACO 未知年份比赛)。有 $N(N \leq 20000)$ 头牛,都有确定的身高 $h_i(h_i \leq 10000)$。书架高度是 $B(B \leq 2 \times 10^9)$。现在要选出最少头牛,使它们的身高之和不小于书架高度。

习题 9-2 车厢重组(洛谷 P1116)。一座铁路桥的桥面可以绕中心的桥墩水平旋转,桥的长度最多能容纳两节车厢。如果将桥旋转 180°,则可以把相邻两节车厢的位置交换,用这种方法可以重新排列车厢的顺序。现有 $N(N \leq 10000)$ 节车厢,同时给出初始的车厢顺序,计算最少用多少步就能将车厢排序。

习题 9-3 欢乐的跳(洛谷 P1152)。一个含有 $n(n \leq 1000)$ 个元素的整数数组,如果数组两个连续元素之间差的绝对值包括了 $[1, n-1]$ 区间的所有整数,则称之符合"欢乐的跳",如数组 [1 4 2 3] 符合"欢乐的跳",因为差的绝对值分别为 3、2、1。给定一个数组,你的任务是判断该数组是否符合"欢乐的跳"。如果符合输出"Jolly",否则输出"Not jolly"。

习题 9-4 分数线划定(洛谷 P1068，NOIP2009 普及组)。某次选拔需要先进行笔试，笔试分数达到面试分数线的选手方可进入面试。面试分数线根据计划录取人数的 150% 划定，即如果计划录取 m 人，则面试分数线为排名第 $m \times 150\%$(向下取整)名的选手的分数，而最终进入面试的选手为笔试成绩不低于面试分数线的所有选手。输入 n 和 m($5 \leqslant m \leqslant n \leqslant 5000$)，以及每个选手的报名号和成绩。请编写程序划定面试分数线，并输出所有进入面试的选手的报名号和笔试成绩。

习题 9-5 攀爬者(洛谷 P5143)。HKE 打算去爬山，他在地形图上标记了 N($N \leqslant 50000$) 个点，每个点 P_i 都有一个坐标 (x_i, y_i, z_i)。所有点对中，高度值 z_i 不会相等。HKE 准备从最低的点爬到最高的点，他的攀爬满足以下条件：

1) 经过他标记的每一个点。
2) 从第二个点开始，他经过的每一个点的高度都比上一个点高。
3) HKE 从一个点 P_i 爬到 P_j 的距离为两个点的欧几里得距离，即 $\sqrt{(x_i-x_j)^2+(y_i-y_j)^2+(z_i-z_j)^2}$。现在，HKE 希望能求出他攀爬的总距离。

习题 9-6 生日(洛谷 P1104)。给出 n($n \leqslant 100$) 位同学的姓名(长度不超过 20 的字符串)和他们的生日(年、月、日)，请将这些同学按照年龄从大到小进行排序。

习题 9-7 拼数(洛谷 P1012，NOIP1998 提高组)。设有 n 个正整数($n \leqslant 20$)，将它们连接成一排，组成一个最大的多位整数。例如：$n=3$ 时，3 个整数 13、312、343 连接成的最大整数为 34331213；又如 $n=4$ 时，4 个整数 7、13、4、246 连接成的最大整数为 7424613。

第 10 章 暴力枚举

设想一下,你觉得家门口的山非常碍事,下决心发扬"愚公移山"精神,凭借一镐一担打算把山一点一点地移走。虽然精神值得褒奖,而且理论上是可行的,只要给予足够多的时间迟早能做到。但是,实际上并不可能给你那么多时间,所以使用这种办法在有生之年是不可能将山移开的(也许你可以使用更好的办法,比如使用魔法或者设法让天神感动,让他帮你移山)。然而,如果只是把一个不到半人高的小沙堆给移走,那使用这种方法很快就可以完成了。

算法的世界高深莫测,但是很多问题的解决方法简单而粗暴——枚举出所有可能的情况,然后判断或者统计,从而解决问题。在很多程序设计比赛中,有许多比较简单的题目是可以通过枚举暴力解决的;而有的更具有挑战性的题目虽然有更巧妙的解法,但依然可以使用枚举暴力完成部分任务。本章将介绍一些枚举与暴力策略,这是非常基础而且重要的,但是对初学者来说还是会有一些挑战。请务必理解本章之前的所有知识后再开始本章的学习。图 10-1 所示为本章思维导图。

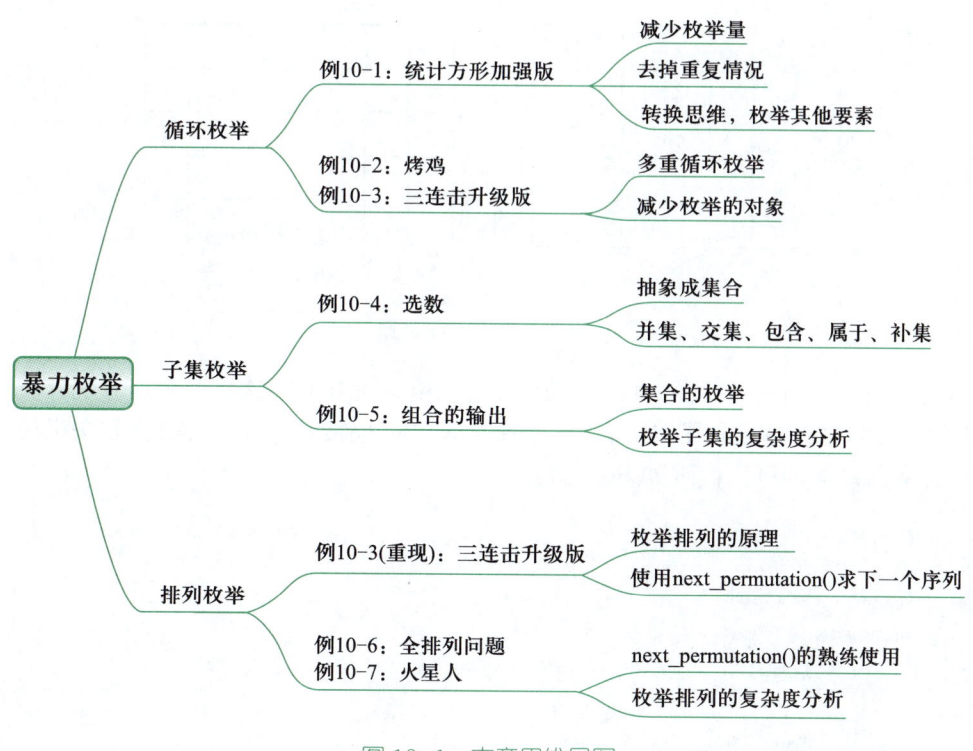

图 10-1　本章思维导图

10.1 循环枚举

循环枚举的意思是使用多重循环枚举所有的情况。和前面的模拟策略一样,循环枚举也没有固定做法,因此本章依然使用几个例题来介绍循环枚举策略。对于同一个问题,即使同样是循环枚举,也有可能分为三六九等。有的枚举做法比较优,运行速度较快;而有的枚举算法做了很多的无用功,效率很低。所以,就算是这种简单粗暴的枚举策略,也要想想办法,看看能不能跑得更快一些。

例 10-1 统计方形加强版(洛谷 P2241,NOIP1997 普及组 加强)。有一个 $n \times m$($n, m \leq 5000$)的棋盘,求其方格包含多少个(四边平行于坐标轴的)正方形和长方形。

分析:根据题意,先来考查一下正方形和长方形的性质,并得到一个很显然的结论:格点上不同行同列的两个点可以确定一个"方形"。至于具体是正方形还是长方形只需要简单看一下两点的横向距离和纵向距离是否相同。

但是这种算法的时间复杂度是 $O(n^2m^2)$,似乎并不能胜任这道题目。那么怎么办?遇到这种情况,就需要及时更换思路:减少枚举量,或者寻找其他能枚举的要素。

思路 1:减少枚举量?能否只枚举方形上的一个点?不妨这样想:如果现在知道了一个点的坐标是 (x,y),那么问题就变成了如何快速统计以它为顶点的正方形和长方形数量。

观察图 10-2(a),$n=8, m=5$ 时对于圆点($x=3, y=4$)来说,虚线上的格点都可以对它构成正方形,剩下的点都可以对它构成长方形。虚线上的格点数量是 3+4+1+1=9。可以写成用 n、m、x、y 表示公式,即 $\min(x,y)+\min(y,n-x)+\min(n-x,m-y)+\min(m-y,x)$,而剩下的长方形的点用 $n \times m$ 相减正方形的点就可以得到了。

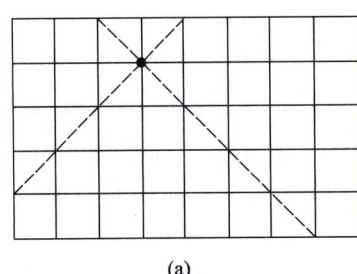 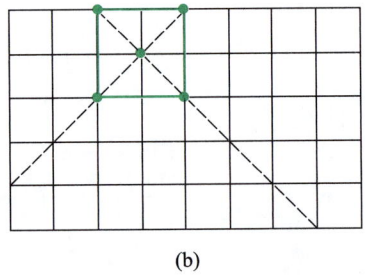

(a)　　　　　　　　(b)

图 10-2 统计方形的数量

但是这里还有个问题。如图 10-2(b)所示,这个粗线正方形被这 4 个圆点分别计算了一次,共被统计了 4 次(试试自己画图,还可以证明每个长方形也被算了 4 次),解决方法很简单:只需要把计算答案除以 4 即可。代码如下:

```
#include <cstdio>
#include <algorithm>
using namespace std;
typedef long long LL; // 把 long long 替换成 LL 以节约录入时间
int main() {
    LL n, m, squ = 0, rec = 0;
```

```
    scanf("%lld%lld", &n, &m);
    for (LL x = 0; x <= n; x++)
        for (LL y = 0; y <= m; y++) {
            LL tmp = min(x, y) + min(y, n - x) + min(n - x, m - y) + min(m - y, x);
            squ += tmp;
            rec += n * m - tmp;
        }
    printf("%lld %lld", squ / 4, rec / 4);
}
```

但是，这种做法看起来很不优美：上面那个式子十分复杂，最后统计的答案也是重复的。有没有什么解决方案？

思路 2：去掉重复情况？那么能不能只枚举方形的右下角顶点？这个想法很好，它直接保证了每个方形只被数到了一次。对应地，构成正方形的点变成了左上角的斜线的格点；而左上方向剩下的点都能构成长方形，只需要用 $x \times y$ 减去正方形的个数。更改算法，得到如下代码：

```
for (LL x = 0; x <= n; x++)
    for (LL y = 0; y <= m; y++) {
        LL tmp = min(x, y);
        squ += tmp;
        rec += x * y - tmp;
    }
```

思路 3：枚举其他要素？那么能不能枚举方形的边长？那么这个问题就变成怎么快速统计边长 $n \times m$ 的大矩形中包含了多少边长为 $a \times b$ 的小矩形。使用类似的思路，只考虑这个小矩形右上角有多少种可能性，经过简单的画图运算后，答案就是 $(n-a+1)(m-b+1)$。代码如下：

```
for (LL a = 1; a <= n; a++)
    for (LL b = 1; b <= m; b++)
        if (a == b)
            squ += (n - a + 1) * (m - b + 1);
        else
            rec += (n - a + 1) * (m - b + 1);
```

到此为止，已经获得了足够简洁的思路和代码，但是这道题能不能有更快的解决办法呢？

思路 4：减少枚举量？这里正方形与长方形好像有一定的数量关系，那么能不能只枚举正方形的边长，算出正方形的个数，最后再算出矩形的个数？可以注意到，每个矩形不是长方形就是正方形，而且矩形的数量比较好求（一个矩形由它 4 条边所在的直线确定，那么枚举两条横线和两条竖线可知，矩形总数量是 $\frac{1}{2}n(n+1) \times \frac{1}{2}m(m+1)$，那么正方形和长方形的数量总和就是 $n(n+1)m(m+1)/4$。

这为计算长方形的数量带来了便利，因为正方形比长方形规则，如果可以快速计算正方形的数量，也就可以算出长方形的数量。而事实上，稍微观察一下上一种思路的代码就可以发现很大的优化余地：a==b，那似乎只要枚举 a 或 b 其中一个就能数正方形了。代码如下：

```
for (LL a = 1; a <= min(m, n); a++)
    squ += (n - a + 1) * (m - a + 1);
rec = n * (n + 1) * m * (m + 1) / 4 - squ;
printf("%lld %lld", squ, rec);
```

> 这里通过更改枚举不同的要素和减少枚举量,以优秀的复杂度和越来越简洁易懂的代码来解决题目。读者在今后的训练过程中可以尝试多切换枚举方式来获得更优秀的解题效果。

例 10-2 烤鸡(洛谷 P2089)。烤鸡时需要加入 10 种配料,每种配料可放 1~3g,美味程度是所有配料质量之和。给出一个美味程度 $n(n\leqslant 5000)$,按照字典序输出配料搭配的方案数量和所有的搭配方案。如果 n 超过 30,请输出 0。

思路 1:首先,美味程度最多只能达到 $3\times 10=30$,至少是 10。不在这个范围内的美味程度都是达不到的。如果考虑对每种配料都用一个 for 循环来控制它的用量,那么解此题的思路就变得十分简单——似乎只要写完 10 层 for 循环,再加个 if 判断,就能找到所有符合条件的情况。

题意中字典序输出的意思就是前面的数越小,这个方案就越排在前面。因为 10 层 for 循环蕴含了这个性质(想一想,为什么),所以字典序对解法没有影响。具体代码如下:

```
#include <cstdio>
using namespace std;
#define rep(i, a, b) for (int i = a; i <= b; i++)
int main()
{
    int n, ans = 0, cnt = 10;
    scanf("%d", &n);
    rep(a, 1, 3) rep(b, 1, 3) rep(c, 1, 3) rep(d, 1, 3) rep(e, 1, 3)
        rep(f, 1, 3) rep(g, 1, 3) rep(h, 1, 3) rep(i, 1, 3) rep(j, 1, 3)
            if (a + b + c + d + e + f + g + h + i + j == n)
                ans++;
    printf("%d\n", ans);
    rep(a, 1, 3) rep(b, 1, 3) rep(c, 1, 3) rep(d, 1, 3) rep(e, 1, 3)
        rep(f, 1, 3) rep(g, 1, 3) rep(h, 1, 3) rep(i, 1, 3) rep(j, 1, 3)
            if (a + b + c + d + e + f + g + h + i + j == n)
                printf("%d %d %d %d %d %d %d %d %d %d\n", a,b,c,d,e,f,g,h,i,j);
    return 0;
}
```

这里出现了宏的另外一种用法:构造语句。写下 rep(a,1,3) 时,编译器会自动在代码中把它替换成 for(int a = 1;a <= 3; a++)。但要注意的是,宏定义只会做简单的字符串替换。如果定义了 #define prod(a,b)a*b,然后又写了 prod(a+b,c),编译器将会把它理解成 a+b*c,并非想要的 (a+b)*c。一个解决方案是定义宏时勤加括号,如 #define prod(a,b) (a)*(b),这样可以有效避免出现运算优先级的 bug。

思路2: 这道题还能再优化吗？如果 a、b、c、d、e 加起来已经超过 n，那么显然 f、g、h、i、j 就没有继续尝试枚举的必要了。针对这个问题，对这道题进行枚举剪枝——限定每个变量的范围。比如 e，在满足 $1 \leq e \leq 3$ 的同时，还能做到更好的估计：$n-15-a-b-c-d \leq e \leq n-5-a-b-c-d$。这个不等式左侧是假设后面都取 3，那么 e 至少这么大（不能再小了）；右侧是假设后面都取 1，那么 e 最多这么大（不能再大了）。

虽然之前的纯粹枚举已经可以胜任这道题，但是在这里提出一个（已经可以说是最严格的）优化思路，供读者拓宽视野。代码如下（虽然这样的暴力代码看起来不是那么的优雅）：

```cpp
#include <cstdio>
#include <algorithm>
using namespace std;
#define rep(i, a, b) for (int i = max(1, a); i <= min(3, b); i++)
int li[60000][10];
int main()
{
  int n, ans = 0, cnt = 10;
  scanf("%d", &n);
  rep(a, n-27, n-9)
    rep(b, n-24-a, n-8-a)
      rep(c, n-21-a-b, n-7-a-b)
        rep(d, n-18-a-b-c, n-6-a-b-c)
          rep(e, n-15-a-b-c-d, n-5-a-b-c-d)
            rep(f, n-12-a-b-c-d-e, n-4-a-b-c-d-e)
              rep(g, n-9-a-b-c-d-e-f, n-3-a-b-c-d-e-f)
                rep(h, n-6-a-b-c-d-e-f-g, n-2-a-b-c-d-e-f-g)
                  rep(i, n-3-a-b-c-d-e-f-g-h, n-1-a-b-c-d-e-f-g-h)
                    rep(j, n-a-b-c-d-e-f-g-h-i, n-a-b-c-d-e-f-g-h-i) {
                      li[ans][0]=a;li[ans][1]=b;li[ans][2]=c;li[ans][3]=d;
                      li[ans][4]=e;li[ans][5]=f;li[ans][6]=g;li[ans][7]=h;
                      li[ans][8]=i;li[ans][9]=j;
                      ans++;
                    }
  printf("%d\n", ans);
  for(int i=0; i<ans; i++) {
    for(int j=0; j<10; j++)
      printf("%d ", li[i][j]);
    printf("\n");
  }
  return 0;
}
```

这里使用了一个数组 li 来记录符合要求的答案，这样就可以不需要重复枚举两次大循环，又加快了一定的运行速度。至于这个数组要定义多大，可以估计一下：10 个变量，每个变量有 3 种取值，那么一共最多有 3^{10}=59049 种排列组合方式。不过实际上要不到这么多，读者也可以先运行一下不带记录答案的版本,输入从 10 到 30 都跑一遍,记录一下最多可能出现多少种结果(打擂台),然后确定数组大小。

例 10-3 三连击升级版(洛谷 P1618)。将 1,2,…,9 共 9 个数分成三组,分别组成 3 个 3 位数,且使这 3 个 3 位数的比例是 $A:B:C(A<B<C<10^9)$,试求出所有满足条件的 3 个 3 位数,若无解,输出 "No!!!"。

分析: 按照套路,先来找这里可枚举的元素:3 个 3 位数。

可以来九重循环枚举这 9 个数字吗?那么需要枚举 10^9 次,一秒钟很难完成这样大数量的枚举!

思路 1: 好像可以枚举一个 3 位数来确定另外两个。只要枚举第一个数,就可以根据比例确定另两个(不一定存在),最后检验得到的结果是否总共同时具有 9 个不同数位即可。

```cpp
#include <cstdio>
#include <iostream>
#include <algorithm>
#include <cstring>
using namespace std;
int b[10];
void go(int x) { // 分解 3 位数到桶里
    b[x % 10] = 1;
    b[x / 10 % 10] = 1;
    b[x / 100] = 1;
}
bool check(int x, int y, int z) {
    memset(b, 0, sizeof(b));
    if (y > 999 || z > 999) return 0;
    go(x), go(y), go(z);
    for (int i = 1; i <= 9; i++)
        if (!b[i]) return 0;
    return 1;
}
int main() {
    long long A, B, C, x, y, z, cnt = 0;
    cin >> A >> B >> C;
    if (A == 0) {puts("No!!!!"); return 0; }
    for (x = 123; x <= 987; x++) {
        if (x * B % A || x * C % A) continue;
        y = x * B / A, z = x * C / A;
        if (check(x, y, z))
            printf("%lld %lld %lld\n", x, y, z), cnt++;
    }
    if (!cnt) puts("No!!!");
    return 0;
}
```

根据题设性质大幅度降低了算法的复杂度,因为只需要枚举 1000 个数字,速度就快很多了。

思路 2:按照上面这种思路,好像枚举 $k=x/A=y/B=z/C$ 中的 k 可以去掉更多的重复情况?虽然枚举的状态可能是更少了,但是复杂度没有明显降低,有兴趣的读者可以亲自尝试一下,注意要保证 A、B、C 互质才能直接枚举 k。

10.2 子集枚举

例 10-4 选数(洛谷 P1036,NOIP2002 普及组)。从 $n(n \leq 20)$ 个整数中任选 k 个整数相加,求有多少种选择情况可以使和为质数。

分析:本题可以认为是从一个有 n 个数字的集合中挑选出一些数字(也就是子集),然后判断该子集是否满足某个性质(其和是质数)。集合枚举的意思是从一个集合中找出它的所有子集。集合中每个元素都可以被选或不选,含有 n 个元素的集合总共有 2^n 个子集(包括全集和空集)。

考虑集合 $A=\{1,2,3,4,5\}$ 和它的 4 个子集 $A_1=\{1,3,4,5\}$, $A_2=\{1,4,5\}$, $A_3=\{3\}$, $A_4=\{2,3\}$。按照某个顺序,把全集 A 中的每个元素在每个子集中的出现状况用 0(没出现)和 1(出现了)表示出来,见表 10-1。

表 10-1 集合 A 中元素在子集中的出现状况

A 中元素	1	2	3	4	5	二进制	对应十进制
在 A_1 中的出现情况	1	0	1	1	1	11101	$a_1=29$
在 A_2 中的出现情况	1	0	0	1	1	11001	$a_2=25$
在 A_3 中的出现情况	0	0	1	0	0	00100	$a_3=4$
在 A_4 中的出现情况	0	1	1	0	0	00110	$a_4=6$

那么,可以发现 A 的子集 A_1 可以表示为一个"二进制数"11101,对应十进制变量 $a_1=29$[1];反之,这个数字也可以表示子集 A_1。注意,这边的集合是大写字母,集合对应的数字是小写字母。同理,A_2 可以表示为二进制数 11001,A_3 可以表示成 00100,A_4 可以表示成 00110。此时找到了一种让子集对应于二进制数的很直观的方法,但是这种表现法的威力不仅限于此。

本例一共有 5 个元素,表示仅包含第 $i(1 \leq i \leq 5)$ 个元素的集合的数字可以使用位移运算构造,写成 1<<(i−1);而包含所有元素的全集可以表示成 a=(1<<n)−1,空集表示为 0,请读者自行验证。此外,集合之间可能存在一些联系。一些集合的常用关系有下面几种。

1) 并集:从元素选择角度来说,就是 A_2、A_3 包含的元素合并起来能够得到 A_1。可以发现,A_1 的每一位都等于对应位 A_2 or A_3 的结果,而这不就是按位或运算吗?编程验证可得 $a_1=a_2 \mid a_3$。只需要把表示两个子集的二进制数进行或运算即可表示两个子集的并集。可以发现,子集与二进制有着密不可分的关系。

2) 交集:是指两个集合中同时存在的元素组成的集合,从逻辑上推导出交集含有"与"这个逻辑。类比前面的并集运算,不难猜出:当需要表示两个子集的交集时,可以把表示两个子集的

---

[1] 如果还不是很了解二进制,可以阅读本书中的位运算与进制转换部分。请注意低位在右,表示元素 1 的二进制位在最右边,因此二进制数字需要左右反过来。

二进制数进行"与"运算,即 a3=a1&a4。

3) 包含:集合 A_2 的所有元素都在 A_1 中出现,说明 A_1 包含 A_2。易知 A_1 并 A_2 是 A_1,同时 A_1 交 A_2 是 A_2,也就是判断 A_1 是否包含 A_2 可以写成 (a1|a2==a1)&&(a1&a2==a2)。

4) 属于:是指某个元素在集合中,是包含的一种特殊情况——只需检查单独某项元素构成的集合是否是另一个集合的子集。一般地,可以先用左位移运算构造出那个仅含一项的集合,然后再和原集合取交,若不为空集,则命题为真。如果要判断第 3 个元素是否属于 A_1,可以写成 1<<(3-1)&a1。

5) 补集:是指全集去除了某个集合后剩下元素组成的集合。按照上面的启发,大家应该能够猜出来可以用异或运算来表示一个集合对全集的补集,例如 A_2 对于全集的补集就是 A_3。A_2 的补集可以表示为 a^a2,注意这里的 ^ 符号是指 C++ 里的异或运算。

回到例题来加深一下对上面技能的理解。首先考虑如何枚举由 n 个元素组成的集合中含有 k 个元素的子集,如果用 n 位二进制数表示子集,那么目标就是找到所有恰好只有 k 个 1 的二进制数。统计二进制中 1 的个数可以用内建函数 __builtin_popcount( ),它能直接返回一个数二进制下 1 的个数;当然也可以逐位分解或者逐位确认。

在找到了一个含有 k 个元素的子集后,需要把它表示的子集里的所有数提取出来:简单来说就是检查一下每个数是否属于这个集合,这个技巧刚刚提到过。剩下的事情就是把数字加起来再判断它是否为质数即可。代码如下:

```
#include <iostream>
#include <cstdio>
using namespace std;
int a[30];
bool check(int x) { // 判断质数
    for (int i = 2; i * i <= x; i++)
        if (x % i == 0)return 0;
    return 1;
}
int main() {
    int n, k, ans = 0;
    cin >> n >> k;
    for (int i = 0; i < n; i++)scanf("%d", &a[i]);
    int U = 1 << n;//U-1 即为全集
    for (int S = 0; S < U; S++)// 枚举所有子集 [0,U)
        if (__builtin_popcount(S) == k) { // 找到 k 元子集
            int sum = 0;
            for (int i = 0; i < n; i++)
                if (S & (1 << i))sum += a[i];// 如果第 i 个元素在 S 中
            if (check(sum))ans++;
        }
    cout << ans;
    return 0;
}
```

虽然总是用"二进制数"来描述这些表示集合的数,但在实际操作中会把这些二进制数当作一个整体存储为单独的数字(可以认为存下了二进制数对应的十进制数),而不会把它的每一位分别存储,也不会区别对待它们与普通常量。

例 10-5 组合的输出(洛谷 P1157)。从自然数 $1,2,\cdots,n$ 中任选 r 个数($1 \leq r \leq n \leq 21$)作为一个组合,并输出所有的组合情况,每个组合中的数字从小到大输出。

分析:乍看起来这道题比前一题还要简单,但是要多考虑一步怎么对应题中要求的字典序。可以倒过来从全集枚举到 0,从高位到低位分别表示元素 1 到 n,就可以让 1 尽量出现在靠前(左)的位置,比如,可以让 10110 早于 10101 出现,符合题目的字典序要求。

```
#include <cstdio>
#include <iostream>
using namespace std;
int a[30];
int main() {
    int n, r;
    cin >> n >> r;
    for (int S = (1 << n) - 1; S >= 0; S--) { // 从全集枚举到 0
        int cnt = 0;
        for (int i = 0; i < n; i++)
            if (S & (1 << i))
                a[cnt++] = i; // 分离记录每一位
        if (cnt == r) {
            for (int i = r - 1; i >= 0; i--)
                printf("%3d", n - a[i]); // 因为用高位表示 1, 所以需要反过来输出
            puts("");
        }
    }
    return 0;
}
```

> 枚举子集的算法时间复杂度是 $O(2^n)$,一般情况下 1 秒钟可以枚举包含 20~30 个元素的集合的子集。在枚举的时候,如果对顺序有要求,就要确定枚举的方向和每一位代表什么元素。

10.3 排列枚举

排列枚举,顾名思义,就是要求枚举所有元素排列。例如元素 1、2、3 的所有排列有[1,2,3]、[1,3,2]、[2,1,3]、[2,3,1]、[3,1,2]、[3,2,1],一共 6 种情况。绝大多数题目可以使用之前介绍过的 next_permutation 函数,生成各个元素的不同排列,然后再进行判断或者统计即可轻松解决。

例 10-3(重现) 三连击升级版(洛谷 P1618)。将 $1,2,\cdots,9$ 共 9 个数分成 3 组,分别组

成 3 个 3 位数,且使这 3 个 3 位数的比例是 $A:B:C(A<B<C<10^9)$,试求出所有满足条件的 3 个 3 位数,若无解,输出 "No!!!"。

思路: 直接枚举 3 个 3 位数再检验,算法的时间复杂度为 $O(9!)$,其实还是可行的。

这里介绍一个用 STL 的简便写法。next_permutation(start,end) 是 algorithm 标准库中的一个标准函数,它可以在表示 [start,end) 内存的数组中产生严格的下一个字典序排列。具体来说就是 [2,3,1] 可以变成 [3,1,2],再下一步就是 [3,2,1]。

那么这道题只需要利用 9 的全排列,把全排列里的 9 个数位分别"划给" 3 个 3 位数就可以产生所有情况了。代码如下:

```cpp
#include <iostream>
#include <cstdio>
#include <algorithm>
using namespace std;
typedef long long LL;
int a[10];
int main() {
    long long A, B, C, x, y, z, cnt = 0;
    cin >> A >> B >> C;
    for (int i = 1; i <= 9; i++)
        a[i] = i;
    do {
        x = a[1] * 100 + a[2] * 10 + a[3];
        y = a[4] * 100 + a[5] * 10 + a[6];
        z = a[7] * 100 + a[8] * 10 + a[9];
        if (x * B == y * A && y * C == z * B)/*避免浮点误差和爆 long long 的小技巧*/
            printf("%lld %lld %lld\n", x, y, z), cnt++;
    } while (next_permutation(a + 1, a + 10));
    if (!cnt)puts("No!!!");
    return 0;
}
```

例10-6 全排列问题(洛谷 P1706)。输出自然数 1 到 n 所有不重复的排列,即 n 的全排列。

分析: 考查 next_permutation 的使用。从最小的排列开始(所有元素从小到大),每次更换成下一个排列,然后输出。next_permutation 是有返回值的,没有下一个排列的时候就会返回 0。

```cpp
#include <cstdio>
#include <iostream>
#include <algorithm>
using namespace std;
int a[10], n;
int main() {
    cin >> n;
    for (int i = 1; i <= n; i++)
```

```
        a[i] = i;
    do {
        for (int i = 1; i <= n; i++)
            printf("%5d", a[i]);
        puts("");
    } while (next_permutation(a + 1, a + n + 1));
    return 0;
}
```

例 10-7 火星人(洛谷 P1088,NOIP2004 普及组)。对于 n 的全部排列,找到一个给定排列向后的第 m 个排列。

分析: 考查 next_permutation 的熟练使用。代码如下:

```
#include <iostream>
#include <algorithm>
using namespace std;
int a[10010], n, m;
int main() {
    cin >> n >> m;
    for (int i = 1; i <= n; i++)
        cin >> a[i];
    for (; m--;)
        next_permutation(a + 1, a + n + 1);
    for (int i = 1; i <= n; i++)
        cout << a[i] << ' ';
    return 0;
}
```

枚举所有全排列的算法时间复杂度是 $O(n!)$,一般情况下 1 秒钟很难枚举超过 11 个元素的全排列。

10.4 课后习题与实验

习题 10-1 涂旗子(洛谷 P3392)。一面由 $N \times M$ 的小方块组成的旗子,且满足以下条件可以认为是合格的彩旗:

1) 从最上方若干行(不小于1)的格子全部是白色的。
2) 接下来若干行(不小于1)的格子全部是蓝色的。
3) 剩下的行(不小于1)全部是红色的。

有一个由 $N \times M$ 的小方块组成的布料,每个格子是蓝色、白色、红色之一。希望改动最少数量的格子,使其变成合格的彩旗。至少要修改多少个格子?

习题 10-2 First Step（洛谷 P3654）。现有由 $N \times M$（$N,M \leq 100$）小方格组成的篮球场，每个小方格可能是 .（空地）或者是 #（障碍）。现在有一列 $1 \times K$ 的队员，每人占用一小格，排成一排站在空地上（可横可竖），求站位方案数量。

习题 10-3 回文质数（洛谷 P1217，USACO Training）。写一个程序来找出 $[a,b]$（$5 \leq a < b \leq 10^8$）区间的所有回文质数。例如 151 既是一个质数又是一个回文数（从左到右和从右到左看是一样的），所以 151 是回文质数。

习题 10-4 火柴棒等式（洛谷 P1149，NOIP2008 提高组）。给 n 根火柴棍，可以拼出多少个形如 "$A+B=C$" 的等式？等式中的 A、B、C 是用火柴棍拼出的整数（若该数非零，则最高位不能是 0），请问能拼成多少种不同的等式。用火柴棍拼数字 0~9 的拼法如图 10-3 所示。

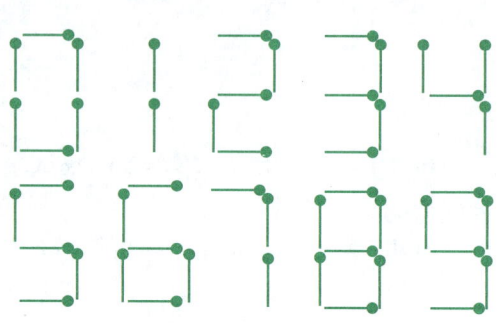

图 10-3　火柴棒数字拼法

注意：1）加号与等号各自需要两根火柴棍。

2）如果 $A \neq B$，则 $A+B=C$ 与 $B+A=C$ 视为不同的等式（$A,B,C>=0$）。

3）n 根火柴棍必须全部用上。

习题 10-5 小 Y 拼木棒（洛谷 P3799）。现有 n（$n \leq 100000$）根长度不超过 5000 的木棒，从中选取 4 根组成一个等边三角形，请问有几种选法。

习题 10-6 kkksc03 考前临时抱佛脚（洛谷 P2392）。有 4 个科目的作业，每个科目不超过 20 题，解决每道题都需要一定的时间。kkk 可以同时处理同一科目的两道不同的题，求他完成所有题目所需要的时间。

习题 10-7 Perket（洛谷 P2036）。制作一种美食，可能需要用到 N（$1 \leq N \leq 10$）种配料，每一种配料都有一个酸度 S_i 和甜度 B_i。需要选择一些配料来烹饪，至少选择一种配料，每种配料选择不超过一次。成品的总酸度是每一种配料的酸度总乘积，总甜度是配料的甜度之和。希望选取配料，以使酸度和甜度的绝对差最小。数据保证 $S_i, B_i > 0$ 且当加入所有配料时，酸度或甜度都不会超过 10^9。

习题 10-8 吃奶酪（洛谷 P1433）。房间里放着 n（$n \leq 15$）块奶酪，并且知道坐标。一只小老鼠要把它们都吃掉。问：至少要跑多少距离？老鼠一开始在 (0,0) 点处。提示：有 70% 的数据范围是 $n \leq 11$，因此现阶段只需拿到 70 分即可。

第 11 章　递推与递归

有些目标是宏大的,比如要在 IOI 赛场中得到满分(俗称 AK IOI)。如果现在还是一个普通的学生,那么想达成这个目标太难了。但把这样宏大的目标分解为很多个子任务,就不会感觉那么复杂了。要想 AK IOI,首先需要入选国家队,参加 IOI。那怎么成为入选国家队呢？参加中国队选拔赛并通过面试答辩即可。使用同样的思路往前倒推,直到最后只剩下最基础的任务(比如认真的读完这章内容并完成练习),做完这样的小任务就很简单了。如何 AK IOI,如图 11-1 所示。

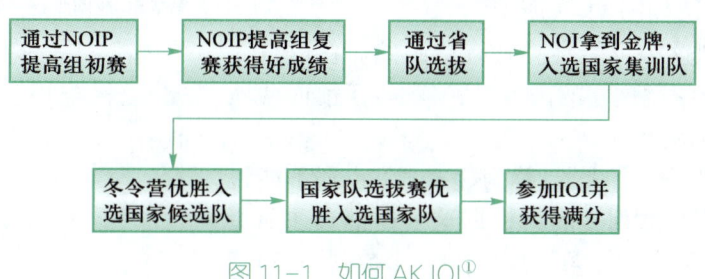

图 11-1　如何 AK IOI[①]

像这样将一个很大的任务分解成规模小一些的子任务,子任务分成更小的子任务,直到遇到初始条件,最后整理归纳解决大任务的思想就是递推与递归思想,不过这两者还是有一些区别。本章涉及的内容是动态规划思想与分治策略的基础,也请读者认真学习,说不定目标就真的达到了。图 11-2 所示为本章思维导图。

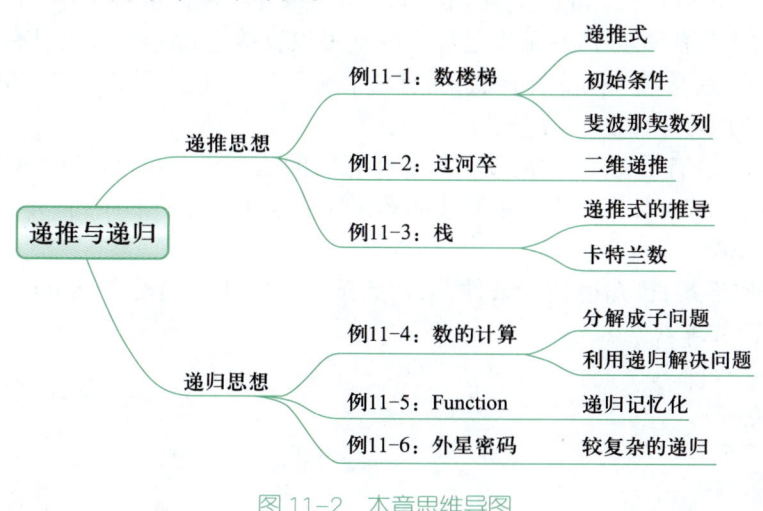

图 11-2　本章思维导图

---

① 当然这只是一个简化版的流程,实际情况下需要的灵感和艰辛不是一两句话就可以说清楚的。

11.1 递推思想

例 11-1 数楼梯(洛谷 P1255)。楼梯有 $N(N \leq 5000)$ 阶,上楼可以一步上一阶,也可以一步上二阶,计算共有多少种不同的走法。

分析: 假设想求 1000 个台阶的走法数量,这看起来是个非常宏伟的目标! 最简单暴力的思路就是使用回溯法来枚举所有走法,但是速度非常慢,如果数据范围稍大就会超时。

如果想要走到第 1000 个台阶时,必须要先走到第 998 个台阶或者 999 个台阶,然后一步跨到第 1000 级,所以到第 1000 个台阶的走法数量就是从头到第 998 级的走法数量与从头到第 999 级的走法数量之和,这么想就简单多了。不过还得先知道走到第 998 级和 999 级的走法数量是多少。

假设从头走到第 i 个台阶的走法数量是 $f[i]$,根据上面的分析可以得到 $f[1000]=f[998]+f[999]$。同理,$f[999]=f[997]+f[998]$,……以此类推,可以归纳得到 $f[i]=f[i-2]+f[i-1]$。

最后一步的走法如图 11-3 所示。

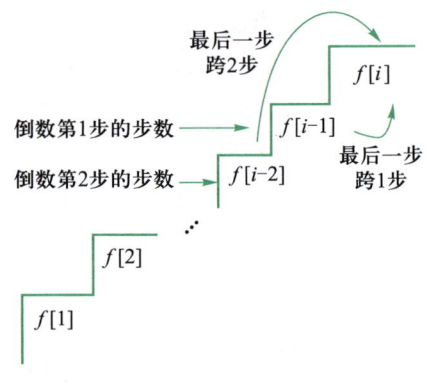

图 11-3 最后一步的走法

有些读者看到这个可能会感觉有些眼熟。在语言入门的循环一章有介绍过这样的内容:后一项等于前面两项之和,这就是斐波那契数列。

即使归纳得到了这个式子(称为递推式),也还不能说明这是一个斐波那契数列。因为根据这个递推式往前追溯,总得有个尽头(称为初始条件)。观察一个数列[1 3 4 7 11 18 29 47 …],虽然从第三项开始每一项都符合这个递推式,但是这个数列的初始条件和斐波那契数列不一样,所以这个数列和斐波那契数列相差甚远了。

计算数列中的某个元素只需要得到它前面的两项元素即可。如果知道 $f[1]$ 和 $f[2]$ 的值,就可以推导出 $f[3]=f[1]+f[2]$,继而得到 $f[4]=f[2]+f[3]$,……一直可以计算得到 $f[1000]=f[998]+f[999]$。获得 $f[1]$ 和 $f[2]$ 的值,作为初始条件就至关重要。

那么,对于这个问题而言初始条件是什么呢? 可以直接进行分析。当只有一个台阶时,跨一步就可以上去了,这是唯一的一种走法;而有两个台阶时,可以走两次一步,或者走一次两步,一共两种走法。所以可以确定 $f[1]=1,f[2]=2$。

现在有了递推式,有了初始条件,就可以获得完整的数列了。经过计算,可以得到这个数列前面几项是[1 2 3 5 8 13 21 …],这就是斐波那契数列从第 2 项开始的序列。请注意斐波那契的初始条件是 $f[1]=f[2]=1$。

像这样知道递推式,也知道初始条件,从初始条件开始往上顺推直到求得目标解的思想就是**递推**。核心代码如下:

```
int main() {
    cin >> N;
    Bigint f[5010];
    f[1] = Bigint(1);
    f[2] = Bigint(2);
```

```
    for (int i = 3; i <= N; i++)
        f[i] = f[i - 2] + f[i - 1];
    f[N].print();
    return 0;
}
```

由于斐波那契数字增长得很快,所以需要使用高精度计算。这边使用了第 8 章提供的封装好的大整数结构体。虽然核心代码相当简洁,但在赛场上还得实现一遍高精度运算。这里没有涉及高精度乘法所以是只需要实现一个仅支持高精度加法的高精度运算即可。

需要注意的是,高精度数组位数设得太小存不下非常多位的数字,太大则可能超出内存限制,所以大概估计一下合理的高精度位数。显然,当 $i>2$ 时, $f[i]<2^i$(想一想,为什么?提示: $2^i=2^{i-1}+2^{i-1}$)。对于 2^i 来说, i 每增加 3, 2^i 就要增大 8 倍,保守起见就是增加一位数(10 倍)。当 i 是 5000 的时候, 2^i 不会超过 5000/3 位数,因此 $f[i]$ 肯定不会大于 1667 位数。

许多问题也可以套用斐波那契数列,比如假定每对大兔每月能生产一对小兔,而每对小兔生长为大兔也需要一个月,已知现在有 1 对小兔,请问 N 个月后一共有几对兔子。请读者进行归纳证明。

> 当就某个问题能写出递推式、能确定初始(边界)条件,那么可以考虑使用递推。对于某些数据规模很大的递推任务可以使用矩阵加速提升效率,感兴趣的读者可以自行查阅相关资料。

例 11-2 过河卒(洛谷 P1002,NOIP2002 普及组)。棋盘上左上方 A 点 $(0,0)$ 有一个过河卒,需要走到右下角的目标 B 点 (n,m)。卒可以向下或者向右一格。在棋盘上 C 点有一个固定的对手的马,该马所在的点和所有跳跃一步可达的点(直走一格再往马点的远处斜走一格)称为对方马的控制点。因此这个游戏称为"马拦过河卒"。求卒从起点到终点所有的路径条数。图 11-4 所示为马拦过河卒的一个例子。

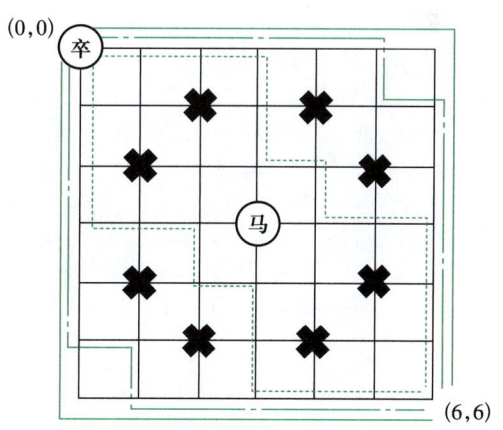

图 11-4 马拦过河卒中的一个例子

从图 11-4 可看出,当卒要从起点 $(0,0)$ 往右或下走到终点 $(6,6)$,而马在 $(3,3)$。马能跳到的位置已经打上了叉,卒不能走到这些点。在这种情况下,一共有 6 种合法方案。

分析:思考最简单的方式,还是枚举往右或往下然后回溯搜索,但是依然会超时。先考虑一个简化版的问题:如果那个马不存在,从左上角到右下角一共有多少种走法?

定义一个二维数组 f,记录从原点 $(0,0)$ 走到坐标 (i,j) 的方法数量是 $f[i,j]$。当卒从起点开始,笔直往右或者笔直往下,无论走多远都只有唯一的一种走法(因为一旦偏移就再也回不去了),所以当 $k \geq 0$ 时, $f[k,0]=f[0,k]=1$,这就是递推的初始条件。如何到点 $(1,1)$ 呢?要么是从点 $(0,1)$ 走下一格,要么是从点 $(1,0)$ 往右走一格,因此到 $(1,1)$ 的方案数量就是到 $(0,1)$ 的数量加上到(1,0)的数量,即$f[1,1]=f[0,1]+f[1,0]$。可以归纳得到当$i>0$且$j>0$时,$f[i,j]=f[i-1,j]+f[i,j-1]$,这就是递推式。

有了递推式,有了初始条件,就可以求出完整的f数组的值了。如果没有碍事的马,f数组如图11-5所示。

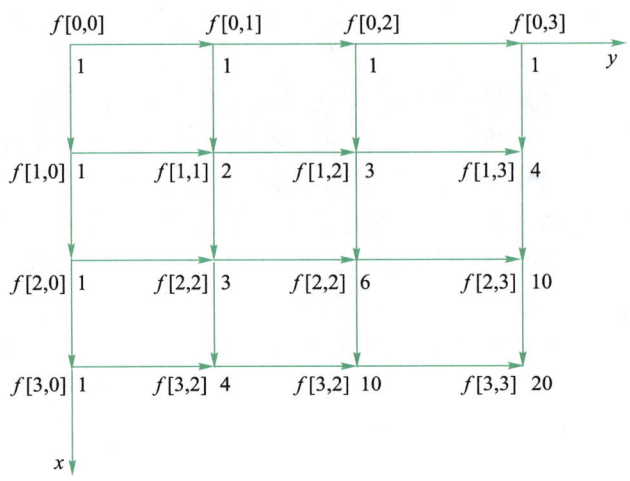

图11-5　二维数组递推

如果有些点因为马的把守而不能走呢?其实也没有什么区别,只不过没办法从马的控制点转移到下一个点罢了(换句话说,马的控制点上路径数全部清空)。此外,初始条件和递推范围也有一点变化,只需要$f[0,0]=1$即可,同时递推范围就是$i\geq 0,j\geq 0,ij\neq 0$(想一想,为什么)。代码如下:

```
#include <iostream>
#define MAXN 22
using namespace std;
long long f[MAXN][MAXN] = {0};
int ctrl[MAXN][MAXN], n, m, hx, hy;
int d[9][2] = {{0, 0}, {1, 2}, {1, -2}, {-1, 2}, {-1, -2},
               {2, 1}, {2, -1}, {-2, 1}, {-2, -1}}; /* 马的控制范围相对于马位置的偏移量 */

int main() {
    cin >> n >> m >> hx >> hy;
    for (int i = 0; i < 9; i++) {
        int tmpx = hx + d[i][0], tmpy = hy + d[i][1];
        if (tmpx >= 0 && tmpx <= n && tmpy >= 0 && tmpy <= m) /* 判断在棋盘范围内 */
            ctrl[tmpx][tmpy] = 1; // 记录马的控制点
    }
    f[0][0] = 1 - ctrl[0][0]; /* 若原点就是马控制点, 则初始路径数量就是0, 否则是1*/
    for (int i = 0; i <= n; i++)
        for (int j = 0; j <= m; j++) {
            if (ctrl[i][j])continue; // 若这个点是控制点, 则跳过
            if (i != 0) f[i][j] += f[i - 1][j]; /* 也可写成 if(i), 若不在横轴上就加
```

```
上面路径数 */
            if (j != 0) f[i][j] += f[i][j - 1]; /* 该点不在纵轴上就加左边的路径数 */
        }
    cout << f[n][m]; // 输出答案
    return 0;
}
```

在实现时,需要预处理一下并记录哪些点是马的控制点,然后对所有的点进行递推操作。只有上面或者左边的格点存在,才会累加上面或者左边的方案数。

例 11-3 栈(洛谷 P1044,NOIP2003 普及组)。有一个单端封闭的管子,将 $N(1 \leqslant N \leqslant 18)$ 个不同的小球按顺序放入管子的一端。在将小球放入管子的过程中也可以将管子最顶上的一个或者多个小球倒出来。请问:倒出来的方法总数有多少种?

比如将小球[1 2 3]依次加入管子中,倒出来的方法可以是[1 2 3](每倒入一个球后立刻拿出来)、[3 2 1](全部倒入球然后依次取出)[2 3 1]、[2 1 3]、[1 3 2]。需要注意的是,[3 1 2]是不行的,因为在加入 3 之前,管子里面已经有 1 和 2 了,如果 3 最先出去,那么接下来出去的只能是 2,而 1 被压在最底下。

分析:假设 i 个元素一共有 $h[i]$ 种出管方式。要求 n 个元素的出管方式,但是其中每一个元素(从 1 到 n)都可能可以是最后一个出管的。假设第 k 个小球是最后一个出管的,比 k 早入管且早出管有 $k-1$ 个数,一共有 $h[k-1]$ 种出管方式;比 k 晚入管且早出管有 $n-k$ 个数,一共有 $h[n-k]$ 种出管方式。这种情况下一共就有 $h[k-1] \times h[n-k]$ 种出管方式。当 k 取不同值的时候,产生的出管序列也是独立的,所以可以加起来。k 的取值范围可以是从 1 到 n。所以递推式是 $h(n) = h(0) \times h(n-1) + h(1) \times h(n-2) + \cdots + h(n-1) \times h(0)$,初始条件是 $h[0]=h[1]=1$。第 k 个小球的出管方式如图 11-6 所示。

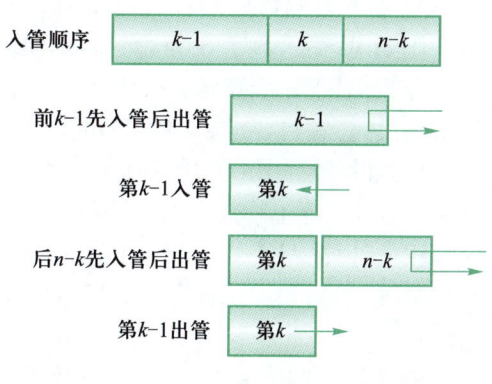

图 11-6 第 k 个小球的出管方式

代码非常短小:

```
#include<cstdio>
int main() {
    int n, h[20] = {1, 1};
    scanf("%d", &n);
    for (int i = 2; i <= n; i++)
        for (int j = 0; j < i; j++)
            h[i] += h[j] * h[i - j - 1];
    printf("%d", h[n]);
    return 0;
}
```

像这种只有一个开口、元素先进后出的管子称为栈,在第 15 章将会更详细地介绍栈的性质使用方式。而 h 数组里面的数字就是卡特兰数,前几项是 1,1,2,5,14,42。卡特兰数有很多奇妙的性质,会在下一本《进阶篇》中仔细讨论。

11.2 递归思想

之前已经在语言部分介绍过了递归,在排序部分也介绍了快速排序,它们都使用到了递归。这一节不会详细介绍语言层面的递归程序执行机理,而是希望读者能够进一步理解递归思想。

例 11-4 数的计算(洛谷 P1028,NOIP2001 普及组)。给出自然数 $n(n \leq 1000)$,最开始时数列中唯一的一项就是 n,可以对这个数列进行下面的操作,生成新的数列。请问:最后能生成几种不同的数列?(原题描述不太严谨,换了一个问法。)

1)原数列不作任何处理就直接统计为一种合法的数列;

2)在原数列的末端加入一个自然数,但是这个自然数不能超过该数列最后一个数字的一半;

3)加入自然数后的新数列,继续按此规则从第一条进行处理,直到不能再加新元素为止。

比如说,输入数字 6,符合这样性质的数列有[6]、[6 1]、[6 2]、[6 2 1]、[6 3]、[6 3 1]。

分析:对于一个整数 n,如果只考虑前面两点,那么问题就很简单了——答案就是 $n/2+1$。但是这还没完,题目要求新的数列还要按照同样的规则进行处理,该怎么办呢?

比如说,数列中最开始只有一个元素 8,在末尾加入一个新元素,列表就可以变成[8 4]、[8 3]、[8 2]、[8 1],算上[8]一共有 5 种情况。如果之后还需要计算更长的数列的方案数怎么办呢?这也很好计算:只需要按照上面这种方法,分别计算[4]、[3]、[2]、[1]按照这样的操作能有几种情况,然后累加统计即可。毕竟以 4 开头(3、2、1 同理)的所有合法数列,都可以接续到 8 的后面。

原来是要解决 $n=8$ 的问题,现在分解成了 4 个规模更小($n=4,3,2,1$)但本质上是同样的子问题;如果要解决 $n=4$ 的问题,基于同样的思想还可以分解成两个规模更小的($n=2,1$)但本质相同的子问题;当需要解决 $n=2$ 的问题时,可以分解成 $n=1$ 的问题(只有 $n=1$ 的情况了);直到 $n=1$ 时,没法继续分解,根据题目说的"不作任何处理就直接统计为一种合法的数列",可以直接返回只有唯一一种数列,即[1]。然后返回上一层($n=2$)接收到所有小规模问题的答案,合并统计处理获得这个规模下的答案,再继续返回上一层($n=4$),……直到求得问题的解。问题规模的分解如图 11-7 所示。

像这样构造函数,这个函数在运行过程中调用自己,从而解决问题的思路就称为**递归思想**。

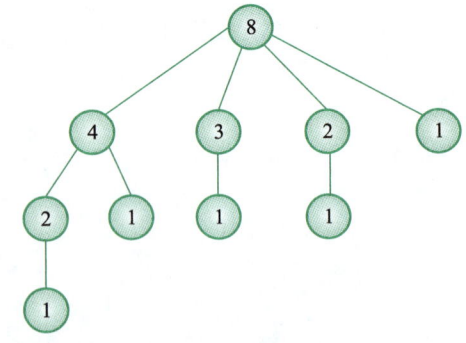

图 11-7 问题规模的分解

于是可以写出这样的函数:

```
int sol(int x) {
    if (x == 1)
```

```
        return 1;
    int ans = 1;
    for (int i = 1; i <= x / 2; i++)
        ans += sol(i);
    return ans;
}
```

其中 sol(x) 是询问规模为 x 时的答案。

这样实现函数并没有什么错误,但是并不能通过本题:运行效率很低导致程序超时。这是因为做了很多无效功,比如说 sol(2) 可能由 sol(4) 调用,也有可能被 sol(8) 调用,但是 sol(2) 本身的值是固定不变的,在这里却被重复运行了很多次造成了浪费。

为了防止这种情况,可以定义一个数组 f,其每一项 $f[i]$ 就是当问题规模为 i 的时候的答案。首先将数组初始化为 -1[①],说明 $f[i]$ 还没有被计算过。依然使用同样的方法去求解,只是如果发现已经计算过就直接返回 $f[i]$ 而不必进行接下来的计算了,否则还是按照刚才递归的方式计算,然后将结果存入数组中以便之后再次调用。改进后的代码如下:

```
#include<iostream>
#include<cstring>
using namespace std;
int n, f[1010];
int sol(int x) {
    int ans = 1;
    if (f[x] != -1)
        return f[x];
    for (int i = 1; i <= x / 2; i++)
        ans += sol(i);
    return f[x] = ans;
}
int main() {
    cin >> n;
    memset(f, -1, sizeof(f));
    f[1] = 1;
    cout << sol(n) << endl;
    return 0;
}
```

这样,每个数字最多只计算一次,因为一旦计算完成就会被存下来,便于日后使用。这样的思想称为"记忆化搜索"。

有的读者发现本题可以写出递推式 $f[i]=1+f[1]+f[2]+\cdots+f[i/2]$,$f[1]=1$。有递推式,也有初始条件,那么能否使用上一节介绍的递推求解?答案显然是完全可以。递推和递归思想往往可以相互转换,请感兴趣的读者尝试使用递推求解本题。

[①] 这里使用 memset 进行初始化,请注意要加 cstring 头文件,而且一般只用于初始化 -1 或者 0。

> 有的情况下进行递推,需要求出初始条件,还需要确定递推顺序(尤其是多维递推时更加复杂),所以这时使用递归思想会容易一些。此外,如果本题进行递推,则需要计算出一些无效状态(比如 $n=5,6,7$),而递归可以规避这些无效状态以提升计算效率。

例 11-5 Function(洛谷 P1464)。对于一个递归函数 $w(a,b,c)$:

1) 如果 $a\leq 0$ 或 $b\leq 0$ 或 $c\leq 0$,则返回值 1;
2) 如果 $a>20$ 或 $b>20$ 或 $c>20$,则返回 $w(20,20,20)$;
3) 如果 $a<b$ 并且 $b<c$,则返回 $w(a,b,c-1)+w(a,b-1,c-1)-w(a,b-1,c)$;
4) 其他情况返回 $w(a-1,b,c)+w(a-1,b-1,c)+w(a-1,b,c-1)-w(a-1,b-1,c-1)$。给出 a,b,c 要求输出 $w(a,b,c)$。输入的数据在 long long 范围内。

分析:别看数据范围很可怕,实际上就是一个纸老虎。如果输入数据不在 $(0,20]$ 这个范围内,就会强制返回 1 或者 $w(20,20,20)$。可以非常容易地根据题意写出这个函数。但是基于和上个例子同样的理由,需要建立一个数组将 w 的取值都存下来,以免因为重复计算而超时。具体代码如下:

```cpp
#include <iostream>
using namespace std;
long long f[25][25][25];
long long w(long long a, long long b, long long c) {
    if (a <= 0 || b <= 0 || c <= 0) return 1;
    else if (a > 20 || b > 20 || c > 20) return w(20, 20, 20);
    else if (f[a][b][c] != 0) return f[a][b][c];
    else if (a < b && b < c)
        f[a][b][c] = w(a,b,c-1)+w(a,b-1,c-1)-w(a,b-1,c);
    else
        f[a][b][c] = w(a-1,b,c)+w(a-1,b-1,c)+w(a-1,b,c-1)-w(a-1,b-1,c-1);
    return f[a][b][c];
}
int main() {
    long long a, b, c;
    while (cin >> a >> b >> c){
        if (a == -1 && b == -1 && c == -1)
            break;
        cout << "w(" << a << ", " << b << ", " << c << ") = ";
        cout << w(a, b, c) << endl;
    }
    return 0;
}
```

本题输出答案的大小并不好估计,可以先尝试使用 long long 类型,但是尝试几个输入后发现本题的输出答案大小并没有那么大,即使用 int 类型也可以通过。此外,还需要特别注意输出格式(符号、空格等必须严格和题目要求中的一致),当然也可以使用 printf 来格式化字符串。

当然本题也可以使用上一节介绍的递推方法,只是边界问题和枚举顺序稍不好处理,感兴趣的读者可以自己尝试使用递推实现本题。

例 11-6 外星密码(洛谷 P1928)。有一种压缩字符串的方式:对于连续的 $D(2 \leqslant D \leqslant 99)$ 个相同的子串 X 会压缩为"[DX]"的形式,而 X 可能可以进行进一步的压缩。比如说字符串 CBCBCBCB 就压缩为[4CB]或者[2[2CB]]。现给出压缩后的字符串,求压缩前的字符串原文。

分析:假设只有一层方括号,那么只需要找到方括号,就可以读到重复次数,然后将该重复的部分拼接指定的次数后还原。把一对方括号作为"压缩区"。如果方括号的"重复部分"里还有方括号呢? 没关系,设法把里面的方括号继续展开即可。因此可以写成递归函数,代码如下:

```
#include<iostream>
#include<string>
using namespace std;
string expand() {
    string s = "", X;
    char c; int D;
    while (cin >> c) {// 持续读入字符,直到全部读完
        if (c == '[') { // 发现一个压缩区
            cin >> D; // 读入 D
            X = expand(); // 递归地读入 X
            while (D--) s += X; // 重复 D 次 X 并进行拼接
            // 上面不能写成 while (n--) s+=read();
        }
        else if (c == ']')
            return s; // 压缩区结束,返回已经处理好的 X
        else s += c; // 如果不是'['和']',那还是 X 的字符,加进去即可
    }
    return s;
}
int main() {
    cout << expand();
    return 0;
}
```

可以看看字符串 ABF[2RA[3A]B[2CD]]是怎么被一层层展开的,如图 11-8 所示。

从图 11-8 可以看出,带圈的编号是各个函数的执行顺序。如果感觉层数过多而不好理解,可以先考虑只有一两层的情况以方便理解。在语言入门部分已经介绍过函数递归的机理,觉得理解仍然有困难的读者,可以回去重新学习一下。

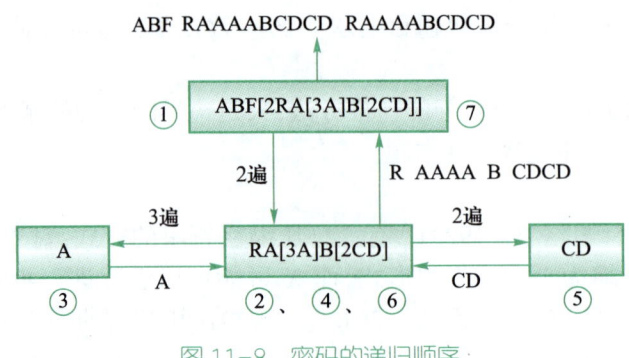

图 11-8 密码的递归顺序

如果能将一个大的任务分解成若干规模较小的任务,而且这些任务的形式与结构和原问题一致,就可以考虑使用递归。当问题规模足够小或者到达了边界条件就要停止递归。分解完问题后还要对这些规模小的任务合并然后返回解,最后逐级上报,解决最大规模的问题。有些问题使用递推策略和递归策略都能解决,但有些问题只能将大问题分割成小问题,但是却很难建立递推式,在这种情况下应当使用递归策略。

11.3 课后习题与实验

习题 11-1 蜜蜂路线(洛谷 P2437)。一只蜜蜂在如图 11-9 所示的数字蜂房上爬动,已知它只能从标号小的蜂房爬到标号大的相邻蜂房,蜜蜂从蜂房 M 开始爬到蜂房 N,$M<N\leq 1000$,有多少种爬行路线?

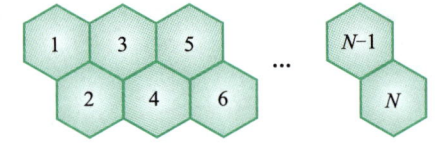

图 11-9 蜂房

习题 11-2 小 A 点菜(洛谷 P1164)。餐厅里有 N ($N\leq 100$) 种菜,第 i 种卖 a_i 元 $a_i\leq 1000$,每种菜最多只能点一份。现在打算花光 M ($M\leq 10000$) 元。请问:有几种点菜方法?

习题 11-3 选数(洛谷 P1036,NOIP2002 普及组)。已知 n 个整数 $x_1,x_2,\cdots,x_n$ ($x_i\leq 5\times 10^6$),以及 1 个整数 k ($k<n\leq 20$)。从 n 个整数中任选 k 个整数相加,可分别得到一系列的和。要求计算出和为素数的方案共有多少种。

习题 11-4 覆盖墙壁(洛谷 P1990)。现有一个长为 N、宽为 2 的墙壁,有两种砖头:一种是长 2、宽 1 的条形砖;另一种是 L 型覆盖 3 个单元的砖头。砖头可以旋转,且无限量提供。要求计算出用这两种砖来覆盖整个墙壁的方案数,对 10000 取余。

习题 11-5 秘密奶牛码(洛谷 P3612,USACO2017 January)。给定一个长度不超过 30 的字符串,不断在这个字符串后面拼接自身的"旋转字符串"(旋转字符串是指把原字符串的最后一个字符移动到第一个之前),比如 COW 拼接后变为 COWWCO,再变成 COWWCOOCOWWC,这样可以扩展成一个无限长度的字符串。给定 N ($N\leq 10^{18}$),求这个字符串的第 N 个字符是什么。第一个字符是 $N=1$。

习题 11-6 黑白棋子的移动(洛谷 P1259)。有 $2n$ ($4\leq n\leq 100$) 个棋子排成一行,初始时先摆上 n 个白棋子,然后再摆上 n 个黑棋子,同时最右边还有 2 个空位。移动棋子的规则是:每次必须同时移动相邻的两个棋子,颜色不限,可以左移也可以右移到空位上去,但不能调换两个棋子的左右位置。每次移动必须跳过若干棋子(不能平移),要求最后能移成黑白相间的一行棋子。

要求编程打印出移动过程。

例如,当 n=5 时,移动的过程是这样的:

```
step 0:ooooo*****--
step 1:oooo--****o*
step 2:oooo****--o*
step 3:ooo--***o*o*
step 4:ooo*o**--*o*
step 5:o--*o**oo*o*
step 6:o*o*o*--o*o*
step 7:--o*o*o*o*o*
```

习题 11-7　幂次方(洛谷 P1010,NOIP1998 普及组)。任何一个正整数都可以用 2 的幂次方的和表示。例如 $137=2^7+2^3+2^0$,同时约定方次用括号来表示,即 a^b 可表示为 $a(b)$。由此可知,137 可表示为:2(7)+2(3)+2(0)。进一步,$7=2^2+2+2^0(2^1$ 用 2 表示),$3=2+2^0$,所以最后可表示为 2(2(2)+2+2(0))+2(2+2(0))+2(0)。给出 $n(n \leq 20000)$,按照题目要求输出将 n 变为由 2 和 0 组成的幂次方式子。

习题 11-8　地毯填补问题(洛谷 P1228)。迷宫是一个边长为 $2^k(0<k \leq 10)$ 的正方形,公主站在迷宫的一个方格上。要求使用 L 形覆盖 3 格地小地毯不重不漏地覆盖整个迷宫(除了公主站立的位置),如图 11-10 所示。请输出具体方案,方案可能不唯一。

习题 11-9　南蛮图腾(洛谷 P1498)。南蛮图腾是一种递归图形。当规模为 1 时,南蛮图腾是一个简单的三角形,如图 11-11(a)所示;规模每增加 1,图形就变得复杂了:把原来规模的图形复制 3 次,分别放置于上方,左下角和右下角,组成了一个更大的三角形。当规模为 2 时,图形如图 11-11(b)所示。给出规模 $n(n \leq 10)$,请画出对应规模的图形。

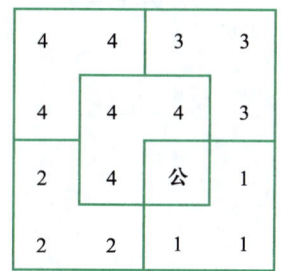

图 11-10　当 k=2,公主站在(3,3)时的一种方案,数字代表 L 形地毯的方向

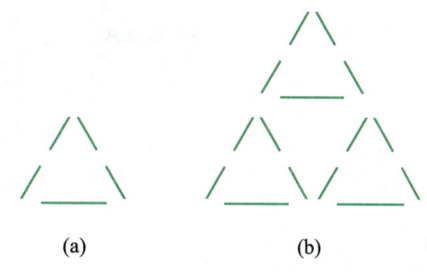

图 11-11　南蛮图腾

习题 11-10　思考一下:递推与递归的例题中,哪些可以使用另外一种思路(比如递归的例题是否可以使用递推完成)？如果可以,尝试使用另外一种方式完成这些例题。

第 12 章 贪心

如果想在算法竞赛中获奖,就要尽可能多读书、多思考、多练习,去完成尽可能多数量与种类的算法题目积累知识和经验,并在考场上放平心态。但因为花了太多时间在编程上而极度压缩休息的时间,反而会效率低下,得不偿失。很多时候,太贪婪不是一件好事,因为目光短浅,没有考虑到后面的事情,结果没有办法保证最后的结果做到最好。

在算法竞赛中求解某些问题时,只需要做出在当前看来是最好的选择就能获得最好的结果,而不需要考虑整体上的最优,即使目光短浅也是没有关系的。本章就介绍这样的贪心策略。图 12-1 所示本章思维导图。

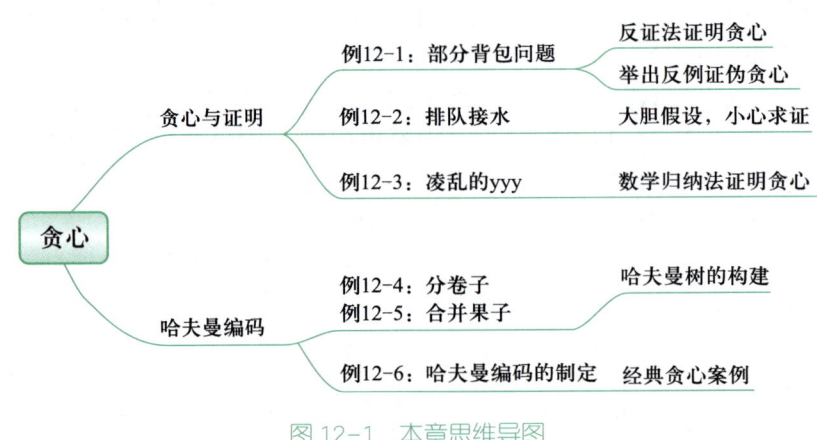

图 12-1 本章思维导图

12.1 贪心与证明

贪心算法不是对所有问题都能得到整体最优解,关键是贪心策略的选择,选择的贪心策略必须具备无后效性,即某个状态以前的过程不会影响以后的状态,只与当前状态有关。首先需要证明贪心策略是正确的,才可以考虑使用贪心算法解决该问题。在很多情况下,贪心的合理性并不是显然的,但如果能找到一个反例,就可以证明这样的贪心不正确。

例 12-1 部分背包问题(洛谷 P2240)。阿里巴巴走进了装满宝藏的藏宝洞。藏宝洞里面有 $N(N \leq 100)$ 堆金币,第 i 堆金币的总重量和总价值分别是 m_i 和 $v_i(1 \leq m_i, v_i \leq 100)$。阿里巴巴有一个承重量为 $T(T \leq 1000)$ 的背包,但并没办法将全部的金币都装进去。他想装走尽可能多价值的金币。所有金币都可以随意分割,分割完的金币重量价值比(也就是单位价格)不变。请问:阿里巴巴最多可以拿走多少价值的金币?

分析:因为包的承重量有限,如果能拿走相同重量的金币,当然是优先拿走单位价格最贵的金币。所以正确的做法是将金币的单价从高往低排序,然后按照顺序将整堆金币都放入包里。如果整堆放不进背包,就分割这一堆金币直到刚好能装下为止。

直觉是对的,但是别忘了还要证明它。首先,所有的东西价值都是正的,因此只要金币总数足够,背包就必须要装满而不能留空;其次,利用反证法:假设没有在背包中放入单价高的金币,而放入了单价更低的金币达到了总价值最高的目的(成为了最优解),那么可用等重量的高价值金币替换掉背包里的低价值金币,总价值更高了,和最优解矛盾,所以贪心算法成立。代码如下:

```cpp
#include <cstdio>
#include <algorithm>
using namespace std;
struct coin {
    int m, v; // 金币堆的重量和价值
} a[110];
bool cmp(coin x, coin y) {
    return x.v * y.m > y.v * x.m; // 判断单价
}
int main() {
    int n, t, c, i;
    float ans = 0;
    scanf("%d%d", &n, &t);
    c = t; // 背包的剩余容量
    for (i = 0; i < n; i++)
        scanf("%d%d", &a[i].m, &a[i].v);
    sort(a, a + n, cmp); // 对单价排序
    for (i = 0; i < n; i++) {
        if (a[i].m > c)break; // 如果不能完整装下就跳出
        c -= a[i].m;
        ans += a[i].v;
    }
    if (i < n)
        ans += 1.0 * c / a[i].m * a[i].v; // 剩余空间装下部分金币
    printf("%.2lf", ans);
    return 0;
}
```

为了方便排序,定义了 coin 结构体来存储金币堆的重量和价值——性价比不需要存下来,而是在调用 sort 的时候进行判断。比较性价比时本应是判断 x.v/x.m>y.v/y.m,但是按照代码中的写法可以规避使用浮点数与除法,加快速度而且比较精确。

> 这就是证明贪心的第一种方法——假设要选择的方案不是贪心算法所要求的方案,只需要证明将需要贪心的方案替换掉要选择方案,结果会更好(至少不会更差)。

如果藏宝洞里面不是一堆堆金币,而是一个个单价不一且无法分割的金块,还能使用类似的策略吗?

假设承重量是 50,有 4 个金块,其重量和价值分别是:①(10,60),②(20,100),③(30,120),④(15,45)。按照贪心策略,优先将单价高的金块装进背包,如果空间不够就跳过,继续考查剩下的金块,直到不能装下为止。图 12-2 所示为背包里面的几种情况。

	重量	价值	单价
①	10	60	6
②	20	100	5
③	20	80	4

(a) 总价:240

	重量	价值	单价
①	10	60	6
②	20	100	5
④	15	45	3

(b) 总价:205

	重量	价值	单价
②	20	100	5
③	30	120	4

(c) 总价:220

图 12-2 背包里面的几种情况

图 12-2(a)所示是可分割金币的装包方案,通过贪心策略使利益最大化。然而使用同样的办法装包,如图 12-2(b)所示,却不是最优解,因为像图 12-2(c)所示这样,战略性放弃性价比最高的金块可能会让你获得更多。仅仅举出了一个反例就推翻了一个错误的贪心算法,可见使用贪心策略时要特别注意正确性。

本题的正确做法是搜索或者动态规划,会在对应的章节介绍类似的题目。

例 12-2 排队接水(洛谷 P1223)。有 n 个人在一个水龙头前排队接水,假如每个人接水的时间为 T_i,请编程找出这 n 个人排队的一种顺序,使得 n 个人的平均等待时间最小。

分析:求最短平均时间就是求所有人的最短等待时间和。由于排队接水是一个接着一个的,也就是只允许最多一个人同时打水,所以某一个人打水的时候其身后的人的等待时间总和就是每个单人打水时间的和。第一个人不需要等待,第二个人需要等待一个人打水的时间,第三个人要等待前两个人打水的时间。假设经过安排后,第 i 个人的打水时间是 t_i。每个人的等待时长如图 12-3 所示。

根据图 12-3 所示,可以得到所有打水人的等待时间总和为 $s=(n-1)t_1+(n-2)t_2+\cdots+1\times t_{n-1}+0\times t_n$。

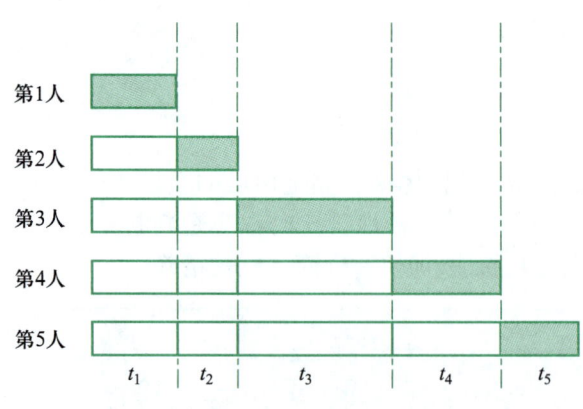

图 12-3 每个人的等待时长

可以发现，t_1的系数较大，t_n的系数比较小。所以凭感觉可以猜测，t_1到t_n应该从小到大排序，可以使时间总和 s 最小。

当然，需要证明这一切。假设最佳方案中，t_1到t_n不是从小到大排列，假设当$i<j$时，$t_i>t_j$。这两项贡献的总时间是$s_1=at_i+bt_j$，其中系数 $a>b$。若将t_i和t_j调换，那么贡献总时间变为$s_2=at_j+bt_i$，两者相减 $s_1-s_2=a(t_i-t_j)-b(t_i-t_j)=(a-b)(t_i-t_j)>0$，说明调换后总时间会缩短，这与原来认为是"最佳方案"矛盾，所以贪心算法成立。代码如下：

```
#include <cstdio>
#include <algorithm>
using namespace std;
struct water {
    int num, time;
} p[1010];
bool cmp(water a, water b) {
    if (a.time != b.time)
        return a.time < b.time;
    return a.num < b.num;
}
int n; long long sum = 0;
int main() {
    scanf("%d", &n);
    for (int i = 1; i <= n; i++) {
        scanf("%d", &p[i].time);
        p[i].num = i;
    }
    sort(p + 1, p + n + 1, cmp);
    for (int i = 1; i <= n; i++) {
        printf("%d ", p[i].num);
        sum += i * p[n - i].time;
    }
    printf("\n%.2lf\n", 1.0 * sum / n);
    return 0;
}
```

代码中使用了结构体来存储每个人的信息，排序时按照接水时间从小到大排序，时间相同时编号小的人优先，最后计算耗时总长然后得到平均值输出。

> 遇到这样的题目，可以大胆猜想贪心策略，但一定要保证正确性（最好是能够严格证明）。如果无法证明它是对的，但直觉告诉你应该可以贪心，也可以设法构造一些反例尝试推翻贪心。如果无法构造反例[①]那么贪心方案可能是对的，可以大胆地去实现，至于是否能够通过题目就要看情况了。

---

① 比如可以重新写一个暴力枚举搜索的版本，然后随机生成测试数据，贪心和暴力的两个程序都跑一遍。重复多次发现答案完全一致时，贪心很可能是靠谱的。

例 12-3 凌乱的 yyy（洛谷 P1803）。接近 NOIP 了，yyy 很紧张！现在各大 OJ 上有 n 个模拟比赛，每个比赛的开始、结束的时间点 (a_i, b_i) 是知道的。yyy 认为，参加数量越多的模拟比赛，正式比赛成绩就越好。如果要参加一个比赛必须善始善终，而且不能同时参加两个及以上的比赛。他想知道他最多能参加几个比赛。所有输入数据不超过 10^6。

分析：如果所有的比赛时间不冲突，那么就可以全部参加了，但并没有这么简单。如果两个比赛时间冲突，要分情况看待。两个比赛的关系如图 12-4 所示。

1）一个比赛被另一个比赛包含：这两个比赛冲突了，要选择比赛 1，因为比赛 1 先结束，这样可能后续比赛被占用时间的可能就少一些。

2）一个比赛和另一个比赛相交：还是选择比赛 1，理由是一样的。

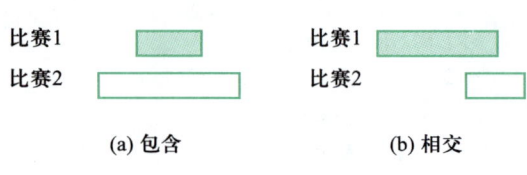

图 12-4 两个比赛的关系

最先选择参加哪一场比赛呢？根据分析，应该选择参加最先结束的那一场比赛。接下来，要选择能够参加的比赛中，最早结束的比赛（既然已经决定参加上一场比赛了，那么所有和上一场冲突的比赛都不能参加了），直到没有比赛可以参加为止。这样可以保证不管在什么时间点之前，能够参加比赛的数量都是最多的，因此贪心算法成立。

> 这就是证明贪心的另外一种方法——数学归纳法：每一步的选择都是到当前为止的最优解，一直到最后一步就成为了全局的最优解。

代码如下：

```
#include<iostream>
#include<algorithm>
using namespace std;
int n, ans = 0, finish = 0;
struct contest {
    int l, r;
} con[1000010];
bool cmp(contest a, contest b) {
    return a.r <= b.r;
}
int main() {
    cin >> n;
    for (int i = 1; i <= n; i++)
        cin >> con[i].l >> con[i].r;
    sort(con + 1, con + 1 + n, cmp);
    for (int i = 1; i <= n; i++)
        if (finish <= con[i].l)
            ans++, finish = con[i].r;
    cout << ans << endl;
    return 0;
}
```

本题中将所有比赛的结束时间排序,然后依次进行贪心:如果能够参加这场比赛,就报名参加;如果这场比赛和上一场冲突,就放弃。贪心本身的算法复杂度是 $O(n)$,但是排序的算法复杂度可达 $O(n\log n)$,所以时间复杂度的瓶颈在排序上。考虑值域范围不大,也可以考虑使用计数排序来优化。

12.2 哈夫曼编码

例 12-4 分卷子。某校要将一摞试卷按照等级分类。各个等级对应的成绩区间是:A(85,100],B(70,85],C[60,70],D[0,60)。每次分卷子,只能将一摞卷子分为两堆,其中一堆包含了所有某些等级的卷子;另一堆包含所有另一些等级的卷子(换句话说,不会有两张相同等级的卷子同时出现在两边)。分好的卷子还能继续再分,直到分成 4 堆为止。已知各个等级的卷子的数量,请设计方案使分类比较次数总和最小。

分析:比较次数的总和还能因为不同的分类方法而不一样?假设 A、B、C、D 分别有 10 人、13 人、14 人、5 人,然后观察图 12-5 所示的两个例子。

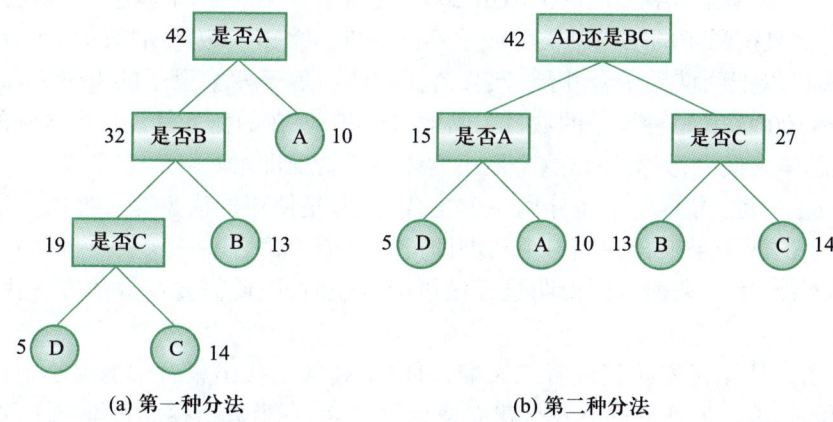

图 12-5 两种分卷方法

第一种分法中,A 分了 1 次,B 分了 2 次,C 和 D 各分了 3 次,一共分卷次数是 $10 \times 1 + 13 \times 2 + 14 \times 3 + 5 \times 3 = 93$,而第二种分法中,每种卷子都分了 2 次,一共分卷次数是 $2 \times (5+10+13+14) = 84$,显然第二种方式分卷次数要少一些。

在图中标上各个等级的人数和每次分卷时需要处理的试卷数,可以发现每次分卷次数刚好就是它分成两堆的分卷次数或者单等级的试卷数,比如对于第一种分法,判断是否 C 的次数等于 C 和 D 的试卷数之和,而判断是否 B 的次数刚好等于判断是否 C 的次数加上 B 的试卷数……直到最开始分类的时候,刚好就等于所有试卷数之和。因此可以做出假设:数量越多等级的卷子应该先分出来,数量较少的等级卷子可以多分几次在分出来,这样就可以减少分卷次数总和了。

可以大胆假设:从最开始分出最多的等级卷子,然后分出第二多的等级的卷子……直到全部分完这样的贪心策略。注意,如果此时能意识到必须先给出证明,那就说明前面的内容认真读过了。很可惜这样的分类方式并不是最优的,分卷总和还不如第二种分法。只要构造出一个反例就可以证明这是错误的贪心。

不过不要沮丧，可以使用逆向思维。假设现在已经按照等级分成了 4 堆卷子了，先在这 4 堆卷子中找到数量最少的 2 堆卷子合并起来成为新的一堆卷子，然后在剩下的三堆卷子中再找出 2 堆最少的卷子合并成新的一堆卷子，最后把这两堆卷子合并成一堆。把这个过程再反过来，就是分卷的过程。图 12-6 所示为如何求解分卷方案。

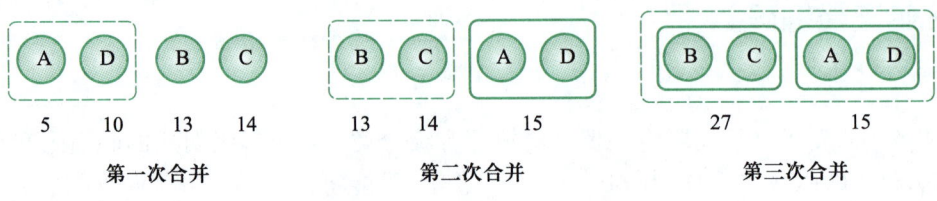

图 12-6　如何求解分卷方案

严谨的证明冗长而不好理解，读者目前只需要掌握如何求解即可，有兴趣的读者也可以自行查阅相关的资料。

例 12-5　合并果子（洛谷 P1090，NOIP2004 提高组）。在一个果园里，多多已经将所有的果子打了下来，而且按果子的不同种类分成了不同的堆。多多决定把所有的果子合成一堆。每一次合并，多多可以把两堆果子合并到一起，消耗的体力等于两堆果子的重量之和。已知果子的种类数 $n(n \leqslant 10000)$ 和每种果子的数目 $a_i(a_i \leqslant 20000)$，现在的任务是设计出合并的次序方案，使多多耗费的总体力最少，只需输出这个最小的体力耗费值即可。

分析：比较上一题，虽然一个是分离一个是合并，但是使用的模型是一样的。所以，本题只需要每次将最小的两个果堆合并成一个新堆即可。难道要每合并一次就要排序一次或者枚举最小值吗？并不能，因为数据范围说明这么做可能会超时，因此需要高效的方法找到集合中最小的两个。

有一种办法是使用优先队列或者二叉堆，可以很高效地找出集合中的最小值，但目前还没有涉及这方面的知识。另外一种方式是建立两个数组，第一个数组存储每堆果子的重量并从小往大排序。从第一个数组中取出前两个就是最小的两堆果子。把这两堆果子取出（从数组中划掉）合并一次成为新的一堆，记录消耗的体力，然后把这两堆果子的总和放在第二个数组后面。接下来还要继续找最小堆果子，只需要比较两个数组中没有划掉的部分最前面的元素即可，取出，然后用同样的办法找到最小的另外一堆，合并，也放在第二个数组中。这两个数组都是从小往大排列的，所以两个数组中最小的那一堆一定就在两个数组没有被划掉的元素的最头部。重复这样的操作，直到最后两堆果子被合并。合并果子的数组操作如图 12-7 所示。

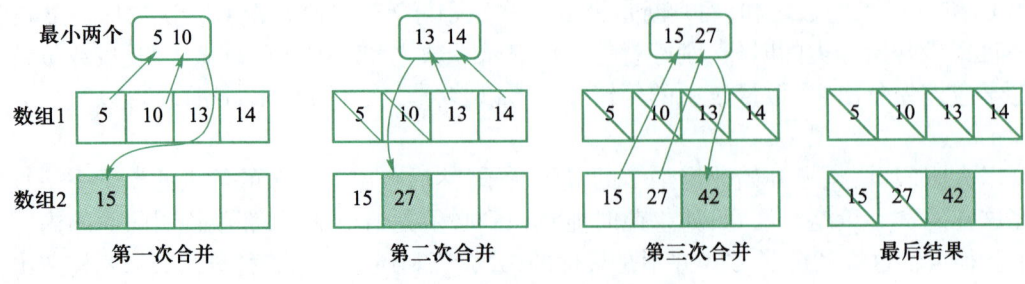

图 12-7　合并果子的数组操作

可以使用两个书签来定位数组的哪些元素之前被划掉了,书签的位置就是没有划掉的头部;此外还要记录下两个数组分别的元素个数。实际上这种带头尾书签的数组被称为队列,将会在数据结构线性表一章中详细介绍。将数组初始化为一个很大的数字,否则,如果初始为 0,则可能会被当作果子堆被取出(也可以加入特殊判断,看看数组是否被全部取完了,这样就可以不用另外初始化了)。代码如下:

```cpp
#include<iostream>
#include<algorithm>
#include<cstring>
using namespace std;
int n, n2, a1[10010], a2[10010], sum = 0;
int main() {
    cin >> n;
    memset(a1, 127, sizeof(a1)); /*将数组初始化为一个接近 int 最大值的数,效率较高*/
    memset(a2, 127, sizeof(a2));
    for (int i = 0; i < n; i++)
        cin >> a1[i];
    sort(a1, a1 + n);
    int i = 0, j = 0, k, w;
    for (k = 1; k < n; k++) {
        w = a1[i] < a2[j] ? a1[i++] : a2[j++]; // 取最小值
        w += a1[i] < a2[j] ? a1[i++] : a2[j++]; // 取第二次最小值
        a2[n2++] = w; // 加入第二个队列
        sum += w; // 计算价值
    }
    cout << sum;
}
```

> 使用 memset 初始化 int 数组时,第二个参数如果是 0,数组就会被初始化为 0;如果是 127,会初始化为一个很大且接近 int 类型上限的正数;如果是 128,会初始化成很小且接近 int 类型下限的负数;如果是 -1 或者 255 时,数组会初始化为 -1。

例 12-6 哈夫曼编码的制定。计算机传输数据时,必须将信息的内容编码成 0 或 1 的信息流,比如说可以将一个字母或者数字转换成 ASCII 码,成为 8 位的 0/1 串,但是这么编码生成出的 0/1 信息流还是比较长。可以将一些出现频数较高的字母缩短编码长度,而频度较低的字母加长编码长度,以达到缩短总长度的目的。

假设信息只由 A、B、C、D、E 这几个字母组成,其出现的次数分别是 A:5、B:10、C:13、D:14、E:20。请参考前面分卷子的例子,设计一种 0/1 编码,使编码后的总长度最小。

分析:既然要将每个字母变成一组 0/1 编码,出现次数多的字母要短,那可以从一位开始给这些使用频数最多的字母编码,如果一位不够就两位……可以得到这样的编码方案:

```
E:0, D:1, C:00, B:01, A:10
```

然而,这么做是不行的。如果收到了"001",对应的原文可能是 EED、CD 或者 EB,这就造成了歧义。为了不造成歧义,要求一个字母的 0/1 编码不是其他编码的前缀(比如说 01 就是 011 的前缀)。

其实只要按照分卷子的做法,根据字母频率构建分类方案。要查询某个字母的编码就相当于从头开始将字母分类,往左边分就是 0,往右边分就是 1,直到不可分为止。使用前面介绍过的方法,可以构造出如图 12-8 所示的一个分类方案(最优编码方案可能不是唯一的)。

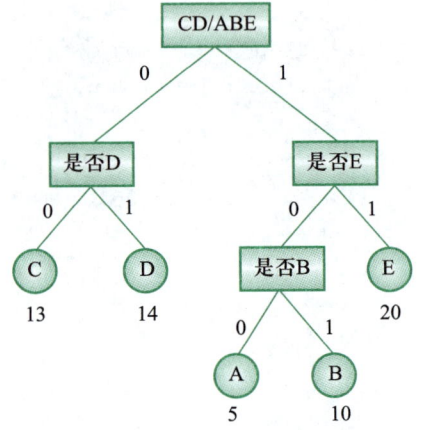

图 12-8 改进字符编码方案

```
C:00, D:01, A:100, B:101, E:11
```

比如,单词"BAD"可以编码成"10110001",而编码"001101"可以解码成"CED",且不会产生歧义。这样的编码方式被称为**哈夫曼编码**(Huffman Coding),而这样一个分类器就是哈夫曼树。前面的两个例题均使用了哈夫曼编码的思想,是贪心策略的经典应用。

12.3 课后习题与实验

对于以下的题目,请读者尽可能先猜测贪心策略,然后设法证明。

习题 12-1 小 A 的糖果(洛谷 P3817)。小 A 有 $N(N \leq 10^5)$ 个糖果盒,第 i 个盒中有 $a_i(a_i \leq 10^9)$ 颗糖果。小 A 每次可以从其中一盒糖果中吃掉一颗,他想知道,要让任意两个相邻的盒子中加起来都只有 $x(x \leq 10^9)$ 颗或以下的糖果,至少得吃掉几颗糖。

习题 12-2 删数问题(洛谷 P1106)。输入一个高精度的正整数 N(不超过 250 位),去掉其中任意 k 个数字后剩下的数字按原左右次序将组成一个新的正整数。编程对给定的 N 和 k,寻找一种方案使得剩下的数字组成的新数最小,输出新数即可。

习题 12-3 陶陶摘苹果升级版(洛谷 P1478)。一棵苹果树结出 $n(n \leq 5000)$ 个苹果。陶陶有个 $a(a \leq 50)$ 厘米高的板凳,当她不能直接用手摘到苹果的时候,就会踩到板凳上再试试。陶陶手伸直的最大长度是 $b(b \leq 200)$。不过陶陶把凳子搬到果树下,只剩下 $s(s \leq 1000)$ 点力气了,但是摘掉每个苹果都要花费一些力气值。陶陶没打算透支自己的体力,所以体力值必须一直不小于 0。

现在已知这些苹果到地面的高度 $x_i(x_i \leq 280)$ 和摘这个苹果需要的力气 $y_i(y_i \leq 100)$,请帮陶陶算一下他最多能够摘到的苹果的数目。

习题 12-4 铺设道路[①](洛谷 P5019,NOIP2018 提高组)。春春负责铺设一条长度为 n 的道路,需要填平下陷的地表。整段道路可以被看作 $n(n \leq 10^5)$ 块首尾相连的区域,一开始,第 i 块区域下陷的深度为 $d_i(d_i \leq 10000)$。春春每次可以选择一段连续区间 $[L, R]$,填充这段区间中的每块区域,让其下陷深度减少 1。在选择区间时需要保证区间内的每块区域在填充前下陷深

[①] 同样的一个问题,在 NOIP 提高组中,分别于 2013 年和 2018 年各出现过一次,解法和测试数据完全一样。

度均不为 0。请设计一种方案，以最少次数内将整段道路的下陷深度都变为 0。

习题 12-5 混合牛奶（洛谷 P1208，USACO Training）。某公司可以从 n($n \leq 5000$) 名奶农手中采购牛奶。每一位奶农为乳制品单价 p_i($p_i \leq 1000$) 报价是不同的。此外，每位奶农能提供的牛奶数量 a_i($a_i \leq 2 \times 10^6$) 也是一定的。该公司可以从奶农手中采购到小于或者等于奶农最大产量的整数数量的牛奶。给出该公司对牛奶的需求量 N($N \leq 2 \times 10^6$)，还有每位奶农提供的牛奶单价和产量。计算采购足够数量的牛奶所需的最小花费。保证总产量大于需求。

习题 12-6 纪念品分组（洛谷 P1094，NOIP2007 普及组）。乐乐负责新年晚会的纪念品发放工作。为使得参加晚会的同学所获得的纪念品价值相对均衡，他要把购来的 n($n \leq 30000$) 件纪念品根据价格进行分组，所有纪念品价格在 5 元到 200 元之间。每组最多只能包括两件纪念品，并且每组纪念品的价格之和不能超过一个给定的数值（80 元到 200 元之间）。为了保证在尽量短的时间内发完所有纪念品，乐乐希望分组的数目最少。请写一个程序，找出所有分组方案中分组数最少的一种，输出最少的分组数目。

习题 12-7 跳跳！（洛谷 P4995，By fstqwq）。青蛙遇到了 n($n \leq 300$) 块高矮不同的石头，其中第 i 块的石头高度为 h_i($h_i \leq 10^4$)，地面的高度是 $h_0=0$。从第 i 块石头跳到第 j 块石头上耗费的体力值为 $(h_i-h_j)^2$，从地面跳到第 i 块石头耗费的体力值是 $(h_i)^2$。青蛙决定跳到每个石头上各一次，并最终停在任意一块石头上，并且小跳蛙想耗费尽可能多的体力值。

习题 12-8 分组（洛谷 P4447，AHOI2018 初中组）。有 n($n \leq 10^5$) 个学生，每个人的实力值是 a_i($|a_i| \leq 10^9$)，要分成若干小组，每个小组中，成员的实力值排序后，必须是连续且互不相同的整数数列。要求设计一个合法的分组方案，满足所有人都恰好只分到一个小组，使得人数最少的组的实力值之和最大，输出人数最少的组的实力值之和的最大值即可。

习题 12-9 （选做）国王游戏（洛谷 P1080，NOIP2012 提高组）。国王让 n($n \leq 1000$) 位大臣各自在自己的左、右手上分别写下一个整数，国王自己也在左、右手上各写一个整数 a 和 b（$a, b \leq 10000$）。然后，让这 n 位大臣排成一排，国王始终站在队伍的最前面。排好队后每位大臣获得国王赏赐的金币：排在该大臣前面的所有人的左手上的数的乘积除以他自己右手上的数，然后向下取整得到的结果。国王希望使获得奖赏最多的大臣所获奖赏尽可能的少，请问：这名大臣最多可以获得多少金币？

第 13 章　二分查找与二分答案

知道怎么在一本很厚的词典中查找一个单词吗？字典中的单词是按照"字典序"进行排序的，比如 code<pan<pancake。如果要找一个单词，就要将字典从中间翻开，然后将这面单词跟想要找的单词比较。如果这面单词在需要寻找的单词之前，就将字典往后翻，否则就往前翻，直到找到准确的单词为止。可以发现，越接近需要查询的单词，翻动书面的页数就越少。显然，不会从第一页开始一面一面翻，逐个查看每个单词是否就是自己想要查找的单词，这样做就太慢了。虽然实际情况不是那么精确，但是基本上使用了"二分思想"。

如果序列是有序的，就可以通过二分查找快速定位所需要的数据。除此之外，二分思想还能求出可行解的最值问题，比如想知道某款手机最高能从多少层楼的高度摔下来而不会摔坏，使用二分的方式可以用最小实验次数就能得到结果（当然需要准备好几个样品）。图 13-1 所示为本章思维导图。

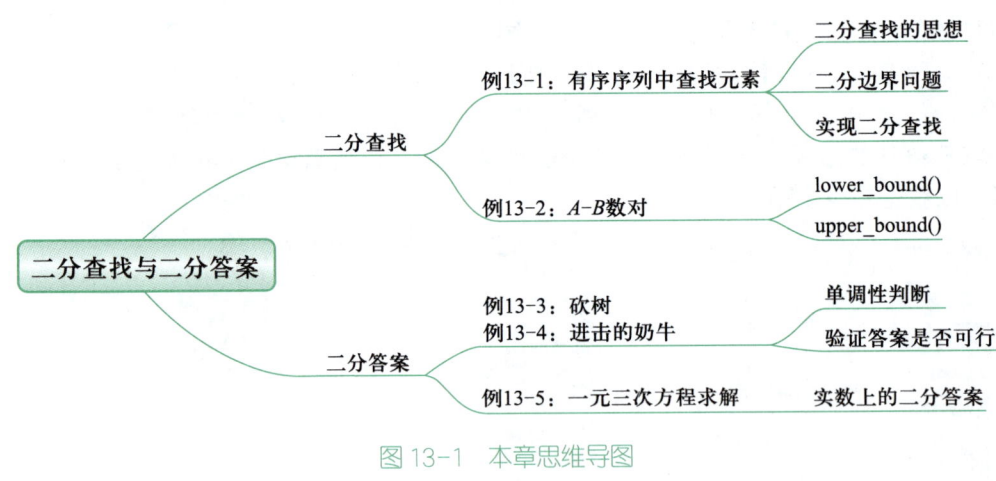

图 13-1　本章思维导图

13.1　二分查找

例 13-1　有序序列中查找元素(洛谷 P2249)。输入 $n(n \leq 10^6)$ 个不超过 10^9 的单调不减的(就是后面的数字不小于前面的数字)非负整数 $a_1, a_2, \cdots, a_n$，然后进行 $m(m \leq 10^5)$ 次询问。对于每次询问，给出一个整数 $q(q \leq 10^9)$，要求输出这个数字在序列中的编号，如果没有找到，则输出"-1"。

输入样例:

```
11 3
1 3 3 3 5 7 9 11 13 15 15
1 3 6
```

输出样例:

```
1 2 -1
```

分析: 直接从头到尾搜索一遍查找数字是不可行的。如果查找数字太多,则复杂度就是 $O(mn)$,运行效率太低。不过,这种做法没有用到题目给出的一个条件:保证序列元素为升序。利用这个条件,能否得到时间复杂度更优的做法呢?

回顾一下"翻字典"的例子,要在整本字典中查找一个单词,安排首尾两个指针:首指针是第一页,尾指针是最后一页。然后将这本字典从中间分为前半本和后半本,并且将分割处的单词和需要找的单词进行比较,要么运气比较好,刚好分割处就是我们要找的单词,要么分割处的单词在待查单词的后面——就继续只看前半本字典了,否则就去看后半本字典。改变首尾指针,缩小查找范围,直到找到需要的单词为止。模拟上述过程,代码如下:

```cpp
#include <iostream>
#define MAXN 1000010
using namespace std;
int a[MAXN], m, n, q;
int find(int x) {
    int l = 1, r = n;
    while (l <= r) {
        int mid = (l + r) / 2; // 中间页数
        if (a[mid] == x)return mid; // 刚好找到需要的数字
        else if (a[mid] > x)r = mid - 1; // 取区间的前一半
        else l = mid + 1; // 取区间的后一半
    }
    return -1; // 最后没有找到
}
int main() {
    cin >> n >> m;
    for (int i = 1; i <= n; ++i)
        cin >> a[i];
    for (int i = 0; i < m; ++i) {
        cin >> q;
        cout << find(q) << " ";
    }
    return 0;
}
```

这个算法并不完美。如何完善要求：如果待查询的数字有多个，则需要输出最小的编号；如果不存在这个数字，则输出比它大的数字中最小的数字编号；如果没有比它大的数字，则输出 n+1；如果遇到重复的数字，这个算法就会直接输出最先找到的编号。

这个程序仅在序列中的数字都不相同的时候才是对的，如果出现重复的数字，则这个代码会直接输出最先找到的编号。实际上，很多程序员都不能一次就能正确实现二分查找，这是因为二分查找需要处理好边界问题、循环判断问题等琐碎细节。下面直接给出修改后的代码，请读者特别注意是小于还是小于或等于，有没有加 1、减 1 等细节。

```
int find(int x) {
    int l = 1, r = n + 1;
    while (l < r) { // 最后 l 和 r 会相等。
        int mid = l + (r - l)/2;
/* 有时 l+r 可能会超过 int 类型的极限（当然本例不会），这么做可以避免运算溢出 */
        if (a[mid] >= x)r = mid;
        else l = mid + 1;
    }
    if(a[l] == x)return l;
    else return -1;
}
```

二分查找的步骤如图 13-2 所示。

1) 最开始时，左指针 l 是区间最左端 1，而右指针 r 是区间最右端的下一个编号 12（注意是

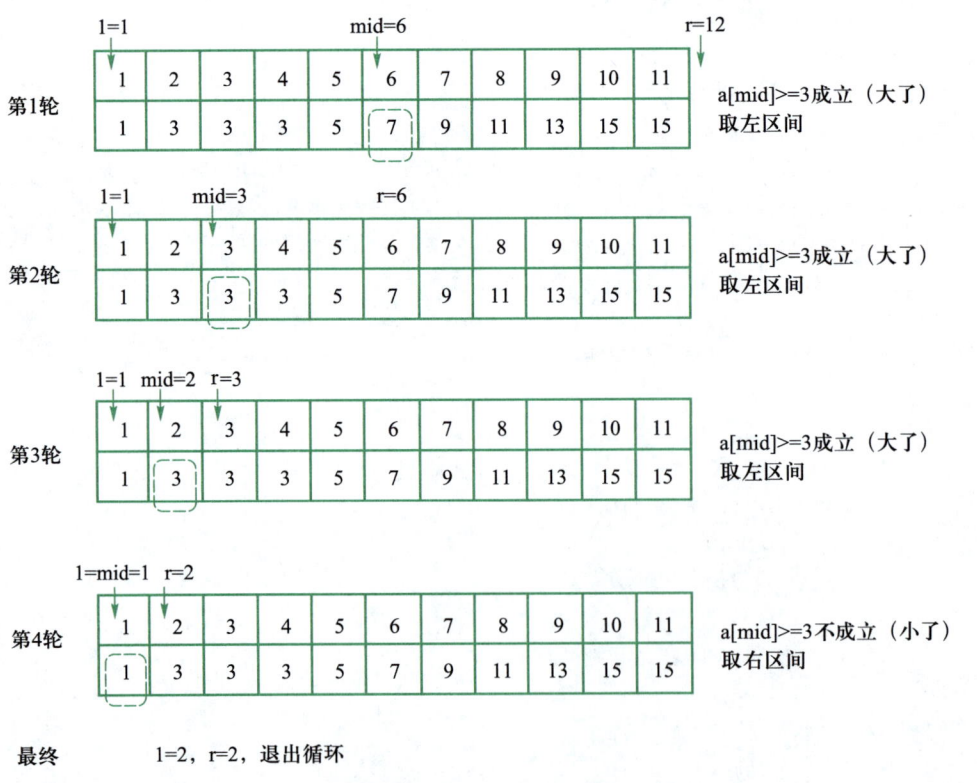

图 13-2 二分查找的步骤

左闭右开区间)。中间指针 mid 是左右的平均,也就是 mid=6。判断 a[mid]和待查元素 k 的关系,发现找到的数字大了,于是取左半边,将 r 修改成 mid 也就是 6。

2) 左指针 l 是 1,右指针 r 是 6,中间指针 mid=3。判断 a[mid]和待查元素 k 的关系,发现找到的数字和待查元素相等,但是由于要找这个数字的最靠前的那一个,需要找的位置可能还在左边,于是取左半区间,将 r 修改成 mid,也就是 3。

3) 左指针 l 是 1,右指针 r 是 3,中间指针 mid=2。判断 a[mid]和待查元素 k 的关系,发现找到的数字和待查元素相等,同理,仍取左半区间,将 r 修改成 mid,也就是 2。

4) 左指针 l 是 1,右指针 r 是 2,中间指针 mid=1。判断 a[mid]和待查元素 k 的关系,发现找到的数字小了,左半部分不可能出现想要的数字,于是抛弃全部的左区间,取右半区间,将 l 修改成 mid+1,也就是 2。

5) 左指针 l 是 2,右指针 r 是 2,发现不符合循环继续的条件,跳出循环。最后得到的答案就是 2。

请注意这里的指针 l 和 r,对应的是一个左闭右开区间 [l,r)。如果序列中有多个待查找的数字,而且要找到最大的编号,那么判断的语句要写成:

```
if (a[mid] <= x)l = mid + 1;
    else r = mid;
```

注意,这个时候返回的 l 是最大编号加 1,如果需要求最大编号,则需要减 1。

如果到这里不是很理解边界问题,没关系,可以先放一边,也许在下一节介绍几个例子后就能理解了。需要注意的是,二分查找有很多种正确的写法,并不局限于该例题中给出的方式,比如后文会给出一种通过记录答案而不容易写错的二分写法。请读者都尝试理解与掌握。

由于每轮二分区间长度都要衰减一半,因此二分查找的复杂度是 $O(\log n)$,相比于直接枚举搜索的 $O(n)$ 有了很大的改进。

🖋 **例 13-2** *A–B* 数对(洛谷 P1102)。给出一个数列以及一个数字 *C*,要求计算出所有 *A–B=C* 的数对的个数(*A* 和 *B* 都取自这个数列。不同位置的数字一样的数对算不同的数对)。数字个数不超过 200000,数列值域和 *C* 的值域不超过 $2^{31}-1$。

分析:如果决定枚举 *A*,那么问题就变成了统计数列中 *B+C* 出现了多少次。把数列排序,那么 *B+C* 会对应这个数列的连续一段。只要能快速找到这个连续段的左端点和右端点,也就是 *B+C* 在有序数列中第一次出现和最后一次出现的位置,这道题目就可以迎刃而解。图 13-3 所示为 *n*=8 时的情况。

数组	0	1	2	3	4	5	6	7
原输入	7	3	4	3	3	3	7	4
排序后	3	3	3	3	4	4	7	7

图 13-3 *n*=8

仔细一看,现在的问题已经归纳成了一道二分查找题。读者可以通过模仿例 13-1 的代码来得到一个 $O(n\log n)$ 的算法。这里介绍一下 STL 中的 lower_bound( )和 upper_bound( )。需要用到的头文件是 algorithm,用法如下:

1) lower_bound(begin,end,val)：在值有序的数组连续地址[begin,end)中找到第一个位置并返回其地址，使得 val 插入在这个位置前面，整个数组仍然保持有序。

2) upper_bound(begin,end,val)：在值有序的数组连续地址[begin,end)中找到最后一个位置并返回其地址，使得 val 插入在这个位置前面，整个数组仍然保持有序。

假如排序后的数组名为 a。如果对"地址"的概念不是很了解，也可以认为其返回值减去数组名 a(其实等于 a[0])刚好等于所要找的元素的数组下标。例如：

```
lower_bound (a, a+n, 3) -a=0, lower_bound (a, a+n, 7) -a=6,
upper_bound (a, a+n, 3) -a=4, upper_bound (a, a+n, 7) -a=8
```

既然 lower_bound 能找到某数第一次出现的位置，upper_bound 能找到某数最后一次出现的位置(的后面)，那么这个数出现的次数就可以表示为 upper_bound(…)−lower_bound(…)，基于这个优雅的表达，给出如下代码：

```
#include <cstdio>
#include <algorithm>
#define maxn 200010
using namespace std;
typedef long long LL; // 把 long long 替换成 LL 以节约打字时间
LL a[maxn];
int n, c;
int main() {
    scanf("%d%d", &n, &c);
    for (int i = 0; i < n; i++)
        scanf("%lld", &a[i]);
    sort(a, a + n);
    LL tot = 0;
    for (int i = 0; i < n; i++)
        tot += upper_bound(a, a + n, a[i] + c) - lower_bound(a, a + n, a[i] + c);
    /* 其实可以注意到 lower_bound(a,a+n,a[i]+c+1) 和 upper_bound(a,a+n,a[i]+c) 是等价的 */
    printf("%lld", tot);
}
```

当然，这道题还有一种(排序后)$O(n)$的做法：同样是寻找 lower_bound 和 upper_bound 的位置，可以发现随着被查询的 a[i]+c 的增大，lower_bound 和 upper_bound 的位置也在变后，那么可以把这两个位置维护出来，即随着 a[i]+c 的增大而向后移动。因为这两个指针移动的次数不超过 n，所以这个算法是 $O(n)$ 的，代码如下：

```
#include <cstdio>
#include <algorithm>
#define maxn 200010
using namespace std;
```

```
typedef long long LL;
LL a[maxn];
int n, c;
int main() {
    scanf("%d%d", &n, &c);
    for (int i = 0; i < n; i++)
        scanf("%lld", &a[i]);
    sort(a, a + n);
    LL tot = 0;
    for (int i = 0, L = 0, R = 0; i < n; i++) {
        while ( L < n && a[L] < a[i] + c)
            L++;//L 相当于 lower_bound,第一个 a[L]>=a[i]+c 的位置
        while (R < n && a[R] <= a[i] + c)
            R++;//R 相当于 upper_bound,第一个 a[R]>a[i]+c 的位置
        tot += R - L;
    }
    printf("%lld", tot);
}
```

13.2 二分答案

二分思想不仅可以在有序序列中快速查询元素,还能高效率地解决一些具有单调性判定的问题。

回想一下二分查找:现给定一个升序数组 $a[n]$,想查找数字 k 在第几个。令"条件"为 $a[x]$ 大于或等于 k,要找到最小的 x 使得"条件"成立。假定答案在 $[L,R]$ 中,先检验区间中点 mid,如果"条件"不成立,这说明答案一定在 $[mid+1,R]$ 上,如图 13-4(a)所示;否则一定在 $[L,mid]$ 上,如图 13-4(b)所示。

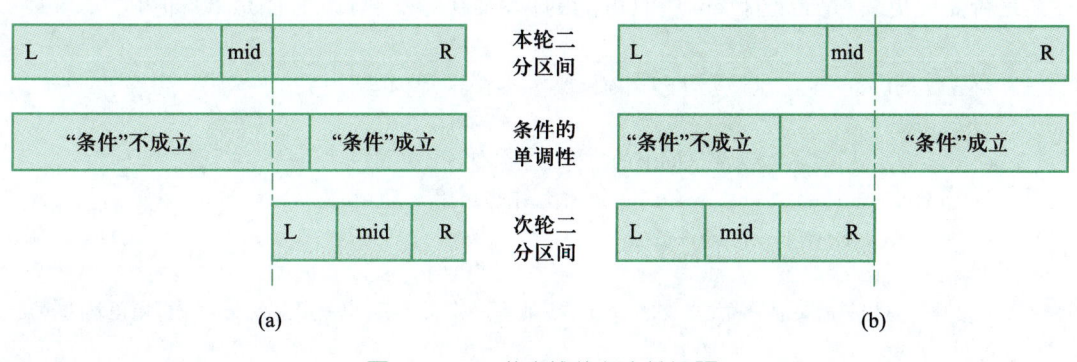

图 13-4 二分查找的判定性问题

这就是最基础的单调性判定问题。本节会讨论更多的单调性判定问题。

例 13-3 砍树(洛谷 P1873)。n 棵树高度分别为 $a_1, a_2, \cdots, a_n$,对于一个砍树高度 h,可以锯下并收集到每棵树上比 h 高的部分的木材(不高于 h 的部分保持不变),现在需要求最大的整

数高度 h，使得能够收集到长度为 m 的木材。其中 $n \leq 10^6$，树高不超过 10^9。

例如，有 5 棵树，需要收集到 20 单位的木材，每棵树的高度分别是 [4, 42, 40, 26, 46]，需要将锯子的高度调整为 36，这样可以分别锯下 [6, 4, 10] 高度的木材。如果锯子高度再高一点就不能满足要求了。

分析： 如果锯子非常低，可以收集到的木材会相当多，以至于超过需要的数量。随着砍树高度逐渐增大，获得的木材会逐渐减少。砍树高度增加到一定程度时，收集到的木材就会开始不够用。因此需要找到最大的 x，使得刚好满足需求；如果再高哪怕 1 米，都无法满足需求。这时 x 就是答案。

可以从 1 开始一米一米地往上面枚举，每次枚举高度都需要计算收集到的木材数量，如果 x 米时满足要求，但是 $x+1$ 米无法满足要求，输出 x。这种方法虽然答案是对的，但是复杂度是 $O(n \times h)$，效率很低，因此需要考虑更好的办法。

先来变换一下题目：令"条件"表示"当砍树高度为 x 时可以获取不少于 m 的木材"，那么就是要找最大的 x 使得"条件"成立。再来看一下这个"条件"是否具有单调性：当 x 超过某个数时，"条件"一定不成立，而不超过这个数时，"条件"一定成立。完全符合二分条件！

图 13-5 所示为锯子高度和收集木材数量之间的关系。

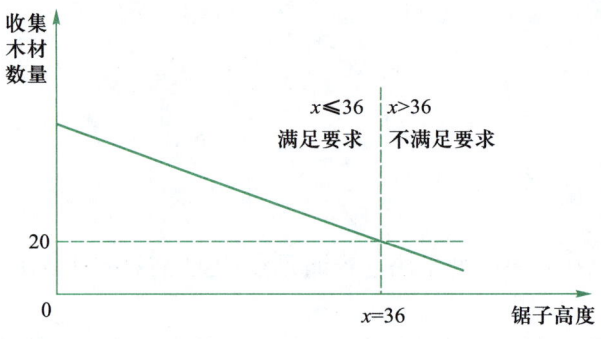

图 13-5 锯子高度和收集木材数量之间的关系[①]

结合一种定义在闭区间 [L, R] 上的另外一种二分写法，这里给出简易代码。如果对于之前提及的二分法加 1、减 1 问题还是不够理解，那么这种写法将会大大降低思维难度：只需要想清楚答案是否需要更新（是否记下 ans）和（可能的）答案在哪一侧（改 L 还是 R）即可。

```
int Find(int L, int R) {// 使用前确保答案在 [L,R] 内
    int ans;
    while (L <= R) {// 闭区间上的二分结束条件
        int mid = L + R >> 1; // 怕溢出也可用 L+(R-L)/2
        if (P(mid)) // 条件成立
            ans = mid, R = mid - 1;
        /* 这里只需要记录满足条件的 mid,最后循环一定会结束,也一定会在 ans 中保留正确的答案 */
        else
            L = mid + 1;//L 和 R 不用仔细考虑加 1、减 1,全都写上去
    }
    return ans;// 其实 ans=R-1,想一想为什么
}
```

---
① 实际上高度和数量的关系不一定是一条直线。

前面已经证明了"条件"的单调性,现在问题转化为:如何判断"条件"是否成立,即当砍树高度为 x 时能否获得不少于 M 的木材。这样只需要模拟题意计算统计即可。

```cpp
#include <cstdio>
using namespace std;
#define maxn 1000010
typedef long long LL;
LL a[maxn], n, m;
bool P(int h) { // 当砍树高度为 h 时,能否得到大于 m 的木材
    LL tot = 0;
    for (int i = 1; i <= n; i++)
        if (a[i] > h)
            tot += a[i] - h; // 按照题意模拟
    return tot >= m;
}
int main() {
    scanf("%lld%lld", &n, &m);
    for (int i = 1; i <= n; i++)
        scanf("%lld", &a[i]);
    int L = 0, R = 1e9, ans, mid;
    while (L <= R)
        if (P(mid = L + R >> 1)) // 一种压行技巧
            ans = mid, L = mid + 1;
// 如果 p(mid) 为真,mid 可以成为答案,真正的答案可能在 mid 右侧,左端点右移
        else
            R = mid - 1; // P(mid) 为假,答案在 mid 左侧,右端点左移
    printf("%d", ans);
}
```

当然,这里 R 的初始值也可以设为所有树中最大的高度(因为答案不可能会比最高的还高)。判断条件是否成立的算法复杂度是 $O(n)$,而二分答案本身的算法复杂度是 $O(\log A)$,其中 A 是指最高的高度,因此总复杂度是 $O(n \log A)$,完全可以在规定的时间内得到答案。

> 使用二分答案技巧的条件:
> 1) 命题可以被归纳为找到使得某命题 $P(x)$ 成立(或不成立)的最大(或最小)的 x。
> 2) 把 $P(x)$ 看作一个值为真或假的函数,那么它一定在某个分界线的一侧全为真,另一侧全为假。
> 3) 可以找到一个复杂度优秀的算法来检验 $P(x)$ 的真假。
>
> 通俗来讲,二分答案可以用来处理"最大的最小"或"最小的最大"问题。

例 13-4　进击的奶牛(P1824,USACO 未知年份比赛)。一个牛棚有 n 个隔间,它们分布在一条直线上,坐标是 $x_1, x_2, \cdots, x_n$。现在需要把 c 头牛安置某些隔间,使得所有牛中相邻两头的最近距离越大越好,求这个最大的最近距离。

例如,有 5 个隔间、3 头牛,隔间的坐标是[1,2,8,4,9]。可以将牛关在[1,4,9]这些隔间中,最近的距离是 3。如果要求所有牛之间距离大于 3,是办不到的。

分析:还是按照套路可以构造判断"条件":可以把 c 头牛全部安置进这些隔间使相邻两头牛距离不超过 x。于是先得检验单调性:可以看出,x 越小,就越可能把所有牛合法安置;当 x 比较大时,牛棚就不够安置了。于是不难想象,存在一个分界线 ans,x 大于 ans 时没有合法安置方案,x 小于或等于 ans 时,则一定存在合法安置方案。要找到这个 ans 作为答案。图 13-6 所示为间距条件成立的关系。

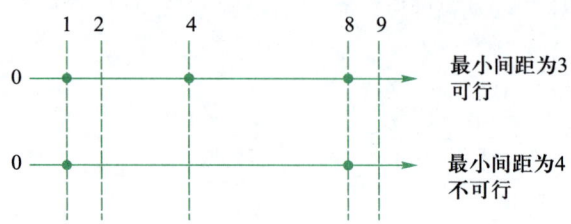

图 13-6 间距条件成立的关系

那么问题变为如何在优秀复杂度下检验"条件"的正确性。只有一个限制,即任意两个相邻安置点距离不能小于 x。于是可以大致感受到一种贪心算法:从最左端开始,每隔超过 x 的距离,能安置就安置,可以证明安置一定比不安置更优。最后只要看遍历所有点以后总共安置了多少头牛即可。代码如下:

```
#include <cstdio>
#include <algorithm>
using namespace std;
#define maxn 1000010
#define INF 1e9
int a[maxn], n, c;
bool P(int d) {
    int k = 0, last = -INF; // last 记录上一头牛的安置坐标
    for (int i = 1; i <= n; i++)
        if (a[i] - last >= d)  // 能安置就立刻安置
            last = a[i], k++;
    return k >= c;
}
int main() {
    scanf("%d%d", &n, &c);
    for (int i = 1; i <= n; i++)
        scanf("%d", &a[i]);
    sort(a + 1, a + 1 + n);
    int L = 0, R = INF, ans, mid;
    while (L <= R) // 进行二分
        if (P(mid = L + R >> 1))
            ans = mid, L = mid + 1;
        else
```

```
            R = mid - 1;
    printf("%d", ans);
}
```

例13-5 一元三次方程求解(洛谷 P1024,NOIP2001 提高组)。解方程 $ax^3+bx^2+cx+d=0$,保证有 3 个实数根,且都在[-100,100]上,还保证任意两根之差不小于 1。要求精确到小数点后 2 位。

分析:和二次方程一样,三次方程也有求根公式,但是求根公式相当复杂,而且中间步骤还涉及复变函数,超过了中学数学的范围,这里不讨论。

考虑使用二分的方法求解。引出零点存在性定理:对连续函数 $f(x)$ 若有 $f(a)f(b)<0(a<b)$,则 $f(x)=0$ 在区间 (a,b) 上至少存在一个解。这样就可以判断一个区间中是否存在解。

令"条件"为 $f(x)\geq 0$,显然在上述区间 (a,b) 上"条件"具有单调性:在根的一侧 $f(x)$ 都是负数,另一侧 $f(x)$ 都是正数。题目里说明了任意两根之差不小于 1,那么可以把[-100,100]等分成若干小段[$i,i+1$](这里左闭右开是为了防止端点处是零点导致得到重复解)。在每个小段中至多只有一个零点,这意味着这个区间上的"条件"具有单调性。

于是一个定义在实数区间上的二分呼之欲出:如果中点的函数值和某端点的正负性相同,那么零点一定在中点的另一侧(见图 13-7)。注意函数的单调性和"条件"的单调性无关。

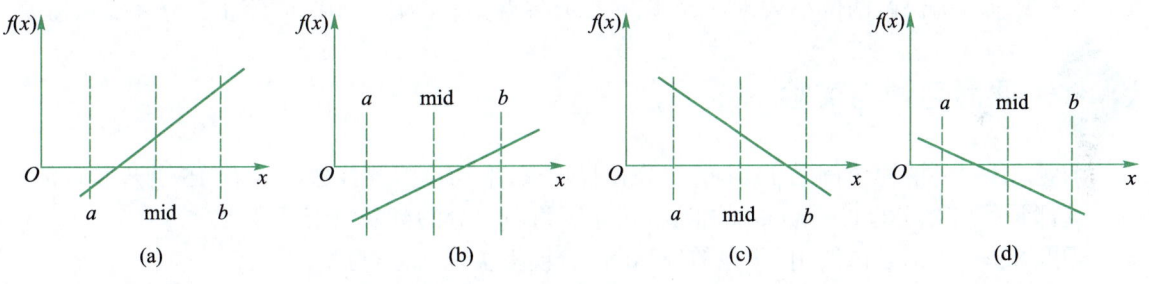

图 13-7　4 种求解的情况

因此,可以完成这样的程序。再次注意,实数之间不能直接比较是否相等,而是判断之间的差值是否小于 eps。

```
#include <cstdio>
#include <iostream>
#include <cmath>
using namespace std;
#define eps 1e-4
double A, B, C, D;
double f(double x) {
    return A * x * x * x + B * x * x  + C * x + D;
}
int main() {
    cin >> A >> B >> C >> D;
    for (int i = -100; i <= 100; i++) {
```

```
        double L = i, R = i + 1, mid; // 这里只处理区间[L,R]上的根
        if (fabs(f(L)) < eps)// 如果L是根,可以直接输出
            printf("%.2lf ", L);
        else if (fabs(f(R)) < eps)// 如果R是根,跳过
            continue;
        else if (f(L) * f(R) < 0) {// 在(L,R)上有根,执行二分
            while (R - L > eps) {
                mid = (L + R) / 2;
                if (f(mid) * f(R) > 0)
                    R = mid;// 如果f(mid)和f(R)正负性相同,那么零点在mid左侧
                else
                    L = mid;// 否则在另一侧
            }
            printf("%.2lf ", L);
        }
    }
}
```

二分的次数和精度有关,但是考虑每次二分的区间都可以减小一半,缩减的速度还是很快的,因此也是对数级别。与整数区间二分有一点微妙的区别,实数区间上的二分需要确认好精度。题目要求输出保留两位小数,那么可以在二分端点相差不超过 10^{-4} 时停止二分来确保精度。

13.3 课后习题与实验

习题 13-1 请模仿例题 13-1 的二分查找步骤,手动模拟寻找数字 6 和 15 的步骤。需要每一轮都要写出对应的 l、r 和 mid 的值,并记录下每轮二分的判断决策是什么。

习题 13-2 请尝试使用"记录答案"的二分模板实现二分查找。

习题 13-3 烦恼的高考志愿(洛谷 P1678)。现有 $m(m \leq 100000)$ 所学校,每所学校预计录取分数线是 $a_i(a_i \leq 10^6)$。有 $n(n \leq 100000)$ 位学生,估分分别为 $b_i(b_i \leq 10^6)$。根据预计分数线和学生的估分情况,分别给每位学生推荐一所学校,要求学校的预计录取分数线和学生的估分相差最小(可高可低,毕竟是估分嘛),这个最小值为不满意度。求所有学生不满意度和的最小值。

例如,学校预计录取分数线是[513,598,567,689],学生的估分是[500,600,550],分别给他们推荐分数线为[513,598,567]的学校,不满意度分别为[13,2,17],其和为32。没有更好的推荐方案。

习题 13-4 跳石头[1](P2678,NOIP2015 提高组)。"跳石头"比赛将在一条笔直的河道中进行,河道中分布着一些巨大岩石,其中两块岩石作为比赛起点和终点,终点距离起点为 $L(L \leq 10^9)$。在起点和终点之间,有 $N(N \leq 50000)$ 块岩石(不含起点和终点),距离起点的距离为 $D_i(0 < D_i < L)$。选手们将从起点出发,每一步跳向相邻的岩石,直至到达终点。

为了提高比赛难度,计划移走一些岩石,使得选手们在比赛过程中的最短跳跃距离尽可能长。至多从起点和终点之间移走 M 块岩石(不能移走起点和终点的岩石)。求最短跳跃距离的最大值。

---

[1] 本题最早出处不可考,之前的 USACO 也有出过一样模型的题目,可见多刷题是真的有可能碰上原题的。

习题 13-5 木材加工(洛谷 P2440)。木材厂有一些原木,现在想把这些木头切割成一些长度相同的小段木头(木头有可能有剩余),需要得到的小段的数目是给定的。当然,这里希望得到的小段木头越长越好,任务就是计算能够得到的小段木头的最大长度。原木的长度都是正整数,要求切割得到的小段木头的长度也是正整数。例如有两根原木长度分别为 11 和 21,要求切割成到等长的 6 段,很明显能切割出来的小段木头长度最长为 5。

习题 13-6 路标设置(洛谷 P3853,天津市队选拔 2007)。B 市和 T 市之间有一条 $L(L \leq 10^7)$ 公里的高速公路,这条公路的 $N(N \leq 100000)$ 个点上设有路标。把公路上相邻路标的最大距离定义为该公路的 "空旷指数"。现在政府决定在公路的整数公里点上增设 $K(K \leq 100000)$ 个路标,使得公路的 "空旷指数" 最小。因此需要设计一个程序计算能达到的最小值是多少。请注意,公路的起点和终点保证已设有路标,公路的长度为整数,并且原有路标和新设路标都必须距起点整数个单位距离。

习题 13-7 数列分段 – Section II(洛谷 P1182)。对于给定的一个长度为 $N(N \leq 100000)$ 的正整数数列 $A_i(A_i \leq 10^9)$,现要将其分成 $M(M \leq N)$ 段,并要求每段连续,且每段和的最大值最小。例如,一数列[4,2,4,5,1]要分成 3 段,将其分成[4,2][4,5][1]时,第一段和为 6,第 2 段和为 9,第 3 段和为 1,和最大值为 9;将其分成[4][2,4][5,1]时,第一段和为 4,第 2 段和为 6,第 3 段和为 6,和最大值为 6;无论如何分段,最大值不会小于 6。求每段和最大值最小为多少。

习题 13-8 银行贷款(洛谷 P1163)。当一个人从银行贷款后,在一段时间内这人将不得不每月偿还固定的分期付款。已知贷款的本金 P,每月支付的分期付款金额 A,分期付款还清贷款所需的总月数 M。这个问题要求计算出贷款者向银行支付的月利率 ans,按百分比输出。

提示: $\sum_{i=1}^{M} A \times \left(\dfrac{1}{1+\text{ans}}\right)^i = P$,而且月利息最高可高至 500%。

习题 13-9 (选做)小鸟的设备(洛谷 P3743)。小鸟有 $n(n \leq 100000)$ 个可同时使用的设备,第 i 个设备平均每秒均匀消耗 $a_i(a_i \leq 10^5)$ 个单位能量(每时每刻都在消耗,并不是每一秒钟一下子扣除 a_i 能量)。在开始的时候第 i 个设备里存储着 $b_i(b_i \leq 10^6)$ 个单位能量。同时小鸟又有一个可以给任意一个设备充电的充电宝,平均每秒可以给接通的设备充能 $p(p \leq 10^5)$ 个单位,充能也是连续的。可以在任意时间给任意一个设备充能,从一个设备切换到另一个设备的时间忽略不计。小鸟想把这些设备一起使用,直到其中有设备能量降为 0。所以小鸟想知道,在充电器的作用下,最多能将这些设备一起使用多久(至少精确到 6 位小数)。

第 14 章 搜索

在之前的章节介绍了暴力枚举策略,将所有可能的情况都枚举一遍以获得最优解,但是枚举全部元素的效率如同愚公移山,无法应付数据范围稍大的情形。本章将在暴力枚举的基础上介绍搜索算法,包括深度优先搜索和广度优先搜索,从起点开始,逐渐扩大寻找范围,直到找到需要的答案为止。

严格来说,搜索算法也算是一种暴力枚举策略,但是其算法特性决定了效率比直接的枚举所有答案要高,因为搜索可以跳过一些无效状态,降低问题规模。在算法竞赛中,如果选手无法找到一种高效求解的方法(如贪心、递推、动态规划、公式推导等),使用搜索也可以解决一些规模较小的情况;而有的任务就是必须使用搜索来完成,因此这是相当重要的策略。图 14-1 所示为本章思维导图。

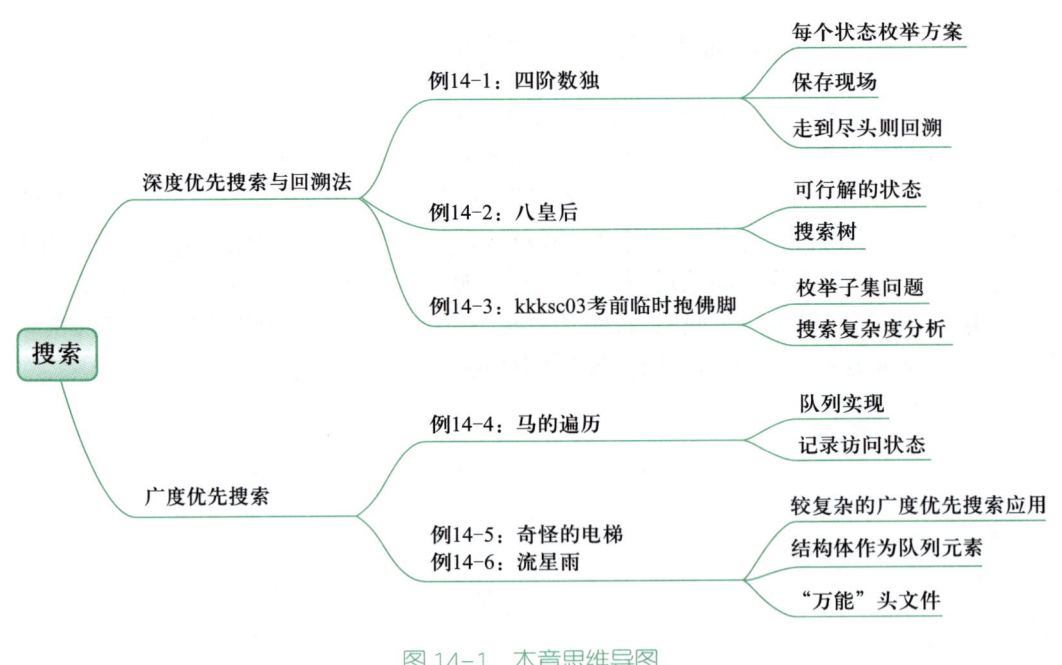

图 14-1 本章思维导图

14.1 深度优先搜索与回溯法

有些题目,无法用简单的循环表示所有枚举情况,需要寻找更加一般化的枚举框架;有些题目,本质上是子集枚举或是排列枚举,但是枚举量过大,需要剪掉过多的无效状态……深度优先搜索应运而生。

例 14-1 四阶数独。数独是一种著名的益智游戏。这里讨论的是一种简化过的数独——四阶数独。给出一个 4×4 的格子,每个格子只能填写 1 到 4 的整数,要求每行、每列和四等分更小的正方形部分都刚好由 1 到 4 组成。图 14-2 所示是一个合法的四阶数独的例子。

给出空白的方格,请问:一共有多少种合法的填写方法?

分析: 最朴素的枚举方式是,一共有 16 个选项,每个空格可以填 1 到 4,所以考虑使用 16 层 for 循环。一共有 4^{16} 大约是 42 亿种情况。显然这种方式非常低效,不可行。

2	4	1	3
1	3	2	4
4	2	3	1
3	1	4	2

图 14-2 四阶数独的一个例子

解法 1: 之前的章节讨论过枚举序列。既然每一行都是 1 到 4,假设各行都是独立的,分别枚举 4 个 1 到 4 的全排列,组成一个 4×4 的矩阵,然后判断这个矩阵是否符合数独的要求。可以使用类似计数排序的思路判断是否符合要求,也就是记录第 i 行是否有 1、2、3、4,如果每个数字刚好都有一个,则说明这一行符合要求;列和小块也是一样的道理。最多可能有 $(4 \times 3 \times 2 \times 1)^4 =$ 331776 种情况,完全可以在一秒钟内运行出结果,请读者尝试自己实现代码。

解法 2: 解法 1 还是有一些浪费:如果第一行是 [1,2,3,4],第二行第一列是 1,后面不管怎么填写,都不符合要求,但是还是继续进行无谓的枚举然后判断。显然,这种方法不适用于传统的 9 阶数独(需要枚举天文数字)。希望在枚举序列的时候,一旦发现某位数字不符合要求,就立刻中断这种情况的枚举,赶快枚举下一种情况。这样可在很大程度上节约程序的运行时间。

传统枚举中需要固定 for 循环的层数,但是这会造成程序非常冗长,而且不能随意增减枚举层数。本章将介绍一种新的利用函数递归枚举的方式,枚举每一个填空中所有可能的选项,然后判断这种选项是否合法。如果这个选项合法的话就填写下一个选项,然后继续;如果这个填空中所有的选项都不合法,那就不用继续枚举下去了,而是去尝试更换上一个填空的选项,继续枚举。这种方式称为**回溯算法**,常使用**深度优先搜索**来实现。

回溯算法的一般形式如下:

```
void dfs(int k) {  // k代表递归层数,或者说要填第几个空
    if (所有空已经填完了) {
        判断最优解 / 记录答案;
        return;
    }
    for (枚举这个空能填的选项)
        if (这个选项是合法的) {
            记录下这个空(保存现场);
            dfs(k + 1);
            取消这个空(恢复现场);
        }
}
```

可以得到完整的程序如下:

```cpp
#include <cstdio>
#include <iostream>
using namespace std;
#define size 5
int a[size * size], n = 4 * 4, ans = 0;
int b1[size][5], b2[size][5], b3[size][5]; // 分别记录横行,竖行,四小块
void dfs(int x) { // 第 x 个空填什么
    if (x > n) { // 如果所有空已经填满
        ans++; // 增加结果数量
        /* 以输出放置方案
            for (int i = 1; i <= n; i++) {
                printf("%d ", a[i]);
                if (i % 4 == 0) puts("");
            }
            puts("");
        */
        return;
    }
    int row = (x - 1) / 4 + 1; // 横行编号
    int col = (x - 1) % 4 + 1; // 竖排编号
    int block = (row - 1) / 2 * 2 + (col - 1) / 2 + 1; // 小块编号
    for (int i = 1; i <= 4; i++)
        if (b1[row][i] == 0 && b2[col][i] == 0 && b3[block][i] == 0) {
            a[x] = i; // 记录放置位置
            b1[row][i] = 1; b2[col][i] = 1; b3[block][i] = 1; // 占位
            dfs(x + 1); // 下一层递归
            b1[row][i] = 0; b2[col][i] = 0; b3[block][i] = 0; // 取消占位
        }
}
int main() {
    dfs(1);
    printf("%d", ans);
    return 0;
}
```

如何保证放置的位置合法呢？需要数组 b1、b2、b3 来记录横行、竖行、四小块中每个数字 i 是否被占用。如果都没有被占用,说明可以填入。把这些空格进行编号为 1 到 16,如图 14-3(a), 同时它们占的行号、列号和小块编号都可以计算出来,如图 14-3(b)、(c)、(d) 所示。请读者自行证明。

如果感觉不太能理解搜索具体的步骤,没有关系,接下来详细介绍搜索回溯的详细步骤 (图 14-4)。

1) 进入第 1 层 dfs 函数,k=1。要枚举第 1 个格子的数字,先从 1 开始。这里填 1 没有问题,就把 1 记录下来,同时需要记录第 1 行、第 1 列、第 1 小块 "1" 已经被填写过了,继续递归 dfs(2)。

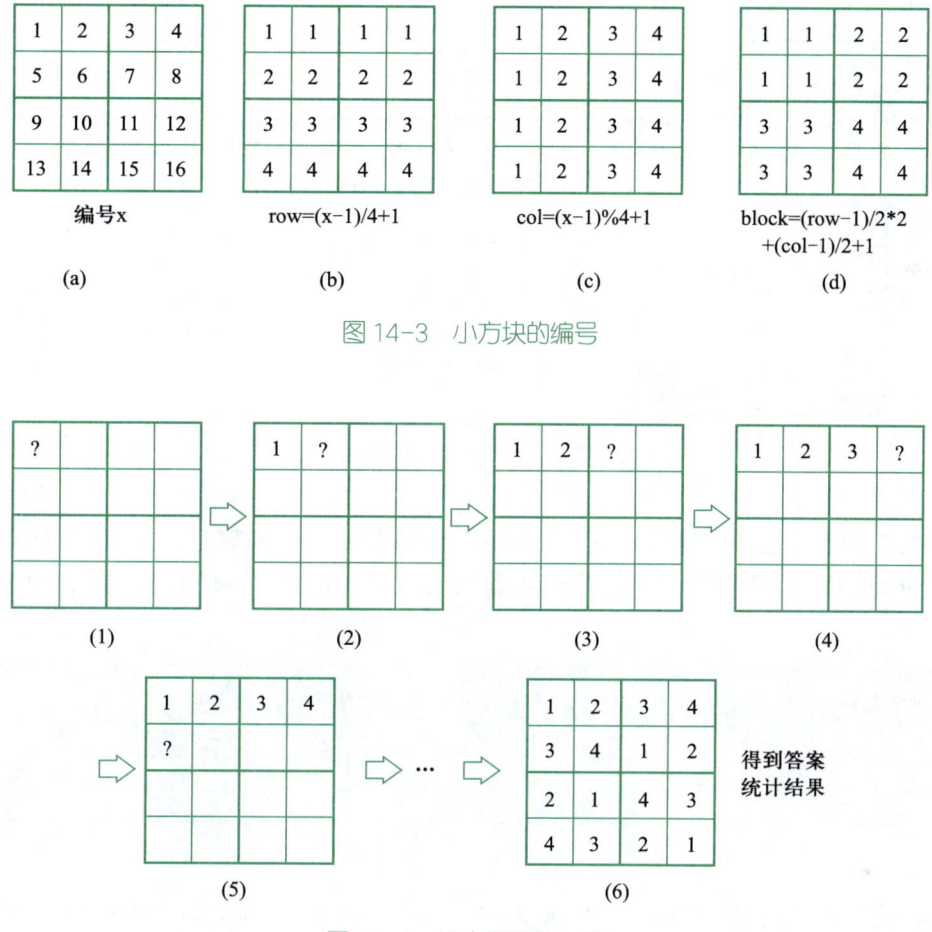

图 14-3　小方块的编号

图 14-4　搜索回溯的步骤

2）进入第 2 层 dfs 函数，k=2。要枚举第 2 个格子的数字，先从 1 开始，发现第一行已经有 1 了，不行；于是尝试填入 2，没问题，就记录 2，同时记录第 1 行、第 2 列、第 1 小块"2"已经填写过了，继续递归 dfs(3)。

3）进入第 3 层 dfs 函数，k=3。要枚举第 3 个格子的数字。填写 1 和 2 是不行的，但是可以填写 3。同时记录下第 1 行、第 3 列、第 2 小块"3"已经填写过了，继续递归 dfs(4)。

4）进入第 4 层 dfs 函数，k=4。要枚举第 4 个格子的数字。这里只能填写 4 了，然后记录下来，继续递归 dfs(5)。

5）进入第 5 层 dfs 函数，k=5。要枚举第 5 个格子的数字。1 不行（第一列重复），2 也不行（第一小块重复），填写 3，同时记录第 2 行、第 1 列、第 1 小块"3"已经填写过了，继续递归 dfs(6)。

6）一直到 dfs(16) 填写完最后一个数字"1"后，继续递归 dfs(17)。发现 k=17 意味着所有格子已经填写完毕，得到了一个合法的解，因此记录答案，然后返回上一层，也就是在 dfs(16) 中继续枚举 2、3、4……如果没有可行解，就再返回上一层 dfs(15)，继续往后枚举。

如果在运行到某一层的时候所有选项都不是合法的，那么自然是不能继续往下面递归的。遇到这种情况，就返回到上一层，然后继续枚举。如图 14-5 所示，在 dfs(11) 中所有选项均不合法，就回退到 dfs(10)。原来的 dfs(10) 中 i=1，于是就继续枚举剩余的选项，比如 i=2（不合法），i=3（合法），然后继续前进到 dfs(11)。

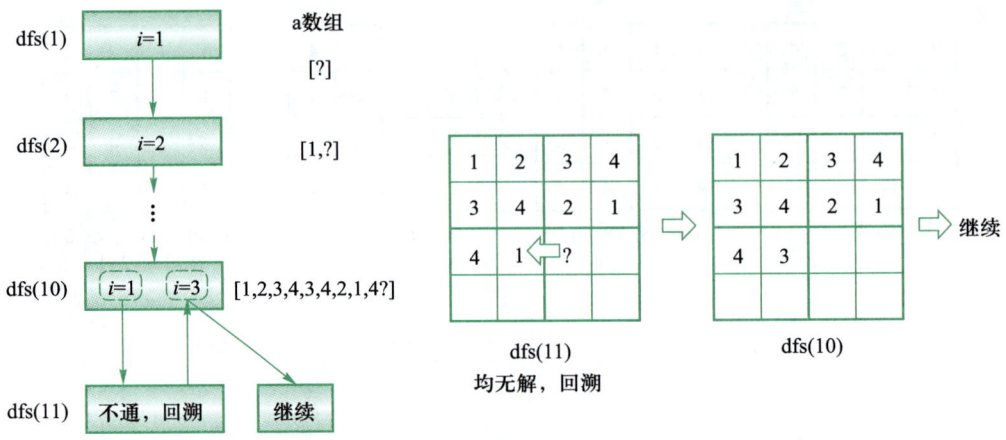

图 14-5 回溯与栈空间

为什么返回上一层还能继续枚举呢？这是因为计算机运行函数时，为每一个子函数都分配了一片**栈空间**，专门用于存储每一层递归函数的信息，当然就包括每层函数的各个局部变量的值了。

> 遇到了需要枚举排序的时候，搜索回溯会很好用。不需要生成所有的序列全排列，而是一个一个地填空，保证填空的时候序列是合法的，这样就可以不用枚举很多无效序列，节约程序运行时间。

例 14-2 八皇后（洛谷 P1219, USACO Training）。在 $n \times n$ 的国际象棋棋盘上放置 n 个皇后使得她们互不攻击。皇后的攻击范围是同一行、同一列、在同斜线上的其他棋子。n 不超过 13，求方案数，并输出前 3 种放法。

分析：本题也是非常经典的搜索回溯例题。考虑到每一行只能放一个，且所有行放在第几列都是不相同，所以可以对 n 进行枚举全排列（这样就能保证皇后不会攻击到同一行、同一列的其他皇后），然后判断是否有两个皇后在同一斜线上。这种方法比较低效，可以考虑使用搜索回溯算法进行优化。

假设 $n=4$，那么求解可以认为是将 1、2、3、4 填入 4 个空中，代表每一行第几列有一个棋子。填空的时候保证填入的棋子不会和之前的棋子冲突。和上一例类似，写出如下代码：

```
#include <cstdio>
using namespace std;
#define maxn 100
int a[maxn], n, ans = 0;
int b1[maxn], b2[maxn], b3[maxn]; // 分别记录y,x+y,x-y+15是否被占用
void dfs(int x) { // 第x行的皇后放哪儿
    if (x > n) { // 如果所有皇后已经放置
        ans++; // 增加结果数量
        if (ans <= 3) { // 输出前三种答案
            for (int i = 1; i <= n; i++)
```

```
                printf("%d ", a[i]);
            puts("");
        }
        return;
    }
    for (int i = 1; i <= n; i++)
        if (b1[i] == 0 && b2[x + i] == 0 && b3[x - i + 15] == 0) {
            a[x] = i;  // 记录放置位置
            b1[i] = 1; b2[x + i] = 1; b3[x - i + 15] = 1;  // 占位
            dfs(x + 1);  // 下一层递归
            b1[i] = 0; b2[x + i] = 0; b3[x - i + 15] = 0;  // 取消占位
        }
}
int main() {
    scanf("%d", &n);
    dfs(1);
    printf("%d", ans);
    return 0;
}
```

因为分行枚举棋子位数，所以每行不会冲突。在这里使用 b1 数组，记录下 b1[i] 说明第 i 列已经被占。那如何记录某一个斜排被占呢？可以发现，对于同一个斜行上的所有坐标点 (x,y) 中，$x+y$ 或者 $x-y$ 是定值，如图 14-6 所示。因此设立 b2 和 b3 数组，b2[i] 用来记录和 $x+y=i$ 的斜线是否被占用，b3[i] 用来记录 $x-y+15=i$ 的斜线是否被占用（$x-y$ 可能小于 0，普通的数组不能负下标，因此加上 15 的偏移量保证数组下标非负）。如果打算填写的位置被占了（竖排、斜排），就不能填写在这个位置了。

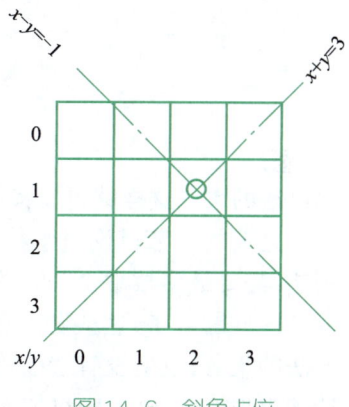

图 14-6　斜角占位

这个例子的状态比较少，可以把所有的状态流程都画出来，如图 14-7 所示。这样的树形结构称为解答树。从这个解答树可以看出，只枚举了 16 种状态，末端结点更是只有 6 种，相比于直接枚举全排列（4!=24），有了很大的改进。从图中可以看出，深度优先搜索是"不撞南墙不回头"，除非碰到了无解状态，就会往一个方向搜索。只有搜索到头了（无解或者找到解）才会返回之前的状态。

例 14-3 kkksc03 考前临时抱佛脚（洛谷 P2392）。有 4 个科目的作业，每个科目有不超过 20 题，解决每道题都需要一定的时间。kkksc03 可以同时处理同一科目的两道不同的题，求他完成所有题目所需要的时间。

分析：由于 kkksc03 只能一科一科地完成作业，所以这四个科目相对独立，可以仅考虑一个科目的情况。对于一个科目的题目来说，需要分成两组，当这两组分别的耗时总和最为接近时，完成这一科的耗时最小（否则，kkksc03 的大脑一边是闲置的，造成浪费）。因此，只需要从这些题目中取其中一部分作为一个子集，使这些题目总耗时不超过这个科目的总耗时的一半，但是

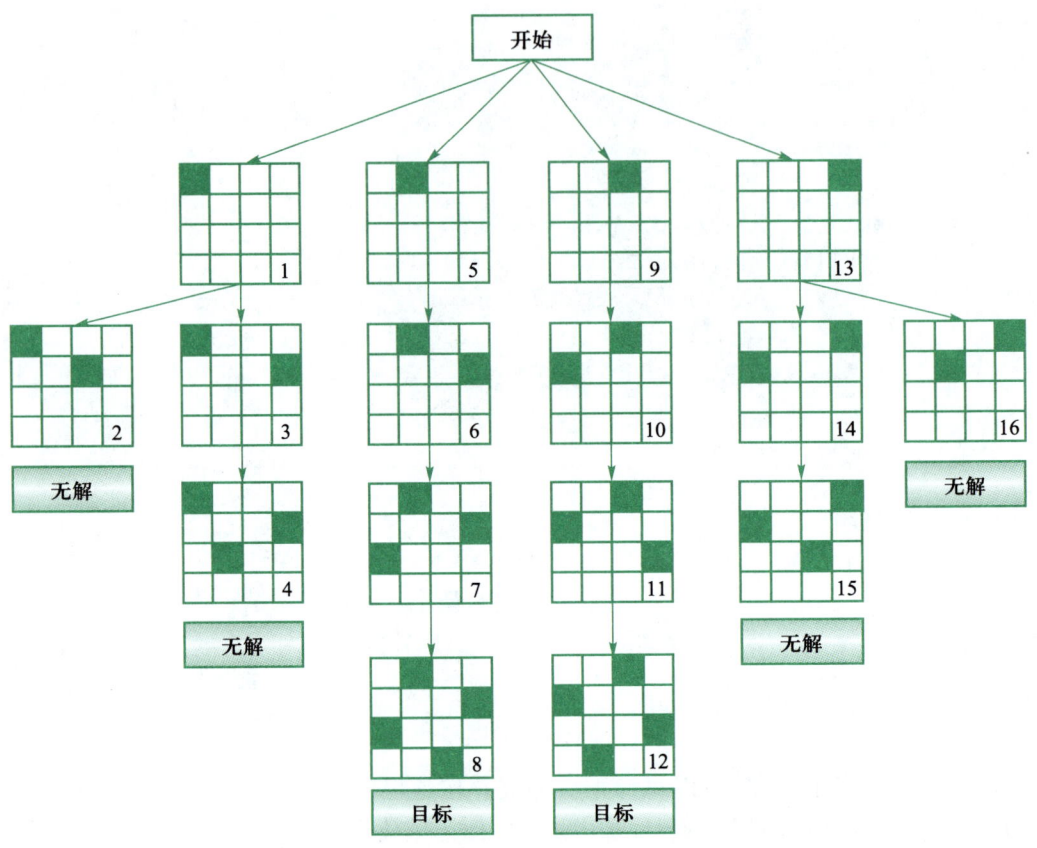

图 14-7 完整的解答树，右下角的数字代表遍历顺序

尽可能的大。这样就可以将这个科目的题目分为尽可能均等的两部分了。

之前的章节讨论过了枚举子集——每个题目放入或者不放入子集中。使用介绍过的二进制法，需要最多枚举 2^{20} 次，大约是 100 万次，虽然不是不可接受，但是仍然有不少浪费：已经选择了一些题目了，这些题目耗时超过了所有题目总耗时的一半，那这些题目的集合就不是一个合法的集合，也就没有继续枚举加入其他题目的必要了。这里还是使用搜索回溯算法——只是选项更加简单，这个题目加入还是不加入子集中，代码如下：

```cpp
#include <iostream>
#include <algorithm>
using namespace std;
int nowtime, maxtime, sum; // 子集中的时间和、最大合法时间和、该课作业总时长
int ans, maxdeep; // 答案，最深递归层数限制（作业数量）
int s[4], a[21]; // 每科作业数量，每个作业的耗时
void dfs(int x){
    if(x > maxdeep){ // 所有作业枚举完毕，达到了最大递归层数
        maxtime = max(maxtime, nowtime); // 如果解更优，更新答案。
        return;
    }
    if(nowtime + a[x] <= sum / 2){ // 如果放入这个作业是合法的，选择它
```

```
            nowtime += a[x]; // 增加子集中这道题目的时间
            dfs(x + 1); // 下一层递归
            nowtime -= a[x]; // 去除掉子集中这道题目的时间
        }
        dfs(x + 1); // 不选这个题目，直接进行下一层递归
    }
    int main(){
        cin >> s[0] >> s[1] >> s[2] >> s[3];
        for (int i = 0; i < 4; i++){ // 四种科目
            nowtime = 0;
            maxdeep = s[i];
            sum = 0; // 别忘了每次换科目都要初始化
            for(int j = 1; j <= s[i]; j++){
                cin >> a[j];
                sum += a[j]; // 记录这科作业总耗时
            }
            maxtime = 0;
            dfs(1); // 开始枚举第一个题目
            ans += (sum - maxtime); // 加上答案
        }
        cout << ans;
        return 0;
    }
```

在这个递归程序中，虽然没有 for 循环枚举"所有能填的空"，但依然有两种决策——取这个题目或者不取。取之前需要判断加入这个题目后会不会导致子集耗时超过总耗时的一半，如果没有超过就增加 maxtime 的值然后进行下一层枚举。当然也可以不加入到子集中，直接进行下一层枚举。如果不需要输出具体要选择那些题目，甚至不需要建立一个数组来储存选择了哪些题目。

> 对于一些枚举或者枚举子集的问题，可以使用搜索回溯来解决。但如果需要枚举的元素比较多(超过几十个)，即使是搜索回溯也相当慢。可以使用动态规划的背包问题模型更高效地解决本题。

14.2 广度优先搜索

深度优先搜索会优先考虑搜索的深度。形象点说，就是不找到一个答案不回头。当答案在整棵解答树中比较稀疏时，深度优先搜索可能会先陷入过深的情况，一时半儿找不到解。有时候需要解决连通性、最短路问题时，可以考虑使用广度优先搜索。

例 14-4 马的遍历(洛谷 P1443)。有一个 $n \times m$ 的棋盘($1 < n, m \leq 400$)，在某个点上有一个马，要求计算出马到达棋盘上任意一个点最少要走几步。

分析：这里即将介绍的**广度优先搜索**，会优先考虑每种状态的和初始状态的距离，形象点说，与初始状态越接近的情况就会越先考虑。再具体一点：每个时刻(阶段)要做的事情就是从上个时刻(阶段)每个状态扩展出新的状态。

广度优先搜索使用队列[①]实现：先将初始状态加入到空的队列中，然后每次取出队首，找出队首所能转移到的状态，再将其压入队列；如此反复，直到队列为空。这样就能保证一个状态在被访问的时候一定是采用的最短路径。

广度优先搜索的一般形式如下：

```
Q.push(初始状态); // 将初始状态入队
while (!Q.empty()) {
    State u = Q.front(); // 取出队首
    Q.pop();// 出队
    for (枚举所有可扩展状态) // 找到u的所有可达状态v
        if (是合法的) // v需要满足某些条件,如未访问过、未在队内等
            Q.push(v); // 入队(同时可能需要维护某些必要信息)
}
```

就本题而言，先建立一个结构体数组用于存储扩展的结点。先让起点入队，然后在队列取状态逐个扩展。容易被证明每个点被扩展到时一定是最少步数。又因为每个点只被扩展了一次，所以复杂度是 $O(mn)$。代码如下：

```cpp
#include <iostream>
#include <cstdio>
#include <queue>
#include <cstring>
using namespace std;
#define maxn 410
struct coord { //一个结构体存储x,y两个坐标
    int x, y;
};
queue<coord> Q;// 队列
int ans[maxn][maxn];// 记录答案,-1 表示未访问
int walk[8][2] = {{2, 1}, {1, 2}, {-1, 2}, {-2, 1},
    {-2, -1}, {-1, -2}, {1, -2}, {2, -1}
};// 马能走的8个方向
int main() {
    int n, m, sx, sy;
    memset(ans, -1, sizeof(ans));
    cin >> n >> m >> sx >> sy;
    coord tmp = {sx, sy};
    Q.push(tmp);// 使起点入队扩展
    ans[sx][sy] = 0;
```

[①] 如果不知道什么是队列，请参阅本书"线性表 – 队列"章节

```
while (!Q.empty()) { // 循环直到队列为空
    coord u = Q.front();// 拿出队首以扩展
    int ux = u.x, uy = u.y;
    Q.pop();
    for (int k = 0; k < 8; k++) {
        int x = ux + walk[k][0], y = uy + walk[k][1];
        int d = ans[ux][uy];
        if (x < 1 || x > n || y < 1 || y > m || ans[x][y] != -1)
            continue;// 若坐标超过地图范围或者该点已被访问过则无需入队
        ans[x][y] = d + 1;// 记录答案,是上一个点多走一步的结果。
        coord tmp = {x, y};
        Q.push(tmp);
    }
}
for (int i = 1; i <= n; i++, puts(""))
    for (int j = 1; j <= m; j++)
        printf("%-5d", ans[i][j]);// 场宽输出
return 0;
}
```

当输入是 4 4 1 1 时,扩展方向如图 14-8(a),队列如图 14-8(b)所示。图 14-8 只展示了部分步骤。

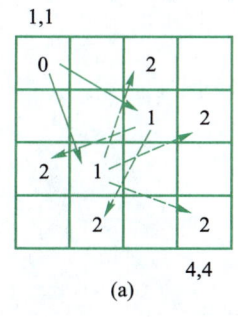
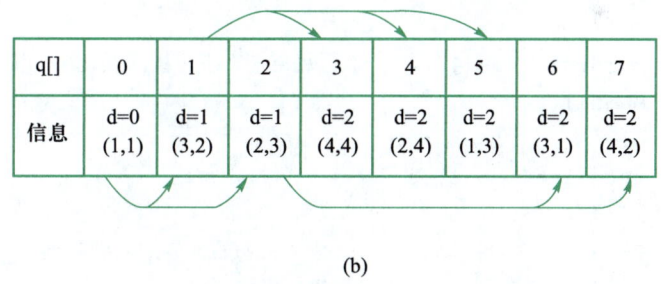

图 14-8 广度优先搜索的步骤

广度优先搜索的步骤如下:

1) 队列最开始是空。将起始结点(1,1)加入到队列中。

2) 取出队首元素,得到队首元素是(1,1),枚举 8 个方向的偏差值,加入到队首元素的坐标,发现(3,2)和(2,3)没有超出地图范围,也没有访问过。于是将其加入到队列中末尾,同时更新步数答案。

3) 取出队首元素,得到队首元素是(3,2),枚举 8 个方向的偏差值,加入到队首元素的坐标,发现(4,4)、(2,4)和(1,3)没有超出地图范围,也没有访问过。于是将其加入到队列末尾,同时更新步数答案。

4) 取出队首元素,得到队首元素是(2,3),枚举 8 个方向的偏差值,加入到队首元素的坐标,发现(3,1)和(4,2)没有超出地图范围,也没有访问过。于是将其加入到队列末尾,同时更新步数答案。

5) 使用同样的方式,取出队首元素,枚举 8 个方向,将合法的可扩展的点加入到队列末尾,更新步数答案。(扩展之后的点没有在上图中体现出来)

6) 直到队列为空,结束流程。

例 14-5 奇怪的电梯(洛谷 P1135)。有一个 $N(N \leq 200)$ 层大楼,里面有一部奇怪的电梯。大楼的每一层楼都可以停电梯,而且第 $i(1 \leq i \leq N)$ 层楼上有一个数字 $K_i(0 \leq K_i \leq N)$。电梯只有"上"和"下"两个按钮,上下的层数等于当前楼层上的那个数字。当然,如果不能满足要求,相应的按钮就会失灵。

例如:k =［3,1,2,2,2,4,1］时,在 1 楼,按"上"可以到 4 楼,按"下"不起作用,因为没有 –2 楼;而在 2 楼,按"上"可达 3 楼,按"下"到 1 楼。那么,从 A 楼到 B 楼至少要按几次按钮呢?(1—4—2—3—5—7,一共 5 次)。

分析:思路其实很简单:从起点开始,往上或者往下扩展,可以到达"按 1 次按钮的地方"。这些"按 1 次按钮的地方"再分别往上或往下扩展(前提是在大厦范围内,且没有访问过),就可以到达"按 2 次按钮的地方"。刚好可以使用广度优先搜索解决这个问题,代码如下:

```
#include <iostream>
#include <queue>
using namespace std;
struct node {
    int floor, d;   //队列中记录的层数和按钮次数
};
queue<node> Q;  // 广度优先搜索的队列
int n, a, b;
int k[1000], vis[1000];  // 每层楼上下可以跳跃几层,以及是否访问过
int main() {
    cin >> n >> a >> b;
    for (int i = 1; i <= n; i++)
        cin >> k[i];
    Q.push((node){a, 0});    // 将初始元素加入到队列
    vis[a] = 1;   //记录初始楼层已访问过
    node now;
    while (!Q.empty()) {
        now = Q.front();
        Q.pop();
        if (now.floor == b) break;   // 找到目标解
        for (int sign = -1; sign <= 1; sign += 2) { // sign枚举-1 和 1
            int dist = now.floor + k[now.floor] * sign;   /* 目标楼层,sign 为 1 是上 */
            if (dist >= 1 && dist <= n && vis[dist]==0) {
                // 如果按按钮能到达的楼层有效并且未访问过该楼层
                Q.push((node){dist, now.d + 1});
                vis[dist] = 1;   // 该楼层为已访问过
            }
        }
    }
}
```

```
        if (now.floor == b) // 找到目标解
            cout << now.d << endl;
        else // 无法到达
            cout << -1 << endl;
        return 0;
}
```

这个例子各个楼层关系如图14-9(a)所示,扩展结点的时候就是按照这样的方向和流程。广度优先搜索解答树也是可以画出来的,如图14-9(b)所示。可以发现,广度优先搜索从起点开始,依次扩展。先枚举完所有近处的结点,然后再依次扩展比较远的结点,而不是如同深度优先搜索一样一直往前走。基于这个特性,广度优先搜索可以找到步骤最少、距离最近的解,代价是必须使用队列来存储所有的结点信息,占用比较多的内存空间。

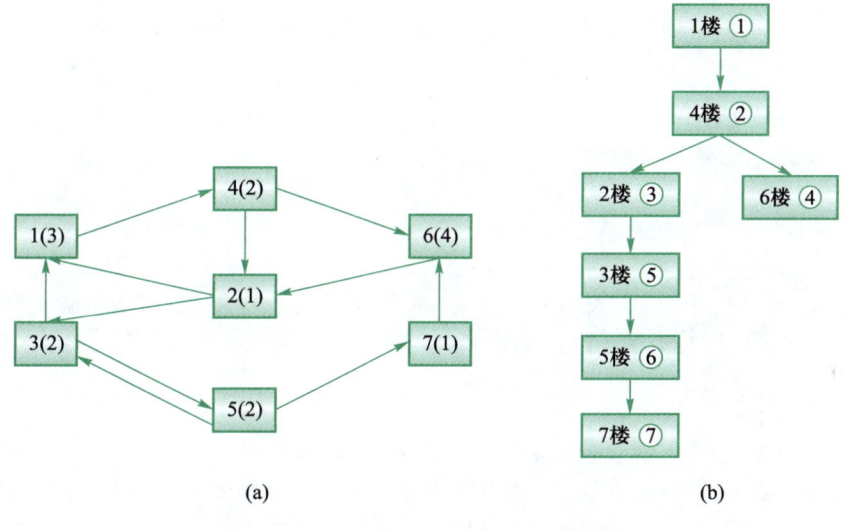

图14-9 楼层的关系图和解答树

对于同一个模型,无论使用深度优先搜索还是广度优先搜索,其解答树是一样的,只是搜索顺序不一样。这里给出一个直观地比较两种搜索解答树和搜索顺序的例子,如图14-10所示。

> 同样是寻找目标解,深度优先搜索寻找操作步骤字典序最小的解,而广度优先搜索可以找到步骤最少的解。需要根据题目的性质来决定使用什么搜索算法。

例 14-6 流星雨(洛谷 P2895,USACO2008 2 月)。奶牛 Bessie 从原点出发躲避流星雨。一共有 $M(M \leqslant 50000)$ 个流星,已知每颗流星掉下的坐标(0 到 300)和时间(0 到 1000),并且流星掉下来会烧焦坐标以及上、下、左、右共 5 个点。奶牛每个单位时间可以往上下左右移动一格,但是不能移动到当时或者之后被烧焦的点。问奶牛能否抵达安全区域以及最短的逃跑时间是多少?

分析:这题看上去十分复杂,但本质上只是对格子多了个使用时间的限制。可以预先处理

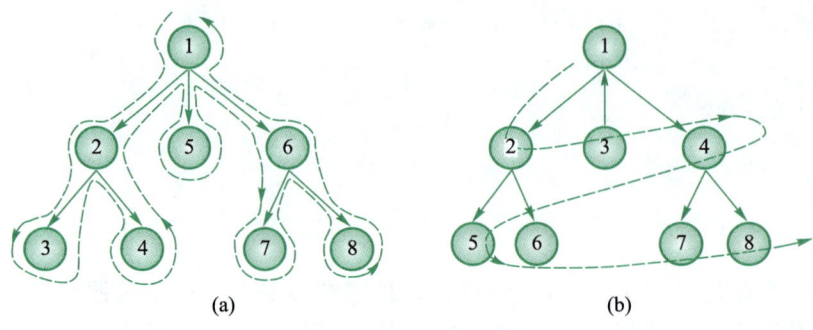

图 14-10 广度优先搜索和深度优先搜索

出每个格子最早(如果有)被流星雨砸中的时间,那么在状态转移时,如果目标格子的(最早)到达时间已经比被破坏时间晚了,就不能被扩展了。主体部分和上题非常接近,代码如下:

```cpp
#include<bits/stdc++.h>
using namespace std;
#define maxn 310
struct coord {
    int x, y;
};
queue<coord> Q;
int ans[maxn][maxn], death[maxn][maxn];//death 表示该点被流星雨砸中的时间
int wk[4][2] = {{0, 1}, {1, 0}, {-1, 0}, {0, -1}};
int main() {
    int m, Ans = 100000;
    memset(ans, -1, sizeof(ans)); // 全部赋值为 -1
    memset(death, 0x7f, sizeof(death)); // 全部赋值为一个很大的值,大约 2e10
    cin >> m;
    for (int i = 1; i <= m; i++) {
        int x, y, t;
        cin >> x >> y >> t;
#define MIN(x, y, t) if (x >= 0 && y >= 0) death[x][y] = min(death[x][y], t)
        MIN(x, y, t);
        for (int k = 0; k < 4; k++)
            MIN(x + wk[k][0], y + wk[k][1], t);
        // 记录下流星和上下左右影响范围烧焦的时间
    }
    Q.push((coord){0, 0}); // 原点加入到队列
    ans[0][0] = 0;
    while (!Q.empty()) {
        coord u = Q.front(); // 取出队首
        int ux = u.x, uy = u.y;
        Q.pop();
        for (int k = 0; k < 4; k++) { // 奶牛向 4 个方向运动
            int x = ux + wk[k][0], y = uy + wk[k][1];
```

```
            if (x < 0 || y < 0 || ans[x][y] != -1 || ans[ux][uy] + 1 >= death[x][y])
                continue; /* 当目标格子的最早到达时间已经比被破坏时间晚时不能更新 */
            ans[x][y] = ans[ux][uy] + 1;
            Q.push((coord){x, y}); // 扩展的结点加入队列
        }
    }
    for (int i = 0; i <= 305; i++)
        for (int j = 0; j <= 305; j++)
            if (death[i][j] > 1000 && ans[i][j] != -1)
                Ans = min(Ans, ans[i][j]);/*统计答案：在所有安全区域且能到达的点中找到达最早的 */
    if (Ans == 100000)
        puts("-1");
    else
        printf("%d", Ans);
    return 0;
}
```

将一个结构体放入队列，除了像上例一样建立一个临时结构体 tmp 记录坐标后加入队列，还可以像本例这样直接使用类型强制转换构建结构体，就像 Q.push((coord){x,y})这样。

另外可能会觉得头文件太多了，这里可以使用所谓的"万能头文件" #include<bits/stdc++.h> 代替那一堆头文件。使用万能头文件必须要确定允许使用时才能加上，因为不是所有的地方都支持。现在（2019 年），NOI 系列比赛支持使用万能头文件。使用万能头文件会出现一些潜在的副作用（比如一些变量被定义了），所以请确保程序能够在评测环境中编译通过后谨慎使用。

14.3 课后习题与实验

习题 14-1 考察以下的任务（"暴力枚举"一章出现过的题目），请使用回溯搜索实现。
(1) 选数（洛谷 P1036，NOIP2002 普及组）。
(2) Perket（洛谷 P2036）。
(3) 吃奶酪（洛谷 P1433）。

习题 14-2 迷宫（洛谷 P1605）。给定一个 $N \times M (1 \leq N, M \leq 5)$ 方格的迷宫，迷宫里有 T 处障碍，障碍处不可通过。给定起点坐标和终点坐标，问：每个方格最多经过 1 次，有多少种从起点坐标到终点坐标的方案。在迷宫中移动有上下左右 4 种方式，每次只能移动一个方格。数据保证起点上没有障碍。

习题 14-3 单词接龙（洛谷 P1019，NOIP2000 提高组）。单词接龙是一个与人们经常玩的成语接龙相类似的游戏，现在已知一组不超过 20 个单词，且给定一个开头的字母，要求出以这个字母开头的最长的"龙"（每个单词都最多在"龙"中出现两次）。在两个单词相连时，其重合部分合为一部分，例如 beast 和 astonish，如果接成一条龙则变为 beastonish。另外相邻的两部分不能存在包含关系，例如 at 和 atide 间不能相连。只需要输出以此字母开头的最长的"龙"的长度。

习题 14-4 单词方阵(洛谷 P1101)。给一 $n \times n$ 的字母方阵,内可能蕴含多个 yizhong 单词。单词在方阵中是沿着同一方向连续摆放的。摆放可沿着 8 个方向的任一方向,同一单词摆放时不再改变方向,单词与单词之间可以交叉,因此有可能共用字母。输出时,将不是单词的字母用 * 代替,以突出显示单词。例如:

输入: 输出:

```
8
qyizhong            *yizhong
gydthkjy            gy******
nwidghji            n*i*****
orbzsfgz            o**z****
hhgrhwth            h***h***
zzzzzozo            z****o**
iwdfrgng            i*****n*
yyyygggg            y******g
```

习题 14-5 自然数的拆分问题(洛谷 P2404)。任何一个大于 1 的自然数 $n(n \leq 8)$,总可以拆分成若干个小于 n 的自然数之和。现给出一个自然数 n,求出 n 的拆分成一些数字的和,且每个拆分后的序列中的数字从小到大排序。然后你需要输出这些序列,其中字典序小的序列需要优先输出。例如当输入 6 时,输出:

```
1+1+1+1+1+1
1+1+1+1+2
1+1+1+3
1+1+2+2
1+1+4
1+2+3
1+5
2+2+2
2+4
3+3
```

习题 14-6 湖计数(洛谷 P1596,USACO 2010 October)。由于近期的降雨,雨水汇集在农民约翰的田地不同的地方。用一个 $N \times M(1 \leq N, M \leq 100)$ 网格图表示。每个网格中有水(W)或是旱地(.)。一个网格与其周围的八个网格相连,而一组相连的网格视为一个水坑。约翰想弄清楚他的田地已经形成了多少水坑。给出约翰田地的示意图,确定当中有多少水坑。

提示:请尝试分别使用深度优先搜索和广度优先搜索解决这个问题。

习题 14-7 填涂颜色(洛谷 P1162)。由数字 0 组成的方阵中,有一任意形状闭合圈,闭合圈由数字 1 构成,围圈时只走上下左右 4 个方向。现要求把闭合圈内的所有空间都填写成 2。例如:6×6 的方阵($n=6$),涂色前和涂色后的方阵如下:

涂色前 涂色后

```
000000              000000
```

```
0 0 1 1 1 1         0 0 1 1 1 1
0 1 1 0 0 1         0 1 1 2 2 1
1 1 0 0 0 1         1 1 2 2 2 1
1 0 0 0 0 1         1 1 2 2 2 1
1 1 1 1 1 1         1 1 1 1 1 1
```

习题 14-8 字串变换(洛谷 P1032,NOIP2002 提高组)。已知有两个字串 A、B 及一组字串变换的规则(至多 6 个规则)：

```
A_1 → B_1,  A_2 → B_2 ……
```

规则的含义为：在 A 中的子串 A_1 可以变换为 B_1,A_2 可以变换为 B_2 ……

例如：A=abcd,B = xyz,变换规则为 abc → xu,ud → y,y → yz。则此时，A 可以经过一系列的变换变为 B,其变换的过程为：abcd → xud → xy → xyz。共进行了 3 次变换,使得 A 变换为 B。

输入原字串和目标字串,以及变换规则,如果能在不超过 10 步内变换完毕,输出最少变换次数,否则输出"NO ANSWER！"。

习题 14-9 玉米田迷宫(洛谷 P1825 USACO 2011 Open)。奶牛们去参观了一个玉米迷宫,表示为 $N×M$ 的矩阵($2 \leqslant N,M \leqslant 300$),矩阵中的每个元素都由以下项目中的一项组成。

1) #:玉米,这些格子是不可以通过的。
2) .:草地,可以简单地通过。
3) 一个大写字母:装置的结点,走上去就会立刻被传送到相对应的另一个结点。总是成对出现。
4) @:奶牛目前的位置。
5) =:出口

请求出 Bessie 需要移动到出口处的最短时间。例如,下面 N=5,M=6 的迷宫：

```
###=##
#.W.##
#.####
#.@W##
######
```

最优方案为：先向右走到装置的结点,花费一个单位时间,传送装置的另一个结点上,花费 0 个单位时间,然后再向右走一格,再向上走一格,到达出口处,总共花费了 3 个单位时间。

第 3 部分

简单数据结构

第 15 章 线性表

之前已经研究过很多种算法,比如二分法可以用来"给定单调函数,求零点",冒泡排序可以用来"给定一个数组,将其排序后输出"……算法很有用,接下来要学习的数据结构,也一样很有用。初学数据结构,可能会觉得无从下手,不过不用担心,本书会用很多生活中实际存在的例子来解释这些数据结构。

比如,在商场里面排队结账,或者在网上"秒杀"商品,差别很大,但它们都遵循着相同的规则——讲"先来后到"。早来的,就早买到商品;晚来的,就晚买到商品,甚至可能买不到商品。可以利用"先来后到"这一规则,把这两种排队模式统一起来——它们都是"队列",都可以用队列这一数据结构来模拟,然后建模,编写计算机程序解决这些问题。

本章将首先开始学习线性表。线性表是最简单、最基本的一种数据结构。一个线性表由多个具有相同类型的数据"串在一起",每个元素有前驱(前一个元素)后继(后一个元素)。根据不同的特性,线性表也分为栈、队列、链表等。因为这些特性,数据结构可以解决不同种类的问题。图 15-1 所示为本章思维导图。

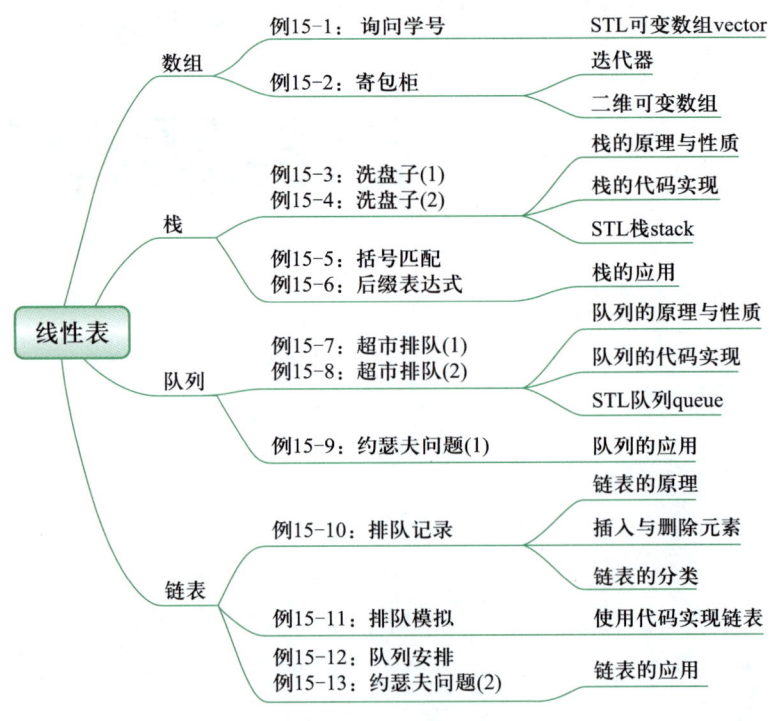

图 15-1　本章思维导图

15.1 数组

本书已经在第一部分介绍了数组的定义和使用,但是在这里可以重新审视一下作为数据结构的数组。

例 15-1 询问学号(洛谷 P3156)。有 n($n \leq 2 \times 10^6$)名同学陆陆续续进入教室,已知每名同学的学号(1 到 10^9),按进教室的顺序给出。上课了,老师想知道第 i 个进入教室的同学的学号是什么(最先进入教室的同学 i=1),询问次数不超过 10^5 次。

分析: 直接建立一个数组按照顺序来记录按顺序到达的同学的学号,之后直接在数组中查询即可。建立数组的大小至少要超过最多可能的同学总数量(也就是 2×10^6)。这里可以使用 STL 容器的**可变长度数组**来记录。可变长度数组的头文件是 <vector>,有以下的常用方法。

1) vector<int> v(N,i):建立一个可变长度数组 v,内部元素类型为 int;该可变数组最开始有 N 个元素,每个元素初始化为 i。可以省略 i(默认值为 0),也可以把(N,i)同时省略,此时这个数组的长度就是 0。内部元素类型可以换成其他的类型,如 double。

2) v.push_back(a):将元素 a 插入到数组 v 的末尾,并增加数组长度。

3) v.size( ):返回数组 v 的长度。

4) v.resize(n,m):重新调整数组大小为 n,如果 n 比原来的小,则删除多余的信息;如果 n 比原来大,则新增的部分都初始化为 m,其中 m 是可以省略的。

访问或者编辑可变数组时,可以像普通数组一样使用方括号索引,比如 v[10]就可以访问对应的元素。但是需要特别注意的是,使用方括号索引来访问数组元素时,数组的大小必须不小于索引,否则就和访问普通数组越界一样而访问无效内存。不过,可以通过数组初始化、使用 push_back 或者 resize 成员函数来增加数组长度。

因此,就本题而言,可以一个一个地把学号读入后使用 push_back 将数据一个个地按顺序存入可变数组里,最后询问的时候直接按照下标输出即可,代码如下:

```
#include<iostream>
#include<vector>
using namespace std;
int n, m, tmp;
int main(){
    vector<int> stu; // 建立一个一维的可变数组
    cin >> n >> m;
    for(int i = 0; i < n; i++) {
        cin >> tmp;
        stu.push_back(tmp); // 把学生按顺序加入到数组中
    }
    for(int i = 0; i < m; i++) {
        cin >> tmp; // 注意最先进入教室的学生是 stu[0]
        cout << stu[tmp - 1] << endl; // 像数组一样查询
    }
    return 0;
}
```

例 15-2 寄包柜(洛谷 P3613)。超市里有 $n(n \leq 10^5)$ 个寄包柜。每个寄包柜格子数量不一，第 i 个寄包柜有 $a_i(a_i \leq 10^5)$ 个格子，不过并不知道各个 a_i 的值。对于每个寄包柜，格子编号从 1 开始，一直到 a_i。现在有如下 $q(q \leq 10^5)$ 次操作。

1) $1\ i\ j\ k$：在第 i 个柜子的第 j 个格子存入物品 $k(0 \leq k \leq 10^9)$。当 $k=0$ 时，说明清空该寄包柜。
2) $2\ i\ j$：查询第 i 个柜子的第 j 个格子中的物品是什么，保证查询的柜子存过东西。

已知超市里共计不会超过 10^7 个寄包格子，a_i 是确定然而未知的，但是保证一定不小于该柜子存物品请求的格子编号的最大值。当然，也有可能某些寄包柜中一个格子都没有。

分析：可以建立一个二维数组 s[i,j] 记录第 i 个柜子中第 j 个格子中的物品。根据本题的数据规模，需要定义一个大小为 $10^5 \times 10^5$ 的 int 数组(4×10^{10} 字节，大约 40GB)，显然会超出内存限制。依然可以使用 vector 来解决。除了上面介绍过的方法，vector 还支持下面的一些方法。

1) vector<int>：:iterator it：定义一个名字叫作 it 的迭代器。
2) v.begin( )：返回数组 v 首元素(也就是 v[0])的指针(迭代器)。
3) v.end( )：返回数组 v 首元素末尾的下一个元素的指针(迭代器)。这个指针有点类似于空指针，不指向任何元素。

除了使用数组下标，还能通过"迭代器"来访问数组中的元素。**迭代器**有点类似指针(虽然并不能完全画等号)，这里的 it 就可以认为是一个指向 vector 中的元素的指针(下文中如果在谈到 STL 元素的指针，一般都指迭代器)。it 可以 ++ 或者 -- 变成前一个或后一个元素的指针，也能和指针一样用 *it 取该指针中的元素。

由于迭代器和指针在表现方式上很接近，所以 v[i] 和 *(v.begin( )+i) 是一样的，都是取对应元素的值。其他 STL 容器的迭代器也有类似的性质。然而在算法竞赛中经常只把 vector 当作普通的可变数组来使用，比较少用到迭代器。

```
#include<iostream>
#include<vector>
using namespace std;
int n, q, opt, i, j, k;
int main() {
    cin >> n >> q; // 寄包柜个数和询问次数
    vector< vector<int> > locker(n + 1); // 初始化，一共 0 到 n 号寄包柜
    while (q--) {
        cin >> opt;
        if (opt == 1) { // 存包操作
            cin >> i >> j >> k;
            if (locker[i].size() < j + 1) // 如果这个寄包柜不够大
                locker[i].resize(j + 1); // 就扩大新的寄包柜，直到能装下
            locker[i][j] = k;
        } else {
            cin >> i >> j;
            cout << locker[i][j] << endl; // 像数组一样输出
        }
    }
    return 0;
}
```

如果要定义由 10 个可变数组组成的一个二维数组,可以写为 vector<int> v [10]。甚至可变数组还能够嵌套,定义一个二维都不定长的二维数组,就像 vector< vector<int> > v(注意尖括号里的空格,以免会被认为是移位运算符而编译错误)。

> 数组作为数据结构可以高效地存储与查询给定索引(下标)的数据,其复杂度都是 $O(1)$,因为这个性质,数组可以用来模拟其他很多的数据结构。但是如果要将整个数组的一段数据进行移位操作(在中间插入删除数据)或者搜索指定元素(如果没有排序),则时间复杂度可达 $O(n)$,效率很低。

15.2 栈

例 15-3 洗盘子(1)小止是餐厅里的洗碗工,她身边有一叠餐盘要洗。客人们吃完饭之后,要洗的盘子会放在这叠餐盘的顶端;而小止洗盘子的时候,总会取出这叠餐盘最顶上的盘子来洗。

最开始桌子上没有餐盘。一位客人吃完饭了,依次把 1、2、3 这 3 个盘子放在了桌子上。现在小止取出了最顶端的 3 号盘子洗,洗完之后取出现在的顶端盘子 2 号。又有一个客人吃完了饭,依次放进了 4、5 这两个盘子。在这之后,小止依次洗完了 5、4、1 这 3 个盘子,结束了工作。

研究这一叠盘子,把"放盘子"和"取盘子"视为事件,那么在每一次事件之后,这叠盘子会是什么状态呢? 洗盘子的顺序如图 15-2 所示。

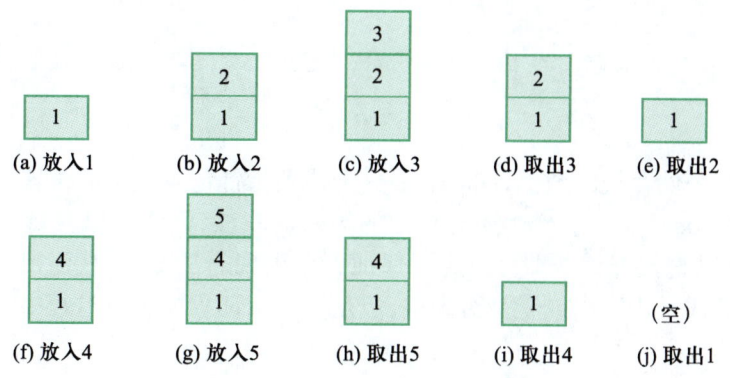

图 15-2 洗盘子的顺序

观察图 15-2 可以发现,越靠下的元素就越"顽固",越靠上的元素就越容易改变? 不难发现:对于这叠餐盘,如果 a 比 b 早加入,那 a 一定比 b 后退出。这种数据结构就是**栈**。栈是一种"后进先出(Last In First Out,LIFO)"的线性表,其限制是仅允许在表的一端进行插入和删除运算。

最后再看一眼"盘子状态"那一列表格,是不是觉得长得很像连绵的山,或是金字塔? 请记住这个图像。这种"感性"的理解,有时候也很重要,这有助于提升联想能力。

例 15-4 洗盘子(2)编写程序模拟小止洗盘子的过程。一个栈可以提供下面几个功能。
1) void push(x):将 x 压入栈。对应例子中的"放餐盘"。

2) void pop( ):弹出栈顶的元素。对应"取走餐盘"。
3) int top( ):查询栈顶的元素由此知道接下来该洗哪个餐盘。
下面给出这些函数的实现(以及加上了一些必要的定义变量):

```
int stack[MAXN]; // 开辟栈需要的数组空间，其中 MAXN 是栈的最大支持的大小
int p = 0; // 栈顶指针，指向下一个待插入的数组位置
void push(int x){ // 压栈，需要判断栈是否溢出
    if(p >= MAXN)
        printf("Stack overflow.");
    else{
        stack[p] = x; p += 1;
    }
}
void pop(){ // 弹出栈顶元素，需要判断是否栈为空
    if(p == 0)
        printf("Stack is empty");
    else
        p -= 1;
}
int top(){ // 查询栈顶元素，需要判断是否栈为空
    if(p == 0){
        printf("Stack is empty");
        return -1;
    }
    else
        return stack[p - 1]; // 注意按照定义方式，p-1 才是栈顶
}
```

一般使用数组来储存栈的数据,同时需要一个栈顶指针记录栈顶的位置。这个栈的栈底是 stack [0],栈顶是 stack [p-1],当然还有其他的等效的写法,读者可以自行选择。如果想知道栈元素的数量,可以直接查询 p 即可。为了保证不会出现非法操作(栈溢出或者空栈弹出),在程序中加入了判断栈是否溢出或者是否为空,但是如果保证程序运行过程中不会有非法操作时也可以省略判断部分。

利用上面 3 个函数,可以重新描述一下小止洗盘子的过程:

```
push(1);push(2);push(3);
printf("Wash[%d]\n",top()); pop();
printf("Wash[%d]\n",top()); pop();
push(4);push(5);
printf("Wash[%d]\n",top()); pop();
printf("Wash[%d]\n",top()); pop();
printf("Wash[%d]\n",top()); pop();
```

可以使用 STL 提供的 stack 容器,这能带来很多便利,不需要去手动实现栈了。如何使用

STL 的 stack 达到和例 15-4 一样的效果呢？

栈的头文件是 <stack>，有以下几种方法。

1）stack <int> s：建立一个栈 s，其内部元素类型是 int。

2）s.push(a)：将元素 a 压进栈 s。

3）s.pop( )：将 s 的栈顶元素弹出。

4）s.top( )：查询 s 的栈顶元素。

5）s.size( )：查询 s 的元素个数。

6）s.empty( )：查询 s 是否为空。

> 需要注意的是，这样写虽然方便，但是如果使用 STL 时不打开 -O2 优化，就有一点慢。在非常需要追求运行速度的情况下，往往需要自己手写栈。本书接下来的讨论，将会一直使用 STL。

例 15-5 括号匹配（Uva673）。给定若干字符串，每个字符串由（、）、[、]、{、}这 6 个字符构成。如果所有的括号都可以匹配上，那么这个字符串合法，否则非法。下面给出一些例子。

1）[({ })]：合法。

2）( )[ ]( )：合法。

3）[([ ]){ }[ ]]{ }：合法。

4）{{ }：非法。第一个{找不到与之匹配的}。

5）([ )( ]）：非法。中间的）与（都找不到与之匹配的括号，因为被中括号断开。

请写一个程序，判断每个给定字符串是否合法。

分析：将这个字符串从左往右写，一旦遇到匹配上的括号，就把这对括号擦掉，就像"消消乐"一样。

以[([ ]){ }]为例，从左往右写，写到[([ ]，产生了匹配，所以把[ ]擦掉，纸上的字符串变成了[(。接着写，下一个字符是)，字符串变成[( )，产生了匹配。擦掉( )，纸上只剩下了一个[。接下来，往后写一个字符，变成[{，没有产生匹配。再写一个，变成[{ }，擦掉{ }。纸上又只剩下一个[。接下来写]，产生了匹配，擦掉[ ]之后纸上什么也不剩了。因此，所给字符串是合法的。

如果处理字符串的所有字符，发现纸上还剩有括号，那么就说明有些括号没有被匹配到，说明是非法的括号序列。比如（[ )( ]）根据上面的做法，就可以知道这是一个非法的序列。

在这里，越早写下的括号，离可能产生匹配的地方越远，当然也越晚得到匹配。这样的做法符合"先进后出"，所以可以用栈来模拟这个操作。

根据上面的分析，可以写出如下代码：

```
#include <iostream>
#include <cstdio>
#include <stack>
#include <string>
using namespace std;
stack < char > s;
int num;
char trans(char a){   // 根据后面的括号找到前面对应的括号
    if (a == ')')return '(';
```

```cpp
        if (a == ']')return '[';
        if (a == '}')return '{';
        return '\0';
    }
    int main() {
        cin >> num;
        string p;
        getline(cin, p); // 假装换行符
        while (num--) {
            while(!s.empty()) s.pop(); // 清除
            getline(cin, p); //读入一行
            for (int i = 0; i < p.size(); ++i) {
                if (s.empty()) { // 如果栈为空，直接放入栈中
                    s.push(p[i]);
                    continue;
                }
                if (trans(p[i]) == s.top())
                    s.pop();
                else s.push(p[i]);
            }
            if (s.empty())printf("Yes\n");
            else printf("No\n");
        }
        return 0;
    }
```

这里遇到了 C++ 中处理字符串问题的一个坑点：使用 cin 读入一个独占的数字后，其读入指针在这一行的末尾，如果再使用 getline 读入一行字符串时，只会读到空串（第一行）。如果希望读到第二行，则必须要假装读入这一行，可以使用 getline，也可以使用 getchar 等。

例 15-6 后缀表达式（洛谷 P1449）平常写表达式，一般运算符在数的中间，比如 1+3*5，其中 + 在 1 和 3*5 之间，* 在 3 和 5 之间，这种表达式称为中缀表达式。中缀表达式很好用，但是计算机可能没那么喜欢中缀表达式。有一种表达式对计算机很友好，叫作"后缀表达式"。顾名思义，后缀表达式中运算符在参数的后面。

对于计算机而言，后缀表达式当然比中缀表达式更容易计算。另外，后缀表达式可以避免掉括号，这也是它相对于中缀表达式的一大优势。请写一个程序，输入一个长度不超过 1000 的字符串，求后缀表达式的值。保证后缀表达式中仅有整数和四则运算符号。

例如，输入 "2.4.*1.3.+-@"，其中 . 是每个数字的结束标志；@ 是整个表达式的结束标志。输出 "4"。

分析：阅读一个后缀表达式的方法是：从左往右读式子，一旦遇到运算符，就往前取 n 个数——这个 n 取决于运算符有多少个参数——然后擦掉这些参数和这个运算符，把计算结果写在那里。接下来，重复刚才的操作，直到表达式中只剩下一个数为止。

对于后缀表达式 2 4 * 1 3 + -，处理方法如下：首先从左往右读，读到了乘号。乘法有两个

参数,所以取出前面的 2 和 4,算出 2*4=8。现在,擦掉 2 4 *,写上 8,式子变成:8 1 3 + −。读到加号之后,取出前面的 1 和 3,算出 1+3=4,把式子改写成:8 4 −。接着,还是从头开始读这个式子。读到减号之后取出 8 和 4,算出 8−4=4,于是最后的式子就是 4。这就是期望的结果。事实上,与这个后缀表达式相对应的中缀表达式是 2*4−(1+3)。代码如下:

```cpp
#include <stack>
#include <cstdio>
using namespace std;
stack<int> n;
int s = 0, x, y;
int main() {
    char ch;
    do {
        ch = getchar();
        if (ch >= '0' && ch <= '9')
            s = s * 10 + ch - '0';
        else if (ch == '.')
            n.push(s), s = 0;
        else if (ch != '@') {
            x = n.top(); n.pop(); y = n.top(); n.pop();
            switch (ch) {
            case '+': n.push(x + y); break;
            case '-': n.push(y - x); break;
            case '*': n.push(x * y); break;
            case '/': n.push(y / x); break;
            }
        }
    } while (ch != '@');
    printf("%d\n", n.top());
    return 0;
}
```

判断一个过程能否用栈来模拟,当然是看能否满足"后进先出"或者"先进后出"。

15.3 队列

例 15-7 超市排队(1)。这回小止作为一个收银员在超市打工。收银员会给排在队伍最前面的顾客结账,然后服务队伍中的下一个顾客。而队伍的末尾也一直会有更多的顾客依次加入队列。

最开始时,收银台前面一个人都没有。然后顾客 1、顾客 2 和顾客 3 排入了队列。收银员给顾客 1 结账后又给顾客 2 结账。这时,顾客 4 和顾客 5 又加入了队列。在此之后,收银员又给顾客 3、顾客 4 和顾客 5 结账。此时所有顾客都已经结账,收银台前又没有人了。

把"收银员结账"和"新顾客加入队列"视为事件,那么每次事件之后,队伍会是什么情况呢?排队结账的情况如图 15-3 所示。

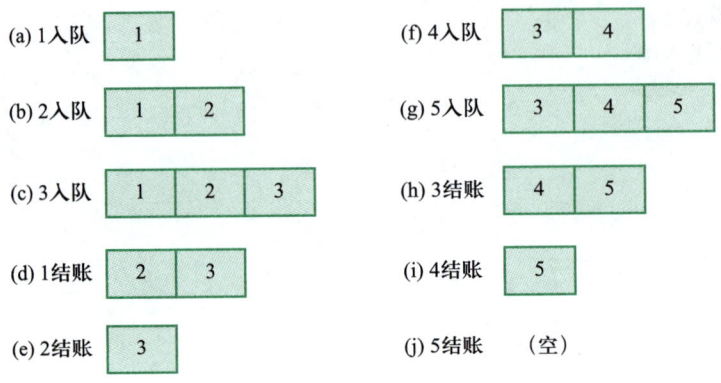

图 15-3　排队结账的情况

可以发现,如果顾客 a 比顾客 b 先排入队伍,那么顾客 a 比顾客 b 先结账完成。这种数据结构就是队列。队列是一种"先进先出(First in First Out,FIFO)"的线性表,其限制是允许在表的一端进行删除运算,另外一端进行插入运算。

例 15-8　超市排队(2)。编写程序模拟收银过程。一个队列可以提供下面几个功能。
1) void push(x):将 x 压入队列。一个人来排队了,他应该站在队尾。
2) void pop( ):弹出队首的元素。排在最前面的人结完了账,离开队列。
3) int front( ):查询队首的元素。这样可以知道现在应该给谁结账。

下面给出这些函数的实现。

```
int queue[MAXN];  /* 开辟队列需要的数组空间,其中 MAXN 是队列的最大能入队元素的次数 */
int head = 0;  // 队首指针
int tail = 0;  // 队尾指针,如果有新的元素插入,就会插入到这个位置
void push(int x){  // 进队,需要判断队伍是否溢出
    if(tail >= MAXN)
        printf("Queue overflow.");
    else{
        queue[tail] = x; tail += 1;
    }
}
void pop(){  // 弹出队首元素,需要判断是否队列为空
    if(head == tail)
        printf("Queue is empty");
    else
        head += 1;
}
```

```
int front(){ // 查询队首元素,需要判断是否队列为空
    if(head == tail){
        print("queue is empty");
        return -1;
    }
    else
        return queue[head];
}
```

考虑到如果队列数组的实现和现实中的收银台一样,每次查询数组第一个元素,退出队列时队列中的所有元素都往前面移动一格,那么运行效率是非常低的。可以让队伍本身保持静止,而"收银员"却从前往后依次移动,每次服务完一个顾客就往后面走服务下一个顾客,这样就避免了数组整体的移动。

队列和栈的程序实现很相似。队列和栈不同的地方就是:栈只有一个端口出入;而队列是后端入,前端出,所以需要头尾两个指针。依靠上面 3 个函数,使用代码来描述收银的过程:

```
push(1);push(2);push(3);
printf("Serve customer: [%d]\n",front()); pop();
printf("Serve customer: [%d]\n",front()); pop();
push(4);push(5);
printf("Serve customer: [%d]\n",front()); pop();
printf("Serve customer: [%d]\n",front()); pop();
printf("Serve customer: [%d]\n",front()); pop();
```

和栈一样,同样可以使用 STL 来操作队列。队列的头文件是 <queue>,有以下几种方法。
1) queue <int> q:建立一个队列 q,其内部元素类型是 int。
2) q.push(a):将元素 a 插入到队列 q 的末尾。
3) q.pop( ):删除队列 q 的队首元素。
4) q.front( ):查询 q 的队首元素。
5) q.back( ):查询 q 的队尾元素。
6) q.size( ):查询 q 的元素个数。
7) q.empty( ):查询 q 是否为空。

例 15-9 约瑟夫问题(1)(洛谷 P1996)。一群小朋友坐成一个圈,已经按照 $1, 2, \cdots, n$ 编号。从 1 号小朋友开始报数,报到 k 的小朋友出局;下一个小朋友继续从 1 开始报。显然,游戏进行到最后,场上只会剩下一个小朋友。此时这个小朋友获胜。现在的问题是,给定 n 和 k,问被淘汰的 $n-1$ 个小朋友出局的顺序。

分析: 乍一看这和队列好像没有什么关系。但是来考虑这样的情景:$1, 2, \cdots, n$ 这些小朋友站在队列里。接下来,队首的人出队,然后走到队尾,这样一直循环,直到第 k 个小朋友。他被淘汰出局,不再入队。队内现在只剩下了 $n-1$ 名小朋友,继续重复刚刚的操作:前 $k-1$ 个人出队之后走到队尾,接下来那位小朋友直接被淘汰。利用这个队列,即可模拟约瑟夫问题的游戏过程。核心代码如下:

```
queue <int> q;
int n,k;
void work() {
    int i;
    for(i=1;i<=n;i++) q.push(i);  // 初始加入小朋友
    while(q.size() != 1) {  // 当不是剩余一人时
        for(i=1;i<k;i++) {
            q.push(q.front());  // 将队首放入队尾
            q.pop();
        }
        printf("%d\n",q.front());  // 报到第 k 个的小朋友被淘汰
        q.pop();
    }
}
```

> 如果数据有先进先出的性质,那么可以考虑使用队列;队列常常使用在各类广度优先搜索算法上。

15.4 链表

例 15-10 排队记录。n 名同学在排队进入洛谷大厦,然后解散自由活动。现在希望知道当初排队的顺序,然而并没有记录队伍是怎么排的。但好消息是,已经知道止止(编号是 1)排在最前面;除此之外,每人都记得自己后面是谁。如何利用这些信息,还原出那天晚上的排队顺序呢?

假设这些同学的编号从 1 到 4,他们记得站在后面的同学分别是 4、3、0、2(0 说明后面没有人)。能推算出原来他们排队的顺序是什么吗? 可以用 Next[x] 来表示 x 这个用户后面排的是谁。特殊地,Next[x]=0 表示 x 后面没有人了。那么,很容易写出代码:

```
for(int i=1; i != 0; i = Next[i])
    printf("%d ",i);
```

问题就这样以 $O(n)$ 的复杂度解决了。回头来看,这个问题引出一个非常重要的启示:如果知道每个元素之前/之后是谁,就可以恢复整个表的排列顺序。利用这种方式,来存储元素排列顺序的表,称为**链表**。

接下来,考虑另外一个问题。本来 n 名同学在好好地排队,但是来了 1 名不守规矩的同学(5 号),插队到 4 号后面,而其余的同学顺序不变。插队之后,队伍是什么样的顺序呢?

马上可以想到一个暴力的做法:使用数组记录排队顺序;发生插队的时候,把插队者放到对应的地方,其余元素后移一位。这样,处理每个插队者的时间复杂度是 $O(n)$,如果有 m 人插队,

总复杂度将会达到 $O(mn)$。

有没有快一点的方式呢？已经知道，如果知道每个元素之后是谁，就可以恢复整个表的排列顺序。如何用这个思路来完成这个问题？还是以 Next[x] 来表示 x 后面是谁。那么一个插队行为"y 插到了 x 的后面"，就是:x 后面变成了 y;y 后面变成了原本在 x 后面的人。代码如下：

```
void insert(int x,int y) {
    Next[y]=Next[x];
    Next[x]=y;
}
```

这时,有另外 1 名同学(2 号)等不及了,退出了队伍。这个事情如何实现呢？来考虑"x 后面那个同学退出队伍"对 Next 数组的影响,这里的 x 是原来 2 号同学的前一名同学,也就是 5 号。Next[x]同学退出,相当于 x 的后继,直接变成了 Next[x]的后继。所以代码如下：

```
void remove(int x) {         // x 后面那位同学离开
    Next[x]=Next[Next[x]];   // 更新 Next[x]
}
```

这里必须要知道 x 的前面一名同学是谁才能删除 x。如果只知道要删除 x 而不知道它前面一名同学是谁则无法删除。所幸根据下面提到的双链表，就能很方便地知道每个元素前面是谁了。

链表的插入和删除过程如图 15-4 所示。

每次插队操作，只需要修改两个 Next 值，显然是 $O(1)$ 的复杂度;删除操作也可以同理分析。

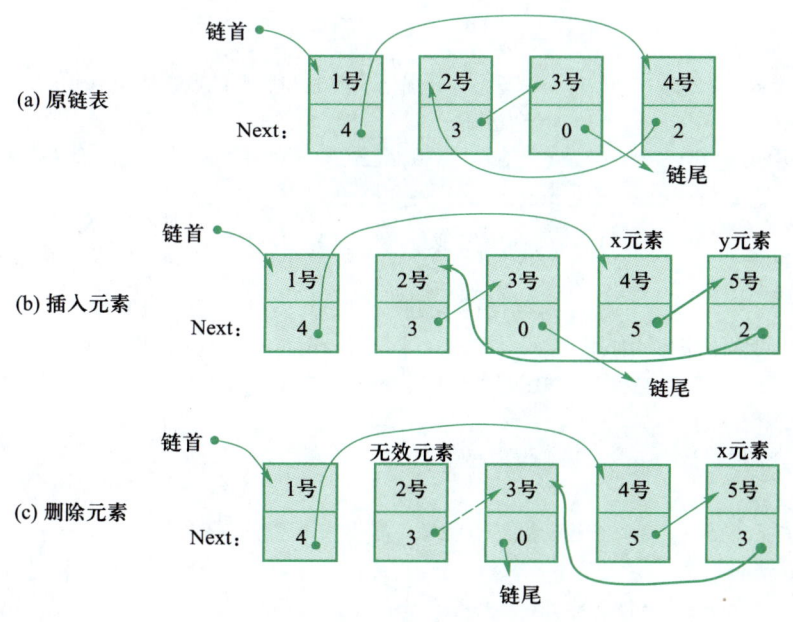

图 15-4　链表的插入和删除过程

最后只需要像第一个例子一样,通过 Next 数组就能得到最后的排队顺序,以 $O(n)$ 的时间复杂度完成了本题。

虽说"每个结点可以找到自己相邻结点"的表就是链表,不过链表有很多种。下面列举一些。

1) 单链表:每个结点记录自己的后继。

2) 双链表:每个结点记录自己的前驱和后继。与单链表只能往后走相比,它的好处是可以向前、向后走。

3) 循环单链表:本身是一个单链表,但是最后一个结点的后继为第一个结点,从而连成了环形结构。

4) 循环双链表:本身是一个双链表,连成环形。

5) 块状链表(仅作知识拓展,无需学习):这是一种特殊的链表。基本思想是将若干元素压缩成一块,将这些块串联起来。

6) 跳表(Skip List,仅作知识拓展,感兴趣的读者可以学习):这是一种非常有趣的数据结构,相当于平衡树。每个结点拥有自己的右指针和下指针,通过分层的方式来加速查询,而每个元素的层数由概率决定。

例 15-11 排队模拟。实现一个数据结构,维护一张表(最初只有一个元素 1)。需要支持下面的操作,其中 x 和 y 都是 int 范围内的正整数,且都不一样,操作数量不多于 2000。

1) ins_back(x,y):将元素 y 插入到 x 后面。
2) ins_front(x,y):将元素 y 插入到 x 前面。
3) ask_back(x):询问 x 后面的元素。
4) ask_front(x):询问 x 前面的元素。
5) del(x):从表中删除元素 x,不改变其他元素的先后顺序。

分析: 显然,这个问题可以利用双向链表维护。下面给出这些函数的实现:

```
struct node {
    int pre, nxt;               // 分别记录前驱和后继结点在数组 s 中的下标
    int key;         // 结点的值
    node(int _key = 0, int _pre = 0, int _nxt = 0) // 结构体初始化
    {pre = _pre; nxt = _nxt; key = _key; }
};

node s[1005];    /* 一个池。以后想要新建一个结点,就从 s 数组里面拿出一个位置给新结点 */
// 当然,也可以采用指针,用 new、delete 来动态分配空间,不过这里只介绍数组写法
int tot = 0;     /* 记录 s 数组目前使用了多少个位置。那么下一个可用的位置就是
s[tot+1].*/
// 这里有一个代码技巧:令 s[1] 恒为起点

int find(int x) { // 查找 x 的结点编号,需要遍历整个链表
    int now = 1;
    while (now && s[now].key != x) now = s[now].nxt;
    return now;
}
```

```cpp
void ins_back(int x, int y)  {          // y 插在 x 后面
    int now = find(x);
    // 现在 s[now].key = x 了
    s[++tot] = node(y, now, s[now].nxt);/* 结点 y 的前驱是 now, 后继是 s[now].nxt*/
    s[s[now].nxt].pre = tot;            // 更新原先 now 的后继的 pre 值
    s[now].nxt = tot;                   // 更新 now 的后继
}

void ins_front(int x, int y) {          // y 插在 x 前面
    int now = find(x);
    s[++tot] = node(y, s[now].pre, now);  /* 结点 y 的前驱是 s[now].pre, 后继是 now*/
    s[s[now].pre].nxt = tot;            // 更新原先 now 的前驱的 nxt 值
    s[now].pre = tot;                   // 更新 now 的前驱
}

int ask_back(int x) {
    int now = find(x);
    return s[s[now].nxt].key;
}

int ask_front(int x) {
    int now = find(x);
    return s[s[now].pre].key;
}

void del(int x) {
    int now = find(x);
    int le = s[now].pre, rt = s[now].nxt;
    s[le].nxt = rt;
    s[rt].pre = le;
}
```

以上代码虽然实现了链表的各项基本操作，但是效率并不高。这是因为每次操作时都要调用 find 函数以查找 x 所在的结点编号，这个过程的时间复杂度是 $O(n)$。但是也有改进方法：创建一个数组，用于存放每个数字对应的结点编号来代替 find 函数。如果数字的范围非常大（比如 int 范围），无法创建这么大的数组，也可以使用 Hash 算法或者 map 容器来记录结点编号，这在本书的第 17 章会介绍到。

例 15-12 队列安排（洛谷 P1160）。一个学校里老师要将班上 N 个同学排成一列，同学被编号为 1~N，他采取如下的方法：

1) 先将 1 号同学安排进队列，这时队列中只有他一个人。

2) 2~N 号同学依次入列，编号为 i 的同学的入列方式为：老师指定编号为 i 的同学站在编号为 1~i–1 中某位同学（即之前已经入列的同学）的左边或右边。

3) 从队列中去掉 $M(M<N)$ 同学,其他同学的位置顺序不变。

在所有同学按照上述方法排队完毕后,老师想知道从左到右所有同学的编号。$0<M<N<100000$。

分析: 利用一个双向链表维护这个队伍,每个同学记录自己左边和右边的同学。这样各种操作都可以 $O(1)$ 的时间复杂度完成了。可以使用上面的链表模板,但是需要稍微修改一下插入函数和删除函数。使用数组 index 定位某位同学的结点编号,在插入和删除时直接找到这位同学的结点编号,在插入时还要记录下这名同学的结点编号。这样就不需要每次都要遍历整个链表了。代码如下:

```cpp
#include <iostream>
using namespace std;
struct node {
    int pre, nxt, key;
    node(int _key = 0, int _pre = 0, int _nxt = 0)  // 结构体初始化
    {pre = _pre; nxt = _nxt; key = _key; }
};
node s[100005];
int n, m, tot = 0, index[100005] = {0};  // 记录每个位置的结点编号
void ins_back(int x, int y)  {
    int now = index[x];  // 查找索引
    s[++tot] = node(y, now, s[now].nxt);
    s[s[now].nxt].pre = tot;
    s[now].nxt = tot;
    index[y] = tot;  // 记录索引
}
void ins_front(int x, int y) {
    int now = index[x];
    s[++tot] = node(y, s[now].pre, now);
    s[s[now].pre].nxt = tot;
    s[now].pre = tot;
    index[y] = tot;
}
void del(int x) {
    int now = index[x];
    int le = s[now].pre, rt = s[now].nxt;
    s[le].nxt = rt;
    s[rt].pre = le;
    index[x] = 0;
}
int main(){
    int x, k, p, now;
    cin >> n;
    s[0] = node();  // 代码技巧:令 0 恒为最左边的结点,有利于之后处理问题
    ins_back(0, 1);
```

```
    for(int i = 2; i <= n; i++) {
        cin >> k >> p;
        p ? ins_back(k, i) : ins_front(k, i);
    }
    cin >> m;
    for (int i = 1; i <= m; i++){
        cin >> x;
        if (index[x])del(x);
    }
    now = s[0].nxt;
    while (now){
        cout << s[now].key << ' ';
        now = s[now].nxt;
    }
    return 0;
}
```

其实删除操作也不是必要的。考虑最后输出的过程,相当于同学们从左到右报出自己的编号。其实可以不去真的执行删除操作,而是叫这些"被删除"的同学在报数时闭嘴(建立一个 shutup 数组用于记录学生是否闭嘴)。这样可以假装他们不存在。正确性是显然的——这并没有破坏其他同学报数的顺序。

例 15-13　约瑟夫问题(2)(洛谷 P1996)。题目描述同例 15-9。

分析:除了可以使用队列,本题也适合使用链表实现,因为从队列中出局的小朋友知道他的前面和后面,所以使用链表删除结点效率很高。链表一样可以使用 STL 来简化操作,链表需要使用 list 的头文件,支持以下的常用方法。

1) list<int> a;:定义一个 int 类型的链表 a。
2) int arr[5]={1,2,3};list<int> a(arr,arr+3);:从数组 arr 中的前 3 个元素作为链表 a 的初始值。
3) a.size():返回链表的结点数量。
4) list<int>::iterator it;:定义一个名为 it 的迭代器(指针)。
5) a.begin();a.end();:链表开始和末尾的迭代器指针。
6) it++;it--;:迭代器指向前一个和后一个元素。
7) a.push_front(x);a.push_back(x);:在链表开头或者末尾插入元素 x。
8) a.insert(it,x):在迭代器 it 的前插入元素 x。
9) a.pop_front();a.pop_back();:在删除链表开头或者末尾。
10) a.erase(it):删除迭代器 it 所在的元素。
11) for(it = a.begin();it != a.end();it++):遍历链表。

模拟题意即可。首先将所有同学按照顺序使用链表连接,然后从第一位同学开始数数,数到 m 时就把对应的元素输出,同时删除这个元素,直到链表为空为止。由于是首尾相接,所以是循环链表,只需要遍历到链表尾部,则立刻从头开始。代码如下:

```
#include <iostream>
#include <list>
using namespace std;
list < int > a;
// list < int > ::iterator index[105];
/* 上一行可以用于快速定位每个元素的位置,插入后用a.rbegin()可以记录最后一个元素的位置 */
int main() {
    int n, m, cnt = 0;
    cin >> n >> m;
    for (int i = 1; i <= n; i++)
        a.push_back(i); // 将各位同学加入到链表中
    list < int > ::iterator it, now;
    it = a.begin(); // 从头开始
    while (! a.empty()) {
        cnt++;
        now = it; // 需要备份出来一个待删除元素的指针
        if (++it == a.end())it = a.begin(); // 遍历下一个,循环链表
        if (cnt == m) { // 数到了m
            cout <<  * now << ' ';
            a.erase(now); // 删除这个结点
            cnt = 0;
        }
    }
    return 0;
}
```

注意:遍历的时候如果要删除元素,一定要备份出来一个迭代器;否则,it原来指向的结点删除后就不复存在,导致询问下一个结点时会访问无效内存。

15.5 课后习题与实验

习题 15-1 请利用一个栈,将下面的代码改写成**非递归**版本。

```
int ans=0;

void play(int n)
{
    ans+=n;
    if(n==1 || n==2) return;
    play(n-1);
    play(n-2);
}
```

习题 15-2　简答题。

（1）栈和队列的区别在哪里？它们分别可以用来做什么？举出几个例子。

（2）在洛谷题解堆积如山的时候，管理员就会跑出来审核。管理员可以采取两种审核顺序：一种是优先审核最早提交的题解；另一种是优先审核最近提交的题解。这两种顺序分别对应了什么数据结构？你觉得采取哪种方案更好？简述你的理由。

习题 15-3　你手头有一个STL的队列，只知道队列里面的元素单调递增。例如，队列是[1，3，3，5，6，8，9]。现在需要支持下面 3 个操作。

1）int Top( )：查询队首元素。

2）void Pop( )：弹出队首元素。

3）void Delete(x)：删除掉元素 x。

其中，保证了 Delete 操作是从小到大删除元素。也就是说，保证更小的元素会比更大的元素先删除。请设计一个方案，以尽可能低的时间复杂度实现上面的需求（提示：试试再定义一个队列）。

习题 15-4　还是以一叠餐盘为例。吃完饭之后，会把餐盘往上面一张一张地放；而洗盘子的时候，会一次性取出很多餐盘来洗。如果用程序来模拟上述过程，代码如下：

```
stack<int> s;

void add(){
    s.push(233);                // 往 s 的顶端放一个餐盘
}
void wash(int n){
    int i;
    for(i=1;i<=n;i++)           // 从 s 的顶端取出 n 张餐盘
        s.pop();
}
```

每次 add( ) 操作显然是 $O(1)$ 的时间复杂度，但 wash( ) 操作可能不止 $O(1)$。这段代码的时间复杂度到底如何呢？（提示：不要总是想着搞清楚每一次函数调用的时间复杂度，试试研究每张餐盘吧。）

习题 15-5　操作题。

（1）在例题 15-6 的基础上，让程序支持一个三元运算符 #：a b c # 表示 (a+b)*(b+c)。

（2）（选做）上网查找"表达式树"的资料，然后完成下面的任务：给定一个仅含变量和四则运算符号的后缀表达式，其中每个变量保证是一位小写字母；编程构建表达式树，然后输入各个变量的值，求出表达式的值。

习题 15-6　机器翻译（洛谷 P1540，NOIP2010 提高组）。小晨使用软件翻译外文题目。内存容量为 $M(M \leq 100)$，每当软件将一个新单词存入内存前，如果内存未满，就会将新单词存入一个未使用的内存单元；否则，软件会清空最早进入内存的那个单词，腾出单元来，存放新单词。

假设一篇英语文章的长度为 $N(N \leq 1000)$ 个单词（用数字编号代表每个单词），软件优先在内存中查找单词是否存在，如果不存在则需要联网查询并将新结果缓存进内存中。给定这篇待译文章，翻译软件需要联网查询几次？假设在翻译开始前，内存中没有任何单词。

习题 15-7　海港（洛谷 P2058，NOIP2016 普及组）。小 K 统计了 $n(n \leq 10^5)$ 艘船的信息。

每行描述一艘船的信息：前两个整数 t_i（$t_i \leq 10^9$）和 k_i（$\sum k_i < 3 \times 10^5$）分别表示这艘船到达海港的时间和船上的乘客数量，接下来 k_i 个整数 $x_{i,j}$（$x_{i,j} \leq 10^5$）表示船上乘客的国籍。现需要计算 n 条信息，对于输出的第 i 条信息，需要统计满足 $t_i-86400<t_p \leq t_i$ 的船只 p，在所有的 $x_{p,j}$ 中，总共有多少个不同的数。

习题 15-8 括号序列（洛谷 P1241）。给出一些由（、）、[、]构成的序列，需要补全该括号序列，即扫描一遍原序列，对每一个右括号，找到在它左边最靠近它的左括号匹配，如果没有就放弃。在以这种方式把原序列匹配完成后，把剩下的未匹配的括号补全。

习题 15-9 验证栈序列（洛谷 P4387）。给出 pushed 和 poped 两个序列，其取值从 1 到 n（$n \leq 100000$）。已知入栈序列是 pushed，如果出栈序列有可能是 poped，则输出"Yes"，否则输出"No"。为了防止骗分，每个测试点有多组数据。

习题 15-10 营业额统计（洛谷 P2234，湖南省选 2002）。给出长度为 N（$N \leq 32767$）的数列，每个数字的绝对值不超过 10^6。每一个数字的"最小波动值"是这个数字之前的数字和它的差的绝对值的最小值。第一个数字的"最小波动值"是第一个数字本身的绝对值。求所有数字的"最小波动值"之和。

提示：本题有很多种做法，其中一种做法是，将序列排序后连成链表，然后从最后读入数字到第一个读入数字的顺序删除数字元素，同时记录要删除的数字相邻元素的差统计答案。

第 16 章　二叉树

前面介绍了线性表这一类数据结构,并且学习了如何使用线性表解决一类特定的问题(数据具有明显的前后关系,可以进行线性连接)。本章将介绍一类新的数据结构——二叉树。

看看窗外的橡树吧。一般来说,树有一个粗壮的树干,再往上面树干就会分成两叉或者多叉,接着树枝会继续一直分下去,一直分到末端的叶子为止(不过也有可能是花或者果子)。

如想统计一棵苹果树上面有多少个苹果,只需要知道左边树杈的苹果数量和右边树杈的苹果数量,然后计算它们的和就行了。至于左边树杈有多少个苹果?可以使用一样的方法来统计,把这个分杈当作树干,然后统计这个树干的左边树杈和右边树杈的苹果数量和……直到统计到树枝末端的每一个苹果,然后依次汇总就可以得到苹果的数量。图 16-1 所示为一棵树。

图 16-1　一棵树

很明显,树结构不仅能表示数据间的指向关系,还能表示出数据的层次关系,而有很明显的递归性质。因此,可以利用树的性质解决更多种类的问题。

图 16-2 所示为本章思维导图。

第 3 部分　简单数据结构

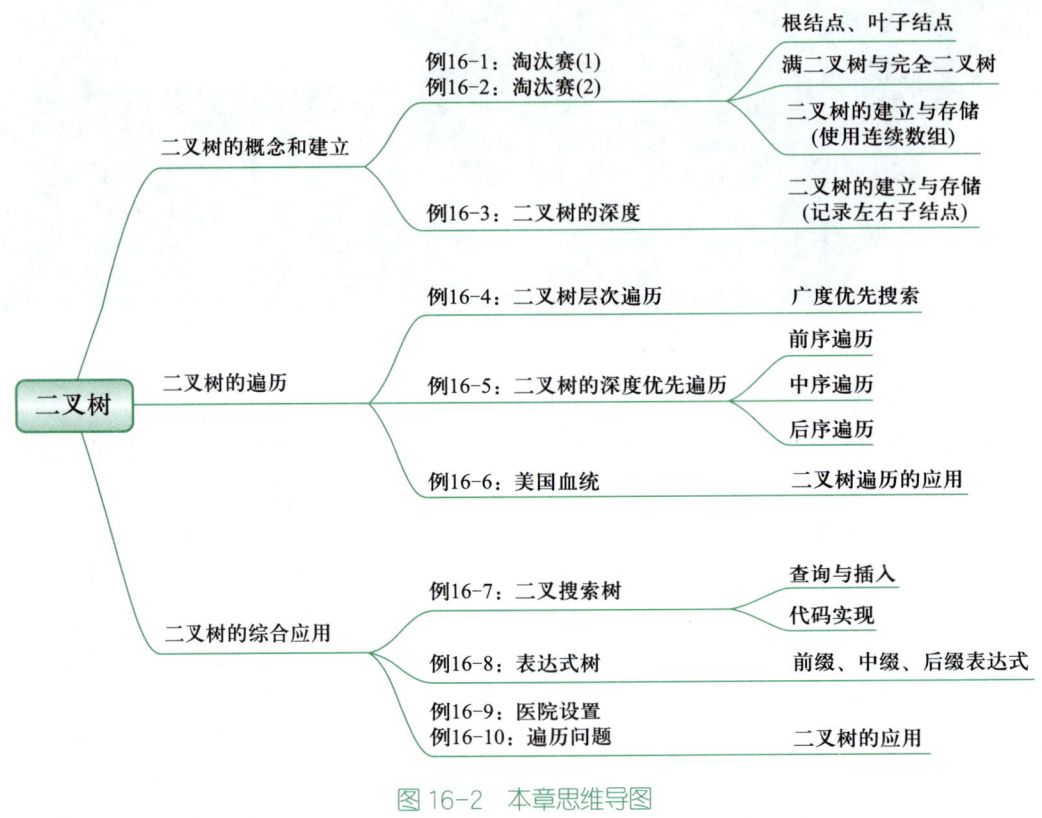

图 16-2　本章思维导图

16.1 二叉树的概念和建立

二叉树是一种特殊的树,每次分叉不超过两部分。二叉树作为数据结构是非常重要和基础的。无论是二叉堆、线段树还是平衡树,这些高级的数据结构都以二叉树为基础。多叉树可以转换成二叉树,而更复杂的一些树结构会在《进阶篇》中介绍。

例 16-1　淘汰赛(1)。淘汰赛有 2^n($n \leqslant 7$)个国家参加世界杯决赛圈且进入淘汰赛环节。已经知道各个国家的能力值,且都不相等。能力值高的国家和能力值低的国家踢比赛时高者获胜。1 号国家和 2 号国家踢一场比赛,胜者晋级。3 号国家和 4 号国家也踢一场,胜者晋级……晋级后的国家用相同的方法继续完成赛程,直到决出冠军。给出各个国家的能力值,请问:亚军是哪个国家?

分析: 假设 $n=3$,有 8 个国家参加,各个国家的能力值分别是(4,2,3,1,10,5,9,7)。可以很容易地画出如图 16-3 所示的赛程图。

从图 16-3 可以看出,最厉害的 5 号国家是当之无愧的冠军,但是 1 号国家实力不怎么样,只是在决赛之前遇到的对手更弱,所以侥幸闯进了决赛;而 7 号国家也挺厉害,但很不幸在半决赛遇到了冠军 5 号国所以惨遭淘汰。可见,并不是第二强的国家就一定能拿到亚军。

从图 16-3 中还可以看到,从冠军(**根结点**)往下面看,每个获胜者结点下面都是 2 个国家。这就是一棵典型的二叉树。更加严格的递归定义是:二叉树要么为空,要么由根结点、左子树、右子树构成,而左右子树分别还是一棵二叉树(读者可以验证一下这个赛程图是否符合上面的

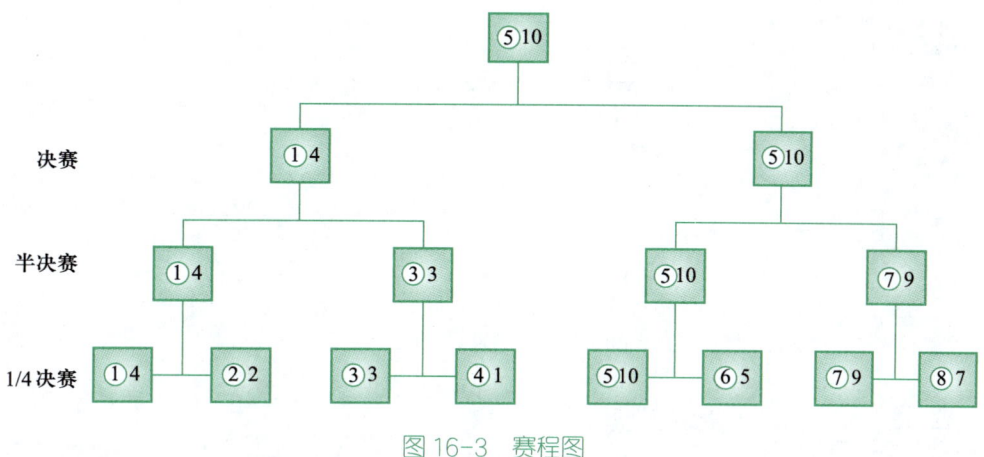

图 16-3 赛程图

定义）。如果一个结点没有任何子树，那就称为**叶子结点**。

这个赛程图经过了 3 轮比赛，一共有 4 层结点，所以这个二叉树的高度是 4。如果一个二叉树的高度为 h，从第二层开始每一层的结点数都是上一层的两倍，一共有 2^h-1 个结点的二叉树称为**完美二叉树**[①]。

对于完美二叉树，可以从上到下，从左到右，对各个结点从 1 开始分配编号，如图 16-4 所示。

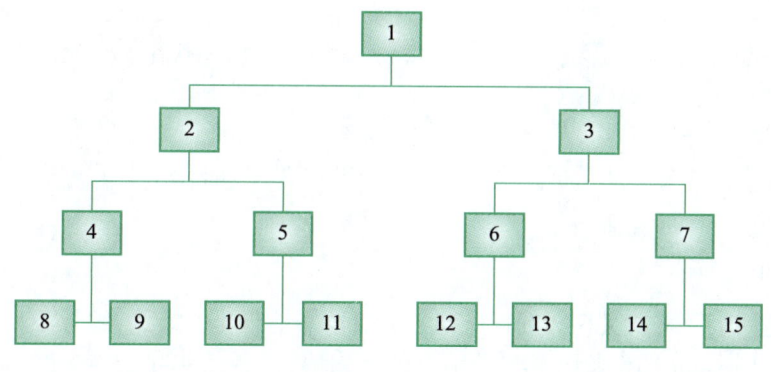

图 16-4 完美二叉树的结点编号

有没有发现一些规律？对于 i 号非叶子结点，它的左子树编号是 $2 \times i$，右子树的编号是 $2 \times i+1$。这样就可以创建若干足够大的数组将各个结点的信息记录进去，通过计算编号来访问左右子树，并使用递归的方式得到各个子树的统计，代码如下：

```
#include <cstdio>
#include <iostream>
using namespace std;
int value[260], winner[260];
int n;
```

[①] 至于"满二叉树"，在不同的地方有不同的定义。许多地方（多见于国内教材）将"满二叉树"等同于完美二叉树；也有地方的"满二叉树"是指所有结点中，要么有两个子结点，要么没有子结点的二叉树。

```cpp
void dfs(int x) {
    if (x >= 1 << n) // 如果是叶子结点就不要继续遍历下去了
        return;
    else {
        dfs(2 * x); // 遍历左子树
        dfs(2 * x + 1); // 遍历右子树
        int lvalue = value[2 * x], rvalue = value[2 * x + 1];
        if (lvalue > rvalue) { // 左结点获胜
            value[x] = lvalue; // 记录下获胜方的能力值
            winner[x] = winner[2 * x]; // 和获胜方的编号
        } else { // 右结点获胜
            value[x] = rvalue;
            winner[x] = winner[2 * x + 1];
        }
    }
}

int main() {
    cin >> n;
    for (int i = 0; i < 1 << n; i++) {
        cin >> value[i + (1 << n)]; // 读入各个结点的能力值
        winner[i + (1 << n)] = i + 1; // 叶子结点的获胜方就是自己国家的编号
    }
    dfs(1); // 从根结点开始遍历
    cout << (value[2] > value[3] ? winner[3] : winner[2]); // 找亚军
    return 0;
}
```

考虑到这是一个完美二叉树,1 到 (1<<n)-1 编号都是非叶子结点,编号不小于 1<<n 都是叶子结点。本题使用 value[i] 来记录叶子结点的实力值,或者是非叶子结点的该子树的最大值;使用 winner[i] 来记录该子树的获胜者。当所有比赛模拟完毕,winner[1] 记录了整场比赛的冠军,value[i] 记录了冠军的实力值。这时要比较一下谁是决赛败者,输出败者的国家编号,即整场比赛的亚军。

由于需要维护和子树相关的两个值——value 和 winner,所以建立了这两个数组存储子树的信息。有时只需要维护子树的一个信息,也可不用建立这样的数组,而是将 dfs 函数定义为具有返回值函数,然后在递归函数中处理这个值(如例 16-3)。事实上,函数也可以返回两个(甚至是多个)返回值,可以使用 STL 中的 pair 容器做到,这里不再详细阐述。

例 16-2 淘汰赛(2)。如果国家个数不是 2^n 个,而是一个任意正整数,这棵树会长成什么样呢?

如果一个二叉树除了最后一层以外,其他层的结点都是满的,而且最后一层的结点是从左到右的一排连续的,那么这样的二叉树称其为**完全二叉树**。完全二叉树的结点编号如图 16-5 所示。

可以发现,完全二叉树和完美二叉树可以用同样的方法存储,基本上没有什么大的差别。

第 16 章 二 叉 树

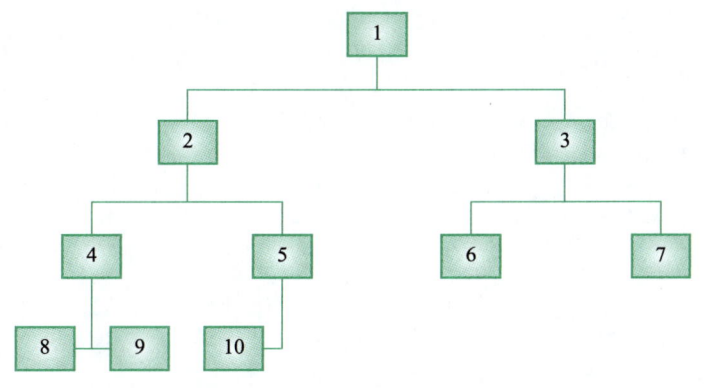

图 16-5 完全二叉树的结点编号

例 16-3 二叉树深度（洛谷 P4913）。给出每个结点的两个儿子结点，建立一棵二叉树，如果是叶子结点，则输入"0 0"。建好树后希望知道这棵二叉树的深度。二叉树的**深度**是指从根结点到叶子结点时，最多经过了几层。

例如，当输入是：

```
7
2 7
3 6
4 5
0 0
0 0
0 0
0 0
```

构建的二叉树如图 16-6(a)所示，深度是 4。

分析： 一些非完全二叉树可能深度很大，比如一种最极端的情况是一条链，这样的树深度是 n，如图 16-6(b)所示。如果沿用之前的存储方法，则需要建立一个大小为 2^n 的数组，空间复杂度无法承受所以采用存储左右两个儿子的方法来存储这棵二叉树，而不是用 $2x, 2x+1$ 来代表左右两个儿子。

由于每个结点最多只有两个儿子，所以可以对每个结点定义两个成员变量，用 left 来表示左儿子，right 来表示右儿子。dfs 函数能返回结点 x 的深度，并不需要建立数组存下这个信息。

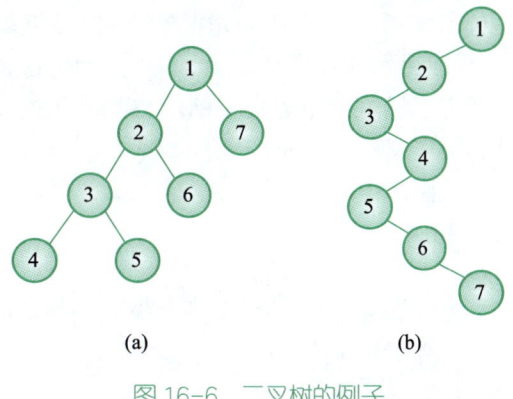

图 16-6 二叉树的例子

```
#include <iostream>
using namespace std;
```

```
const int MAXN = 2e5 + 7;
struct Node {
    int left, right;
} t[MAXN];
int n;
void build() {
    for (int i = 1; i <= n; i++)
        scanf("%d %d", &t[i].left, &t[i].right);
}
int dfs(int x) {
    if (!x) return 0;
    return max(dfs(t[x].left), dfs(t[x].right)) + 1;
}
int main() {
    cin >> n;
    build();
    cout << dfs(1);
    return 0;
}
```

16.2 二叉树的遍历

二叉树遍历的意思是将一棵二叉树从根结点开始,按照指定顺序,不重复、不遗漏地访问每一个结点。在完成一些任务中,必须要访问所有结点的信息,那么就需要按照某种方式不重复、不遗漏地访问所有结点。

例 16-4 二叉树层次遍历。

分析:遍历是指沿着某条搜索路线,依次对树中的每个结点均做一次且仅做一次访问。直接对二叉树进行广度优先搜索,将根结点放入初始队列中,取出每次出队的结点,即可得到层次遍历。取出时别忘了把这个结点的子结点放到队伍的末尾。二叉树的层次遍历如图 16-7 所示。

从图 16-7 可以看出,这棵二叉树的层次遍历就是 1 2 7 3 6 4 5。

例 16-5 二叉树的深度优先遍历。同例 16-3,输入一个二叉树,然后输出这个二叉树前序、中序、后序遍历。

对于任意给定结点,可以访问该结点本身、遍历左子树、遍历右子树。根据在某个结点中遍历的顺序不同,有以下 3 种遍历方式。

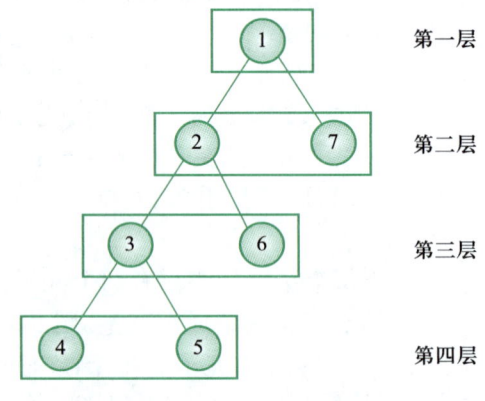

图 16-7 二叉树的层次遍历

1) 前序遍历:首先访问根结点,然后遍历左子树,最后遍历右子树。

2)中序遍历:首先遍历左子树,然后访问根结点,最后遍历右子树。

3)后序遍历:首先遍历左子树,然后遍历右子树,最后访问根结点。

分析: 无论是哪种遍历方式,本质上都是深度优先遍历,只是递归的顺序不一样。前面的章节已经介绍过了递归与回溯算法,也给出了深度优先搜索的解答树。其实,二叉树的遍历本质上也是深度优先搜索。二叉树的深度优先搜索如图 16-8 所示。

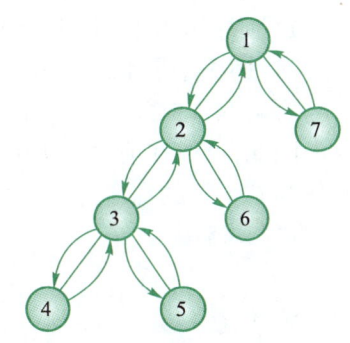

图 16-8 二叉树的深度优先搜索

虽然这 3 种遍历方式都是深度优先搜索,但是处理这棵子树的顺序是不一样的。按照上面的 3 种遍历方式编写函数,可以写出下面的代码:

```
void pre_order(int x) {
    printf("%d\n", x);
    if (t[x].left)pre_order(t[x].left);
    if (t[x].right)pre_order(t[x].right);
}
void in_order(int x) {
    if (t[x].left)in_order(t[x].left);
    printf("%d\n", x);
    if (t[x].right)in_order(t[x].right);
}
void post_order(int x) {
    if (t[x].left)post_order(t[x].left);
    if (t[x].right)post_order(t[x].right);
    printf("%d\n", x);
}
```

如图 16-8 中的树,得到的遍历结果如下

1)前序遍历:1 2 3 4 5 6 7。

2)中序遍历:4 3 5 2 6 1 7。

3)后序遍历:4 5 3 6 2 7 1。

例 16-6 美国血统(洛谷 P1827, USACO Training)。给出一棵二叉树的中序遍历和前序遍历,求出这棵二叉树的后序遍历。

分析: 通过前序遍历可以找出当前二叉树的根(即前序遍历中第一个位置的值),然后可以在中序遍历中找出当前二叉树的根所在的位置,此时可以得到左子树和右子树的大小,于是可以继续递归下去操作。

仍以上面的树为例子。

1)前序遍历:1 2 3 4 5 6 7。

2)中序遍历:4 3 5 2 6 1 7。

先找出前序遍历的根 1,然后在中序遍历中找到 1 的位置。

1）前序遍历:【1】2 3 4 5 6 7。

2）中序遍历:4 3 5 2 6【1】7。

所以"4 3 5 2 6"这些数都是在以 1 为根的左子树里面，"7"是在以 1 为根的右子树里面。

因此，可以在前序遍历中提取出"2 3 4 5 6"这个区间作为左子树的前序遍历，"7"这个区间作为右子树的前序遍历。然后递归的时候按照后序遍历的顺序输出根结点的值即可。于是可以递归求解：

```
void build( int l1 , int r1 , int l2 , int r2 ){
    for( int i = l2 ; i <= r2 ; i++ )
        if( b[i] == a[l1] ){
            build( l1 + 1 , l1 + i - l2 , l2 , i - 1 ) ;
            build( l1 + i - l2 + 1 , r1 , i + 1 , r2 ) ;
            cout << a[l1] << " ";
            return;
        }
}
```

16.3 二叉树的综合应用

例 16-7 二叉搜索树（洛谷 P5076）。需要写一种数据结构来维护一些数（都是 10^9 以内的数字）的集合，最开始时集合是空的。其中需要提供以下操作，操作次数 q 不超过 10000：

1）查询 x 数的排名（排名定义为比当前数小的数的个数 +1。若有多个相同的数，应输出最小的排名）。

2）查询排名为 x 的数。

3）求 x 的前驱（前驱定义为小于 x，且最大的数）。

4）求 x 的后继（后继定义为大于 x，且最小的数）。

5）插入一个数 x。

分析：这道题可以使用暴力枚举的方法，但是也可以使用**二叉搜索树**（又称为二叉查找树）优雅地完成。二叉搜索树具有以下的性质：

1）若结点 x 的左子树不空，则 x 左子树中所有结点的值均小于结点 x 的值。

2）若结点 x 的右子树不空，则 x 右子树中所有结点的值均大于结点 x 的值。

3）任意结点的左、右子树也分别是二叉搜索树。

4）没有键值相等的结点。

图 16-9 所示为一棵二叉搜索树。

可以对每个结点定义 5 个变量，用 left 表示左儿子，right 表示右儿子，value 表示该结点的权值，size 表示以该结点为根结点的子树的结点个数，num 表示该结点权值出现的次数。

1）查询 x 数的排名。每次将 x 和根结点 root 的权值比较。如果 x 小于根结点 root 的权值，那么 root 的右子树里面的所有权值都比 x 要大，所以递归下去查询左子树。如果 x 大于根结点

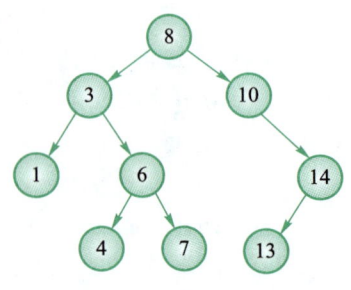

图 16-9 一棵二叉搜索树

root 的权值,那么 root 的左子树里面的所有权值都比 x 要小,所以递归下去查询右子树,并且把左子树的大小加入到答案里面。如果 x 等于根结点 root 的权值,那么我们已经找到了 x,返回答案即可。

2) 查询排名为 x 的数。当查询 root 子树中第 x 小的值时:如果 x 小于或等于 root 左子树的大小,则排名为 x 的数一定在 root 的左子树中,递归下去查询 root 的左子树中排名为 x 的数;如果 x 等于 root 左子树的大小 +1,由于左子树里面的权值都小于根结点 root 的权值,右子树里面的权值都大于根结点 root 的权值,所以排名为 x 的数一定是根结点 root 的权值,将其返回即可;如果 x 大于 root 左子树的大小 +1,则排名为 x 的数一定在 root 的右子树中,递归下去查询 root 的右子树中排名为 x– 左子树大小 –1 的数。

3) 求 x 的前驱后继。不用专门写两个函数来查询前驱后继,可以先查询 x 的排名 rank,然后查询排名为 rank–1 的数与排名为 rank+1 的数,这两个查询结果即分别为 x 的前驱和后继。

4) 插入一个数 x。每次将 x 和根结点 root 的权值比较。如果 x 小于根结点 root 的权值,那么把 x 插入 root 的左儿子里面;如果 x 大于根结点 root 的权值,那么把 x 插入 root 的右儿子里面,这样操作之后这个二叉搜索树仍然保持了其性质。如果此时将 x 插入的那个位置的结点并不存在,比如要将 x 插入 root 的左子树中,但是 root 的左儿子是空的,则新建一个结点,权值为 x,来代替那个不存在的结点,然后回溯的时候更新该结点的 size 值。

代码实现如下:

```cpp
#include <iostream>
#define MAXN 100010

using namespace std;

int n , root , cnt , opt , x;

struct Node {
    int left, right, size, value, num;
    Node(int l, int r, int s, int v)
        : left(l), right(r), size(s), value(v), num( 1 ) {}
    Node() {}
} t[MAXN];
inline void update(int root) {
    t[root].size = t[t[root].left].size + t[t[root].right].size + t[root].num;
    //更新结点信息
}
int rank(int x, int root) { // 查找数的排名
    if( root )
    {
        if (x < t[root].value) //右子树所有数都比 x 大,故进入左子树
            return rank(x, t[root].left);
        if (x > t[root].value)
            // 左子树所有数都比 x 小,故进入右子树并且加上左子树的 size
            return rank(x, t[root].right) + t[t[root].left].size + t[root].n um;
```

```cpp
        return t[ t[ root ].left ].size + t[root].num;
    }
    return 1;
}
int kth(int x, int root) { // 查询排名为 x 的数
    if (x <= t[t[root].left].size)
        // 排名为 x 的数在左子树，故进入左子树
        return kth(x, t[root].left);
    if (x <= t[t[root].left].size + t[root].num)
        // 当前根结点就是排名为 x 的数，返回当前根结点的值
        return t[root].value;
    return kth(x - t[t[root].left].size - t[root].num, t[root].right);
    /* 排名为 x 的数在右子树，故进入右子树，并把 x 减去左子树 size+t[root].num（根结点）*/
}
void insert(int x, int & root) { // 插入值为 x 的数
    if (x < t[root].value) // 插入到左子树中
        if (!t[root].left)
            // 左儿子不存在，则新建一个权值为 x 的结点作为左儿子
            t[ t[ root ].left = ++cnt ] = Node(0, 0, 1, x);
        else // 左儿子存在，则递归插入
            insert(x, t[root].left);
    else if (x > t[root].value) // 插入到右子树中
        if (!t[root].right)
            // 右儿子不存在，则新建一个权值为 x 的结点作为右儿子
            t[ t[ root ].right = ++cnt ] = Node(0, 0, 1, x);
        else // 右儿子存在，则递归插入
            insert(x, t[root].right);
    else //x的结点已经存在，把结点大小加一
        t[root].num++;
    update(root);
}

int main(){
    cin >> n;
    int num = 0;
    t[ root = ++cnt ] = Node( 0 , 0 , 1 , 2147483647 );
    while( n-- ) {
        cin >> opt >> x;
        num++;
        if( opt == 1 ) cout << rank( x , root ) << endl;
        else if( opt == 2 ) cout << kth( x , root ) << endl;
        else if( opt == 3 ) cout << kth( rank( x , root ) - 1 , root ) << endl;
        else if( opt == 4 ) cout << kth( rank( x + 1 , root ) , root ) << endl;
        else num-- , insert( x , root );
    }
    return 0;
}
```

第 16 章 二叉树

在数据随机生成的情况下,可以发现经过一系列插入操作之后,二叉搜索树的深度还是期望 $O(\log n)$ 的,但是如果数据是经过构造的,比如依次插入 1 2 3 4 5 6 7 8 9 10 … 这样的数,二叉搜索树就会退化成如图 16-10 所示的一条链,深度会达到 $O(n)$。也就是说,查询复杂度可能会退化到单次 $O(n)$。

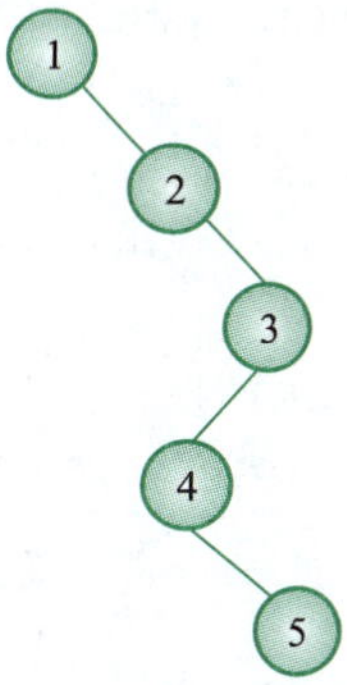

为了解决这个问题,可以改良二叉搜索树,将其变成平衡二叉搜索树,简称平衡树。平衡树可以通过特有的平衡策略来保证其深度,不过超出了本书讨论的内容,感兴趣的读者可以参考相关的资料。

例 16-8 表达式树。表达式树的叶结点是操作数,非叶结点是操作符,假设所有的运算符都是双目运算符,那么表达式树就是一棵二叉树。可以通过递归计算左子树和右子树的值,然后在根结点处按照根结点的运算法则来合并左子树和右子树的值,得到根结点的值,从而可以得到整个表达式的值。图 16-11 所示为一棵表达式树。

图 16-10 退化成一条链

下面来观察一下这棵表达式树的一些性质。

表达式树的前序遍历也叫作这个表达式的**前缀表达式**,如图 16-11 所示的这棵树的前序遍历就是 ++a*bc*de。

表达式树的中序遍历也叫作这个表达式的**中缀表达式**,如图 16-11 所示的这棵树的中序遍历就是 a+b*c+d*e。中序表达式是平常最常见的表达式。

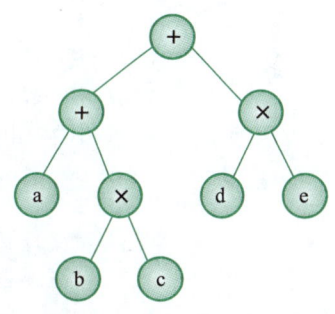

图 16-11 一棵表达式树

表达式树的后序遍历也叫作这个表达式的**后缀表达式**,如图 16-11 所示的这棵树的后序遍历就是 abc*+de*+。后缀表达式是计算机中最常用的表达式,因为便于计算机计算。在前面线性表一章中有提到过后缀表达式。

例 16-9 医院设置(洛谷 P1364)。给定一棵结点数不超过 100 的二叉树,每个结点上的权值表示这个地方的人数,要修一个医院使得所有人到医院的距离的和最小,求这个最小的和。

分析: 可以考虑枚举在哪个结点建立医院,然后计算一下答案,取最小的答案即可。如何计算所有结点到某个指定结点的路程和呢?有以下几种办法:

1)将树存为一张图,然后对这个图进行所有点对之间的最短路径计算,例如使用 Floyd 算法。该知识点尚未学过,且复杂度是 $O(N^3)$。

2)对这个指定的结点作为源点,向周围结点进行广度优先搜索,记录下所有结点到这个结点的距离,复杂度是 $O(N^2)$。

3)和上一种方法类似,但从指定结点开始,使用深度优先搜索。对于某个结点来说,搜索的深度就是源点到这个结点的距离,单点贡献(该点所有居民到医院的距离之和)就是源点到这个结点的距离乘上该点的居民数量;然后加上自己的父结点和左右子结点的贡献,并返回统计的和。这里 vis 数组保证每个结点只统计一次。这种做法的代码如下:

```
#include <iostream>
#include <cstring>
#define MAXN 110
```

```cpp
using namespace std;
int n, ans = 1000000000, vis[MAXN];
struct Node {
    int left, right, father, value;
} t[MAXN];
int cal(int x, int d) {
    if (!x || vis[x]) return 0; // 保证每个结点只访问一次
    vis[x] = 1;
    return cal(t[x].left, d + 1) + cal(t[x].right, d + 1) /* 左子结点、右子结点 */
        + cal(t[x].father, d + 1) + t[x].value * d; // 父结点
}
int main() {
    cin >> n;
    for (int i = 1 ; i <= n ; i++)
        cin >> t[i].value >> t[i].left >> t[i].right;
    for (int i = 1 ; i <= n ; i++) {
        t[t[i].left].father = i;
        t[t[i].right].father = i;
    }
    for (int i = 1 ; i <= n ; i++) {
        memset(vis, 0, sizeof(vis));
        ans = min(ans, cal(i, 0));
    }
    cout << ans << endl;
    return 0;
}
```

例 16-10 遍历问题（洛谷 P1229，USACO Training）。通过前面的学习，读者已经很熟悉二叉树的前序、中序、后序遍历，在数据结构中常提出这样的问题：已知一棵二叉树的前序和中序遍历，求它的后序遍历。相应地，已知一棵二叉树的后序遍历和中序遍历序列，也能求出它的前序遍历。然而，给定一棵二叉树的前序和后序遍历，却不能确定其中序遍历序列，考虑图 16-12 中的几棵二叉树。

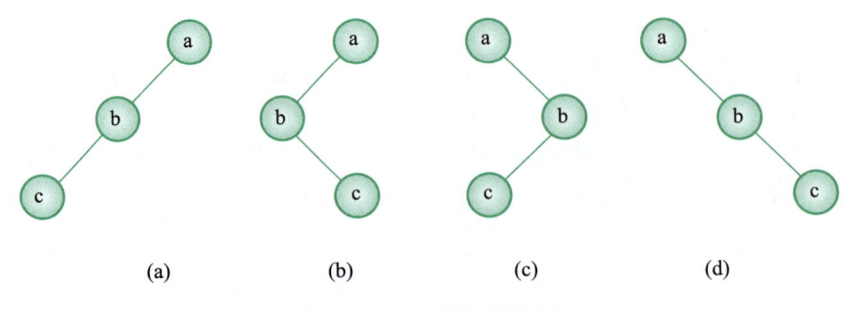

图 16-12　遍历问题的图

所有这些二叉树都有着相同的前序遍历和后序遍历,但中序遍历却不相同。给出二叉树的前序遍历结果 s_1,后序遍历结果 s_2,输出可能的中序遍历序列的总数。

分析:观察题目,可以发现一个性质,在知道前序后序的情况下有不同的中序遍历,当且仅当这个结点只有一个儿子,于是可以将问题转化为找只有一个儿子的结点个数。

如果在前序中出现 AB,后序中出现 BA,则这个结点一定只有一个儿子,于是只需要求出满足这样的条件的点的个数即可。

假设有 x 个结点只有一个儿子,那按照乘法原理,每个这样的结点有两种可能性:有左儿子或者有右儿子,于是答案是 2^x 种可能的二叉树。

```
#include <iostream>
#define MAXN 100010
using namespace std;
int ans;
char a[ MAXN ] , b[ MAXN ];
int main() {
    cin >> a >> b;
    for( int i = 0 ; a[i] ; i++ )
        for( int j = 1 ; b[j] ; j++ )
            if( a[i] == b[j] && a[i + 1] == b[j - 1] )
                ans++;
    cout << ( 1 << ans ) << endl;
    return 0;
}
```

16.4 课后习题与实验

习题 16-1 图 16-13 所示二叉树的深度是多少?写出这个二叉树的前序遍历、中序遍历、后序遍历。

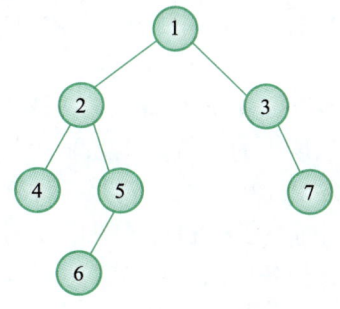

图 16-13 习题 1 的二叉树

习题 16-2 判断图 16-14 所示各树是否是二叉树、完美二叉树、完全二叉树。

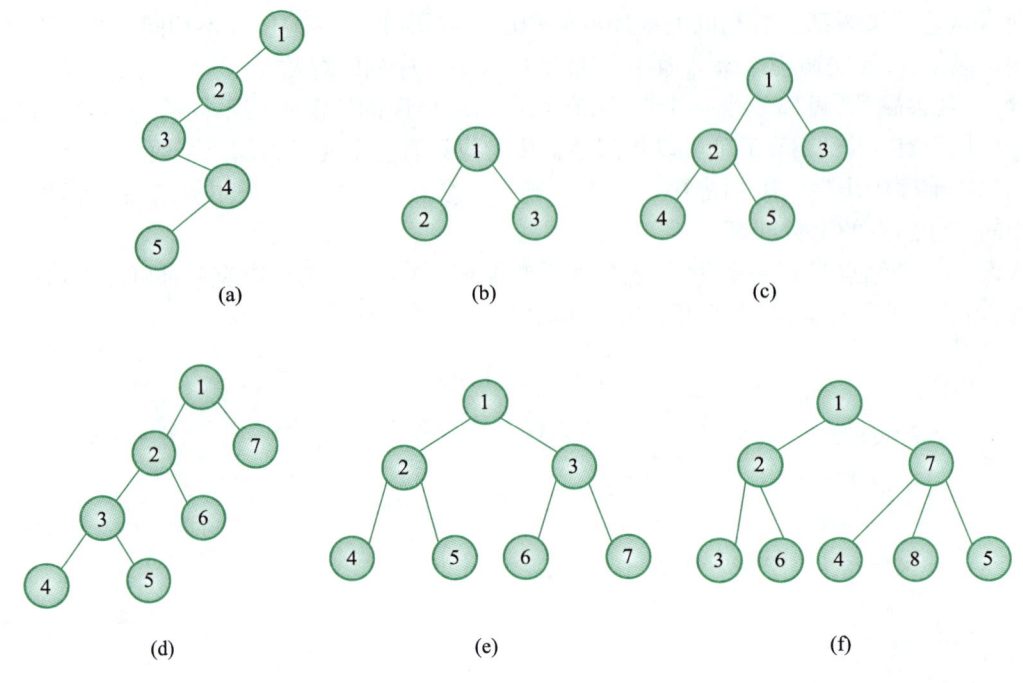

图 16-14　习题 2 的树

习题 16-3　随机插入 n 个数,二叉搜索树的期望深度是多少?最坏深度的期望呢?

习题 16-4　新二叉树(洛谷 P1305)。输入一棵二叉树,每个结点用字母表示,且告知每个结点的左右儿子结点,空结点用 * 表示。结点数量不超过 26。输出二叉树的前序遍历。

习题 16-5　求先序排列(洛谷 P1030)。给出一棵二叉树的中序与后序排列。求出它的前序排列(约定树结点用不同的大写字母表示,长度≤8)。

习题 16-6　FBI 树(洛谷 P1087)。可以把由 "0" 和 "1" 组成的字符串分为 3 类:全 "0" 串称为 B 串,全 "1" 串称为 I 串,既含 "0" 又含 "1" 的串则称为 F 串。FBI 树是一种二叉树,它的结点类型也包括 F 结点,B 结点和 I 结点 3 种。由一个长度为 2^n 的 "0-1" 串 S 可以构造出一棵 FBI 树 T,递归的构造方法如下:

1) T 的根结点为 R,其类型与串 S 的类型相同。

2) 若串 S 的长度大于 1,将串 S 从中间分开,分为等长的左右子串 S_1 和 S_2;由左子串 S_1 构造 R 的左子树 T_1,由右子串 S_2 构造 R 的右子树 T_2。

现在给定一个长度为 $2^n(n≤10)$ 的 "0-1" 串,请用上述构造方法构造出一棵 FBI 树,并输出它的后序遍历序列。

习题 16-7　二叉树问题(洛谷 P3884,吉林省队选拔 2009)。给出一棵结点数为 $n(n≤10^2)$ 的二叉树,求其深度、宽度(最大的一层中的点数),以及两个结点 u 和 v 之间的距离。

习题 16-8　绘制二叉树(洛谷 P1185)。二叉树是一种基本的数据结构,它要么为空,要么由根结点、左子树和右子树组成,同时左子树和右子树也分别是二叉树。当一棵二叉树高度为 $m-1$ 时,则共有 m 层。除 m 层外,其他各层的结点数都达到最大,且结点都在第 m 层时,这就是一个满二叉树。

现在,需要你用程序来绘制一棵二叉树,它由一棵满二叉树去掉若干结点而成。对于一棵满二叉树,需要按照以下要求绘制:

1) 结点用小写字母 "o" 表示,对于一个父亲结点,用 "/" 连接左子树,同样用 "\" 连接右子树。

2) 定义[i,j]为位于第 i 行第 j 列的某个字符。若[i,j]为 /,那么[i−1,j+1]与[i+1,j−1]要么为 o,要么为 /。若[i,j]为 \,那么[i−1,j−1]与[i+1,j+1]要么为 o,要么为 \。同样,若[i,j]为第 1−m 层的某个结点(即 o),那么[i+1,j−1]为 /,[i+1,j+1]为 \。

3) 对于第 m 层结点也就是叶子结点,若两个属于同一个父亲,那么它们之间由 3 个空格隔开,若两个结点相邻但不属于同一个父亲,那么它们之间由 1 个空格隔开。第 m 层左数第 1 个结点之前没有空格。

最后需要在一棵绘制好的满二叉树上删除 n 个结点(包括它的左右子树,以及与父亲的连接),原有的字符用空格(ASCII 码值为 32,请注意空格与 ASCII 码值为 0 的区别,若用记事本打开看起来是一样的,但是评测时会被算作错误答案)替换。

```
输入：     输出：
4 3             o
3 2            / \
4 1           /   \
3 4          /     \
            /       \
           /         \
          o           o
         /           /
        /           /
       o           o
        \         / \
         o       o   o
```

第17章 集合

有时候，并不关心数据之间的前后关系，也不关心数据的层次关系。一些确定元素只是单纯的聚集在一起，这样的元素聚集体被称为集合。

当希望知道某个数据是否存在一个集合中，或者两个元素是否在同一个集合中时，就需要使用一些集合数据结构来维护集合元素之间的关系。图 17-1 所示为本章思维导图。

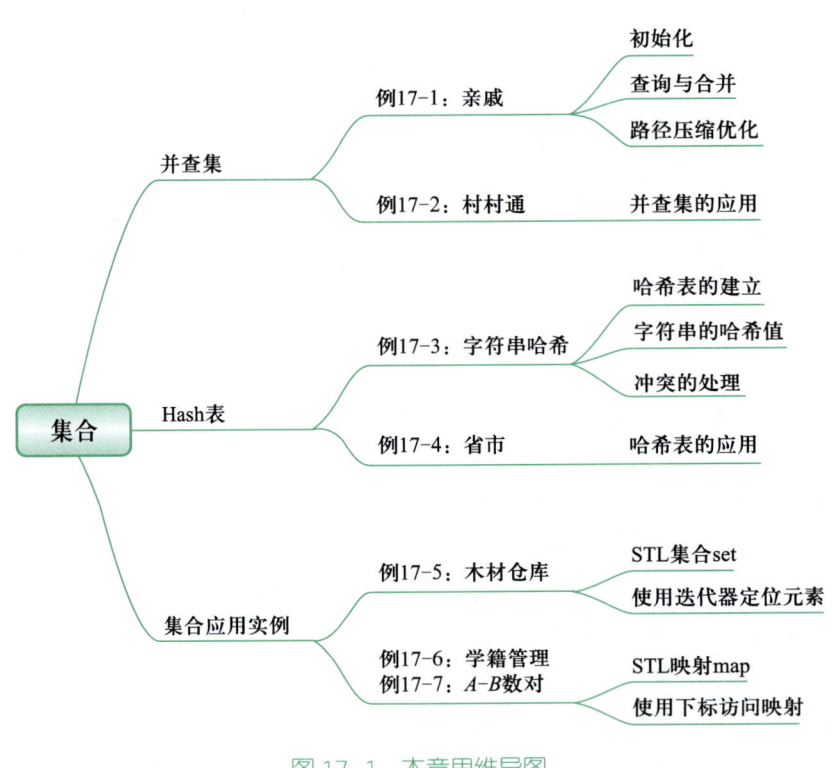

图 17-1 本章思维导图

17.1 并查集

例 17-1 亲戚（洛谷 P1551）。

题目描述：如果 x 和 y 是亲戚，y 和 z 是亲戚，那么 x 和 z 也是亲戚。如果 x 和 y 是亲戚，那

么 x 的亲戚都是 y 的亲戚，y 的亲戚也都是 x 的亲戚。现在给出某个亲戚关系图，求任意给出的两个人是否具有亲戚关系。

输入格式：输入 3 个整数 n、m、p (n、m、$p \leq 5000$)，分别表示有 n 个人，m 个亲戚关系，询问 p 对亲戚关系。接下来 m 行，每行两个数说明这两个是亲戚。接下来 p 行，每行询问两个人是否是亲戚。

输出格式：对于每次查询，需要输出 Yes 或者 No 表示这次查询是否是亲戚关系。

输入样例：

```
6 5 3
1 2
1 5
3 4
5 2
1 3
1 4
2 3
5 6
```

输出样例：

```
Yes
Yes
No
```

分析：将所有有亲戚关系的人归为同一个集合中（同一个家族）。如果想查询两个人是否具有亲属关系，只需要判断这两个人是否为同一个家族内。图 17-2 所示为样例中的家族关系。

由图 17-2 可以发现 1 号和 2 号直接相连，4 号和 5 号间接相连……所以 1、2、3、4、5 都在同一个家族，他们所有人之间都是亲人关系；而 6 号独然一人，自己构成一个家族。如果两个人不在同一个家族中，那么他们就不是亲戚。

那么，怎么判断两个人是否是在同一个家族内呢？每个家族中选出一位"族长"来代表整个家族，这样只需要知道两个人的族长是否为同一人，就能判断出是否属于同一个家族。根据输入的一对对关系来建立这个家族关系，之后才能知道每位成员的"族长"是谁。

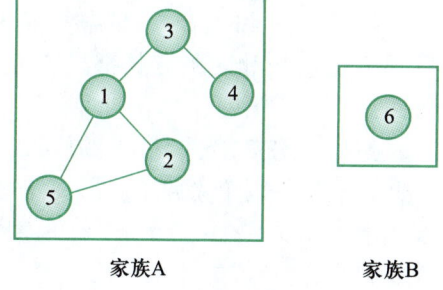

图 17-2 样例中的家族关系

规定所有的成员都有一名"负责人"。最开始的时候，所有人都"自成一族"，如图 17-3 所

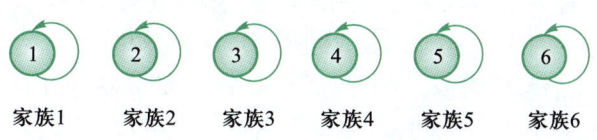

图 17-3 并查集初始关系

示（假设家族名就是族长编号）。每个成员都有一个指向自己的箭头，意思是自己的"负责人"就是自己，这时本人就是族长。

接下来，得知 1 和 2 是亲戚关系，那么就需要将 1 和 2 合并为同一个家族，将 1 的"负责人"改成 2 即可（反过来也可以）。于是，关系就变成了如图 17-4 所示的这样。

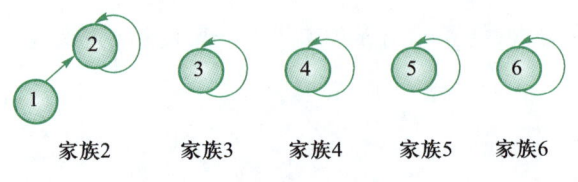

图 17-4　第一次合并

家族 1 呢？由于 1 号的负责人变成了 2，族长也换成了 2，所以家族 1 就不复存在了。这时，1 号和 2 号在同一个家族中，他们的族长都是 2 号。

接着又得到一个消息，1 和 5 也是亲戚关系。直接将 1 号的"负责人"改成 5 是不行的（要不然好不容易和 2 号建立起的亲情关系就破碎了），不过可以把 1 号的族长（也就是 2 号）的负责人变成 5 号，如图 17-5 所示。这样 1、2、5 三个人都成为亲戚关系了，他们的族长是 5 号。

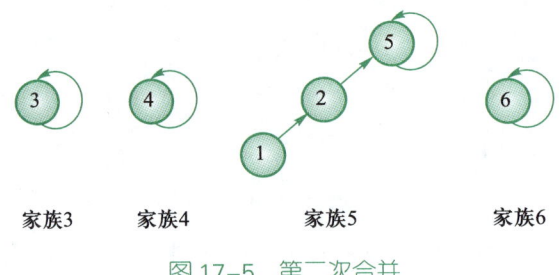

图 17-5　第二次合并

接下来，3 和 4 合并，只需要将 3 的负责人变成 4，都归为家族 4。2 和 5 合并，不经过计算发现 2 的族长和 5 的族长都是 5，已经是同一个家族了，所以忽略掉这一步。请读者自行完成草图。

然后 1 和 3 合并，将 1 的族长（5 号）的负责人变成 3 的族长（4 号）。如图 17-6 所示，至此一共就只剩下两个家族了。需要注意的是，查询某位成员的族长要沿着负责人关系一层一层往上遍历，直到发现自己的负责人就是自己，这位成员才是族长。

最后一次合并，发现 1 和 3 的族长都是 4，他们已经是同一个家族了，因此不需要进行任何操作。

如果需要查询两个人是否是在同一个家族中，只需要查询这两个人的族长是否是同一人。如果要把两个家族合并，就把其中一个家族的族长的负责人指向另外一个家族的族长即可。

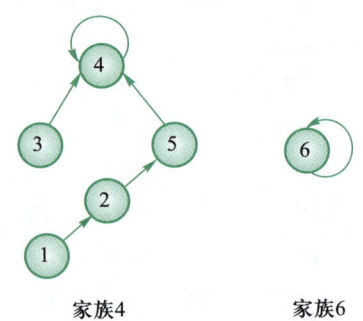

图 17-6　第五次合并

这种处理不相交可合并集合关系的数据结构叫作**并查集**。并查集具有查询、合并这两种基本操作。使用并查集时要先初始化并查集，然后处理这 m 个亲戚关系，如果两个人是亲戚，那么就在并查集上将这两个人所对应的集合 merge 起来，然后对于每个询问，只需要把这两个人的集合的代表元素 find 出来，判断是否相等即可——如果相等，那么这两个人在同一个集合里面，即是亲戚，否则不是。

```cpp
#include <iostream>
#define MAXN 5010
using namespace std;
int n, m, p, x, y;
int fa[MAXN];

int find(int x) { // 查询是否是同一个集合
    if (x == fa[x])return x;
    return fa[x] = find(fa[x]);
    // 还有一种等效的非递归写法, 请读者尝试完成
}
void join(int c1, int c2) { // 连接两个集合
    int f1 = find(c1), f2 = find(c2);
    if (f1 != f2)fa[f1] = f2;
}

int main() {
    cin >> n >> m >> p;
    for (int i = 1; i <= n; ++i)fa[i] = i; // 初始化
    for (int i = 0; i < m; ++i) {
        cin >> x >> y;
        join(x, y);
    }
    for (int i = 0; i < p; ++i) {
        cin >> x >> y;
        if (find(x) == find(y))
            cout << "Yes" << endl;
        else
            cout << "No" << endl;
    }
    return 0;
}
```

有些读者会发现,如果构造测试数据,在合并时将这个"族谱树"变成长长的一条链,这样每次查询就必须从底部开始一层一层地往上遍历所有的结点才能查询到族长是谁,效率很低。

如图17-7所示,可以进行路径压缩优化。可以发现一棵树上每个结点离根越近越好,因此

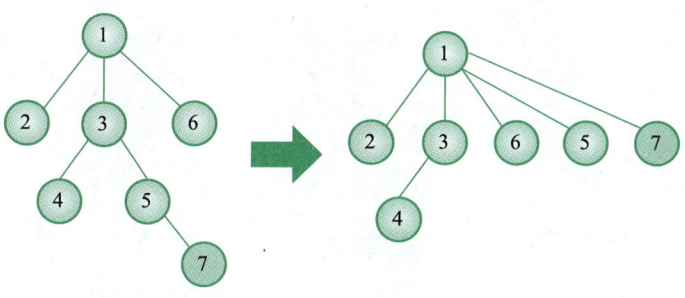

图17-7　路径压缩优化

在访问一个结点的同时将所有访问到的结点的负责人都设为族长,这样下次从同一个结点找族长的时候经过的结点数就会大大减少,这就是为什么在 find 函数中会有 fa[x]=find(fa[x])语句。

仅进行路径压缩使查询的时间复杂度降低至 $O(\log n)$。还可以进行按秩合并优化(树的深度小的一方的族长指向深度大的一方),将查询复杂度优化到接近常数,限于篇幅不展开说明,请读者自行查阅相关资料。

例 17-2 村村通(洛谷 P1536)。现有村镇道路统计表,表中列出了每条道路直接连通的村镇(村镇从 1 到 N 编号,$N \leqslant 1000$)。如果要求全市任何两个村镇间都可以实现交通(但不一定有直接的道路相连,只要相互之间可达即可),最少还需要建设多少条道路?

分析: 先处理每条存在的边,即把每条存在的边所连接的两个结点用并查集合并起来。然后通过记录不同的代表元个数,就可以知道有多少个集合,即有多少个连通块了。可以发现,一条边只能把两个连通块合成为一个,即将连通块个数减少 1,要实现全市任何两个村镇间都可以实现交通,即连通块只有一个,所以答案就是连通块个数 −1,输出即可。

17.2 Hash 表

例 17-3 字符串哈希(洛谷 P3370)。给定 N($N \leqslant 10000$)个字符串,第 i 个字符串长度为 M_i($M_i \leqslant 1500$),字符串内包含数字、大小写字母(大小写敏感),请求出 N 个字符串中共有多少个不同的字符串。

分析: 先来分析一个简化版的问题:给定 N 个自然数,值域是 $[0, 10^9]$,求出这 N 个自然数中共有多少个不同的自然数。

如果值域是 $[0, 10^7]$,那么可以利用之前介绍过的计数排序算法解决。定义一个 $[0, 10^7]$ 的大数组 a,每个位置 a[x] 所对应的值为 0 代表这个值 x 并没有出现过,为 1 则代表这个值 x 出现过。然后将这 N 个自然数一个一个进行判断,如果 a[x] 为 0,则这个数没统计过,把答案加 1,然后把 a[x] 设为 1;否则,这个数已经被统计过了,不对答案进行改变。

那么值域是 $[0, 10^9]$,该怎么办呢?可以取一个模数 mod,定义一个大小为 mod 的数组,然后把每个数对 mod 取模。如果两个数对 mod 取模得到相同的值,那么就认为这两个数是相同的。代码如下:

```
#include <iostream>
#define mod 233333
using namespace std;
int n, x, ans, a[mod + 2];
int main() {
    cin >> n;
    for (int i = 1 ; i <= n ; i++) {
        cin >> x;
        x %= mod;
        if (!a[x]) a[x] = 1, ans++;
    }
    cout << ans << endl;
```

```
        return 0;
    }
```

可以发现,这个处理方法的优势和劣势都很明显。优势是这个做法有效地减少了空间的利用,只需要定义一个大小为 mod 的数组。而劣势是,如果有两个不同的数恰好对 mod 取模之后得到了相同的结果,那这个算法的正确性就得不到保证了——算法会认为这两个数是同一个数,但实际上是两个不同的数,产生了冲突。

该如何优化这个算法,使得其既保证了正确性,又降低了时间和空间复杂度呢?可以把一个 int 的数组改成一个 vector<int> 的数组或者一个链表,然后将取模后为同一个数的所有值都存在其对应的 vector 或者链表中。

然后每次判断一个数 x 是否存在的时候,遍历 x%mod 位置的 vector 或链表中所有元素,看是否有 x 即可。下面给出代码,使用 vector 来存元素:

```cpp
#include <iostream>
#include <vector>
#define mod 233333
using namespace std;
int n, x, ans;
vector <int> linker[mod + 2];
inline void insert(int x) {
    for (int i = 0; i < linker[x % mod].size(); i++)
        if (linker[x % mod][i] == x)
            return;
    linker[x % mod].push_back(x);
    ans++;
}
int main() {
    cin >> n;
    for (int i = 1; i <= n; i++) {
        cin >> x;
        insert(x);
    }
    cout << ans << endl;
    return 0;
}
```

例如,当需要存储的数字为 1 2 3 4 5 6,模数为 4 的时候,这个 vector 的数组就是这样的:模 4 为 0 的数只有 4,模 4 为 1 的数有 1 和 5,模 4 为 2 的数有 2 和 6,模 4 为 3 的数只有 3。此时 vector 的数组存储的数据如图 17-8 所示。

当加入一个新的数 233 时,先算出 233 mod 4 = 1,然后遍历 1 的 vector,发现里面没有 233 这个元素,于是把答案加一,然后将 233 这个元素 push_back 到 1 所对应的 vector 后面。这样的数据结构称为**哈希表**,或者 Hash 表。图 17-9 所示为插入数据的哈希表。

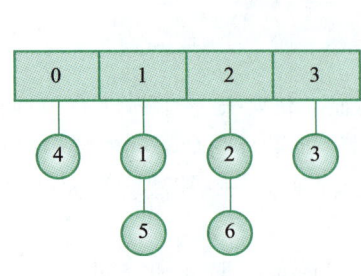

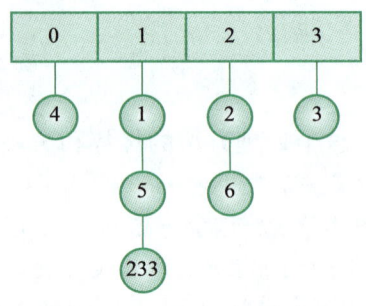

图 17-8　原来的哈希表　　　　图 17-9　插入数据的哈希表

回到原问题会发现存在一个问题：前面讨论的都是对数字的处理，而一个字符串该如何当作一个数字呢？

还记得前面讲过的 ASCII 编码吗？这就是将单个字符映射成一个数字的方式。比如说，字符串 abAB01 就可以映射成［97,98,65,66,48,49］。希望把这串序列映射成 0 到 mod-1 中的一个数字，称为字符串的 Hash 值。转换的方式和 k 进制转换为十进制一样（将会在本书第 4 部分会讲到，现在不理解也没有关系），就是不断地进行迭代运算 hash =（hash * k + s［i］）% mod 即可。

基数 k 也可以任选，但是一般来说不少于 128（ASCII 字符集的数量）。当然，求 Hash 值的方法不唯一，例如如果字符集局限于 a 到 z 的小写字母，也可以把每个字母映射为 0 到 25，此时基数是 26。

这里的模数 mod 会取一个比较大的质数以减少冲突的可能性，而且在空间足够的情况下越大越好。常用的模数有 10007、999983 等，可以根据实际情况选择合适的数字。

由于可能有多个不同的字符串对应同一个 Hash 值，对每个 Hash 值建立一个 vector（或者链表），用来存储对应于每个 Hash 值的所有字符串。这样每次只需要将这个插入的字符串和其 Hash 值相同的所有字符串比较，看是否相等，就可以知道这个字符串有没有出现过了。

```
#include <iostream>
#include <string>
#include <vector>
#define MAXN 1510
#define base 261
#define mod 23333
using namespace std;
int n, ans;
char s[MAXN];
vector <string> linker[mod + 2];
inline void insert() {
    int hash = 1;
    for (int i = 0; s[i]; i++)
        hash = (hash * 111 * base + s[i]) % mod; // 计算出字符串的 Hash 值
    string t = s;
    for (int i = 0; i < linker[hash].size(); i++)
        /* 遍历 Hash 值为当前字符串 Hash 值的 Hash 链表，以检查这个字符串是否已经存在 */
        if (linker[hash][i] == t
```

```
            return; // 如果找到了一个同样的字符串,那么新的这个字符串不计入答案
    linker[hash].push_back(t); // 否则把这个字符串计入答案
    ans++;
}

int main() {
    cin >> n;
    for (int i = 1; i <= n; i++)
        cin >> s, insert();
    cout << ans << endl;
    return 0;
}
```

例 17-4 省市(Cities and States,洛谷 P3405,USAC0 2016)。奶牛盯着地图,注意到一些奇怪的关系。例如,城市 Flint,在 MI 州;而城市 Miami 在 FL 州,它们有一种特殊的关系:Flint 的前两个字母对应 FL 州,而 Miami 的前两个字母对应 MI 州。如果它们满足这个属性,且来自不同的州,两个城市是一个"特殊的一对"。奶牛想知道有多少特殊的城市存在。请帮助它们解决这个有趣的地理难题。城市数量 $N \leq 200000$。

分析: 因为值和前两个字母有关系,所以对每个字符串只保留前两个字母,相当于有 N 个二元组 <a_i,b_i>,问 <a_i,b_i>=<b_j,a_j> 的 (i,j) 对数。

在一个 Hash 表中,把 <a_i,b_i> 当作一个由 a_i 和 b_i 拼起来的字符串,插入进去,比如 <"MI","FL"> → "MIFL"。然后把每个 <a_i,b_i> 当作一个由 b_i 和 a_i 拼起来的字符串,在 Hash 表中查询出现次数,比如 <"FL","MI"> → "MIFL"。对于出现了多次的同一个字符串,在 Hash 表中记下其出现的次数。可以发现,这样一定可以统计出所有可能的对数。

```cpp
#include <iostream>
#include <vector>
#define mod 233333
using namespace std;
int n;
char a[12], b[12];
long long ans;
vector < pair < int, int > > linker[mod + 2];

inline int gethash(char a[], char b[]) {
    // 算出两个字符串拼在一起的 Hash 值
    return (a[0]-'A') + (a[1]-'A') * 26 + (b[0]-'A')*26*26 + (b[1]-'A')*26*26*26;
}

inline void insert(int x) {
    for (int i = 0; i < linker[x % mod].size(); i++)
        if (linker[x % mod][i].first == x) {
            linker[x % mod][i].second++; // 把 x 所对应的出现次数 ++
```

```cpp
            break;
        }
    linker[x % mod].push_back(pair < int, int > (x, 1));    /* 新加入x这个元素,
出现1次 */
}

inline int find(int x) {
    for (int i = 0; i < linker[x % mod].size(); i++)
        if (linker[x % mod][i].first == x)
            return linker[x % mod][i].second;  // 找到x的出现次数,将其返回
    return 0;  // x没有出现过,返回0
}

int main() {
    cin >> n;
    for (int i = 1; i <= n; i++) {
        cin >> a >> b;
        a[2] = 0;
        if (a[0] != b[0] || a[1] != b[1])
            ans += find(gethash(b, a));    // 查询b+a构成字符串的出现次数
        insert(gethash(a, b));    // 在Hash表中插入a+b构成的字符串
    }
    cout << ans << endl;
    return 0;
}
```

17.3 集合应用实例

例17-5 木材仓库(洛谷 P5250)。博艾市有一个木材仓库,里面可以存储各种长度的木材,但是保证没有两根木材的长度是相同的。作为仓库负责人,有时候会进货,有时候会出货,因此需要维护这个库存。有不超过 100000 条的操作:

1) 进货:在仓库中放入一根长度为 Length(不超过 10^9)的木材。如果已经有相同长度的木材,那么输出 "Already Exist"。

2) 出货:从仓库中取出长度为 Length 的木材。如果没有刚好长度的木材,取出仓库中存在的和要求长度最接近的木材。如果有多根木材符合要求,取出比较短的一根。输出取出的木材长度,如果仓库是空的,输出 "Empty"。

分析: 可以将这个问题抽象为:维护一个集合,可以插入一个元素 x,同时判断 x 是否已经存在;查询 x 的前驱后继,x 的前驱定义为小于 x 的最大的数,x 的后继定义为大于 x 的最小的数;可以删除指定元素。

虽然可以使用比较高级的数据结构(如平衡树或者 Trie)来维护集合,但是比较难实现。不过,可以通过调用 STL 里面的 set 来很方便地解决这个问题。set 的本质是红黑树(一种比较优秀的平衡二叉树)。

set 集合需要用到的头文件是 set,其方法如下。

1) set <int> ds:建立一个名字叫作 ds 的、元素类型为 int 的集合。

2) ds.insert(x):在集合中插入一个元素,如果这个元素已经存在,则什么都不干。

3) ds.erase(x):在集合中删除元素 x,如果这个数不存在,则什么都不干。

4) ds.erase(it):删除集合中地址为 it 的元素。

5) ds.end( ):返回集合中最后一个元素的下一个元素的地址。不过这个很少直接使用,而是配合其他方法进行比较,以确认某个元素是否存在。

6) ds.find(x):查询 x 在集合中的地址,如果这个数不存在,则返回 ds.end( )。

7) ds.lower_bound(x):查询不小于 x 的最小的数在集合中的地址,如果这个数不存在,则返回 ds.end( )。

8) ds.upper_bound(x):查询大于 x 的最小的数在集合中的地址,如果这个数不存在,则返回 ds.end( )。

9) ds.empty( ):如果集合是空的,则返回 1,否则返回 0。

10) ds.size( ):返回集合中元素的个数。

本题中进货操作可以直接在集合中用 insert( ),查询操作可以用 lower_bound( )操作实现,出货删除操作用 erase( )实现。lower_bound 给出的是仓库中长度大于或等于要求长度的最短的木棍,所以还需要和比这根还短一点的那根木棍来比较一下,看看哪根木棍离要求的木棍长度更接近。本题代码如下:

```
#include <iostream>
#include <set>
using namespace std;
int n, opt, lenth;
set <int> ds;
int main() {
    cin >> n;
    while (n--) {
        cin >> opt >> lenth;
        if (opt == 1)
            if (ds.find(lenth) != ds.end()) cout << "Already Exist" << endl;
            else ds.insert(lenth);
        else if (ds.empty())
            cout << "Empty" << endl;
        else {
            set <int> ::iterator i = ds.lower_bound(lenth), j = i;
            if (j != ds.begin()) --j;
            // 需要注意,如果 j 是 ds.begin(),则是不能 -- 的
            if (i != ds.end() && lenth - (* j) > (* i) - lenth) j = i;
            //若 i 是 end(),则不能对 i 解引用
            cout << (* j) << endl, ds.erase(j);
        }
    }
    return 0;
}
```

上文中提到的"地址"实际上是对应元素的迭代器。lower_bound 返回的迭代器,可以对其 ++ 找到后继元素的迭代器,也可以 -- 找到前继元素的迭代器。需要注意指向元素的迭代器,如果已经是 begin( ),则不能 --,如果是 end( ),则不能 ++。

例 17-6 学籍管理(洛谷 P5266)。要求设计一个学籍管理系统,最开始学籍数据是空的,然后该系统能够支持下面的操作(不超过 100000 条)。

(1) 插入与修改:在系统中插入姓名为 NAME(由字母和数字组成不超过 20 个字符的字符串,区分大小写),分数为 SCORE(0<SCORE<10000)的学生。如果已经有同名的学生,则更新这名学生的成绩为 SCORE。如果成功插入或者修改,则输出 OK。

(2) 查询:在系统中查询姓名为 NAME 的学生的成绩。如果没能找到这名学生,则输出 "Not found",否则输出该生成绩。

(3) 删除:在系统中删除姓名为 NAME 的学生信息。如果没能找到这名学生,则输出 "Not found",否则输出 "Deleted successfully"。

(4) 汇总:输出系统中的学生数量。

分析:这样的学籍管理系统也是一个集合,但是功能更加复杂——需要根据索引找到对应的元素,并对这些元素进行操作。可以通过调用 STL 里面的 map 来解决这个问题。

map 关联集合的本质也是一棵红黑树,可以看作一个下标可以是任意类型的数组。其头文件是 map,可以调用 map 实现如下几个基础功能。

1) map <A, B> ds:建立一个名字叫作 ds、下标类型为 A,元素类型为 B 的映射表,例如 map<string, int> 就是一个将 string 映射到 int 的映射表。

2) ds [A] = B:把这个"数组"中下标为 A 的位置的值变成 B,这里下标可以是任意类型,不一定限定为大于 0 的整数,比如 map<string, string> ds,就可以进行 ds ["kkksc03"] = "mascot" 的操作。

3) ds [A]:访问这个"数组"中下标为 A 的元素,比如可以进行 cout << ds ["kkksc03"] << endl;这样的操作。

4) ds.end( ):返回映射表中最后一个元素的下一个元素的地址。这个很少直接单独使用,而是配合其他方法进行比较,以确认某个元素是否存在。

5) ds.find(x):查询 x 在映射表中的地址,如果这个数不存在,则返回 ds.end( )。

6) ds.empty( ):如果映射表是空的,则返回 1,否则返回 0。

7) ds.size( ):返回映射表中的元素个数。

8) ds.erase(A):删除这个"数组"中下标为 A 的元素。注意:在使用 ds [A]访问"数组"下标为 A 的元素时,如果这个下标对应的元素不存在,则会自动创建下标为 A、值为默认值(例如,所有数值类型的默认值是 0,string 字符串是空字符串)的元素。

本题代码如下:

```
#include <iostream>
#include <cstring>
#include <map>
using namespace std;
int n, opt, num, ans;
string name;
map <string, int> ds;
int main() {
```

```
        cin >> n;
        while (n--) {
            cin >> opt;
            if (opt == 1) {
                cin >> name >> num;
                ds[name] = num; // 这里对映射表 name 所对应的值修改为 num
                cout << "OK" << endl;
            } else if (opt == 2) {
                cin >> name;
                if (ds.find(name) != ds.end())
                    cout << ds[name] << endl;
                else cout << "Not found" << endl;
            } else if (opt == 3) {
                cin >> name;
                if (ds.find(name) != ds.end()) {
                    ds.erase(ds.find(name));
                    cout << "Deleted successfully" << endl;
                } else
                    cout << "Not found" << endl;
            } else
                cout << ds.size() << endl;
        }
        return 0;
    }
```

例 17-7 $A-B$ 数对(洛谷 P1102)。给出一个数列以及一个数字 C，要求计算出所有 $A-B=C$ 的数对的个数。(不同位置的数字一样的数对算不同的数对)。数字个数不超过 200000，数列值域和 C 的值域不超过 $2^{31}-1$。

分析：本书曾经在第 2 部分介绍过这道题目。这回可以用 map 更方便地完成。枚举每一个数 A，想知道有多少个 B 满足 $A-B=C$，即有多少 $B=A-C$。有一种思路是建立一个很大的数组，下标就是这些数字，这样直接就可以查询到这个数字是否存在。但是由于值域非常大，若这么做的，则会造成内存超限。

凭借 STL，就可以使用这样的思路完成本题了。把每个数插入 map 里面，下标就是这些数字，值就是这些数字的个数。然后枚举 A，查有多少 B 满足 B 等于 $A-C$ 即可。

```
#include <iostream>
#include <map>
#define MAXN 200010
using namespace std;
map <int, int> ds;
int a[MAXN], n, c;
long long ans;
int main() {
    cin >> n >> c;
```

```
    for (int i = 1 ; i <= n ; i++)
        cin >> a[i], ds[a[i]]++;  /*把每个元素加入map中,如果原先不存在默认初始值
为0*/
    for (int i = 1 ; i <= n ; i++)
        ans += ds[a[i] - c];  // 对于每个A,查询有多少B满足
    cout << ans << endl;
    return 0;
}
```

17.4 课后习题与实验

习题17-1　学籍管理的例题中,如果要求判断不能有两名同学的成绩相同,否则插入或者修改失败,该如何实现呢?

习题17-2　保龄球(洛谷 P1918)。DL 在打保龄球,可以看到 $n(n \leq 10^5)$ 个球道中每个球道的瓶子数 $a_i(a_i \leq 10^9)$,各不相同。现在想一次打掉 $M(M \leq 10^9)$ 个瓶子,请问:应该在哪个球道发球?(询问次数不超过 10^5)。

习题17-3　关押罪犯(洛谷 P1525)。有 $n(n \leq 2 \times 10^4)$ 个罪犯,$n(n \leq 10^5)$ 对关系 (a,b,c) 分别代表罪犯 a 和罪犯 b 有矛盾值 c,即如果这两个罪犯在同一个监狱就会产生 c 的矛盾值,否则不产生。现在将这些囚犯放到两个监狱中,问:最大的矛盾值最小是多少?

习题17-4　集合(洛谷 P1621)。现在给出一些连续的整数,它们是从 $A(A \leq 10^5)$ 到 $B(B \leq 10^5)$ 的整数。一开始每个整数都属于各自的集合,然后需要进行以下的操作:每次选择两个属于不同集合的整数,如果这两个整数拥有大于或等于 P 的公共质因数,那么把它们所在的集合合并。反复如上操作,直到没有可以合并的集合为止。求最后有多少个集合。

习题17-5　团伙(洛谷 P1892)。1920 年的芝加哥出现了一群强盗。如果两个强盗遇上了,那么他们要么是朋友,要么是敌人,而且有一点是肯定的,就是:我朋友的朋友是我的朋友;我敌人的敌人也是我的朋友。两个强盗是同一团伙的条件当且仅当他们是朋友。现在给出一些关于强盗们的信息,问:最多有多少个强盗团伙?

习题17-6　程序自动分析(洛谷 P1955,NOI 2015)。在实现程序自动分析的过程中,常需要判定一些约束条件是否能被同时满足。考虑一个约束满足问题的简化版本:假设 $x_1, x_2, x_3, \cdots$ 代表程序中出现的变量,给定 n 个形如 $x_i = x_j$ 或 $x_i \neq x_j$ 的变量相等/不等的约束条件,请判定是否可以分别为每一个变量赋予恰当的值,使得上述所有约束条件同时被满足。

例如,一个问题中的约束条件为:$x_1 = x_2, x_2 = x_3, x_3 = x_4, x_4 \neq x_1$,这些约束条件显然是不可能同时被满足的,因此这个问题应判定为不可被满足。现在给出 $n(n \leq 10^5)$ 个约束满足问题,请分别对它们进行判定。约束条件为 $x_i = x_j$ 或 $x_i \neq x_j (i,j \leq 10^9)$。

习题17-7　不重复数字(洛谷 P4305)。给出 $n(n \leq 5 \times 10^4)$ 个数,要求把其中重复的去掉,只保留第一次出现的数。

习题17-8　阅读理解(洛谷 P3879)。英语老师留了 $N(1 \leq N \leq 1000)$ 篇阅读理解作业,但是每篇英文短文都有很多生词需要查字典,为了节约时间,现在要做个统计,询问 $N(1 \leq M \leq 10000)$ 次,每次询问一个生词都在哪几篇短文中出现过。

习题17-9　家谱(洛谷 P2814)。给出充足的父子关系,请编写程序找到某个人的最早的

祖先。输入由多行组成,首先是一系列有关父子关系的描述,其中每一组父子关系中父亲只有一行,儿子可能有若干行,用 #name 的形式描写一组父子关系中的父亲的名字,用 +name 的形式描写一组父子关系中的儿子的名字;接下来用? name 的形式表示要求该人的最早的祖先;最后用单独的一个 $ 表示文件结束。按照输入文件的要求顺序,求出每一个要找祖先的人的祖先,格式:本人的名字 + 一个空格 + 祖先的名字 + 回车。

例如,当输入为:

```
#George
+Rodney
#Arthur
+Gareth
+Walter
#Gareth
+Edward
?Edward
?Walter
?Rodney
?Arthur
$
```

输出为:

```
Edward Arthur
Walter Arthur
Rodney George
Arthur Arthur
```

第 18 章　图的基本应用

前面已经学过一些简单的数据结构,如线性表和二叉树。本章将要学习一种新的数据结构——图。虽然相比于前面讲过的数据结构,图会复杂一些,但是依然能用很多生活中存在的例子来解释图这种数据结构。

比如,现在新同学站在校园的正门口,手里拿着校园地图。可以从地图上看到有很多建筑物。复杂的路网四通八达,连接着这些建筑物。如果希望偷个懒,走最近的道路到达目的地,或者是希望制订一种方案,参观完学校内的每一种建筑物,都可以使用"图"这一数据结构来模拟。通过建模,编写计算机程序,就可以解决这类问题。图 18-1 所示为本章思维导图。

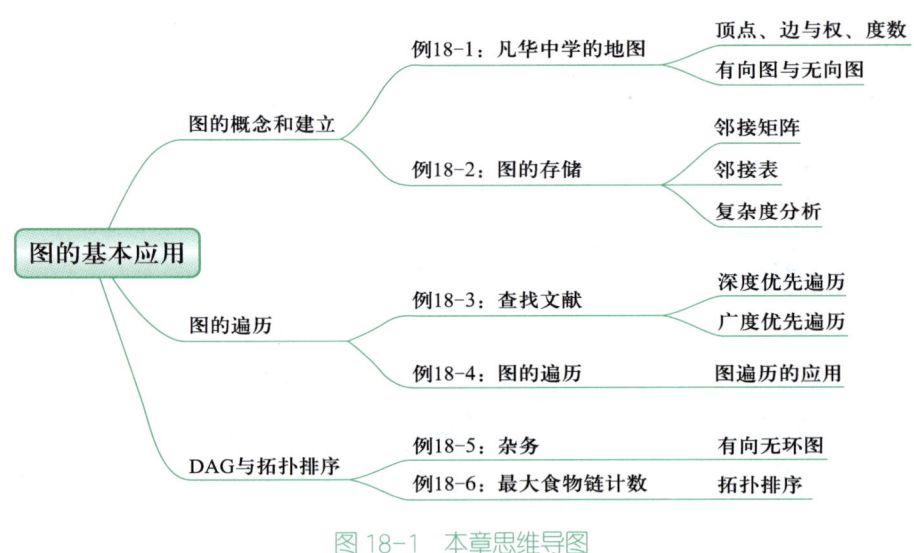

图 18-1　本章思维导图

18.1　图的概念和建立

例 18-1　爱华中学的地图。爱华中学的地图如图 18-2 所示。

其中,1 号点是大门,2 号点是教学楼,3 号点是食堂,4 号点是图书馆。从图上可以看出,从大门到教学楼、大门到食堂、大门到图书馆、教学楼到图书馆都有一条路可以双向连通(也就是说,可以从一个建筑物直接走到另外一个建筑物,而且还能走回来)。虽然食堂和图书馆之间没有直接连接的道路，但是他们也可以通过大门间接地连通。

每个建筑物称为**顶点**，建筑物之间直接连通的道路称为**边**。而**图**这种数据结构就是这些顶点和关联这些顶点的边的集合。在图 18-2 中，顶点集合是 {1,2,3,4}，而边的集合是 {(1,2),(1,3),(1,4),(2,4)}。

无向图中，一个结点连边的条数称作这个结点的**度数**。

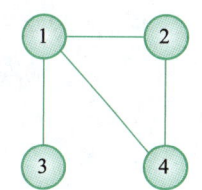

图 18-2 爱华中学的地图

随着校园的开发，食堂和图书馆之间修了一条新路。同时，经过测量，可以得到经过每段道路需要消耗的时间。更新后第二幅地图如图 18-3 所示。

从图 18-3 中可以看出，从大门直接到图书馆需要耗时 3 分钟，而从大门经过教学楼到图书馆需要 5+1=6 分钟。像这样的每一条边的属性值就是**边权**。除了边权之外，每个顶点也可以有属性值，称为**点权**。两个顶点之间如果有不止一条边直接连接，那么就称为**重边**。甚至有可能会出现一条边的起点和终点是一样的，造成**自环**。在大多数情况下，重边和自环都会被简化掉（比如删除自环，同样两个顶点中的多条边只会保留最短的一条）。

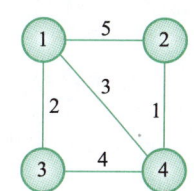

图 18-3 更新后的爱华中学地图

然而，学生数量很多，校方不得不对某些道路进行限流措施，比如只能单向地直接从大门走到食堂，而反过来不行。连接教学楼和图书馆的道路也被分成了两条双向道路，从教学楼到图书馆的耗时和从图书馆到教学楼的耗时还不一样。最后可以做出如图 18-4 所示的地图。

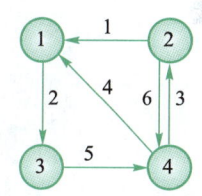

图 18-4 第三幅爱华中学地图

前两幅地图中，每一条道路都可以双向通行，这样的图被称为**无向图**。而第三幅地图中，道路都是单向通行的（也有可能是一来一回组成的两条不同的单行道连接同一对顶点），这种图就是**有向图**。在有向图中，两条边的起点和终点都一致时，这两条边才是重边。

🌿 **例 18-2** 图的存储。现希望将第二张图和第三张图存进计算机。当没有重边的情况下，使用**邻接矩阵**最为直观。

使用一个二维数组 v[i][j] 来表示。v[i][j] 从点 i 到点 j 的边权也就是路线长度。则第二张图的邻接矩阵如图 18-5 所示。

可以发现，在无向图中的邻接矩阵的右上和左下是对称的，也就是说 v[i][j] 和 v[j][i] 是相同的。这很显然，因为点 i 和点 j 双向连通，边权相等。如果忽略掉边权，只关心两点直接是否有边直接连接，那么可以把边权视为 1；如果 v[i][j] 是 0，说明点 i 和点 j 之间没有边直接连接。

第三张图的邻接矩阵如图 18-6 所示。

i \ j	1	2	3	4
1	0	5	2	3
2	5	0	0	1
3	2	0	0	4
4	3	1	4	0

图 18-5 第二张图的邻接矩阵

v	1	2	3	4
1	0	0	2	0
2	1	0	0	6
3	0	0	0	5
4	4	3	0	0

图 18-6 第三张图的邻接矩阵

对于有向图来说，邻接矩阵就不一定对称了。每一条从 i 到 j 的单向道路的数据都会被记录在 v[i][j]。同理，如果 v[i][j] 是 0，说明点 i 到点 j 没有直接连接的单项道路。有向图中，一个结点向别的结点连边的条数称作这个结点的**出度**，别的结点连边到一个结点的条数称作这个结点的**入度**。

可以写出邻接矩阵的代码：

```cpp
#include <iostream>
#define MAXN 1005 // 图的最大点数量
using namespace std;
int n;
int v[MAXN][MAXN];
int main() {
    cin >> n;
    for (int i = 1; i <= n; i++)
        for (int j = 1; j <= n; j++)
            cin >> v[i][j]; // 读入邻接矩阵

    // 下面的代码将找到与点 i 有直接连接的每一个点以及那条边的长度
    for (int i = 1; i <= n; i++)
        for (int j = 1; j <= n; j++)
            if (v[i][j] > 0)
                cout << "edge from point " << i << " to point " << j
                     << " with length " << v[i][j] << '\n';
    return 0;
}
```

对于一个有 n 个点 m 条边的图，在使用邻接矩阵时，虽然可以直接得到每两个点之间的边权，但是为了存储这些边权，需要开一个 $n \times m$ 的数组，即有 $O(n^2)$ 的空间复杂度；如需要得到图上所有的边，就需要遍历整个 $n \times n$ 数组，即遍历边时有 $O(n^2)$ 的时间复杂度。

邻接矩阵的时间复杂度和空间复杂度都较大，在多数情况下效率较低，尤其是当图比较稀疏（边数远没有达到点数的二次方）时。因此，在存图时，更常用的是**邻接表**。

为了便于解释，接下来将先用有向图进行解释。邻接表的思想是，对于一条有向边 <i,j>，并不需要用 $n \times n$ 的二维数组来存下到其他点是否存在边，而只需要一个点能到达的顶点和相应边的边长的集合即可。

为了存下这个集合，又需要开一个二维数组，第一维 i 表示起点，第二维 j 表示是点 i 的第 j 条边。如果仍然使用普通的数组，那么使用的数组大小仍然是 $n \times n$。因为每个点很可能不会与其他 $n-1$ 个点都有边，所以只需要在第二维中有几条边就定义多大的数组。

这个功能可以使用 vector 来实现。首先定义一个 edge 结构体，里面有两个变量 to 和 cost，表示一条边的终点和边权。每当读入一条边 <u,v,l>，用 p[u].push_back((edge){v,l}) 来表示为点 u 增加一条终点为 v 边权为 l 的边。如果想知道点 u 有多少条边，可以使用命令 p[u].size()。另外，在解决其他问题时，如果想清除点 u 的所有边，可以使用命令 p[u].clear()。

输入一个有向图的点数、边数、每一条边的起点终点边权，输出有向图的邻接矩阵，代码如下：

```cpp
#include <iostream>
#include <vector>
#define MAXN 1005
using namespace std;
struct edge {// 记录边的终点, 边权的结构体
    int to, cost;
};
int n, m; // 表示图中有 n 个点 m 条边
vector <edge> p[MAXN];
int v[MAXN][MAXN];
int main() {
    cin >> n >> m;
    for (int i = 1; i <= m; i++) {
        int u, v, l;
        cin >> u >> v >> l;
        p[u].push_back((edge) {
            v, l
        });
        /* p[v].push_back((edge){u, l}); // 当用无向图的邻接表时需要加一条反方向的边 */
    }

    // 把邻接表转换为邻接矩阵
    for (int i = 1; i <= n; i++)
        for (int j = 0; j < p[i].size(); j++)
            v[i][p[i][j].to] = p[i][j].cost;

    // 输出邻接矩阵
    for (int i = 1; i <= n; i++) {
        for (int j = 1; j <= n; j++)
            cout << v[i][j] << ' ';
        cout << '\n';
    }
    return 0;
}
```

可以发现,对于每条边,只会被插入一个 vector 里面,且只插入一次,而总的边数是 $O(m)$ 的,所以总的空间复杂度是 $O(m)$,当 m 比 n^2 小很多的时候,这里空间优势就很明显了。但是,如果需要指定查询或修改 <i,j> 的边权,因为并不知道这条边的具体存放位置,所以需要通过遍历以 i 为起点的所有边来找到这条边,需要的时间复杂度为 $O(n)$。在这一点上,邻接表的复杂度不如邻接矩阵的 $O(1)$ 要来得优。

18.2 图的遍历

例 18-3 查找文献(洛谷 P5318)。小 K 喜欢翻看洛谷博客获取知识。每篇文章可能会有若干(也有可能没有)参考文献的链接指向别的博客文章。小 K 求知欲旺盛,如果他看了某篇文章,那么他一定会去看这篇文章的参考文献(如果他之前已经看过这篇参考文献就不用再看它了)。

假设洛谷博客里面一共有 $n(n \leq 10^5)$ 篇文章(编号为 1 到 n)以及 $m(m \leq 10^6)$ 条参考文献引用关系。目前小 K 已经打开了编号为 1 的一篇文章,请帮助小 K 设计一种方法,使小 K 可以不重复、不遗漏地看完所有他能看到的文章。

图 18-7 所示是已经整理好的参考文献关系图,其中,文献 X→Y 表示文章 X 有参考文献 Y。

分析:先考虑怎么抽象这个问题,可以把每个洛谷博客看作一个结点,每条参考文献引用关系看作一条边,这样把这个问题抽象为了一个图论问题,不重复、不遗漏地看完所有他能看到的文章即相当于遍历整个图。那么,如何不重复、不遗漏地遍历这个图呢?

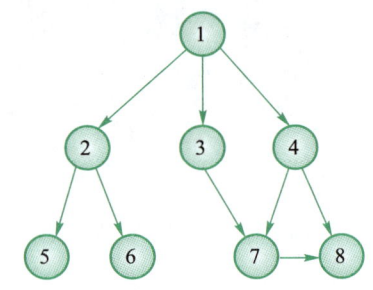

图 18-7 一个博客的参考文献关系图

为了不重复地遍历这个图,定义一个 vis 数组,表示每个结点是否被遍历过,在遍历时经过每个结点的时候,马上将这个结点的 vis 设为 1,然后在经过每个结点之前,都判断这个结点的 vis 是否是 0,即没被访问过,如果 vis 不是 0,则不再经过这个结点,这样就做到了不重复地遍历这个图。

为了不遗漏地遍历这个图,依次枚举这个图上的所有结点,如果这个结点没有被访问过,访问这个结点,并且按照题目的规则,需要访问这个结点连边连向的所有结点,然后还要访问这个结点连边连向的所有结点连边连向的所有结点,依次类推。那么,该如何确保访问到所有这些结点呢?

思路 1:假设这篇文章有 A、B 两篇参考文献。一种方法是,先将 A 以及 A 的参考文献全部看完,再来看参考文献 B。这种方法叫作**深度优先遍历**。

在使用深度优先遍历时,读文献的顺序如图 18-8 所示。
从最初的文献开始,读文章的顺序如下:
1) 先看博客 1 的参考文献 2;
2) 深入看文献 2 的参考文献 5;
3) 文献 5 没有参考文献,于是继续看文献 2 的参考文献 6;
4) 看完了文献 2 的所有参考文献,继续看博客 1 的参考文献 3;
5) 深入看文献 3 的参考文献 7;
6) 深入看文献 7 的参考文献 8;
7) 看完了文献 3,继续看文献 1 的参考文献 4;
8) 发现文献 7 已经经被看过了,就不再看了;
9) 文献 8 也读过了。

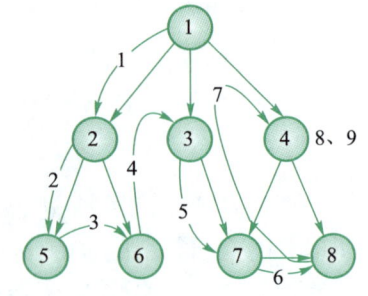

图 18-8 深度优先遍历的过程

至此，小K不重复、不遗漏地看完了所有他能看到的文章。代码如下：

```cpp
#include <bits/stdc++.h>
#define MAXN 100005
using namespace std;
int n, m;
vector <int> p[MAXN];
bool u[MAXN];
void solve(int x) {
    cout << x << ' '; // 此时输出的就是小K看文献的顺序
    for (int i = 0, sz = p[x].size(); i < sz; i++)
        if (!u[p[x][i]]) {
            u[p[x][i]] = true;
            solve(p[x][i]);
        }
}
int main() {
    cin >> n >> m;
    for (int i = 1; i <= m; i++) {
        int x, y;
        cin >> x >> y;
        p[x].push_back(y); // 用邻接表记录下文献 x 有参考文献 y
    }
    u[1] = true;
    solve(1);
    return 0;
}
```

思路2：另一种方法是，先把 A 和 B 先看完，再来看 A 的参考文献和 B 的参考文献。这种方法叫作**广度优先遍历**。在使用广度优先遍历时，读文献的顺序如图 18-9 所示。

从最初的文献开始，阅读文章的顺序如下：
1）先看博客 1 的参考文献 2；
2）继续看 1 的参考文献 3；
3）继续看 1 的参考文献 4；
4）看完 1 的参考文献，开始看它的参考文献 2 的参考文献 5；
5）继续看 2 的参考文献 6；
6）看完 2 的参考文献，开始看参考文献 3 的参考文献 7；
7）发现参考文献 4 的参考文献 7 已经被看过了；
8）继续看参考文献 4 的参考文献 8；
9）发现参考文献 7 的参考文献 8 已经被看过了。

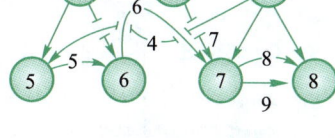

图 18-9　广度优先遍历的过程

至此，小K不重复、不遗漏地看完了所有他能看到的文章。代码如下：

```
#include <bits/stdc++.h>
#define MAXN 100005
using namespace std;
int n, m;
vector <int> p[MAXN];
queue <int> q;
bool u[MAXN];
int main() {
    cin >> n >> m;
    for (int i = 1; i <= m; i++) {
        int x, y;
        cin >> x >> y;
        p[x].push_back(y);  // 用邻接表记录下文献 x 有参考文献 y
    }
    u[1] = true;
    q.push(1);
    while (!q.empty()) {
        int x = q.front();
        q.pop();
        cout << x << ' ';
        for (int i = 0, sz = p[x].size(); i < sz; i++)
            if (!u[p[x][i]]) {
                u[p[x][i]] = true;
                q.push(p[x][i]);
            }
    }
    return 0;
}
```

读者在之前的学习中已经接触到深度优先搜索(Depth First Search, DFS)和广度优先搜索(Breadth First Search, BFS)。深度优先遍历可以被看作在图中的深度优先搜索,广度优先遍历可以被看作在图中的广度优先搜索,读者可以比较一下。

例 18-4 图的遍历(洛谷 P3916)。给出有 N 个点、M 条边的有向图($N, M \leq 10^5$),对于每个点 v,求 $A(v)$ 表示从点 v 出发,能到达的编号最大的点。

分析: 如果想对每个点做一次深度优先遍历或广度优先遍历,对于一次遍历的复杂度是 $O(N+M)$,所以总复杂度是 $O(N(N+M))$,不能接受。

所以一个简单的优化的想法是,在做深度优先遍历时,当需要求 $A(u)$ 时,先设 $A(u)$ 为自己的点标号 u,然后求出它能直接到达的点 v 的 $A(v)$,然后让当前的 $A(u)$ 与 $A(v)$ 取个最大值。这样求出所有的 $A(v)$ 后,也得出了最后的 $A(u)$。在这个过程中,如果遍历到一个点的 $A(v)$ 已经被求出来了,那么可以直接使用当前的 $A(v)$,就避免了重复的计算。

但很可惜的是,这种方法有一个致命的漏洞。当使用深度优先遍历时,可能会搜索到之前正在被搜索而没有得到答案的点,如图 18-10 所示。

在求 $A(1)$ 时这个办法会找到 $A(2)$，接下来是 $A(4)$、$A(3)$，然后 $A(3)$ 不能得到正确的答案，因为 $A(2)$ 正在等待 $A(4)$ 的答案，它此时的 $A(2)=2$ 并不是最后的正确结果。

为了解决这个出现环时答案没有更新好的问题，可以考虑将题目换一个方法理解。之前是让点 v 去"找"它能到达的最大的点，现在让最大的点去"告诉"哪些点能到达它。用反向边建图，也就是，原图中如果有一条边 $<u,v>$，那么不建 $<u,v>$，而是建 $<v,u>$。然后枚举点时从 n 枚举到 1。然后从当前枚举的点 u 出发，让能用深度优先遍历或广度优先遍历到的且没有被更新过的点 v 的 $A(v)=u$（因为在从 n 枚举到 1 时，被更新过的点一定是用比当前数字大的点更新的）。这样就不会出现之前的漏洞了。

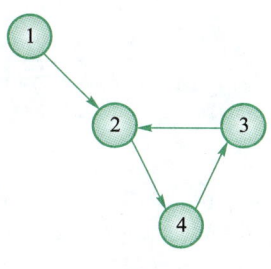

图 18-10 图的遍历使用深度优先遍历时的漏洞

```cpp
#include <iostream>
#include <vector>
#define MAXN 100005
using namespace std;
int n, m;
vector <int> p[MAXN];
int a[MAXN];
void solve(int x, int v) {
    a[x] = v; // 将点 x 的答案更新为 v
    for (int i = 0; i < p[x].size(); i++)
        if (a[p[x][i]] == 0) // 如果答案没有被更新过，则用当前点的值更新
            solve(p[x][i], v);
}
int main() {
    cin >> n >> m;
    for (int i = 1; i <= m; i++) {
        int u, v;
        cin >> u >> v;
        p[v].push_back(u); // 建反向边
    }

    for (int i = n; i >= 0; i--)
        if (a[i] == 0)
            solve(i, i);
    for (int i = 1; i <= n; i++)
        cout << a[i] << ' ';
    return 0;
}
```

至此，完美地解决了图的遍历这道题。因为每个点有且只有被更新一次答案，所以时间复杂度为 $O(N+M)$。在使用邻接表存图时，空间复杂度为 $O(N+M)$。

18.3 DAG 与拓扑排序

例 18-5 杂务(洛谷 P1113,USACO 2002)。有很多杂务要完成,每一项杂务都需要一定的时间。有些杂务必须在另一些杂务完成的情况下才能进行,把这些先要完成的工作称为完成本项工作的准备工作。至少有一项杂务不要求有准备工作,这个可以最早进行的工作,标记为杂务 1。现有需要完成的 n 个杂务的清单,并且这份清单是有一定顺序的,杂务 $k(k>1)$ 的准备工作只可能在杂务 1 至 $k-1$ 中。从 1 到 n 读入每个杂务的工作说明,计算出所有杂务都被完成的最短时间。当然互相没有关系的杂务可以同时工作,并且可以假定 John 的农场有足够多的工人来同时完成任意多项任务。

分析: 把每个任务看作一个结点,如果两个任务 x 和 y 满足 x 是 y 的准备工作,那么在 x 和 y 之间连一条有向边。由于互相没有关系的杂务可以同时工作,所以可以发现所有杂务都被完成的最短时间只取决于最晚被完成的那个任务,于是需要找到最晚被完成的那个任务完成的时间。

因为题目中有一个性质:杂务 $k(k>1)$ 的准备工作只可能在杂务 1 至 $k-1$ 中,所以可以发现这个图是没有环的,而且题目中边是有方向的,于是这个图是一个**有向无环图**,简称 DAG。图 18-11 所示为一个 DAG。

这样,这个问题变成了:给定一个 DAG,求这个 DAG 的一个最长链。

这里给出一种用到了动态规划思想的做法:对每个任务用 vis 数组记下来完成这个任务所需要的最短时间,然后考虑在 DFS 的过程中算出完成每个任务所需要的最短时间,也就是图中每个结点的 vis 的取值。

由于每个任务必须在所有准备任务完成后才能完成,所以完成每个任务所需要的最短时间就是其所有准备任务里面最晚完成的时间加上完成这个任务需要的时间。于是用一个 DFS 来实现就可以了,唯一的区别是把 vis 数组的值从 1 改成完成的最短时间。比如图 18-11 中每个任务完成所需要的最短时间如图 18-12 所示。

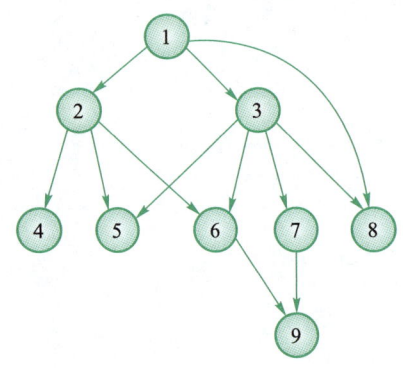

图 18-11 DAG

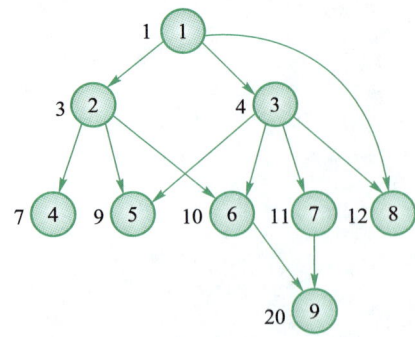

图 18-12 任务完成的最短时间

例如图 8-12 中时长为 6 的这个任务,有两个准备任务,其中一个最快可以在时间为 3 的时候完成,另一个最快可以在时间为 4 的时候完成,所以完成这个任务的时间是 max(3,4)+6=10。而图 18-12 中时长为 9 的这个任务,有两个准备任务,其中一个最快可以在时间为 10 的时候完成,另一个最快可以在时间为 11 的时候完成,所以完成这个任务的时间是 max(10,11)+9=20。所有结点里面最大的完成时间是 20,所以答案就是 20。

```cpp
#include <iostream>
#include <cstdio>
#include <vector>
#define MAXN 10010

using namespace std;

int n, x, y, t, ans, len[MAXN], vis[MAXN];
vector < int > linker[MAXN];

int dfs(int x) {
    if (vis[x]) return vis[x]; /* 如果这个结点被访问过,返回访问这个结点的最短时间 */
    for (int i = 0; i < linker[x].size(); i++)
        vis[x] = max(vis[x], dfs(linker[x][i]));
        // 找到所有连向这个结点的边里面距离最长的一个
    vis[x] += len[x]; // 加上这个结点的时间
    return vis[x];
}

int main() {
    cin >> n;
    for (int i = 1; i <= n; i++) {
        cin >> x >> len[i];
        while (cin >> y)
            if (!y) break;
            else linker[y].push_back(x);
    }
    for (int i = 1; i <= n; i++)
        ans = max(ans, dfs(i)); // 对每个结点到达时间求 max,就得到了答案
    cout << ans << endl;
    return 0;
}
```

例 18-6 最大食物链计数(洛谷 P4017)。给出一个食物网,要求出这个食物网中最大食物链的数量。

这里的"最大食物链",指的是生物学意义上的食物链,即开头是不会捕食其他生物的生产者,结尾是不会被其他生物捕食的消费者。答案可能很大,所以要对 80112002 取模。

分析: 考虑把这个食物网转换为一个图,食物网有什么样的特点呢?
1)食物网中的捕食关系一定是单向的(比如猫吃小鱼,而不是小鱼吃猫)。

2）食物网中的捕食关系一定是无环的，不存在 A 捕食 B，B 捕食 C，C 捕食 A 这种情况。

所以可以发现食物网（如图 18-13 所示）其实就是一个 DAG。在这道题目中"最大食物链"的定义就是一条从入度为 0 的点开始到出度为 0 的点结束的链，即要计算这样的链的个数。

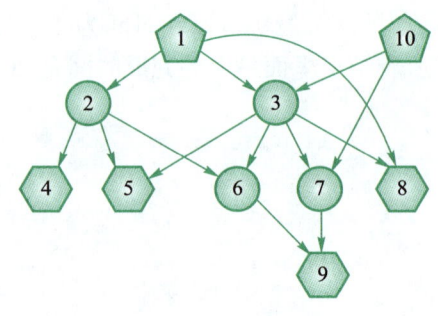

图 18-13　食物网

食物网就是一个 DAG，五边形的点为入度为 0 的点，六边形的点为出度为 0 的点。比如图 18-13 中 $1 \to 3 \to 7 \to 9$ 这就是一条最大食物链，而 $2 \to 6, 3 \to 7 \to 9$ 和 $1 \to 3 \to 7$ 都不是。

用一个数组 $f[x]$ 表示从任意一个入度为 0 的点到点 x 的食物链计数。那么对于任意一个入度为 0 的点 y，它的 $f[y]=1$。对于一个入度非 0 的点 z，它的 $f[z]$ 等于能到达点 z 的点 u 的 $f[u]$ 之和。

比如图 18-13 中的点 3，它的食物链计数等于点 1 的食物链计数加上点 10 的，即 $f[3]=f[1]+f[10]=1+1=2$。而对于图中的点 6，它的食物链计数等于点 2 的食物链计数加上点 3 的，即 $f[6]=f[2]+f[3]=1+2=3$。这样最后只要对所有出度为 0 的点的食物链计数求和就能求出题目所求的答案了。

在计算 $f[x]$ 的过程中，需要保证点 x 的所有能到达点 x 的点 y 的 $f[y]$ 已经被计算过了，这样就需要确定一个合适的计算顺序。接下来将学习这种叫作**拓扑排序**的方法。拓扑排序并不是对一个数列进行排序，而是在 DAG 上对点进行排序，使得在搜到点 x 时所有能到达点 x 的点 y 已经被搜过了。具体流程如下：

1）将所有入度为 0 的点加入处理队列。

2）将处于队头的点 x 取出，遍历点 x 能到达的所有点 y。

3）对于每一个 y，删去从点 x 到点 y 的边。在具体的实现中，只需要让 y 的入度减一即可。在这一步中，顺便可以对点 y 的数据进行维护，在这题中是 $f[y]=(f[x]+f[y])\%\text{MOD}$。

4）如果点 y 的入度减到 0 了，说明所有能到达 y 的点都被计算过了，这时将点 y 加入处理队列。

5）重复步骤 2）直到处理队列为空。

这样，就保证了在食物链计数这题中求 $f[x]$ 的顺序正确。代码如下：

```cpp
#include <iostream>
#include <cstring>
#include <vector>
#include <queue>
#define MAXN 5005
#define MAXM 500005
#define MOD 80112002
using namespace std;
int n, m, ans;
vector <int> p[MAXN];
queue <int> q;
int f[MAXN], ind[MAXN], outd[MAXN];
```

```
int main() {
    cin >> n >> m;
    for (int i = 1; i <= m; i++) {
        int x, y;
        cin >> x >> y;
        outd[x]++; // 点 x 的出度加 1
        ind[y]++; // 点 y 的入度加 1
        p[x].push_back(y); // 用邻接表记录下食物链的关系
    }
    memset(f, 0, sizeof(f));
    for (int i = 1; i <= n; i++)
        if (ind[i] == 0) {
            q.push(i); // 将入度为 0 的点加入队列
            f[i] = 1;
        }
    while (!q.empty()) {
        int x = q.front();
        q.pop();
        for (int i = 0, sz = p[x].size(); i < sz; i++) {
            int y = p[x][i];
            f[y] = (f[x] + f[y]) % MOD;
            ind[y]--;
            if (ind[y] == 0) // 此时点 y 已经没有入度了，将点 y 加入队列
                q.push(y);
        }
    }
    for (int i = 1; i <= n; i++)
        if (outd[i] == 0) ans = (ans + f[i]) % MOD; /* 在出度为 0 的点中统计答案 */
    cout << ans << '\n';
    return 0;
}
```

答案需要对 80112002 取模时，在计算 $f[x]$ 时一边加一边取模，以及在对出度为 0 的点的食物链计数求和时一边加一边取模。如果只在输出答案时取模，那么可能在累加的过程中答案超出了数据类型存储的范围而导致答案的错误。

18.4 课后习题与实验

习题 18-1 用链表来实现邻接表。也可以用链表来代替 vector 实现邻接表，请读者尝试实现。

提示：可以先定义一个 edge 数组，记录下每条边的终点和边权。再使用一个 las[i] 数组指向点 i 的最后一条边的下标。然后对于每一条边，多记录一个对于同一个起点，它的上一条边的在 edge 数组里的下标；如果它没有上一条边，那么就指向 0。这样从 las[i] 开始，不断访问当前边的上一条边，直到找到一条边指向 0，就可以遍历点 i 的所有边。

习题 18-2 信息传递(洛谷 P2661)。有 n 个同学(编号为 1 到 $n(n \leqslant 200000)$)正在玩一个信息传递的游戏。在游戏里每人都有一个固定的信息传递对象。游戏开始时,每人都只知道自己的生日。之后每一轮中,所有人会同时将自己当前所知的生日信息告诉各自的信息传递对象。当有人从别人口中得知自己的生日时,游戏结束。请问:该游戏一共可以进行几轮?

提示: 在这道题中,读者可以尝试分别用深度优先遍历和广度优先遍历来解决问题。

习题 18-3 最长路(洛谷 P1807)。设 G 为有 $n(n \leqslant 1500)$ 个顶点的有向无环图,G 中各顶点的编号为 1 到 n,且当 $<i,j>$ 为 G 中的一条边时有 $i<j$。设 $w(i,j)$ 为边的长度,请设计算法,计算图 G 中 $<1,n>$ 间的最长路径。

习题 18-4 词链(洛谷 P1127)。如果单词 X 的末字母与单词 Y 的首字母相同,则 X 与 Y 可以相连成 X.Y(注意:X、Y 之间是英文的句号".")。例如,单词 dog 与单词 gopher,则 dog 与 gopher 可以相连成 dog.gopher。

另外还有一些例子:

```
dog.gopher
gopher.rat
rat.tiger
aloha.aloha
arachnid.dog
```

连接成的词可以与其他单词相连,组成更长的词链,例如:

```
aloha.arachnid.dog.gopher.rat.tiger
```

注意到,"."两边的字母一定是相同的。现在给出 $n(n \leqslant 10^3)$ 个单词,每个单词长度为 1~20,请找到字典序最小的词链,使得这些单词在词链中出现且仅出现一次。

习题 18-5 奶牛野餐(洛谷 P2853,USACO 2006)。$K(1 \leqslant K \leqslant 100)$ 头奶牛分散在 $N(1 \leqslant N \leqslant 1000)$ 个牧场。现在它们要集中起来进餐。牧场之间由 $M(1 \leqslant M \leqslant 10000)$ 条有向路连接,而且不存在起点和终点相同的有向路。它们进餐的地点必须是所有奶牛都可到达的地方。那么,有多少这样的牧场呢?

习题 18-6 封锁阳光大学(洛谷 P1330)。阳光大学的校园是一张由 n 个点构成的无向图,$n(n \leqslant 10^4)$ 个点之间由 $m(m \leqslant 10^5)$ 条道路连接。每个路障可以对一个点进行封锁,当某个点被封锁后,与这个点相连的道路就被封锁了,无法在这些道路上走了。非常悲剧的一点是,路障是一种不和谐的东西,当两个路障封锁了相邻的两个点时,就会产生冲突。询问:最少需要多少个路障可以封锁所有道路并且不发生冲突。

习题 18-7 幻象迷宫(洛谷 P1363)。幻象迷宫可以被认为是无限大的,不过它由若干 $n \times m(n, m \leqslant 1500)$ 的矩阵重复组成。矩阵中有的地方是道路,用 . 表示;有的地方是墙,用 # 表示。玩家所在的位置用 S 表示。也就是对于迷宫中的一个点 (x,y),如果 $(x \bmod n, y \bmod m)$ 是 . 或者 S,那么这个地方是道路;如果是 #,那么这个地方是墙。玩家可以向上、下、左、右 4 个方向移动,当然不能移动到墙上。请你告诉玩家能否走出幻象迷宫(如果能走到距离起点无限远处,就认为能走出去)。

习题 18-8 排序(洛谷 P1347)。一个不同的值的升序排序数列指的是一个从左到右元素依次增大的序列，例如，一个有序的数列 A、B、C、D 表示 A<B、B<C、C<D。在这道题中，将给出一系列形如 A<B 的关系，并要求判断是否能够根据这些关系确定这个数列的顺序。元素数量为 $n(n \leqslant 26)$。

习题 18-9 车站分级（洛谷 P1983，NOIP 2013 普及组）。一条单向的铁路线上，依次有编号为 $1,2,\cdots,n$ 的 $n(n \leqslant 1000)$ 个火车站。每个火车站都有一个级别，最低为 1 级。现有若干趟车次在这条线路上行驶，每一趟都满足如下要求：如果这趟车次停靠了火车站 x，则始发站、终点站之间所有级别大于或等于火车站 x 的都必须停靠（注意：起始站和终点站自然也算作事先已知需要停靠的站点）。现有 $m(m \leqslant 1000)$ 趟车次的运行情况（全部满足要求），试推算这 n 个火车站至少分为几个不同的级别。

第 4 部分

基础数学与数论

第19章 位运算与进制转换

人类在发展过程中总是需要记录数量,因此发明了很多种计数方法,比如绳结计数、石刻计数、"正"字计数等,但最经常使用的计数方法还是十进制——表示0~9的数量是一位数字,10~99是两位数字,而10个10也就是100时开始有了三位数字……

为什么都是满十进一位,而不是其他的数字呢?这可能是跟人类有10根手指有关[①]。这种计数方式使得人们可以使用少数有限的符号来表示所有的数值(要不然使用绳结计数记录一个很大的数字是很麻烦的事情)。虽然我们从小就被教会使用十进制计数并进行运算,认为十进制是非常正常的计数方式,但除了十进制,有时人们可能会使用到其他的进制来计数。

根据计算机的物理构造,数字信号由0(低电位)和1(高电位)组成。因此,所有类型的数据,包括数字、文字、图片、音频等都在计算机中以0和1进行储存和运算。这就需要了解二进制和其他进制原理的原因。图19-1所示为本章思维导图。

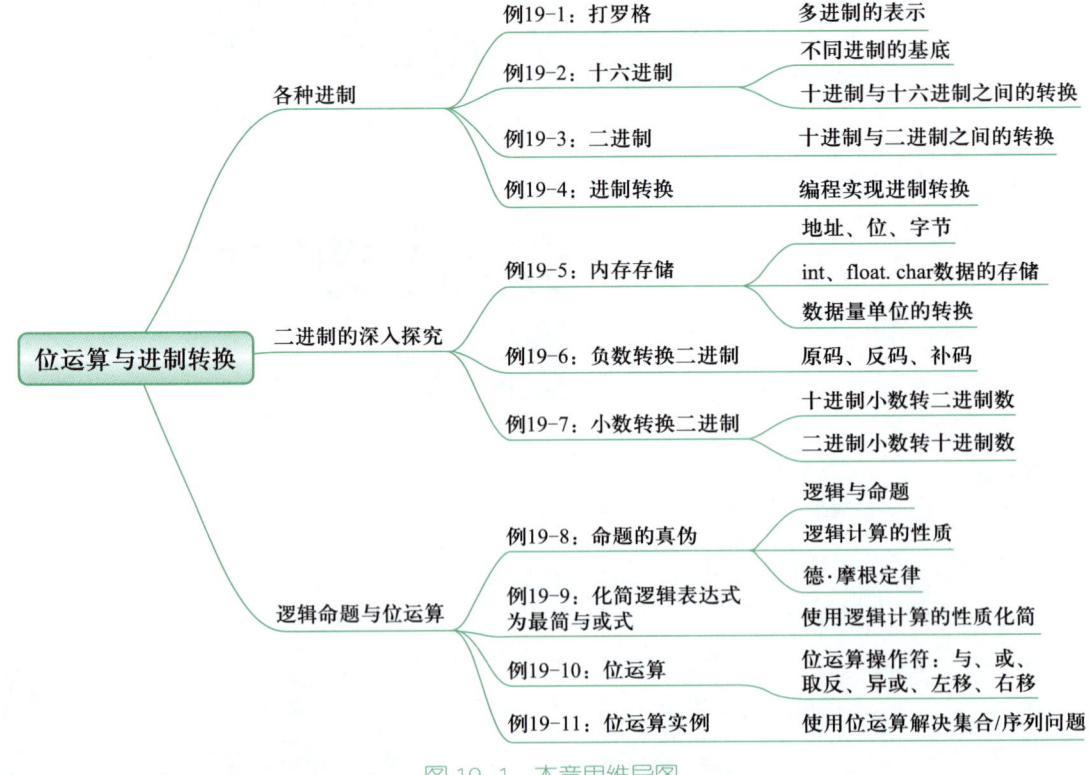

图19-1 本章思维导图

---

① 有的古代文明使用二十进制或者六十进制。

19.1 各种进制

例 19-1 打罗格。某国使用这样的一种计数方法——12 个被称为 1 打(Dozen),12 打被称为 1 罗(Gross),12 罗被称为 1 格(Great gross)。请问:
1) 15 个是几打几个?
2) 6775 个是几格几罗几打几个?
3) 2 打 3 个是多少个?
4) 1 格 9 罗 8 打 10 个是多少个?

需要注意的是,这里的"几"均是不小于 0 且小于 12 的整数。

分析:其实这道题运用到的数学知识并不高深,相信各位读者可以很轻松地解出来。

第一问,根据 15÷12=1…3,15 个除以每打是几个,就是几打,剩下的就是几个。因此 15 个是 1 打余 3 个。把这两个数字放在一起,写成$(13)_{12}$。这种计数方式被称为**十二进制**,因为逢 12 进一位。在这种计数方法下,13 代表 1 打 3 个,等于十进制的 15。

第二问,根据 6775÷12=564…7,说明 6775 个等于 564 打余 7 个;564÷12=47…0,说明 564 打等于 47 罗余 0 打;47÷12=3…11,说明 47 罗等于 3 格余 11 罗。因此 6775 个等于 3 格 11 罗 0 打 7 个。将它们写在一起,写成$(31107)_{12}$吗? 不能,因为 11 占了两位,而我们希望每个余数都能表示成一位数。这好办,令字母 A 为 10,令 B 为 11,这样就可以表示为$(3B07)_{12}$了。因此在十二进制下的 3B07 等于十进制的 6775。

第三问,显然是 2×12+3=27。这说明$(23)_{12}=(27)_{10}$。表示十进制的括号和下标可以省略。

第四问,答案是 $1×12^3+9×12^2+8×12^1+10×12^0=3130$。这说明$(198A)_{12}=3130$。

例 19-2 十六进制。在十六进制下的 ABCD 等于十进制的多少呢? 十进制下的 195195 在十六进制中表示为什么呢?

分析:和上一例类似,十六进制下的一位中,A 代表 10,B 代表 11,C 代表 12,D 代表 13,E 代表 14,F 代表 15。那么 ABCD 转换为十进制就是:

$$10×16^3+11×16^2+12×16^1+13×16^0=43981$$

别忘了任何除了 0 之外的自然数的 0 次方都是 1。对于十六进制来说,每个"个位数"都代表 1 个,每个"十位数"权重是 16,每个"百位数"权重是 16^2,每个"千位数"权重是 16^3,所以可以写成$(ABCD)_{16}=(43981)_{10}$。

这个对比十进制很好理解,在十进制下,个位数代表 1 个,十位数权重是 10,百位数权重是 10^2,千位数权重是 10^3,万位数权重是 10^4。在十进制下,可以得到一个很显然的结论:

$$43981=4×10^4+3×10^3+9×10^2+8×10^1+1×10^0$$

如图 19-2 所示,不同进制下同样的数量表示出来的数字看起来是差别很大的,但是它们的确表示的是同样的数量。不同进制下"基底"不同——十六进制的基底是 16,而十进制的基底是 10。

那么,如何计算十进制数 195195 的十六进制呢? 当然和上一例一样,每次除以 16 然后取余数,记录所有得到的余数。为了简化运算,可以使用这样的方式将十进制数转换为十六进制数,如图 19-3 所示。

如图 19-3 所示,将原来的十进制数字每次除以基底(这里是 16),然后分别记录下商和余数,

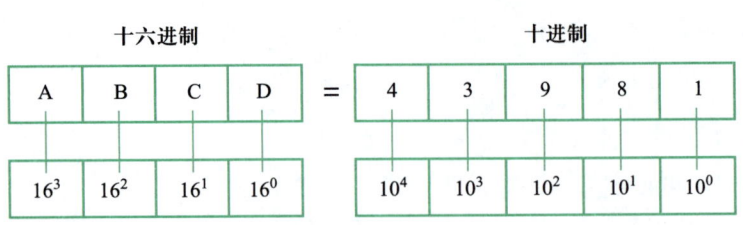

图 19-2 不同进制下的基底

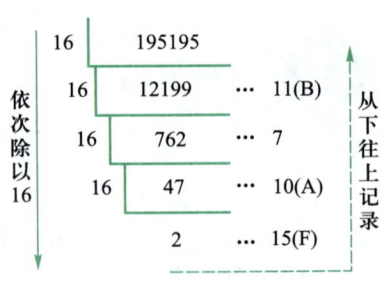

图 19-3 十进制数转换为十六进制数

然后继续将商除以 16，以此反复，直到商小于 16 为止。从最后一个商开始，从下往上记录每一个得到的数字，就是对应的十六进制数。本例中 $(195195)_{10}=(2FA7B)_{16}$。别忘了超过 10 的数字是怎么表示成字母了。①

例 19-3 二进制。二进制下的 10101101 是十进制的多少呢？十进制下的 89 在二进制下如何表示呢？

分析：相信聪明的读者可以使用同样的方式计算出这些题目。**二进制**和其他进制的原理其实没什么不同，但是二进制的特殊之处就是能使用最少的符号数量（只有 0 和 1）表示出所有的整数（虽然会比较长）。

对于第一问，二进制数 10101101 转换为十进制数，最右边一位代表 1，右边第二位代表 2，第三位代表 $4=2^2$……最左边一位（其实是从右边数的第 8 位）代表 $128=2^7$。因此将各位代表的数字累加起来，答案就是 $2^0+2^2+2^3+2^5+2^7=173$。

而 89，使用例 19-2 介绍的转换方式，也可以获得答案 1011001，如图 19-4 所示。

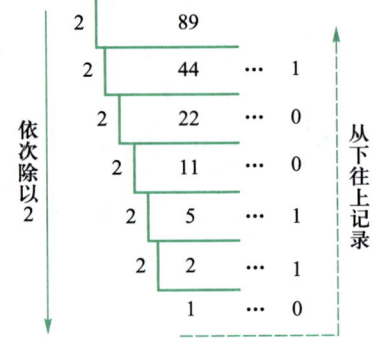

图 19-4 十进制转换为二进制

由于二进制中只使用 0 和 1 两种符号，非常适合使用电子方式实现运算过程。此外，二进制还有很多有趣的性质有待发现。表 19-1 整理出了数字 0~15 的十进制、十六进制和二进制之间的相互对应关系。这里的二进制加上了前导零，凑成了 4 位数。

表 19-1 0~15 的十进制、十六进制和二进制的对应关系

十进制	十六进制	二进制	十进制	十六进制	二进制
0	0	0000	8	8	1000
1	1	0001	9	9	1001
2	2	0010	10	A	1010
3	3	0011	11	B	1011
4	4	0100	12	C	1100
5	5	0101	13	D	1101
6	6	0110	14	E	1110
7	7	0111	15	F	1111

---

① 如果是超过三十六进制，26 个字母都不够用了怎么办？放心，实际生活中几乎不会遇到这种情况。

建议读者理解记忆（其实也很容易）表 19-1。在一些情况下脱口而出这些内容会节省很多时间。

例 19-4 进制转换（洛谷 P1143）。请编一段程序实现两种不同进制之间的数据转换。

输入数据的第一行是一个正整数，表示需要转换的数的进制 $n(2 \leq n \leq 16)$；第二行是一个表示 n 进制数的字符串，若 $n>10$，则用大写字母 A 到 F 表示数码 10 到 15，并且该 n 进制数对应的十进制的值不超过 1000000000；第三行也是一个正整数，表示转换之后的数的进制 $m(2 \leq m \leq 16)$。

分析：刚才介绍了如何将一个 n 进制数转换为十进制数（每一位乘上对应的权重），也知道如何将十进制数转换为 m 进制数（一直除以 m，并且收集余数）。实际上这两个过程是逆过程。本题可以将输入的 n 进制数转换为十进制数，然后再将这个十进制数转换为 m 进制数。代码如下：

```cpp
#include <iostream>
#include <string>
using namespace std;
int char_to_int(char a) {  // 单个字母转换成数字
    return '0'<=a && a<='9' ? a-'0' : 10+a-'A';
}
char int_to_char(int a) {  // 数字转换成单个字母
    return a<=9 ? '0'+a : a-10+'A';
}
int main() {
    int output[33];
    int n, m, dec = 0, num = 0;
    string input;
    cin >> n >> input >> m;
    // 原数转换为十进制
    for (int i = 0; i < input.length(); i++)
        dec = dec * n + char_to_int(input[i]);
    // 转换为 m 进制
    while (dec != 0)
        output[num++] = dec % m, dec/= m;
    // 输出转换好的数字
    for (int i = num-1; i >= 0; i--)
        cout << int_to_char(output[i]);
    cout << endl;
    return 0;
}
```

本程序中定义了两个函数可以将 char 类型的一位字符转换为 int（例如 '5' 变成 5，'C' 变成 12），也可以将一个 int 类型的数字转换为 char（例如 8 变成 '8'，15 变成 'F'）。转换为十进制时，不需要每次计算 n 的几次方，可以使用这样的迭代方式提升效率（这是秦九韶算法，如果不理解，可以将 n 设为 10 后自己尝试模拟程序的运行）；转换为 m 进制时，由于最先计算得到的余数是个位数,然后是十位数……所以要将这些余数存入数组中,全部计算完毕后反着输出对应的字符。

这里需要补充一个有趣的性质:一位十六进制数码对应 4 位数的二进制数码,所以将十六进制和二进制之间相互转换时并不需要以十进制为中间跳板,直接进行翻译即可(注意,二进制需要四位四位分组,而且必须从右往左分组)。例如,二进制数 1010110111 经过分组可以变为 0010 1011 0111,直接查表(或者口算)可以翻译为 2B7;反过来也是一样的。

19.2 二进制的深入探究

例 19-5 内存存储。计算机内存只能一位一位地存储 0 和 1,那么内存中如何存储各种数据类型呢?

假设在 C++ 中定义了这些变量:

```
int a = 233;
int b = -233;
float c = 3.14;
char d[4]="Ha!";
```

十六进制数字前常常会加上 "0x" 以作提示。实际上,在计算机内存中变量是按图 19-5 所示的方式存储的。

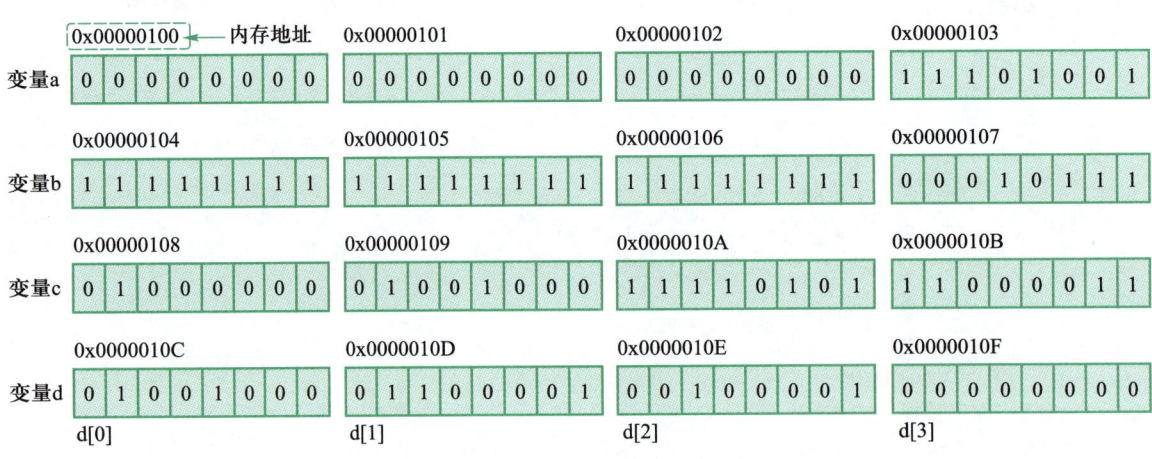

图 19-5 变量在内存中的存储方式

首先,内存非常大,如果希望定位到某个变量,就需要知道这个变量所在的**地址**。在 32 位计算机中,地址是 32 位二进制数,可以缩写为 8 位十六进制。内存地址是连续的,但是如果读者亲自运行这个程序,变量 a 的内存地址很可能和图中的地址不一样[①]。一个 0 或 1 的数码被称为**一位**。一个内存地址对应的 8 位,被称为**一字节**,也就是 1B(Byte)。

---

① 使用 "cout<<&a;" 就可以简单地输出变量的内存地址。

在入门部分有提到一个 int 类型或 float 类型的变量占用 32 位空间。十进制数字 233 转换为二进制数字为 11101001，所以如图 19-5 所示 233 存储在内存中，在低位（右边）填入 11101001，而左边（高位）用 0 填充。十进制的 –233 是一个负数，在内存中就会表示为 1…100010111，高位是用 1 填充的。在例 19-6 中会介绍计算机是如何储存带符号负整数的。而浮点数比较复杂，需要将十进制的浮点数转换为二进制的浮点数（例 19-6 中也会介绍），然后在内存中分别记录符号、指数和有效数字（因为篇幅有限此处不介绍）。

而一个 char 的变量占用 8 位，大小为 4 的 char 类型数组占用 32 位。将这个数组中的每个原数的 ASCII 码转换为二进制后直接存入内存中。例如，'H' 的 ASCII 码值是 72，'a' 的 ASCII 码值是 97，'!' 的 ASCII 码值是 33；别忘了字符串最后还有一个 '\0'，对应的值是 0。

定义一个变量，就会为这个变量准备一块内存空间，并记录这个空间的起始地址。当访问到这个变量的时候，就会根据地址在内存中找到这个变量的值。

有些变量类型也有无符号数，例如 unsigned int 类型。这个类型和 int 类型一样，占用 32 位，但是以放弃存储正负符号为代价，可以储存比 int 多一倍的整数值（0 到 $2^{32}-1$，接近 4.3×10^9）。

> 计算机中还有其他的表示数据大小的单位，比如 1KB 是 2^{10}=1024 字节（大约 1000 字节），1MB 是 2^{20} 字节（大约 100 万字节），1GB 是 2^{30} 字节。但是，如果谈论到网络带宽，那常常指的是位而不是字节了。

例 19-6 负数转换二进制。在带符号整数 signed char 的情况下，–57 如何被表示成负数呢？在计算机中又是如何计算 66–57 呢？

分析： 考虑 int 占有 32 位太长，因此使用只占 8 位的 signed char 类型来举例。57 用二进制表示为 0011 1001（补足 8 位）。如何表示一个负数？可以占用最高位的一位来表示正负，0 表示非负，1 表示负数。

第一种方式是用除了第一位的数字表示这个负数的绝对值，第一位变成 1。这样，–57 表示为 1011 1001。这种表示方式称为**原码**。不过，计算机不使用这种方式来表示负数。

第二种方式是将这个负数的绝对值的数全部取反，由 1 变为 0，0 变为 1。这样，–57 表示为 1100 0110。这种表示方式成为**反码**。使用反码有一个问题：0 有两种表示方式（全 0 和全 1），所以也不常用。

第三种方式是先计算这个负数的反码，然后加 1。这样，–57 表示为 1100 0111。这是计算机使用的表示负数的方法，被称为**补码**。这种表达方式下，0 只有 1 个，全 1 代表 –1。

有了补码这种表示负数的方式，计算机就可以很方便地计算二进制减法了。例如要计算 66–57 时，可以认为是 66+（–57）。66 的二进制是 0100 0010，–57 的二进制是 1100 0111，列竖式累加（其实就是异或运算，千万要记得进位）。

```
    ..      ..   （进位记号）
   0100 0010
 + 1100 0111
 -----------
   10000 1001
```

由于这个数字溢出了 8 位,所以只取低位数的 8 位,得到的答案是 0000 1001,也就是十进制下的 9。补码这种非常精妙的设计使得计算机可以化减为加。但是谈论到补码时必须要确定总位数,因为 char 类型的 1100 0111 和 int 类型的 0…0 1100 0111 表示的可不是同一个数字。

> 至此,为什么使用 memset 给 int 数组初始化时,只有填充 0 和 -1 时才能初始化为 0 或 -1(而给一个其他数字,则不会将数组初始化为这个数字)就已经真相大白:memset 只能将一片数组区域的每一个字节初始化为给定的数字(小于 255),而一个 int 是由 4 字节组成的,所以只能填充成全 0(最后的值还是 0)或者全 1(最后的值是 -1)。如果填充 3,则这个 int 的值实际上就变成了 0x03030303。

例 19-7 小数转换二进制。3.14 转换成二进制是多少呢?

分析:将实数从十进制转换为二进制,可以将整数部分和实数部分分别处理。整数部分的 3 是二进制的 11;而小数部分 0.14 是这么处理的(见图 19-6):

将原来的小数数字,每次都乘 2,如果得到的结果中整数部分是 1,则答案记录一个 1,并去掉这个整数部分,然后继续运算;如果得到的结果中的整数部分还是 0,那么答案记录一个 0,继续计算。因此 3.14 表示为二进制数是 11.00100011…,在二进制下是一个无限小数。因此,这就是为什么计算机浮点数类型无法精确表示很多实数的原因。

那么,如何将一个二进制小数转换成十进制呢?例如 101.101,同样将整数部分和小数部分分开,整数部分十进制是 5。小数部分的计算方式和整数转换方式差不多:$1 \times 2^{-1} + 0 \times 2^{-2} + 1 \times 2^{-3} = 0.625$。所以整个数的十进制就是 5.625。

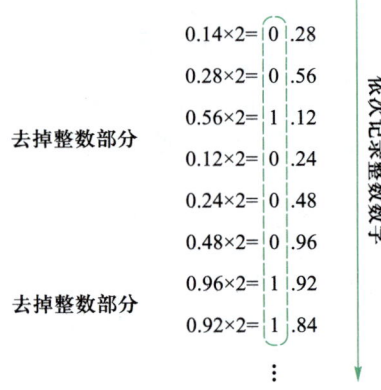

图 19-6 小数转二进制数

19.3 逻辑命题与位运算

例 19-8 命题的真伪。写出下列命题的真伪。

1) P:昨天的太阳从东边升起。
2) Q:自然数 1 是一个质数。
3) R:实数 3.1415926 是一个有理数。
4) S:洛谷成立于 2013 年。

分析:在逻辑学中,**命题**指的是判断一件事情的陈述句,且有明确的真伪(比如 "kkksc03 长得很帅" 这个陈述的判断具有主观性,因此不是命题)。如果用 1 表示真命题,用 0 表示伪命题,那么 $P=1, Q=0, R=1, S=1$。

除此之外,多个命题还能进行复合,进行与、或、非、异或等操作(其实在入门部分已经介绍过相关内容了)。下面给出这种复合命题的符号,其中 A 和 B 都是命题变量。

1) 或:$A \vee B$。两个命题中至少有一个真命题时,其复合命题为真。
2) 与:$A \wedge B$。两个命题必须全为真命题,其复合命题才是真命题。

3) 非:¬A。将原命题取反。

4) 异或:A ⊕ B。两个命题一真一假时复合命题为真,等价于(A∧¬B)∨(¬A∧B)。

有时为了简化逻辑表达式,可以将或运算变成加号,与运算变成乘点(甚至可以省略),而非运算变成上画线。例如,¬((A∧¬B)∨(¬A∧B))可以表示为 $\overline{A\overline{B}+\overline{A}B}$。为了易于阅读,接下来会使用到这种形式。

之所以能将或运算变成加号、与运算变为乘号,是因为逻辑运算有和普通代数运算有类似的性质,而且与运算的优先级高于或运算。逻辑运算有以下一些性质。

1) 交换率:$AB=BA, A+B=B+A$。

2) 结合律:$(AB)C=A(BC),(A+B)+C=A+(B+C)$。

3) 分配率:$A(B+C)=AB+AC$。

除此之外,还有一些显然的性质:

4) $A+1=1, 0A=0$。

5) $AA=A, A+A=A, A+\overline{A}=1, A\overline{A}=0$。

还有一个非常重要的**德·摩根定律**,使得与运算和或运算可以在一定条件下互相转化:

6) $\overline{A+B}=\overline{A}\,\overline{B}, \overline{A\cdot B}=\overline{A}+\overline{B}$。

以上逻辑运算性质可以化简一个复杂的逻辑表达式,便于求出逻辑表达式的值。

例 19-9 化简逻辑表达式为最简与或式化简以下逻辑表达式为最简与或式。由"与运算"连接的一组变量(或者带非运算的变量)叫"与项",将一些"与项"用"或运算"连接的表达式为与或式。最简与或式是指与项数量最少,同时每项数量也最少的与或式。

1) $(A+B)(A+C)$;

2) $AB+\overline{A}C+BC$;

3) $\overline{A\overline{B}+\overline{A}C}$;

4) !$((x\le 0\|x>5)\&\&(y\le 0\|y>10))$。

分析:

1) 原式 $=AA+AC+AB+BC=A(1+B+C)+BC=A+BC$

其实这个也是逻辑表达式的分配率。

2) 原式 $=AB+\overline{A}C+(A+\overline{A})BC=AB+ABC+\overline{A}C+\overline{A}BC$

$\qquad = AB(1+C)+\overline{A}C(1+B)=AB+\overline{A}C$

3) 原式 $=\overline{A\overline{B}}\cdot\overline{\overline{A}C}$(使用摩根定律)

$\qquad = (\overline{A}+B)(A+\overline{C})=\overline{A}A+\overline{A}\,\overline{C}+AB+B\overline{C}$

$\qquad = AB+\overline{A}\,\overline{C}+B\overline{C}=AB+\overline{A}\,\overline{C}$(第 2 小题的结果)

4) 令 $X=(x\le 0), Y=(x>5), A=(y\le 0), B=(y>10)$。

原式 $=\overline{(X+Y)(A+B)}=\overline{X+Y}+\overline{A+B}=\overline{X}\cdot\overline{Y}+\overline{A}\cdot\overline{B}$

也就是 $x>0\&\&x\le 5\|y>0\&\&y\le 5$

> 最后一个例子说明,编程有时会出现一些比较复杂的条件判断语句(例如在判断搜索边界时)。使用本例中的方法和技巧,可以化简判断语句,或者明确有些判断语句是等效的。

例 19-10 位运算。考查下面的程序:

```
int A = 85, B = 51;
int p, q, r, s, u, v;
p = A & B;
q = A | B;
r = A ^ B;
s = ~A;
u = A << 2;
v = A >> 3;
cout << p << ' ' << q << ' ' << r << ' ' << s << ' ' << u << ' ' << v;
```

运行程序,得到的结果是:

```
17 119 102 -86 340 10
```

这就涉及了 C++ 中的**位运算**,也就是直接对整数在内存中的二进制位进行按位操作。

& 符号是按位与,注意只有一个符号,而不是像逻辑与 && 是两个。该符号将前后两个操作数按位对齐,然后每一位上都进行与计算,最后得到位运算的结果。例如,85 的二进制数为 101 0101,51 的二进制数为 11 0011,计算过程是这样的(int 类型是 32 位二进制数):

```
  A 0000 0000 0000 0000 0000 0000 0101 0101
& B 0000 0000 0000 0000 0000 0000 0011 0011
-------------------------------------------
  p 0000 0000 0000 0000 0000 0000 0001 0001
```

可以发现,每一位都进行了与计算,最后得到了结果是 1 0001,也就是十进制的 17。

| 符号是按位或;^ 符号是按位异或。异或运算符的优先级高于按位或运算,但是低于按位与运算。

而 ~ 符号是取反;<< 符号是位左移;>> 符号是位右移(后两个符号还是输入/输出流的分隔符!)。它们运行的机理是这样的:

```
   A: 00000000000000000000000001010101
  ~A: 11111111111111111111111110101010
A<<2: 00000000000000000000000101010100
A>>3: 00000000000000000000000000001010
```

可见,取反就是将这个数字的二进制数 0 变 1、1 变 0,然后根据前面介绍的补码,就可以知道转换后的数字。对于带符号整数来说,~A 的值和 –A–1 的值是一样的。而左移是将这个二进制数的所有位数往左移动指定的位数,右边用 0 补齐,左边截掉。而右移则是将这个二进制数的所有位数往右移动制定的位数,右边截掉。右移时,如果原数是非负数,则左边补 0,否则左边补 1。因此,a<<n 等于 a 乘 2 的 n 次方,a>>n 等于 a 整除 2 的 n 次方。

例 19-11　位运算实例。已知一个正整数变量 a，对这个数的二进制数列进行下面的操作，依次使用位运算符号写出操作方式：

1) 将最后一位的右边加上一个 1，例如 101 变为 1011。
2) 将最后一位变为 0，例如 1010 或者 1011 处理后都变成 1010。
3) 取末 5 位序列，例如 1101 1010 处理后得到 11010。
4) 去掉序列中最右边的 1 的左边所有数字，例如 1101 1000 取到右边的 1000。

分析：

1) 首先将 101 左移 1 位变为 1010，然后再加上 1，表达式为 (a<<1)+1。注意左移右移的优先级低于加减乘除，但是高于除了取反以外的逻辑运算符（与、或、异或）。

2) 第一种办法是将它和 1 相或，使其最后一位变成 1 后减 1（不能直接和 1 相与，否则左边全没了），表达式是 (a|1)−1；第二种方法是和 11…110（十进制的 −2）相与，保留左边的所有位数，而最右位变为 0，表达式是 a&−2。

3) 可以知道与操作有"割草机"的作用，如果原数和 0 相与，则会被"割掉"（无论原数是 0 还是 1，都会变成 0），否则就保留原数不变。因此可以构造一个右边是 5 个 1 的剃刀（也就是 0001 1111），这个数字刚好就是 0010 0000 减去 1 得到的，所以表达式是 a&((1<<5)−1)。相似地，或操作有"拔高"的作用。

4) 如果要实现树状数组就会遇到这个需求。不加证明地给出结论：a and (~a+1) 或者 a and (−a)。请读者尝试验证。

19.4 课后实验与习题

习题 19-1　完成表 19-2。

表 19-2　习题 19-1 表

十进制	十六进制	二进制	其相反数补码
19			
4096			
195195			
	81		
	BAD		
	FFF		
		10010	
		11010010	
			0
			1…1 1101 1000
3.141593	（不适用）		（不适用）
	（不适用）	110.01011	（不适用）

习题 19-2 定义下列变量，一共需要占用多少内存呢？如果这些变量的内存是连续分配的，且变量 a 的地址是 0x0700F000，那么 ch［1024］的地址（十六进制）是什么呢？

```
int a, b, c[100];
long long big;
double pi, number;
unsigned int x[2000];
char ch[10000];
```

习题 19-3 化简逻辑表达式为最简与或式：

1) $ABC+AB\bar{C}+A\bar{B}C+\overline{ABC}$；
2) $\bar{A}C+\bar{A}BC+\bar{A}CD(B+\bar{E})$；
3) $AB+\overline{AB}+BC+\overline{BC}$；
4) $AB+\bar{A}C+\bar{B}C$。

习题 19-4 已知一个正整数变量 a，对这个数的二进制数列进行下面的操作，依次使用位运算符号写出操作方式（可以使用加、减，但是不允许使用乘、除、取余或者循环）。

1) 判断 a 的奇偶性，如果是奇数返回 1，否则为 0。
2) 从右边数第 k 位变成 0。
3) 从右边数末 k 位取反。
4) 判断从右边数第 k 位是 1 还是 0。
5) 将从右边数的第一个 0 变成 1。

习题 19-5 找筷子（洛谷 P1469）。给出 $n(n \leq 10^6)$ 个 int 范围内的整数，只有一个数出现过奇数次，剩下的所有数都出现过偶数次。请找出这个落单的数字。

习题 19-6 证明下面的操作可以交换整数变量 x 和 y 的值而不需使用到第三个变量。

```
x=x^y; y=y^x; x=x^y;
```

习题 19-7 高低位交换（洛谷 P1100）

给出一个小于 2^{32} 的正整数。这个数可以用一个 32 位的二进制数表示（不足 32 位用 0 补足）。称这个二进制数的前 16 位为"高位"，后 16 位为"低位"。将它的高低位交换，可以得到一个新的数。试问这个新的数是多少（用十进制表示）。

习题 19-8 进制转换（洛谷 P1017，NOIP 提高组）。输入一个十进制整数（-32768 到 32767），和负进制数 -R（-20 到 -2），需要求出十进制数转换为 -R 进制数。例如，-15 在 -2 进制下是 110001，因为 $(110001)_{-2}=1\times(-2)^5+1\times(-2)^4+0\times(-2)^3+0\times(-2)^2+0\times(-2)^1+1\times(-2)^0$。

第 20 章　计数原理与排列组合

这个世界纷繁复杂,有无数的选择与决策,带来了各种各样的结果。在日常生活中经常会遇到这样的问题:知道了事物所有的选项和决策,最后有多少种可能的结果呢？为了能够解决这些问题,需要学习基本计数原理,包括加法与乘法原理、排列与组合等,解决一些简单的计数问题,并能了解计数与现实生活之间的联系。图 20-1 为本章思维导图。

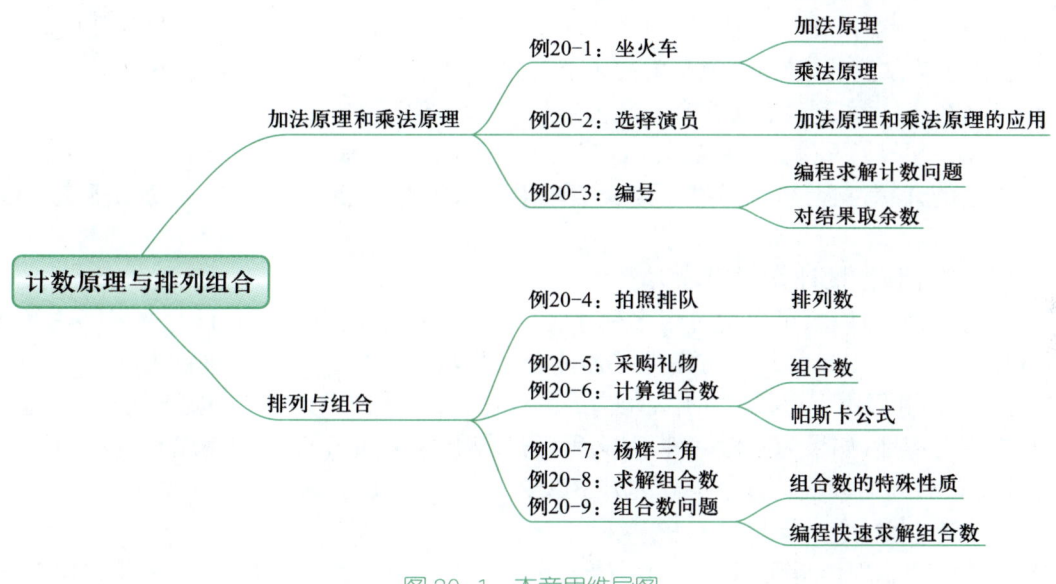

图 20-1　本章思维导图

20.1 加法原理和乘法原理

例 20-1　坐火车。小止 17 岁的时候,成为了一个大学生。她第一次远离故乡去哈尔滨读书,非常兴奋,可惜没有从常德直达哈尔滨的火车。小止在网上查到了一些火车信息:

K935 常德 — 长沙
K1095 常德 — 长沙
K1171 常德 — 长沙
K501 常德 — 长沙

K809 常德 — 上海
K1375 常德 — 上海
Z236 长沙 — 哈尔滨
G1204 上海 — 哈尔滨
Z172 上海 — 哈尔滨

现在小止想知道，她有多少种方式去哈尔滨。

可以看出，小止去哈尔滨，要么途经长沙，要么途经上海，如图 20-2 所示。这里隐含了一个重要信息：只要选择了经过长沙，那就没法经过上海；反之亦然。也就是说，"经由长沙"的方案与"经由上海"的方案是不同的。那么，统计方案总数的时候，只需要将"经由长沙"的方案数与"经由上海"的方案数相加，即为答案。

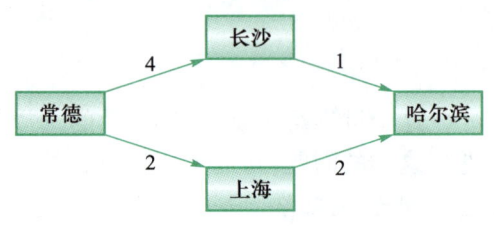

图 20-2　小止去哈尔滨的方式

那么，又如何计算"经由长沙"和"经由上海"的方案数呢？以"经由上海"为例。需要选择常德—上海和上海—哈尔滨这两段分别坐哪一列火车。前者当然是二选一。此外，无论从常德到上海坐哪趟车，上海—哈尔滨总会有两列车可以选择。所以经由上海去哈尔滨的方案数，就是常德—上海方案数与上海—哈尔滨相乘：2×2=4。

讲了这么多，小止到底有多少种方案去哈尔滨呢？答案是：

（常德—长沙）×（长沙—哈尔滨）+（常德—上海）×（上海—哈尔滨）=4×1+2×2=8

从刚刚的计算过程，可以总结出组合数学中最基本的两个计数原理——**加法原理**和**乘法原理**。

请回顾一下刚刚的计算，在下面填空：

如果为了做一件事，可以通过很多种途径，且每一种途径都能达到目标、选择了途径 A 就不能选择途径 B。那么，最终的方案数是各种途径的方案数之_____，这称为_____原理。例如：经由长沙和经由上海，是"去哈尔滨"的两种途径，且选择了其中一个就不能选另一个。

与之相对应地，如果为了做一件事，必须经过若干步骤，每个步骤都完成时，整件事情就做完了，那么总的方案数就是各个步骤的方案数之_____，这称为_____原理。例如："经由上海去哈尔滨"有两个步骤。

有了这两个原理作基础，下面给出小止过完寒假之后，回哈尔滨的交通图（与图 20-2 一样，数字表示方案数），你能算出她有多少种方法去哈尔滨吗？

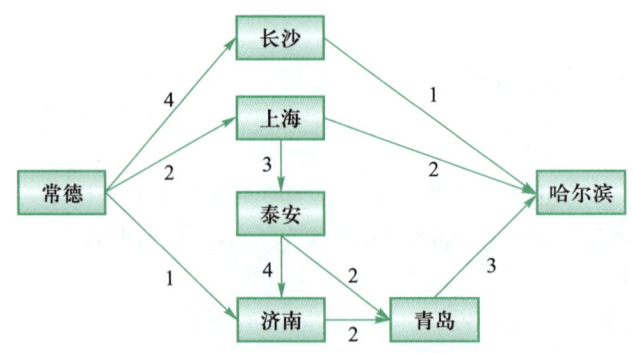

图 20-3　更加复杂的情况

提示：对于每个城市 P，一旦确定有多少种方法可以从常德到 P，马上将这个方案数写在城市名字旁边。这样，一次次利用加法原理和乘法原理，就可以得到自己的答案，我们就能求出最终结果。试试看！

例 20-2 选择演员。博艾中学七年一班有 12 名男生，16 名女生，七年二班有 9 名男生，17 名女生。现在学校将要举办文艺汇演，在以下的情况下，能有多少种选择的方式呢？

1) 从这两个班的同学中选择 1 名导演。
2) 从这两个班的同学中，选择 1 名男生、1 名女生作为主持人。
3) 从一班和二班中，各选择 1 名男生、1 名女生，一共 4 人作为舞蹈演员。

分析：

1) 为了选择一名导演，有很多种手段可以达到这个目的——可以选择一名一班的男生，或者一名一班的女生，或者一名二班的男生，或者一名二班的女生。因此，使用加法原理，一共有 12+16+9+17=54 种方案。

2) 这里需要分为 2 个步骤——选择一名男生，再选择一名女生。选择一名男生再选择一名女生的方案数可以使用加法原理，一共男生有 12+9=21 种选法，女生有 16+17=33 种选法。而各选择一名学生必须同时完成选择一名男生和选择一名女生两个步骤，使用乘法原理，因此答案是 (12+9)×(16+17)=693 种方案。

3) 这种情况下就是 4 个步骤——需要按照步骤选择一名一班的男生，然后选择一名一班的女生，再选择一名二班的男生，最后选择一名二班的女生。因此使用乘法原理，一共有 12×9×16×17=29376 种方案。

例 20-3 编号(洛谷 P1866)。太郎有 $N(N\leq 50)$ 只兔子，现在为了方便识别它们，太郎要给它们编号。兔子们向太郎表达了它们对号码的喜好，每个兔子 i 想要一个整数，介于 1 和 num[i] 之间(包括 1 和 num[i])。当然，每只兔子的编号不能相同的。现在太郎想知道一共有多少种编号的方法。你只用输出答案对 10^9+7 取余数即可。如果没有任何可行方案的，就输出 0。

分析：假设所有兔子能取到的最大编号是相等的，现假设有 4 只兔子，分配编号为 1 到 5 的 5 张纸牌，每个编号的纸牌只有一张。第一只兔子可以从 5 张中随便选 1 张，第二只就只能从剩下的 4 张中选 1 张，第三只是 3 选 1，第四只是 2 选 1。根据乘法定理，一共有 5×4×3×2=120 种方案。

题目中兔子能取得的最大编号不是相等的，假设分别能取到的最大编号为 [8,3,5,6]。依然考虑分纸牌，但是总共的张数不固定，怎么办呢？如图 20-4 所示，让选号最局限的兔子优先从 1 到 3 的纸牌中选择。然后在剩余的纸牌中补充纸牌 4 和 5，让第二局限的兔子选择；然后补充纸牌 6，让能取到 6 的兔子选择；最后在剩下的牌中加上 7 和 8 让最后一只兔子选择。所以，一共有 3×(5-1)×(6-2)×(8-3)=240 种方案。

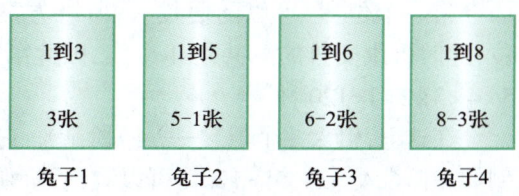

图 20-4 每只兔子可以的选择

请读者尝试证明，为什么选择最局限的兔子要先选，否则会出现什么样的后果？

于是算法就很明确了，将兔子想要的上限按照从小到大的顺序排序，然后最小的减 0，次小的减 1……最大的减(n-1)，再将其全部相乘即可，代码如下：

```cpp
#include<iostream>
#include<algorithm>
using namespace std;
#define MOD 1000000007
int main() {
    int n, i, num[51];
    long long ans = 1;
    cin >> n;
    for (i = 0; i < n; i++)
        cin >> num[i];
    sort(num, num + n);    // 从小往大排序
    for (i = 0; i < n; i++) {
        ans *= (num[i] - i);       //第 i 个号码的种数是
        ans %= MOD;
    }
    cout << ans << endl;
    return 0;
}
```

注意,结果可能很大,要对指定数字取余数。不能全部乘完之后再取余数,因为中间结果可能会溢出。可以每乘完一次就取一次余数。实际上,加法或者乘法都可以这样做:

1) $(a+b+c)\%k=((a+b)\%k+c)\%k$
2) $(a\times b\times c)\%k=((a\times b)\%k\times c)\%k$

在这里只给出这个有用的结论,但是先不给出证明。

20.2 排列与组合

例 20-4 拍照排队。小止和一群朋友跑到洛谷大厦参观,他们一共 5 人要在洛谷大厦门前拍张游客照,以示到此一游。5 人排成一排,共有多少种排法?

分析: 容易想到,这个问题可以通过乘法原理来统计。过程如下:先指定一个人站在最左边,然后再指定一个人站在第二个,依此类推。那么,每个步骤将会有多少种做法呢?

第一个位置,可以随便找人,所以方案数是 5。接下来要站第二个人了,无论是谁站在首位,此时可供安排的总共是 4 个人,因此第二步选人方案是 4 种。依此类推,最后的结果就是: $5\times 4\times 3\times 2\times 1=120$ 种。

在这里,引入一个记号——!(阶乘)。它是跟在整数后面的感叹号,记 $n!=n\times(n-1)\times\cdots\times 2\times 1$。例如, $3!=6,4!=24,5!=120$。可以看到,阶乘的增长速度是非常快的。

回到排列与组合的问题。现在,假设要从 5 个朋友里面抽出 3 个排成一排,共有多少种排列方案呢?

还是利用乘法原理。首位的选择方案是 5 种,第二位是 4 种,第三位是 3 种。所以,最后的答案就是 $5\times 4\times 3=60$ 种。推而广之,从 n 个人里面选出 m 个人站成一排,方案数是: $n(n-1)\cdots(n-m+1)=\dfrac{n!}{(n-m)!}$。将它称为**排列数**。用 A_n^m 表示"从 n 个元素里面取 m 个元素,排成一排的方

案数",也就是 $A_n^m = \dfrac{n!}{(n-m)!}$。

下面来做几个练习,请计算方案数:

$A_5^2=$ _____ ; $A_6^3=$ _____ 。

例 20-5 采购礼物。小止他们一共 3 人,决定派出 2 人去采购礼物,请问:有几种选择方案?

分析:这里只是"选出来"即可,并不关心这几个人的顺序。例如,从 A、B、C 这 3 个人里面选两个,一共有 3 种选法:AB、BC、AC(要注意 AB 与 BA 算同一种选法)。用 C_n^m 表示"从 n 个元素里面选出 m 个元素"的方案数,$C_3^2=3$。将它称为**组合数**。

下面来做几个练习,请手动枚举所有方案,统计方案数:

$C_5^2=$ _____ ; $C_6^3=$ _____ 。

枚举所有方案数是很累的,而且容易重复、遗漏。那么,有没有更好的方法呢?

还是从加法原理入手。现在要计算 C_n^m,也就是"从 n 个人里面选 m 个"。不妨先给这群人编个号,那么第 n 个人要么选,要么不选。所以要完成"从 n 个人里面选 m 个"的任务,可以通过以下两种途径:

1) 在前 $n-1$ 个人里面选 $m-1$ 个,然后选走第 n 个,方案数是 C_{n-1}^{m-1}。
2) 在前 $n-1$ 个人里面选 m 个,然后不选第 n 个,方案数是 C_{n-1}^m。

不难发现,这里可以利用加法原理得到 $C_n^m = C_{n-1}^{m-1} + C_{n-1}^m$。这就是组合数的递推公式,称为**帕斯卡公式**。

现在,试着通过另一种途径分析问题,给出组合数的通项公式。如果要从 4 个人里面选 3 个(带顺序),那么共有 $A_4^3=24$ 种选法,它们是:

ABC ACB BAC BCA CAB CBA
ABD ADB BAD BDA DAB DBA
ACD ADC CAD CDA DAC DCA
BCD BDC CBD CDB DBC DCB

可以看出,如果要的是不带顺序的选取方案数,那么上面的统计会有重复。本质相同的一种方案(例如选 A、B、C 这 3 个人),会被计算多少次呢?

答案是 A_3^3。这是因为,A、B、C 这 3 个人的每一种可能的顺序,都会被统计到。既然本质相同的每种方案都会被统计 A_3^3 次,那么本质不同的方案总数是多少呢?请填空:$\dfrac{\square}{\square}=4$

由此导出了组合数的通项公式:

$$C_n^m = \dfrac{A_n^m}{A_m^m} = \dfrac{n\cdot(n-1)\cdot\cdots\cdot(n-m+1)}{m\cdot(m-1)\cdot\cdots\cdot 2\cdot 1} = \dfrac{n!}{m!\cdot(n-m)!}$$

例 20-6 计算组合数。首先,请计算 4 个组合数:

$C_5^2=$ _____ ; $C_5^3=$ _____ ; $C_6^1=$ _____ ; $C_6^5=$ _____ 。

这是巧合吗?请写出 C_n^m 和 C_n^{n-m} 的通项公式,并验证你的发现。也可以给出更直观的解释:从 n 个人里面选 m 个去开会,和从这 n 个人里面选 $n-m$ 个人不去开会,是同一个意思。由此得到重要公式:

$$C_n^m = C_n^{n-m}$$

现在来考虑另一个问题：C_n^0是多少？"从 n 个人里面选 0 个的方案数"很不直观，但是知道 C_n^n 肯定只有一种方案也就是所有元素都选。所以根据上面的公式，有 $C_n^0=C_n^n=1$。从 n 个人里面选 0 个，只有一种方案，就是谁都不选。

🍃 **例 20-7** 杨辉三角。请在图 20-5 中找到"金字塔"的数字规律，并填空。

这个表格就是大名鼎鼎的**杨辉三角**。不难发现以下性质：

1) 每个数等于上面的数与左上角的数之和，这对应了帕斯卡公式。

2) 每一行都中心对称，这可以用 $C_n^m=C_n^{n-m}$ 来解释。

3) 第 n 行的数之和是 2^n。

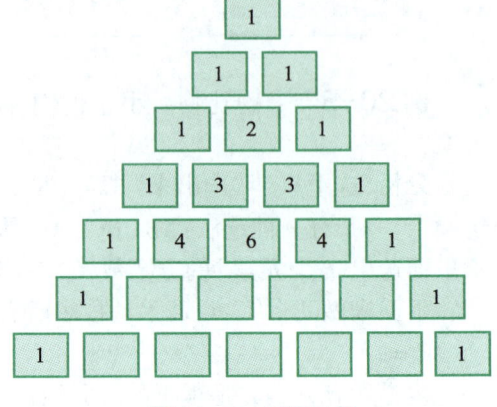

图 20-5　杨辉三角

如何解释最后那条性质呢？第 n 行的数之和，就是 n 取 0 的方案数，加上 n 取 1 的方案数……一直加到 n 取 n 的方案数。这个求和，实际上就是 n 个元素里面随便取出元素的方案数。它有多少种取法呢？每个元素都可以选择"取"或者"不取"，这与其他元素是独立的（其他元素的选择，不会制约这个元素的选择）。因此，现在的情况符合乘法原理：$2×2×⋯×2=2^n$。

🍃 **例 20-8** 求解组合数。输入 n 和 m（均不大于 21），设计程序输出 C_n^m。

分析：根据求组合数的公式：

$$C_n^m = \frac{n!}{m! \cdot (n-m)!}$$

可以直接写出这样的函数：

```
long long fac(int n) { //求阶乘
    long long f = 1;
    for (int i = n; i > 0; i--)
        f *= i;
    return f;
}

long long C(int n, int m) {
    return fac(n) / (fac(n - m) * fac(m));
}
```

这个做法有两个问题。首先，定义了一个阶乘函数，但是阶乘是很大的值，计算 fac(21) 就会溢出，答案就不正确了；其次，如果要多次调用组合数的函数，每次都要计算阶乘，效率比较低。

别忘了，还有另外一种求组合数的方法，即 $C_n^m=C_{n-1}^{m-1}+C_{n-1}^m$，并且回忆一下递推：知道递推公式，知道初始条件，就可以得到所有的递推函数的值。初始条件很明显，就是 $C_0^0=C_i^0=1$。代码如下：

```
#include <iostream>
using namespace std;
long long C[25][25];
int main() {
    cin >> n >> m;
    for (int i = 0; i <= 21; i++) {
        C[i][0] = C[i][i] = 1;
        for (int j = 1; j < i; j++)
            C[i][j] = (C[i - 1][j] + C[i - 1][j - 1]) ; //递推
    }
    /* 输出杨辉三角
    for (int i = 0; i <= 20; i++) {
        for (int j = 0; j <= i; j++) {
            cout << C[i][j]<<' ';
        }
        cout<<endl;
    }*/
    cout << C[n][m];
    return 0;
}
```

这样就通过 $O(n^2)$ 的算法复杂度得到了一个组合数表。之后，如果要找到想要的组合数，直接在表中查询即可。

例 20-9 组合数问题。(洛谷 P2822，NOIP2016 提高组)。如果给定 k，有 $t(t \leqslant 10^4)$ 次询问，每次询问都会给出 n, m，对于所有的 $0 \leqslant i \leqslant n, 0 \leqslant j \leqslant \min(i,m)$ 有多少对 (i,j) 满足 C_i^j 是 k 的倍数？$n, m \leqslant 2000$。

分析：由于 k 是给定的，也知道组合数其实就是杨辉三角中的元素，再加上知道了取余的规律(加法计算可以在计算的途中取余)，于是可以很简单地写出杨辉三角的计算，并对 k 取余。由于每次询问都会给定 n 和 m，就从杨辉三角中的暴力枚举相应部分的元素，依次判断是否是零。如果是零，说明是 k 的倍数。代码如下：

```
#include <iostream>
#include <algorithm>
using namespace std;
long long C[2010][2010];
int main() {
    int t, k, m, n;
    cin >> t >> k;
    for (int i = 0; i <= 2000; i++) {
        C[i][0] = C[i][i] = 1;
        for (int j = 1; j < i; j++)
            C[i][j] = (C[i - 1][j] + C[i - 1][j - 1]) % k ; //递推
    }
```

```
while(t--){
    int ans = 0;
    cin >> n >> m;
    for (int i = 0; i <= n; i++)
        for (int j = 0; j <= min(i, m); j++)
            ans += C[i][j] == 0;
    cout << ans << endl;
}
return 0;
}
```

该代码计算组合数的算法复杂度是 $O(\max(n)^2)$,查询倍数的复杂度是 $O(t\max(n)^2)$,只能获得 90 分,但也是不错的做法了。如果希望获得满分,可以使用二维前缀和来优化查询效率,这里不详细阐述。

20.3 课后习题与实验

习题 20-1 解决下面的问题。如果不确定答案,尝试使用编程枚举得到答案进行验证。

(1) 从 10 个人里面取 4 个,排成一排,有多少种排法?

(2) 3 个人玩斗地主(共 54 张扑克牌,每张牌都有各自的花色和大小,所以每张牌都是不一样的),小止是农民(持有 17 张牌)。小止持有的这一组牌,共有多少种可能的情况?

(3) 现有 9 元,购买面值分别为 2 元或者 3 元的邮票,每种邮票至少购买 1 张,一共有多少种购买方法?

(4) 学校提供 3 门文科选修课,5 门理科选修课,学生要选择 3 门课,要求文科和理科至少各选择一门。请问:有几种选择方式?

(5) 将 4 个不同的小球放入 3 个不同的箱子中,一共有几种方法?

(6) 所有的两位数中,十位数大于个位数的有几个?

(7) 彩票可以从 28 个数字中选择 5 个不同的数字,顺序无关,每注彩票 2 元。如果要求确保中头奖(5 个数字全中),需要花多少钱购买彩票?

(8) 某地车牌号由 4 位数字组成,如果其中至少有一位带有数字 4,则认为是"不吉利"的。请问:一共有多少个"不吉利"的号码?

(9) 长度为 10 的布尔数组,有多少种取值情况?共有多少个长度为 10 的布尔数组,它里面恰好有 4 个"1"?

习题 20-2 如何利用帕斯卡公式,用代码实现求 C_n^m 的最后 5 位(十进制下)?请写出这个程序,使时间复杂度为 $O(n^2)$,n 可达 1000。

习题 20-3 直线交点数(洛谷 P2789)。平面上有 $N(N \leq 25)$ 条直线,且无三线共点,那么这些直线能有多少不同的交点数?

习题 20-4 车的攻击(洛谷 P3913)。$N \times N(N \leq 10^9)$ 的国际象棋棋盘上有 K 个车,第 i 个车位于第 R_i 行,第 C_i 列。求至少被一个车攻击的格子数量。车可以攻击所有同一行或者同一列的地方。

习题 20-5 安全系统(洛谷 P2638)。安全系统中有 n 个储存区,每个储存区最多能存储 2 个种类不同的信号(可以不储存任何信号)。有 0 和 1 这两种信号,其中 0 有 a 个,1 有 b 个,单独一个 0 或 1 算一个信号。现要将这些信号储存在储存区中,0 和 1 可以不用全部储存。现在给出 $n,a,b(n,a,b<50)$,求可能的不同储存方案的个数。

习题 20-6 编码(洛谷 P1246)。字母表中共有 26 个字母$\{a,b,\cdots,z\}$,这些特殊的单词长度不超过 6 且字母按升序排列。把所有这样的单词放在一起,按字典顺序排列,一个单词的编码就对应着它在字典中的位置。例如:a→1 b→2 z→26 ab→27 ac→28。现在的任务就是对于所给的单词,求出它的编码。

第 21 章　整除理论

前面已经学过一些简单的组合数学,并了解了简单的计数方法。如果把组合数学理解成对于计数问题的研究,那么数论就是对于整除性问题的研究,其中组合与数论是程序设计竞赛中的常见考点。

本章讨论的知识不会很难,会将一些很"显然"的知识点重新简单梳理,并构建一个较完整的体系,有助于读者对后续数论理论的理解。图 21-1 为本章思维导图。

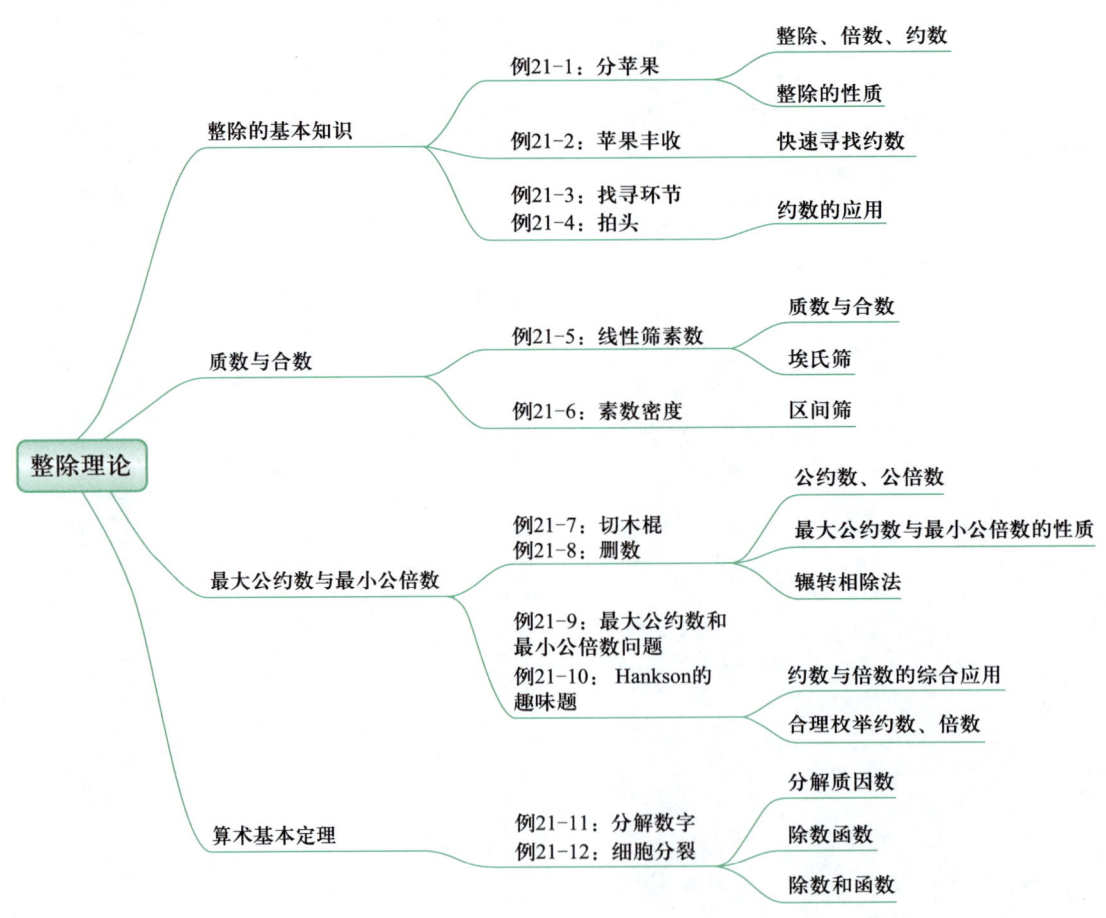

图 21-1　本章思维导图

21.1 整除的基本知识

说到整除,读者一定接触过例 21-1 这样的题。

例 21-1 分苹果。12 个苹果,恰好平分给 x 个小朋友(每个小朋友分到的苹果完整且数量相同),问 x 能取哪些值。

分别以 1 到 12 假设 x,发现只有 $x=1,2,3,4,6,12$ 这 6 个数字满足这道题。那么,在这么一道比较轻松的问题里面,已经用到了整除的概念。可以初步看出,整数之间的整除性,体现为两整数相除没有余数,此时两数具有倍数和约数的关系。对于整除,可以给出如下定义:

定义 21-1 设 a,b 是两个整数,且 $a\neq 0$,如果存在另一个整数 q,使得 $b=aq$,那么就说 b **可被 a 整除**,记做 $a|b$,且称 b 是 a 的**倍数**,a 是 b 的**约数**。

在 C++ 中,用 a%b==0 来表示 b 能够整除 a。

整除有下面 3 个常用性质:

1) 若 $a|b$ 且 $b|c$,那么 $a|c$。

回忆一下尺上的刻度:每 5 个 1mm 小刻度形成一个 5mm 中刻度,两个 5mm 中刻度会形成一个 1cm 大刻度。这蕴含了 10 个 1mm 小刻度形成 1cm 大刻度。也就是说,知道 1|5 和 5|10,可以推出 1|10。

2) 若 $a|b$ 且 $a|c$,那么对任意的整数 x,y,有 $a|bx+cy$。

对 a 的倍数任意加减得到的仍然是 a 的倍数。想象一下奶茶一杯 10 元,20 元纸币恰能买两杯,50 元纸币恰能买 5 杯,那么无论分别带多少 20 元和 50 元纸币,都能不多不少地买到整数杯这种奶茶。甚至,找回来的钱也可以是 20 元纸币或 50 元纸币,对应减法。值得注意的是,0 是任何正整数的倍数。也就是说,$a|(b-b)$ 看上去略微有一点反直觉,但确实是对的。

3) 设整数 $m\neq 0$,那么 $a|b$ 等价于 $ma|mb$。

十分显然,将两数同时放大若干倍,那么它们之间的整除性不变。

例 21-2 苹果丰收。今日苹果大丰收,得到了 120 个苹果,恰好平分给 x 个小朋友(每个小朋友分到的苹果完整且数量相同),问 x 能取哪些值。

分析:和例 21-1 一样,实质就是寻找 12 的所有约数,因为 12 特别小,所以可以考虑从 1 枚举到 12。

但是对于 120,逐个枚举的计算量很大,但是注意到 120 的约数是成对出现的,比如 1×120=120 和 2×60=120,其中 1、120、2、60 全都是 120 的约数。也就是说,一旦知道较小的因数(k)就可以求出那个较大的因数 $\left(\frac{120}{k}\right)$,因为限定了大小,所以 $k \leq \frac{120}{k}$,k 是整数,可以得出 $k \leq 10 < \sqrt{120} < 11$,到这里可以发现枚举量急剧变小了。

不超过 10 的 120 的因数有 1,2,3,4,5,6,8,10,那么对应的约数就是 120,60,40,30,24,20,15,12。至此,很轻松快捷地找出了 120 的全部约数。

同理,可以尝试应用这种优化过的枚举法寻找 n 的所有约数:如果 k 是 n 的约数,那么 n/k 也一定是 n 的约数,只要限定 $k \leq \frac{n}{k}$,即 $k \leq \sqrt{n}$,就可以在 $O(\sqrt{n})$ 的时间复杂度内找到 n 的所有因数。

```
int find_divisors(int n, int a[]) {
    //a 用来存储 n 的所有约数（无序），返回值为约数个数
    int cnt = 0;
    for (int k = 1; k * k <= n; k++)
        // 考虑到 k*k 可能爆 long long，有时写为 k<=n/k
        if (n % k == 0) {
            a[++cnt] = k;
            if (k != n / k)a[++cnt] = n / k;
            // 约数成对出现，但要注意 k=n/k 可能出现重复
        }
    return cnt;
}
```

将 $n=120$ 带入上述代码中，返回的 a 应该是

[1,120,2,60,3,40,4,30,5,24,6,20,8,15,10,12]（从 a[1] 开始）

例 21-3 找循环节。给定一个长度为 n 的字符串，求它的最小循环节长度，$n \leq 10^5$。例如输入 "abbaabbaabba"，输出 "4"。

分析： 对于约数、倍数相关的题目，经常用到枚举约数和枚举倍数两个切入点。考虑循环节长度一定是 n 的一个约数，于是只需要枚举出 n 的所有约数，逐一检验即可，复杂度 $O(\sqrt{n}+Pn)$，其中 P 是约数个数[①]。

例 21-4 拍头（洛谷 P2926, USACO 2008 March）。给定 n 和 n 个正整数，求每个数是另外多少个数的倍数。$n \leq 10^5$，其他数字 a_i 不超过 10^6。例如给出 5 个数，分别是 2、1、2、3、4 时，答案分别是 2、0、2、1、3。

分析： 枚举每对数是会跑满 $O(n^2)$ 的，显然不太行。

若是从枚举约数的角度思考，会很自然地得到这样一个算法：对于每个数 $a[i]$，枚举它的所有约数，再看这些约数在 n 个数中出现了几次（可以简单预处理），对它们求和即为答案。这个算法的复杂度是 $O(n\sqrt{A})$，比 $O(n^2)$ 更优了，但也无法通过本题。

从枚举倍数的角度思考：对于一个数 i，若它在原数组中出现了 $c[i]$ 次，那么 i 这个数会对它的每一个倍数产生 $c[i]$ 的贡献。别忘了和自己大小一样的数字也是自己的约数。这样就可以通过查询这样产生的贡献的总和来计算答案了，如图 21-2 所示。

图 21-2 中区分了其他相同数字的个数（记作自身贡献，即为出现次数减 1）和倍数之间的贡献，但是实际程序中并没有区分。实际代码如下（思考题：可以对代码稍作修改来省略 w 数组）：

```
#include<bits/stdc++.h>
using namespace std;
#define maxn 1000010
```

[①] 对字符串比较熟练的读者应该知道用 KMP 算法可以做到线性复杂度。

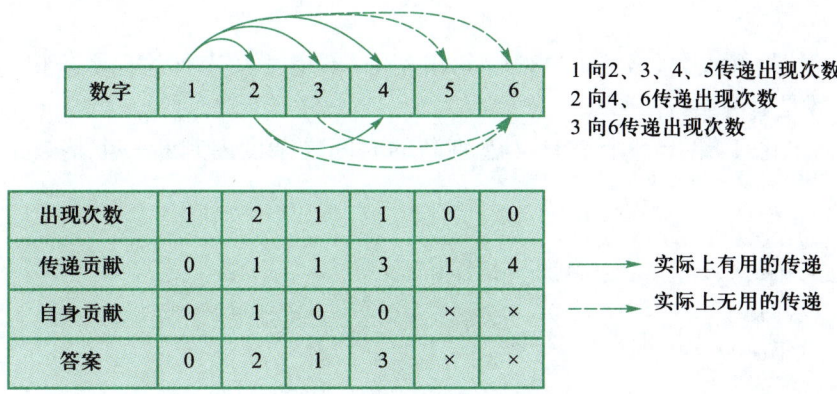

图 21-2　统计答案步骤

```
int n, a[maxn], c[maxn], w[maxn]; // 数列中的数字，数字计数，计算贡献
int main() {
    scanf("%d", &n);
    for (int i = 1; i <= n; i++)
        scanf("%d", &a[i]), c[a[i]]++;
    for (int i = 1; i <= 1000000; i++)
        for (int j = i; j <= 1000000; j += i)
            w[j] += c[i]; //i 这个数会对 j 产生 c[i] 的贡献
    for (int i = 1; i <= n; i++)
        printf("%d\n", w[a[i]] - 1); // 要减掉 a[i] 对自己的贡献
    return 0;
}
```

别看这里有两个上限到 10^6 的双重大循环，但是实际上这个算法的时间复杂度是 $O\left(\sum_{i=1}^{n}\frac{n}{i}\right) = O(n\log n)$，俗称调和级数复杂度。

21.2　质数与合数

当寻找 2、3、5、7、11、13 这些数的约数时,可以发现它们除了 1 和自身以外没有其他的约数,这类数被称作质数。质数十分特别:它们不可进行某种意义上的分解,却可以反过来"组成"其他数。像元素周期表上的元素可以组成任何一种物质那样,以乘法为"键",质数可以组成任何一个大于 1 的正整数,构成千变万化的算术系统,这个观点将在后面的算术基本定理中讨论。

定义 21-2　设正整数 $p \neq 0, 1$。如果它除了 1 和 p 外没有其他的约数,那么就称 p 为**质数**。若正整数 $a \neq 0, 1$ 且 a 不是质数,则称 a 为**合数**。

直觉上可以猜到,每个合数都会有相对较小的质因子,正如下面的推论给出的。

推论　若 a 为合数,则 a 能被表示成 $a = pq$,其中 $p, q > 1$。易证 p, q 中一定有一个不超过 $\sqrt{a}$（想象一下,若 p, q 都超过 $\sqrt{a}$,则有 $a < pq$）。更严格地,若 a 为合数,则一定存在质数 $p | a$,且 $p \leqslant \sqrt{a}$。

例 21-5　线性筛素数(洛谷 P3383)。给出若干(不超过 10^8)个小于或等于 10^5 的正整数，依次判断每个数是否为质数。

分析：根据推论 1，给出一个在 $O(\sqrt{n})$ 判断的时间复杂度内判断一个整数是否为质数的算法：

```
bool is_prime(int x) { //判断 x 是否为质数
    for (int i = 2; i * i <= x; i++) //这里 i 不超过 sqrt(x)
        if (x % i == 0) return 0;
    return 1;
}
```

这里直接应用了上面推论，若 a 为合数，则一定存在质数 $p|a$，且 $p\leqslant\sqrt{a}$。

推论同时也给出了一个寻找一定范围内所有质数的算法。例如，为了求出不超过 100 的所有质数，只要把 1 和不超过 100 的正合数都删去。

由推论可知只需要用不超过 10 的全部质数(2,3,5,7)找出，然后删去它们在 100 以内的所有倍数(2 的倍数，3 的倍数，5 的倍数，7 的倍数)，就删去了所有 100 以内的合数，剩下的就是 100 以内的质数。具体做法如图 21-3 所示。

	2	3	4	5	6	7	8	9	10	11	12	13	14	15	16	17	18	19	20
21	22	23	24	25	26	27	28	29	30	31	32	33	34	35	36	37	38	39	40
41	42	43	44	45	46	47	48	49	50	51	52	53	54	55	56	57	58	59	60
61	62	63	64	65	66	67	68	69	70	71	72	73	74	75	76	77	78	79	80
81	82	83	84	85	86	87	88	89	90	91	92	93	94	95	96	97	98	99	100

图 21-3　从 1 到 100 质数筛

可以看出，没有删去的数是 2,3,5,7,…,97，共 25 个质数。从这 25 个质数出发，还可以找出 100×100=10000 以内的所有质数。这种由古希腊数学家埃拉托尼斯提出的寻找质数的方法，神似用筛子筛掉不符合的数，称为**埃拉托尼斯筛**，简称埃氏筛。

```
void Eratosthenes_Sieve(int n, bool a[]) {
    // 寻找不超过 n 的所有质数，数组 a 用来存放结果，用 a[i]==0 表示 a 是合数
    memset(a, 0, sizeof(bool) * (n + 1)); //清零
    a[0] = a[1] = 1; //0 和 1 需要特殊标记
    for (int i = 2; i * i <= n; i++)
        if (a[i] == 0) //如果 i 未被之前的数筛去说明 i 是质数
            for (int j = i << 1; j <= n; j += i)
                a[j] = 1; //筛去 i 的所有倍数 i*j
}
```

埃氏筛的时间复杂度是 $O(n\ln\ln n)$，足够胜任基础的数论题目。当然，生成所有质数还有更快欧拉筛法(线性筛)，其时间复杂度可以做到 $O(n)$，在丛书的进阶篇中会讲解。

对于本题来说,提前计算出每个数是否为质数[1],再依次回答。模板题,代码如下:

```
#include<bits/stdc++.h>
using namespace std;
#define maxn 10000010
int n, N, x;
bool a[maxn];
int main() {
    a[0] = a[1] = 1;
    scanf("%d", &N);
    for (int i = 2; i * i <= N; i++)
        if (a[i] == 0)
            for (int j = i << 1; j <= N; j += i)
                a[j] = 1;
    for (scanf("%d", &n); n--;) {
        scanf("%d", &x);
        puts(a[x] ? "No" : "Yes"); // 可以参考的压行技巧。
    }
    return 0;
}
```

例 21-6 素数密度(洛谷 P1835)。询问 $[L,R]$ ($L \leq R \leq 2147483647, R-L \leq 1000000$) 之间的质数个数。

分析:乍看这题的数据范围大得吓人,只有 $R-L$ 的范围比较正常。但若是有前面推论和埃氏筛的铺垫,便不难得到一个正确的突破口:理论上只要利用不超过 $\sqrt{2147483647} \leq 50000$ 的质数就可以筛除题目范围内的所有合数。

事实上,再联系到 $R-L \leq 1000000$ 和筛法流程,一个区间筛的算法大致成型:预先求出 50000 以内的所有质数(发现只有不到 6000 个),再对每个质数进行一遍 $[L,R]$ 上的合数筛除。最后统计一下没被筛过的就是质数了。图 21-4 所示为区间筛。

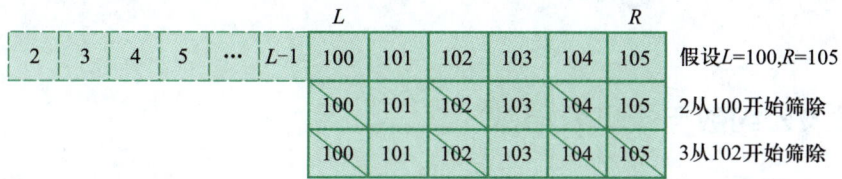

图 21-4 区间筛

因为只需要利用 $a[L \cdots R]$ 的数,所以代码中将这段区间平移成了 $a[0 \cdots R-L]$,是一个节省空间的好方法。

---

[1] 提前计算出每个询问的结果的技巧称为离线法,事实上,前面的例 21-4 蕴含了离线的想法。

```
#include<bits/stdc++.h>
using namespace std;
#define maxn 1000010
int n, N, x, pri[10000];
typedef long long LL;
bool a[maxn];
int Eratosthenes_Sieve(int n, int pri[]) {
    for (int i = 2; i * i <= n; i++)
        if (a[i] == 0)
            for (int j = i << 1; j <= n; j += i)
                a[j] = 1;
    int cnt = 0;
    for (int i = 2; i <= n; i++)
        if (!a[i])pri[cnt++] = i;
    return cnt;
}
int main() {
    int cnt = Eratosthenes_Sieve(50000, pri);
    LL L, R;
    scanf("%lld %lld", &L, &R);
    memset(a, 0, sizeof(a));
    for (int i = 0; i < cnt; i++)
        for (LL j = max(2ll, (L - 1) / pri[i] + 1) * pri[i]; j <= R; j += pri[i])
            //j的初始值是为了找到开始筛的数字
            a[j - L] = 1;
    int ans = 0;
    for (LL i = L; i <= R; i++)
        if (a[i - L] == 0)ans++;
    printf("%d", ans);
    return 0;
}
```

21.3 最大公约数与最小公倍数

例21-7 切木棍。现有长度为 10cm 和 16cm 的两根木棍,需要把它们切割成相同的长度,每根不能有剩余,问这个长度最大是多少。若还有一根长木棍,既可以恰好切出若干根 10cm 的木棍,又可以切出若干根 16cm 的木棍,问这根长木棍最短可以是多长。

分析:读者可能一眼就看出了这道题是在考查求最大公约数和最小公倍数,并且求出了答案分别是 2 和 80,但是却说不清楚是怎么求出来的。

在系统学习怎么求解最大公约数和最小公倍数之前,先来看一下最大公约数和最小公倍数的定义。

定义 21-3 设 a_1, a_2 是两个整数，如果 $d|a_1, d|a_2$，那么 d 就称为 a_1 和 a_2 的**公约数**，其中最大的称为 a_1 和 a_2 的**最大公约数**，记作 (a_1, a_2)。一般地，可以类似地定义 k 个整数 $a_1, a_2, \cdots, a_k$ 的公约数和最大公约数，后者记作 $(a_1, \cdots, a_k)$。

定义 21-4 设 a_1, a_2 是两个整数，如果 $a_1|l, a_2|l$，那么 l 就称为 a_1 和 a_2 的**公倍数**，其中最小的称为 a_1 和 a_2 的**最小公倍数**，记作 $[a_1, a_2]$。一般地，可以类似地定义 k 个整数 $a_1, a_2, \cdots, a_k$ 的公倍数和最小公倍数，后者记作 $[a_1, \cdots, a_k]$。

下面给出 4 个有关最大公约数和最小公倍数的常见性质与结论。

性质 1 对任意整数 m，$m(a_1, \cdots, a_k) = (ma_1, \cdots, ma_k)$，即整数同时成倍放大，最大公约数也放大相同倍数。例如：
$$9 = (9, 18, 27) = (3 \times 3, 3 \times 6, 3 \times 9) = 3 \times (3, 6, 9) = 3 \times 3 = 9$$
该性质同样适用于最小公倍数情况。

性质 2 对任意整数 x，$(a_1, a_2) = (a_1, a_2 + a_1 x)$，即一个整数加上另一整数的任意倍数，它们的最大公约数不变。例如：
$$(16, 10) = (16-10, 10) = (6, 10) = (6, 10-6)$$
$$= (6, 4) = (6-4, 4) = (2, 4) = (2, 4-2 \times 2) = (2, 0) = 2$$
这里要注意的是，$(a, 0) = a$。

该性质不适用于最小公倍数情况。

性质 3 $(a_1, a_2, a_3, \cdots, a_k) = ((a_1, a_2), a_3, \cdots, a_k)$，以及一个显然的推论 $(a_1, a_2, a_3, \cdots, a_{k+r}) = ((a_1, \cdots, a_k), (a_{k+1}, \cdots, a_{k+r}))$。

这是计算多元最大公约数的主要手段。

例如求 $(12, 18, 21)$，先求出 $(12, 18) = 6$；再把 6 带入原式，求出 $(6, 21) = 3$。连起来写就是
$$(12, 18, 21) = ((12, 18), 21) = (6, 21) = 3$$
更深刻一点，这个性质说明了最大公约数运算具有某种"结合律"。

该性质同样适用于最小公倍数情况。

性质 4 $[a_1, a_2](a_1, a_2) = a_1 a_2$，最大公约数 × 最小公倍数 = 原来两个数的乘积。

把这个性质应用到前面的性质 2 附带的例子，可以发现
$$(16, 10) \times [16, 10] = 80 \times 2 = 160 = 16 \times 10$$

性质 2 可以给出一个高效的求两数最大公约数的算法：每次让较大的数对较小数取模①，可以缩小问题规模而保持最大公约数不变，然后重复（递归）这个步骤②。递归边界使某数变成了 0，而此时另一个数即为所求答案，于是得到如下代码：

```
int gcd(int x, int y) {
    if (y == 0) return x; //递归边界
    else return gcd(y, x % y);
}
```

这种利用两数相除（取模）求最大公约数的方法叫作**辗转相除法**或 **Euclid 算法**，最坏情况下的时间复杂度是 $O(\log \max(x, y))$。值得注意的是，相近规模下能让辗转相除执行次数最多（最坏情况）的数是相邻的两个斐波那契数，而对于绝大多数情况，辗转相除法时间可以忽略不计。

---

① 相当于较大数减了若干倍较小数，最高效地利用了性质 2，而且运用模运算时不必区分两数的大小。
② 事实上，性质 2 附带的例子就是一个完整的辗转相除法的过程。

经过压行后,可以得到单行辗转相除法,代码如下:

```
int gcd(int x, int y){return y?gcd(y,x%y):x;}
```

很简单,利用性质 4,用两数之积除以它们的最大公约数,代码如下:

```
int lcm(int x,int y){return x/gcd(x,y)*y;}// 要注意乘除的先后顺序
```

因为 x 一定是 gcd(x,y)的倍数,所以这样先除后乘没有问题,而且可以避免可能的溢出事件。

例 21-8 删数。给定 n 个整数。对于其中的每个数 $a[i]$,求出删去它以后剩下的所有数的最大公约数,$n \leq 10^6$。

样例输入:5 12 36 24 18 48
样例输出:6 6 6 12 6

分析:到目前为止并没有直接的定理或者工具来维护删掉某个数以后的最大公约数,但是性质 3 说明,可以相对轻易地把两堆最大公约数"拼"起来。对于删去 $a[i]$后的数组,显然剩下的数一定是 $a[1]$到 $a[i-1]$(前缀)和 $a[i+1]$到 $a[n]$(后缀)。这意味着,如果用 Left[i]表示 $a[1]$到 $a[i]$的最大公约数,Right[i]表示 $a[i]$到 $a[n]$的最大公约数,那么删除 $a[i]$以后的答案就是(Left[$i-1$],Right[$i+1$]),可以快速求出。

而 Left 和 Right 也可以再次利用性质 3 简单递推出来。

所以这道题的核心可以概括为下面 3 个式子。

$$\text{Left}[i]=(a_1,\cdots,a_i)=((a_1,\cdots,a_{i-1}),a_i)=(\text{Left}[i-1],a_i)$$
$$\text{Right}[i]=(a_i,\cdots,a_n)=(a_i,(a_{i+1},\cdots,a_n))=(a_i,\text{Right}[i+1])$$
$$\text{Ans}_i=(a_1,\cdots,a_{i-1},a_{i+1},\cdots,a_n)=((a_1,\cdots,a_{i-1}),(a_{i+1},\cdots,a_n))=(\text{Left}[i-1],\text{Right}[i+1])$$

例 21-9 最大公约数和最小公倍数问题(洛谷 P1029,NOIP2001 普及组)。给定某两个未知正整数(P,Q)的最大公约数 $x(x \leq 10^5)$ 和最小公倍数 $y(x \leq 10^6)$,求二元组(P,Q)所有可能情况的方案数。

分析:根据性质 4 可以得到 $PQ=xy$,而又因为 $P|y$,所以不妨枚举 y 的所有约数,假设为 P,同时计算出 Q,再检验这对 P 和 Q 是否满足条件。这里运用的是枚举约数的方法,时间复杂度为 $O(\sqrt{y})$。

```
#include<bits/stdc++.h>
using namespace std;
int gcd(int x, int y) {
    return y ? gcd(y, x % y) : x;
}
int x, y, P, Q, cnt;
int main() {
    scanf("%d%d", &x, &y);
    for (int k = 1; k <= y / k; k++)
```

```
            if (y % k == 0) {
                if (gcd(k, y / k * x) == x)cnt++;
                // 一组是 P=k,Q=x*y/k,注意,乘除的先后顺序不当会爆 int
                if (y / k != k)   // 注意重复判断
                    if (gcd(y / k, k * x) == x)cnt++;   // 另一组是 P=y/k,Q=k*x
            }
    printf("%d", cnt);
    return 0;
}
```

如果这道题从枚举 x 的倍数的角度入手,时间复杂度是 $O\left(\dfrac{y}{x}\right)$,在极限情况下会劣于前一种做法。有兴趣的读者不妨也尝试一下。可见,对于某道题究竟是枚举倍数还是枚举约数还需要根据数据范围仔细取舍。

例 21-10 Hankson 的趣味题(洛谷 P1072,NOIP2009 提高组)。已知正整数 $1 \leqslant a_0, a_1, b_0, b_1 \leqslant 2 \times 10^9$,设某未知正整数 x 满足 $(x, a_0) = a_1, [x, b_0] = b_1$,求所有满足条件的正整数 x 的个数。2000 组数据。

分析: 与例 21-6 的思路比较接近,直接枚举 b_1 的约数再检验即可。

```
#include<bits/stdc++.h>
using namespace std;
int gcd(int x, int y) {
    return y ? gcd(y, x % y) : x;
}
int lcm(int x, int y) {
    return x / gcd(x, y) * y;
}
int T, a0, a1, b0, b1;
int main() {
    scanf("%d", &T);
    for (; T--;) {
        int cnt = 0;
        scanf("%d%d%d%d", &a0, &a1, &b0, &b1);
        for (int x = 1; x <= b1 / x; x++)
            if (b1 % x == 0) {
                if (gcd(x, a0) == a1 && lcm(x, b0) == b1)cnt++;
                if (b1 / x != x)   // 注意重复判断
                    if (gcd(b1 / x, a0) == a1 && lcm(b1 / x, b0) == b1)cnt++;
            }
        printf("%d\n", cnt);
    }
    return 0;
}
```

21.4 （选读）算术基本定理

例 21-11 分析数字。

一个整数可以被表示成若干质数的乘积。例如：$48=2^4\times 3$，$49=7^2$，$50=2\times 5^2$。

这样可以从一个新的角度来看待整数：正整数都是由质数为基底"构筑"的（1 可以被视作零个质数的乘积）。如果把质数想象成元素（原子），把"原子结合"的动作解释成乘法，那么可以用质数"合成"出所有大于 1 的整数，如图 21-5 所示。

定理 21-1（算术基本定理） 设 $a>1$，那么必有 $a=p_1^{\alpha_1}p_2^{\alpha_2}\cdots p_s^{\alpha_s}$，其中 $p_j(1\leq j\leq s)$ 是两两不相同的质数，$\alpha_j(1\leq j\leq s)$ 表示对应质数的幂次（出现的次数）。若在不计次序的意义下，该分解式是唯一的。

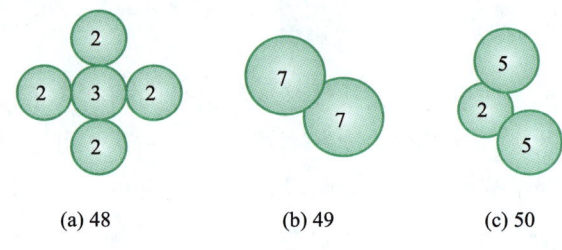

图 21-5　整数 48/49/50 "分子"分解成数字"原子"

算术基本定理这个名字听起来很霸气，但是它事实上就是平时所说的"分解质因数"的过程。

众所周知，原子在原子层面结合时，不改变自身的物理性质（如原子质量）——原子在这些变化中是各自独立的。那么在类似的深入研究中发现，质因子体现的某些性质也是独立的（举个最肤浅的例子，一个数能否被 3 整除只和它有没有 3 这个质因子有关，和 2、5、7 等其他质因子无关），这类独立性像万花筒一般折射出初等数论中的部分绚丽结论。

朴素的分解质因数的时间复杂度和枚举因数一样是 $O(\sqrt{n})$，这里给出一段可行代码：

```
int Decomposition(int x, int a[]) {
    // 分解 x，数组 a 升序记录所有质数，函数值返回分解出来的质数数量
    int cnt = 0;
    for (int i = 2; i <= x / i; i++)
        for (; x % i == 0; x /= i)
            a[++cnt] = i;
    if (x > 1)a[++cnt] = x;
    return cnt;
}
```

算术基本定理是处理整除性和数论函数的有力工具。

不带证明地，这里给出算术基本定理的最常用推论（给定 $a=p_1^{\alpha_1}p_2^{\alpha_2}\cdots p_s^{\alpha_s}$）：

推论 1　d 是 a 的约数的充要条件是 $d=p_1^{e_1}p_2^{e_2}\cdots p_s^{e_s}$，$0\leq e_j\leq \alpha_j$，$1\leq j\leq s$，即 d 中每个质数的幂次都不超过 a 的。

每个质因子上的幂次直接决定了两数之间的整除性。

例如 $12=2^2\times 3$，$72=2^3\times 3^2$，看到 12 的质因子上的每个幂次都对应地比 72 小，便可以在进行取模运算的情况下给出 12|72 的结论。

推论 2　若 $b=p_1^{\beta_1}p_2^{\beta_2}\cdots p_s^{\beta_s}$（这里允许某些 α_j 或 β_j 为零），那么 $(a,b)=p_1^{\delta_1}p_2^{\delta_2}\cdots p_s^{\delta_s}$，$\delta_j=\min(\alpha_j,\beta_j)$，$1\leq j\leq s$，以及 $[a,b]=p_1^{\gamma_1}p_2^{\gamma_2}\cdots p_s^{\gamma_s}$，$\gamma_j=\max(\alpha_j,\beta_j)$，$1\leq j\leq s$。

比如，$10=2\times 5$，$16=2^4$，那么$(10,16)=2^{\min(1,4)}\times 5^{\min(1,0)}=2^1\times 5^0=2$，且$[10,16]=2^{\max(1,4)}\times 5^{\max(1,0)}=2^4\times 5^1=80$。

另外，这个性质是$[a_1,a_2](a_1,a_2)=a_1a_2$的一种直接证明，还是以10和16为例：

$$(10,16)[10,16]=2^{\min(1,4)}\times 5^{\min(1,0)}\times 2^{\max(1,4)}\times 5^{\max(1,0)}$$
$$=2^{\min(1,4)+\max(1,4)}\times 5^{\min(1,0)+\max(1,0)}=2^{1+4}\times 5^{1+0}$$
$$10\times 16=2\times 5\times 2^4=2^{1+4}\times 5^{1+0}$$

所以$[a_1,a_2](a_1,a_2)=a_1a_2$的本质其实是$\min(\alpha,\beta)+\max(\alpha,\beta)=\alpha+\beta$，有没有感到几分不可思议？

推论3 用**除数函数**$\tau(a)$表示a的所有正约数的个数，则$\tau(a)=(\alpha_1+1)\cdots(\alpha_s+1)=\tau(p_1^{\alpha_1})\cdots\tau(p_1^{\alpha_s})$。

这个推论更像是推论1的推论，对于每个质因子上的幂次，可以取0到α_i中的任意整数，共α_i+1个。由乘法原理可以直接得出。

比如，$a=2^7\times 3^8\times 5^9$，可以直接写出$a$的因子个数 $=(7+1)(8+1)(9+1)=8\times 9\times 10=720$。

第二个等号显示出了这里质因子的"独立性"，证明留给读者。

推论4 用**除数和函数**$\sigma(a)$表示a的所有正约数的和，则$\sigma(a)=\dfrac{p_1^{\alpha_1+1}-1}{p_1-1}\cdots\dfrac{p_s^{\alpha_s+1}-1}{p_1-1}=\sigma(p_1^{\alpha_1})\cdots\sigma(p_s^{\alpha_s})$。

这个推论也是推论1的推论，但是比起推论3用到了更高级的乘法原理。比如，可以知道$a=120=2^3\times 3\times 5$的因子分别是$1,2,3,4,5,6,8,10,12,15,20,24,30,40,60,120$。

然后用等比数列求和公式$\left(\dfrac{p_1^{\alpha_1+1}-1}{p_1-1}=1+p_1+\cdots+p_1^{\alpha_1}\right)$展开那个算式

$$\sigma(120)=\dfrac{2^4-1}{2-1}\dfrac{3^2-1}{3-1}\dfrac{5^2-1}{5-1}=(2^3+2^2+2^1+1)(3^1+1)(5^1+1)$$

最后再把括号展开，发现

$$\sigma(120)=(2^3+2^2+2^1+1)(3^1+1)(5^1+1)$$
$$=120+24+40+8+60+12+20+4+30+6+10+2+15+3+5+1$$

完全等于之前的约数之和。

公式是乘法原理在乘法分配律上的体现，也展现了质因子之间的独立性。两个美妙的性质重合在一起，得到的是梦境一般美妙的结论，大概这就是折服了一代又一代天才学者的数学魅力吧。

例21-12 细胞分裂（洛谷P1069，NOIP2009普及组）。给定m_1（$m_1\leqslant 30000$）、m_2（$m_2\leqslant 1000$）和n（$n\leqslant 1000$）个正整数S_i（$S_i\leqslant 2\times 10^9$）。设$x_i$是最小的使得$m_1^{m_2}|S_i^{x_i}$的整数（也有可能不存在），求$\min(x_1,\cdots,x_n)$。

分析：虽说关键数字$m_1^{m_2}$大得吓人，但若是有推论1的铺垫，这道题的突破口是十分明显的：如果$m_1=p_1^{a_1}p_2^{a_2}\cdots p_s^{a_s}$，那么$m_1^{m_2}=p_1^{a_1m_2}p_2^{a_2m_2}\cdots p_s^{a_sm_2}$。接下来只需要解决题意中的$x_i$的求解。

由推论1可以得到，当$m_1^{m_2}$中的每个质因子的幂次都比$S_i^{x_i}$小时，$m_1^{m_2}|S_i^{x_i}$成立。$S_i^{x_i}$中的质因子是否出现由S_i决定，而质因子出现了几次主要由x_i决定。若$S_i=p_1^{e_1}p_2^{e_2}\cdots p_s^{e_s}p_{s+1}^{e_{s+1}}\cdots p_{s+r}^{e_{s+r}}$（$p_{s+1}$到$p_{s+r}$表示与$m_1$无关的质因子），那么$x_i$应该使得对于所有$1\leqslant j\leqslant s$的$j$，满足$a_jm_2\leqslant e_jx_i$。

所以从m_1中的每个质因子p_j出发：如果这个S_i不能整除p_j，则说明S_i不包含p_j这个质因子，进而说明找不到题设要求的x_i；如果这个S_i能整除p_j，那么只要求出对应的e_j，就能算出第j个质因子，要求x_i不小于$\left\lceil\dfrac{a_jm_2}{e_j}\right\rceil$，再对所有这样的要求取最大值，就得到了$x_i$。最后对所有合法的$x_i$

取最小值就是答案。代码如下：

```cpp
#include<bits/stdc++.h>
using namespace std;
#define maxn 10010
int m1, m2, n, pri[maxn], tot[maxn], a[maxn];
int Decomposition(int x) {
    int cnt = 0, Cnt = 0;
    for (int i = 2; i <= x / i; i++)
        for (; x % i == 0; x /= i)
            a[++cnt] = i;
    if (x > 1)a[++cnt] = x;
    for (int i = 1; i <= cnt; i++, tot[Cnt]++) //tot 记录对应质数的次数
        if (a[i] != a[i - 1])pri[++Cnt] = a[i]; //pri 记录m1中出现的质数
    return Cnt;
}
int main() {
    scanf("%d%d%d", &n, &m1, &m2);
    int cnt = Decomposition(m1), ans = 2e9, s;
    while (n--) {
        scanf("%d", &s);
        int x = 0;
        for (int i = 1; i <= cnt; i++) {
            int p = pri[i];
            if (s % p != 0) { //说明这个数没有p这个质因子，不符合要求
                x = -1;
                break;
            } else {
                int e = 0;
                for (; s % p == 0; s /= p)
                    e++;//统计这个质因子出现了几次
                x = max(x, 1 + (m2 * tot[i] - 1) / e); //计算对应的x
            }
        }
        if (x >= 0)ans = min(ans, x); //注意: x=0 是可行的
    }
    if (ans >= 2e9)puts("-1");
    else printf("%d", ans);
}
```

至此，本丛书基础篇的内容全部结束了。尽管看起来收获满满，但已经学习的内容也只是算法中的沧海一粟，还有很多有意思的算法和数据结构知识因为篇幅的原因没有在本书呈现。请期待本系列的后续教程。

21.5 课后习题与实验

习题 21-1 计算分数(洛谷 P1572)。计算若干分数之和,结果用分数表示。例如,输入是"2/1+1/3−1/4",输出是"25/12"。

习题 21-2 晨跑(洛谷 P4057,CodePlus #1)。3 个同学分别每 a、b、c 天晨跑一次,假设他们在第 0 天同时晨跑,求下一次他们同时晨跑是第几天。输入小于 100000。

习题 21-3 又是毕业季Ⅱ(洛谷 P1414)。给定 $n(n \leq 10000)$ 个不超过 1000000 的整数,对于 1 到 n 之间的每个 k,求出这 n 个整数选出 k 个数的最大公约数的最大值(选 k 个数,最大化其最大公约数)。

习题 21-4 添加括号(洛谷 P2651)。给形如 $a_1/a_2/a_3/\cdots/a_n$ 的表达式添加括号,判断是否能使其值为整数。

习题 21-5 zzc 种田(洛谷 P2660)。有一块 $x \times y(x,y \leq 10^{16})$ 的矩形田地,zzc 每次只能种一个正方形,所花的体力值是正方形的周长,种过的田不可以再种,zzc 想花最少的体力值去种完这块田地,问其最小体力值。

习题 21-6 签到题(洛谷 P3601)。记 qiandao(x) 为小于或等于 x 的数中与 x 不互质的数的个数,求 qiandao(l)+$\cdots$+qiandao(r)。$1 \leq l \leq r \leq 10^{12}$,$r-l \leq 10^6$。

习题 21-7 约数研究(洛谷 P1403,安徽省队选拔 2005)。$f(n)$ 表示 n 的约数个数,现在给出 $n(n \leq 10^6)$,要求求出 $f(1)$ 到 $f(n)$ 的总和。

习题 21-8 因子和(洛谷 P1593)。求 $a^b(0 \leq a,b \leq 50000000)$ 的所有约数和,答案对 9901 取模。

附 录

附录 A　程序设计环境配置

工欲善其事,必先利其器。如果想要写出符合题目要求的程序,那么选用合适的编程软件是非常必要的。本章介绍了如何安装配置编程软件,读者可以跟着做。

1. 程序是怎么运行起来的

其实说使用某个"编程软件"不是很准确,因为程序从编写到运行是个相当复杂的过程,往往需要涉及很多不同的软件。录入程序代码的过程称为**编辑**,需要使用到编辑器(如记事本程序等);编辑完成的代码需要由编译器进行**编译**(其实也是复杂的过程),才能生成能够让计算机理解的可执行文件[①]。

理论上使用任何能输入记录文字的软件都可以编辑程序,哪怕是最简单的记事本程序;然后将编写完成的程序调入编译器(如 GCC、MSVC 等)就可以生成出可执行文件。但是,如果使用**集成开发环境**(简称 IDE)可以简化编写程序的过程,同时帮助用户排查程序的错误与调试,因此使用好这样的工具可以大大提升编程的效率。

IDE 有很多种,适用于不同的场合。常见的用于编写 C++ 的免费 IDE 有 Visual Studio Code、Code::Blocks、Dev-C++ 等。其中,Code Blocks 是一款小巧易用的开源 IDE,非常适合编写单个 C++ 文件。本章以在 Windows 操作系统中使用 Code Blocks 为例介绍编写运行程序的方法,其他 IDE 的使用方法也大同小异。

(1) 下载与安装

首先前往 Code Blocks 的项目官网,然后依次单击 Downloads(下载)→ Download the binary release(下载二进制文件),根据操作系统选择对应的安装包。例如对于 Windows 系统,找到 mingw-setup 的安装包,单击右边的镜像源即可下载。如果下载速度很慢,也可以前往本书配套资源界面下载 Code Blocks 安装包,如图 A-1 所示。

这里的 MinGW 可以被认为是适用于 Windows 的编译器集合。使用 IDE 时,需要另外安装编译器才能编译运行程序,而这个安装包顺便把编译器集成进来了。

安装过程非常简单,全程单击 Next 按钮即可(也可以自定义安装路径等)。安装完毕,打开 Code::Blocks 即可。

(2) 编写程序

可以发现,Code::Blocks 的默认界面是英文的。虽然可以通过一些手段将界面设置为中文(配套资源中提供了汉化方法),但是并没有必要:因为界面的英文单词非常基础,而且这里只会使用其中少数的一些功能,经过熟悉就能掌握使用。

安装完毕,打开 Code::Blocks,然后新建一个文件。单击菜单栏中的 File→New→Empty file

---

① 在 Windows 下可执行文件的扩展名常常是 .exe,但是在 Linux 下的可执行文件经常没有扩展名。

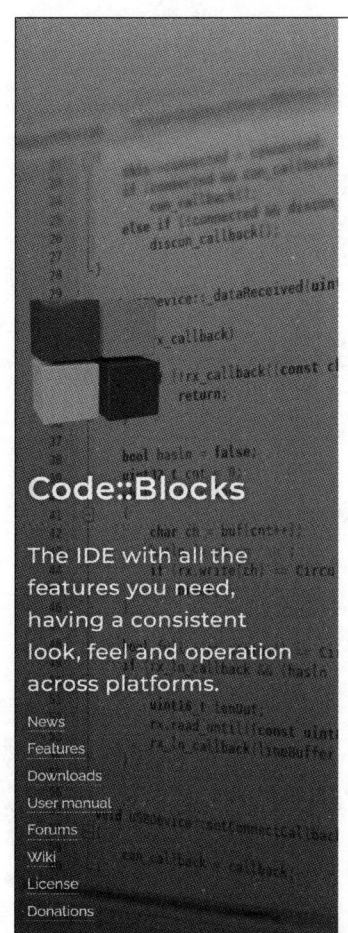

图 A-1　Code::Blocks 的下载界面

命令,就可新建一个空白文件,如图 A-2 所示。

　　将代码录入到编辑区中,然后单击菜单栏中的 File→Save file 命令保存代码文件,如图 A-3 所示,也可以按快捷键 Ctrl+S。

　　将文件存在本地的一个文件夹中,并起一个名字。注意写上文件扩展名 .cpp。为了规避编码问题,强烈建议保存文件名或者路径中不要带有汉字或全角字符。保存文件界面如图 A-4 所示。

(3) 编译与运行

　　可以看到保存后的代码字体变成了彩色,这是代码高亮,将关键字、数字、变量、符号等不同元素显示成不同的颜色,方便编程者阅读代码。当然,新建程序时,也可以立刻就将其保存为 .cpp 文件,这样编写的时候就有代码高亮了。

　　编写程序完成后就要编译与运行。Code::Blocks 上方的工具条有齿轮按钮和播放一样的按钮,可以进行编译运行操作。这 3 个按钮分别指"编译""运行""编译并运行",其快捷键分别为 Ctrl+F9、Ctrl+F10、F9。其中,编译并运行这个功能最为常用。编译按钮见图 A-5。

附 录

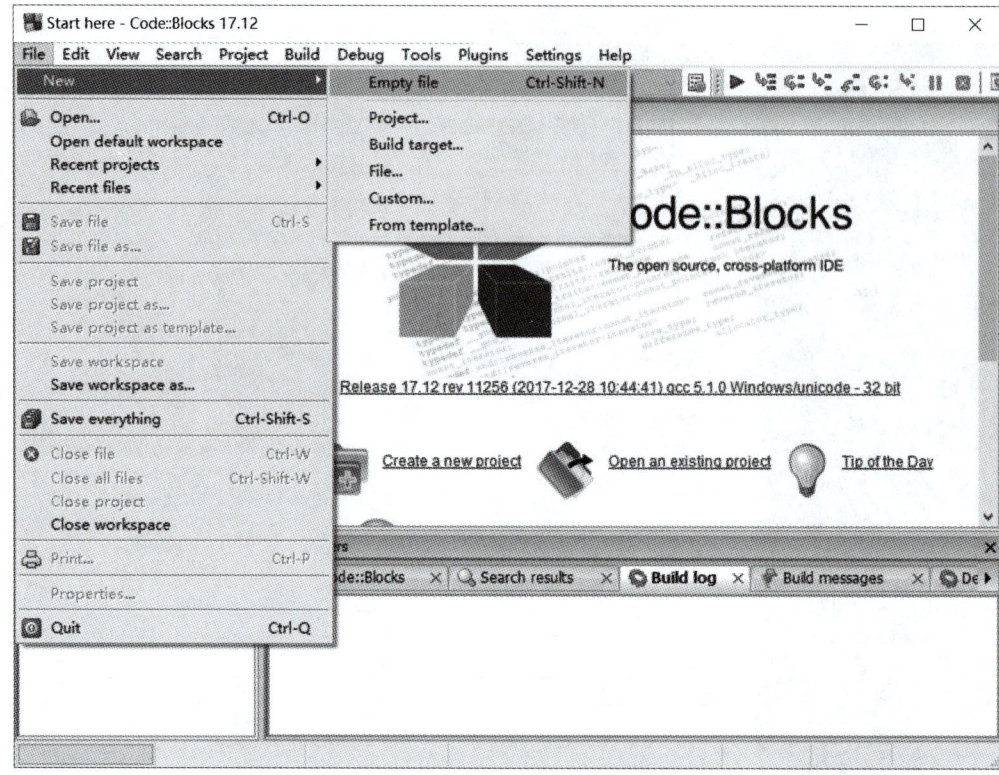

图 A-2　新建空白文件

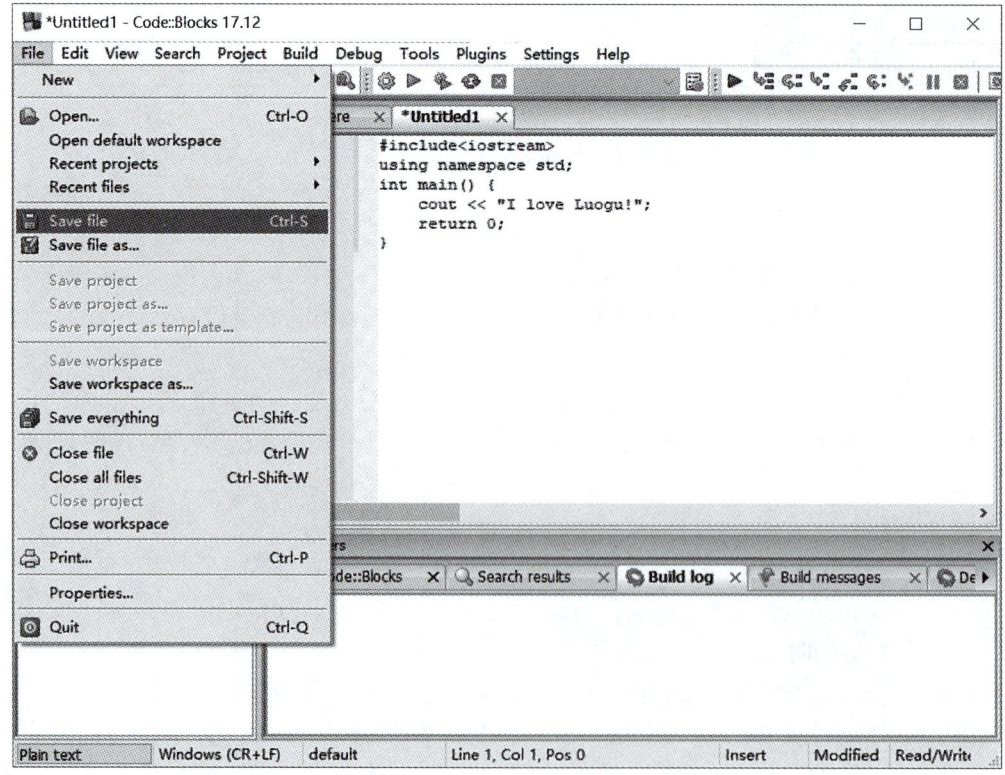

图 A-3　录入代码

附录 A　程序设计环境配置

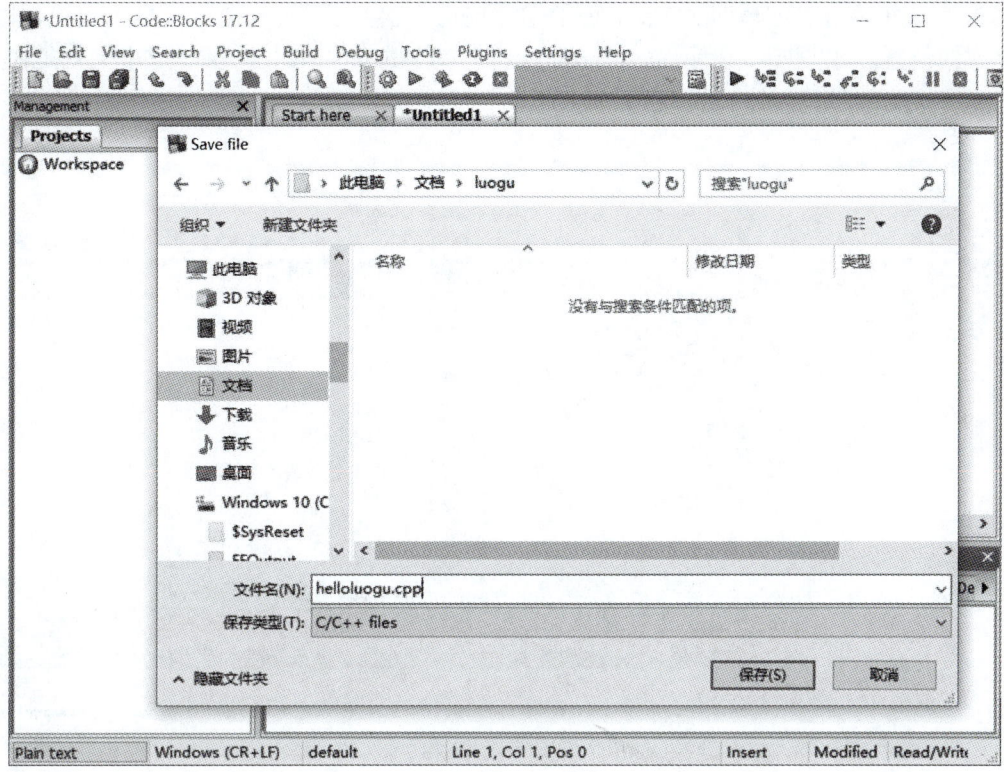

图 A-4　保存文件

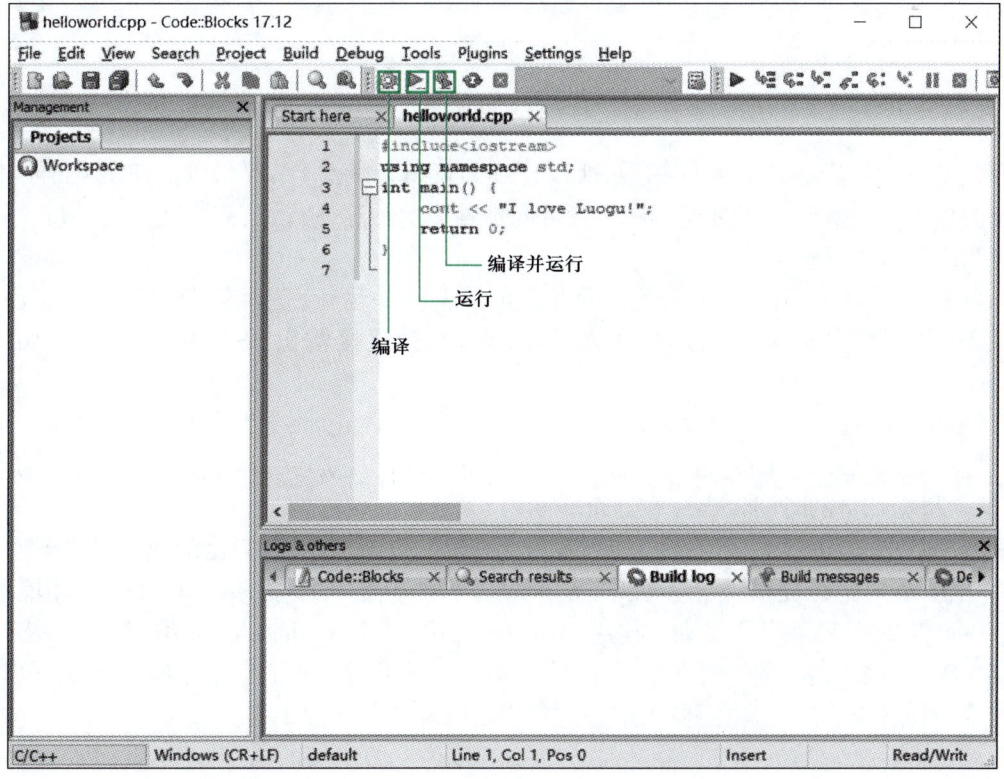

图 A-5　编译按钮

单击编译并运行。编译时,如果出现了编译错误,就会在下面的提示区显示出错误的原因以及错误的位置。如图 A-6 所示,提示 error : expected ';' before 'return',翻译成中文就是在 return 前面应当有一个分号,但是这里却忘了加上。

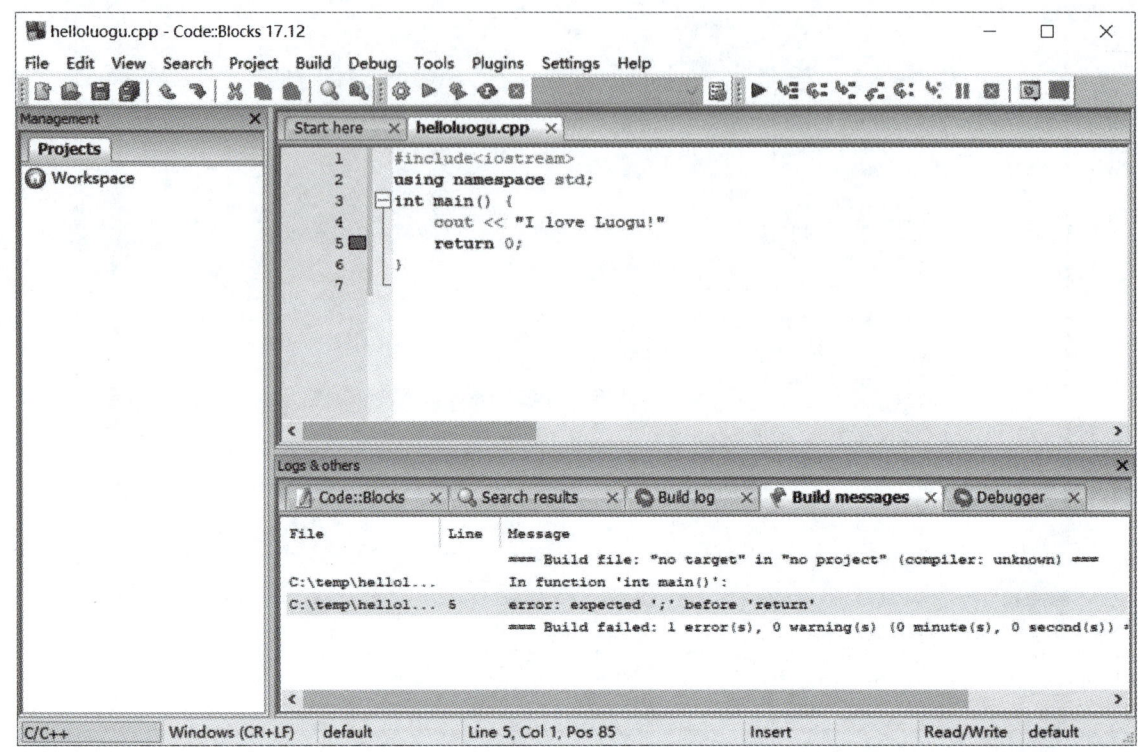

图 A-6　编译错误提示

在初学阶段经常会遇到编译错误,所以仔细阅读编译信息(不要怕读简单的英语),根据这些信息的指示进行修改。有时候出错位置可能不是提示的这一行,也有可能是上一行。同样的错误应当避免再次发生。

当所有编译错误都排查修正完毕后再次单击编译并运行,这时就会弹出一个黑色窗口。如果有输入数据,则需要使用键盘输入数据;否则,会直接输出程序的运行结果,如图 A-7 所示。

程序运行结束后会显示出返回值。如果是 0,表示程序正常结束;否则,可能发生了运行时错误,即 Runtime Error。同时,也会给出程序运行的时间(其实不太准确,如果需要手动输入数据时,输入数据花费的时间也会算在这个时间内)。

写程序时务必养成随时保存的习惯,避免计算机发生意外,导致自己的成果付之东流。

在 NOI 系列比赛提供的计算机中,Windows 环境下使用 Dev C++,NOI Linux 环境下使用 Guide(Bug 很多,且已经不再更新)。这些 IDE 的使用方式和 Code::Blocks 类似。而许多高阶选手使用 VIM(严格来说只是一个编辑器而不是 IDE)编写程序,并直接使用 GCC 等编译器编译。如果需要参加各类算法比赛,需要了解并适应指定的环境和开发工具。

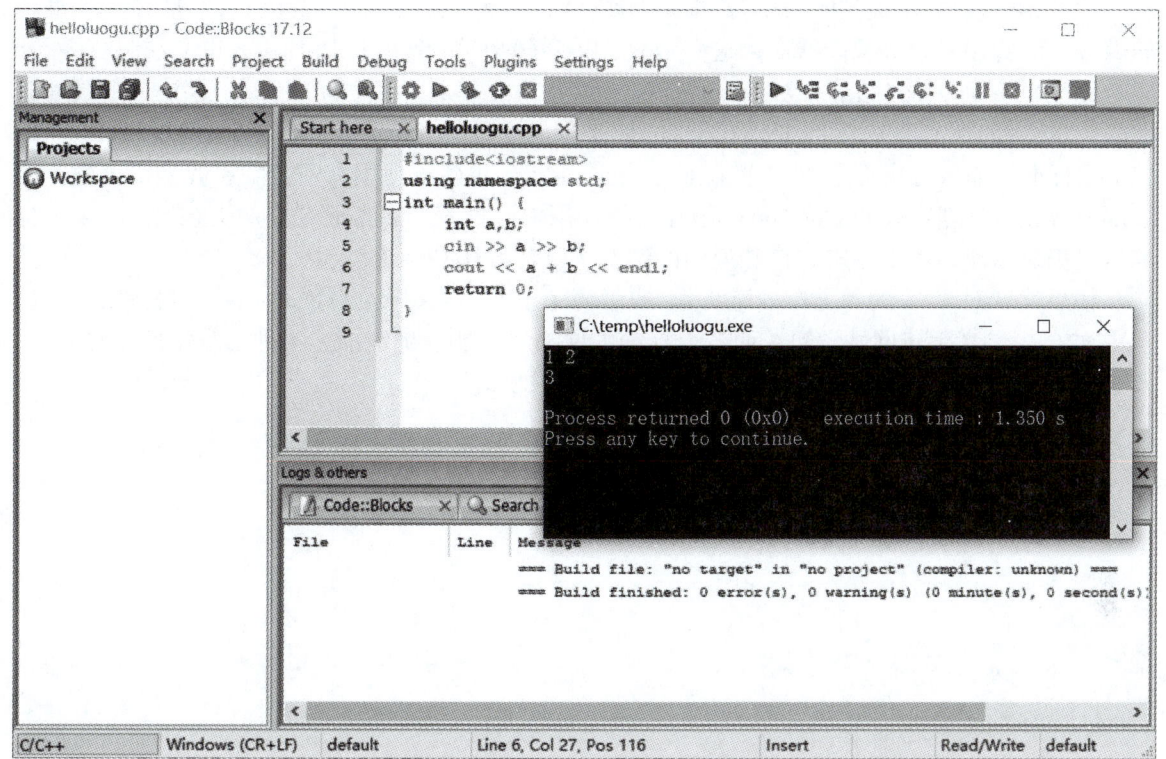

图 A-7　运行程序

2. C 语言与 C++，以及各种标准

C 和 C++ 都是重要的编程语言，可以编写各类程序。这些语言因为接近计算机底层，所以运行效率高。C++ 是 C 语言的"进化版"，在 C 语言的基础上增加了很多有用的新的特性，比如 STL 和面向对象等。事实上，除了一些特殊情况，大多数 C 语言的代码不用修改，就可在 C++ 编译器上编译并运行。

读者不需要纠结应该学习 C 语言还是 C++。尽管 C++ 相比于 C 语言来说复杂多了，C++ 灵活多变，特性丰富，但是在算法竞赛中并不会涉及 C++ 的很多复杂的高级内容，因此经常戏称学习的是 C with STL。C 语言的基础知识，包括变量、数组、循环、条件分支、子函数等和 C++ 的基础知识是一致的。在基础知识学习完毕再去研究 STL 工具库等 C++ 独有的内容，了解 C++ 和 C 的差异，即可在一定程度上同时掌握这两种语言。

C 和 C++ 都是编程语言，但是需要编译器（甚至是解释器）将其翻译成机器指令。编译器也是一种软件，由不同的厂商制作完成。为了避免同一份代码在不同的编译器上有不同的运行方式，因此美国国家标准协会（ANSI）在 1989 年制定了 ANSI C 标准（又称 C89），可以认为是 C 语言的"法律"。而 C++ 的第一版标准（C++98）也在 1998 年被通过。有了这些标准，编译器就如何编译代码有了统一的规范。

而没有在标准中规定的情况，例如 i=i++ + ++i; 这种奇怪的语句就是未定义行为。怎么处理这种情况，各个编译器厂商自己看着办。这就造成了不同编译器下（甚至同一编译器的不同编译选项）会产生不同的结果。我们能做的就是避免写出这样的代码。

此外，某些教材中提到的 atoi（字符串转数字）、itoa（数字转字符串）等函数，不是 C++ 标准中的内容。尽管 MSVC 等编译器支持这些函数，很多其他的编译器（比如 GCC）并不支持。

标准也不是一成不变的，会不断地修正完善。2011 年，C++ 11 标准发布，这是一个改动较大的版本，例如在 C++98 标准中，输入 double 类型的变量的占位符是 "%lf"，输出用 "%f"；而在 C++11 标准中输入输出都是 "%lf"。除此之外 C++11 不再建议使用有安全隐患的 gets 函数。尽管部分程序设计竞赛和 Online Judge 已经支持使用 C++11 标准的编译选项，但经典的 C++98 标准目前仍是主流。本书在未有特殊说明的情况下默认遵从 C++98 标准。

如果读者对 C++ 的各类标准感兴趣，或者想了解本书未提及的 C/C++ 的语言特性，可以访问中文 C++ 参考手册网站学习。而各个标准的原文尽管能准确地描述各种语言特性，但如同法律文书一样冗长难读，而且有上千页，不建议贸然尝试阅读。

附录 B 算法评价与复杂度

算法竞赛是思维脑力的较量。一道好的算法竞赛题目可以区分出"好的"算法程序（可以获得较高得分）和"不那么好的"算法程序（只能获得低分，甚至不得分）。评价算法的优劣是有一套标准的。利用这套算法评价标准，甚至可以在动手实践程序代码之前即可估计这种写法是否靠谱——如果能预判到这个算法无法得分，那就得去想一想有没有更好的写法了。

1. 如何评价算法

算法竞赛一般采用黑箱测试法来测试选手的程序。进行测试时，把程序看作一个不能打开的"黑盒子"。将输入数据调入这个黑盒子，观察这个黑盒子返回的结果是否正确（是否符合期望），而不关心程序内是如何实现的。

对于算法竞赛的评价机制来说，选手必须在限定的时间按题目要求写出程序；这些程序必须在限制的时间内存之内运行完毕，并根据测试数据给出正确的答案。这就要求选手的程序达到以下要求。

（1）代码可实现

按照编程者的能力可以将算法通过代码实现出来。如果能想出算法但是无法实现，或者需要花费非常多（超过比赛时间）的时间和行数才能编写出来，那也是不行的。

（2）结果正确

程序能够运行完毕，不会在运行的过程中出错崩溃。输出的结果必须符合期望才能通过这个测试点。

（3）能在限定的时间内运行完毕

在结果正确的前提下，运行程序的时间越短越好。对于一些数据量较大的题目，需要尽力去优化程序的运行时间，否则会因为运行超时而不能通过这些测试点。

（4）不超过内存等资源限制

计算机内存是有限的，所以使用过多的内存也是不行的。

前两点是非常显然的，因此附录 B 将着重讲解后两点。其中时间复杂度是比较难理解的一部分，附录 B 讲述这些概念时，为了使读者更加容易理解，失去了一些严谨性，但足以运用到程序设计竞赛中。

2. 时间复杂度

一个程序在写出来之前是无法准确估计实际运行时间的。但是几乎所有算法竞赛的任务都会告知输入数据的规模和运行时间限制，这就允许选手通过分析算法的时间复杂度，从而事先估计能否在限定的时间内运行完程序。

真有这么神奇吗？下面一个例子也许可以说明问题。

例 B-1 区间最大和(洛谷 P5745)。给定由 n 个正整数组成的数列 $a_1, a_2, \cdots, a_n$ 和一个整数 M，要求从这个数列中找到一个子区间 $[i,j]$，也就是在这个数列中连续的数字 $a_i, a_{i+1}, \cdots, a_{j-1}, a_j$，使得这个子区间的和在不超过 M 的情况下最大。输出 i、j 和区间和。如果有多个区间符合要求，请输出 i 最小的那一个。对于所有测试数据，$a_i \leq 10^5, M \leq 10^9$。

例如，当输入是：

```
5 10
2 3 4 5 6
```

应当输出 1 3 9。

子任务 1 (10 分): $n \leq 200$；
子任务 2 (20 分): $n \leq 3000$；
子任务 3 (30 分): $n \leq 10^5$；
子任务 4 (40 分): $n \leq 4 \times 10^6$。

请读者先尝试独立思考并完成这个题目，先不必考虑子任务是什么(实际上这很重要)。

思路 1: 最直接的思路就是枚举所有子区间的头尾 i 和 j，然后对 i 和 j 里面的所有数字累加起来求和，再判断是否在不大于 M 的情况下最大。代码非常基础：

```cpp
#include<iostream>
using namespace std;
int a[8000010];
int main() {
    int n, M;
    int ansmax = 0, ansi, ansj;
    cin >> n >> M;
    for (int i = 1; i <= n; i++)cin >> a[i];
    for (int i = 1; i <= n; i++)
        for (int j = i; j <= n; j++) {
            int sum = 0;
            for (int k = i; k <= j; k++)sum += a[k];
            if (sum <= M && sum > ansmax)
                ansmax = sum, ansi = i, ansj = j;
        }
    cout << ansi << ' ' << ansj << ' ' << ansmax << endl;
    return 0;
}
```

那么，这个程序运行要花多久呢？程序的运行时间和输入规模 n 有关，毕竟处理越多的数据就越耗时。在后面会给出实验结果。不过现在，就可以根据这份代码估计一下它要运行多少次语句。

这段代码中，当 n 比较大时，sum+=a[k];这条语句就要运行很多遍。(看到了三重循环了吗？)对于给定的 n，这条语句一共要运行多少次呢？可以在这条语句后面加一个全局计数器变量，每运行一次就加 1，最后输出这个计数器得到这条语句的运行次数。

当然，还可以通过数学推导的方式得到这个数字。假设 $n=4$，考虑 i 和 j 是枚举所有子区间。当 $i=1$ 时，子区间的长度是 1、2、3、4；当 $i=2$ 时，子区间长度是 1、2、3；当 $i=3$ 时，子区间长度是 1、2；当 $i=4$ 时，子区间长度是 1。所以，可以写下这样的式子[①]：

$$\begin{aligned}T(n)&=(1+2+3+4)+(1+2+3)+(1+2)+(1)\\&=\frac{1\times(1+1)}{2}+\frac{2\times(1+2)}{2}+\frac{3\times(1+3)}{2}+\frac{4\times(1+4)}{2}\text{（等差数列求和公式）}\\&=\frac{1}{2}\left[(1^2+2^2+3^2+4^2)+(1+2+3+4)\right]\\&=\frac{1}{2}\left[\frac{1}{6}n(n+1)(2n+1)+\frac{1}{2}n(n+1)\right]\text{（平方和求和公式，其中 }n=4\text{）}\\&=\frac{1}{6}(n^3+3n^2+2n)\text{（化简）}\end{aligned}$$

对于其他的 n，这个多项式也是成立的。其中 n^3 对这个多项式的值有主导作用，因为 n 每扩大 10 倍，n^2 会扩大 100 倍，而 n^3 可以扩大 1000 倍。因此，当 n 比较大（100 以上）时，n^2 和 n 对 $T(n)$ 的影响就很小了。而系数 $\frac{1}{6}$ 不会影响到这个多项式的值的增长速度，所以也不用管。仅需关注指数最大的那一项，可以说这个算法的**时间复杂度**是 $O(n^3)$。

这有什么用吗？一般的家用计算机每秒可以进行数千万到数亿（10^8 数量级）的运算。当 $n=3000$ 时，运算量是 $n^3=2.7\times10^{10}$ 这个数量级，无法在 1 秒中运行出结果。虽然这个运算次数的估算并不精确，但是通过时间复杂度分析就可以知道这个算法就已经无法完成第二个子任务了。

思路 2：枚举每次区间，计算区间和是很浪费时间的。使用前缀和可以快速求出区间 $[i,j]$ 的序列和。

令 $s[i]$ 为 $a[1]$ 到 $a[i]$ 所有数字的和，特殊地，$s[0]=0$。可以根据 $s[i]=s[i-1]+a[i]$，进行一次循环来计算前缀和 s 数组。那么 $a[i]+a[i+1]+\cdots+a[j-1]+a[j]$ 就等于 $s[j]-s[i-1]$（请尝试证明）。根据这个思路，可以写出如下改进代码：

```cpp
#include<iostream>
using namespace std;
int a[8000010], s[8000010];
int main() {
    int n, M;
    int ansmax = 0, ansi, ansj;
    cin >> n >> M;
    for (int i = 1; i <= n; i++)cin >> a[i];
    s[0] = 0;
    for (int i = 1; i <= n; i++)s[i] = s[i - 1] + a[i];
    for (int i = 1; i <= n; i++)
        for (int j = i; j <= n; j++) {
            int sum = s[j] - s[i - 1];
```

[①] 严谨起见，应当使用到求和符号，但比较不直观。

```
            if (sum <= M && sum > ansmax)
                ansmax = sum, ansi = i, ansj = j;
        }
    cout << ansi << ' ' << ansj << ' ' << ansmax << endl;
    return 0;
}
```

可以发现,由原来的三重循环简化成了二重循环,原来运行次数最多的 sum+=a[k];不见了。运行次数最多的就是内循环的语句。这条语句的运行总次数就好求多了,根据等差数列求和公式,直接给出答案:$T(n) = \frac{1}{2}n(n+1)$。只保留其最高指数项,得到这个算法的时间复杂度是 $O(n^2)$。

不过,对所有的程序进行数学推导运行次数还是很麻烦的,因此可以使用定性的方式估算时间复杂度。对于思路 1 中的算法,是由三重循环组成的:第一重循环 i 要运行 n 次;第二重循环 j 要运行 $n-i+1$ 次;第三重循环要运行 $j-k+1$ 次。其中,i、j 和 k 都与 n 同阶(与 n 的增长速度相同);三重循环的运行次数都与 n 同阶,所以得到的算法时间复杂度是 $O(n^3)$[①]。同理,思路 2 有两重和 n 同阶的循环,所以时间复杂度是 $O(n^2)$。

对于子任务 2,计算次数 $n^2 = 9 \times 10^6$ 的数量级,相比于 10^8 还有不少余地,因此是可以接受的算法。但是对于子任务 3,$n^2 = 10^{10}$ 又太大,这个算法就无法胜任了。

思路 3: 还能再快一点吗?固定区间左端点 i,右端点越往右面,区间和就越大。那么,可以找到一个右端点 j,从 $a[i]$ 到 $a[j]$ 的累加和不大于 M,但是再往右边加哪怕一个就会超过 M。有没有想到什么? 这个问题的解存在单调性(s 数组肯定是从小到大的),因此可以二分。

枚举所有的 i,对于给定的 i,要求 $s[j]-s[i-1] \le M$。这需要找到最大的 j,使 $s[j] \le s[i-1] + M$ 即可。也就是说,在 s 数组中通过二分查找中找到 $s[i-1]+M$ 这个数字,并返回其数组下标。根据本书第 13 章介绍的 lower_bound() 的特性,如果没有这个数字,就返回比它大一点的数字的数组下标减 1,使其小于这个数字。代码如下:

```
#include<iostream>
using namespace std;
int a[8000010];
long long s[8000010];
long long n, M;
int find(long long x) {
    int l = 1, r = n + 1;
    while (l < r) {
        int mid = l + (r - l) / 2;
        if (s[mid] >= x)r = mid;
        else l = mid + 1;
    }
    if (s[l] == x)return l;
    else return l - 1;
```

[①] 初学时可以认为每多一重循环,复杂度就要乘上一个 n,但在很多情况下并不是这样的。

```
}
int main() {
    long long ansmax = 0;
    int ansi, ansj;
    cin >> n >> M;
    for (int i = 1; i <= n; i++)cin >> a[i];
    s[0] = 0;
    for (int i = 1; i <= n; i++)s[i] = s[i - 1] + a[i];
    for (int i = 1; i <= n; i++) {
        long long x = s[i - 1] + M;
        int j = find(x);
        long long sum = s[j] - s[i - 1];
        if (sum <= M && sum > ansmax)
            ansmax = sum, ansi = i, ansj = j;
    }
    cout << ansi << ' ' << ansj << ' ' << ansmax << endl;
    return 0;
}
```

  由于所有 a_i 的和比较大,这里要考虑使用 long long 类型防止运算溢出。find 函数是二分查找有序数组中指定数字的下标。

  这个程序看起来中间部分也是只有一重循环,所以时间复杂度是 $O(n)$ 吗? 别忘了 find 函数也是要时间的。每次从长度为 n 的序列中二分查找到一个数字需要进行 $\log_2 n$ 次比较(和若干次赋值运算),所以实际的时间复杂度是 $O(n\log n)$。在这里并不关心底数(这里是 2)是多少,因为即使是不同的底数,通过换底公式转换也只是常数倍的差别。

  前面 3 种思路中,读入和计算前缀和的时间复杂度都是 $O(n)$。由于存在运行次数多得多的其他语句,这两部分所消耗的时间可以忽略不计(需要注意的是,$n\log n$ 还是比 n 大很多,虽然比 n^2 小)。因此,子任务 3 可以轻松地解决,但是子任务 4 大约运算次数的数量级是 $n\log_2 n \approx 4 \times 10^6 \times 22 \approx 10^8$,非常接近运算速度的极限了,因此通过子任务 4 有危险(不是说一定通过不了,而是留下余地很小),所以还得改进算法。

  思路 4: 还有更快的方式! 维护一个队列,依次将这个数列的数字加入到队尾中(入队),直到加入下一个数字会导致队列的数字和会超过 M 为止。这里的队列就是一个子区间,记录这个子区间的所有元素和并更新答案。丢弃队列的队首(出队),然后继续将原数列的接下来几个元素入队,使队列中的数字和不超过 M,并更新答案……不断这么操作,直到所有的元素都被丢弃为止。代码如下:

```
#include<iostream>
using namespace std;
int a[8000010];
long long n, M;
int main() {
    long long ansmax = 0, sum = 0;
```

```
int i = 1, j = 1, ansi, ansj; /*i 和 j 分别是队首和队尾指针,j 指向区间的下一个数 */
cin >> n >> M;
for (int i = 1; i <= n; i++)cin >> a[i];
while (i <= n) {
    while (j <= n && sum + a[j] <= M)
        sum += a[j], j++; // 入队
    if (sum <= M && sum > ansmax)
        ansmax = sum, ansi = i, ansj = j - 1; //注意这里是减 1
    sum -= a[i], i++; // 出队
}
cout << ansi << ' ' << ansj << ' ' << ansmax << endl;
return 0;
}
```

并不需要专门开立一个队列表示子区间并存储这些数字。因为进队序列就是输入数列的数字,所以只需要维护首尾两个指针即可。这里有两重循环,那么时间复杂度是 $O(n^2)$? 并不是。所有元素的入队次数和出队次数都是 1 次,所以时间复杂度就是 $O(n)$。这个程序效率很高了,当 $n=4\times 10^6$ 时,可以完成子任务 4。

经过分析可以得到:数据量越大,需要耗时越多,但是不同时间复杂度随数据量增长的速度是不一样的。有的算法对数据量增长比较敏感,数据量增长一点就会增加非常多的运算次数;有的算法对数据量增长不敏感,运行时间和数据规模呈线性关系。比 $O(n^3)$ 还大的算法复杂度包括 $O(2^n)$ 和 $O(n!)$,即使 n 只有几十,其运算次数也是天文数字,这就是很多搜索回溯算法不能处理稍大规模数据的原因。图 B-1 所示为不同复杂度的运算次数随数据规模增长趋势。

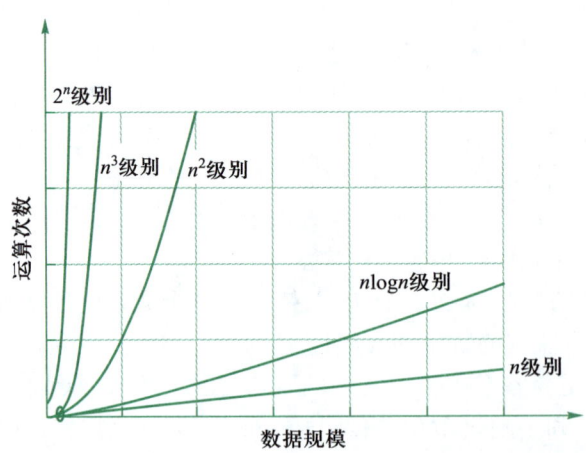

图 B-1 不同复杂度的运算次数随数据规模增长趋势

本题的时间复杂度还能再优化吗? 不能了,因为光读入步骤的算法时间复杂度都达到了 $O(n)$,因此复杂度没有优化的余地了。

但是运行速度还是可以再快一些,只是应当优化的瓶颈在于输入部分了。在本书第 2 章提到,使用 cin 的速度比较慢,因此使用 scanf 读入会加快速度(但是复杂度没变),甚至可以自己实现"快速读入"的黑科技。这些在不改变算法复杂度但可以加快程序运行速度的方法被称为**常**

数优化。

经过理论分析,那么实际情况是怎样的呢?可以亲自做个试验对比一下。首先按照不同的数据规模生成几组不同的测试数据,使用洛谷作为评测工具进行评测,设定超时时间为 20 秒,得到的结果如表 B-1。

表 B-1 评 测 结 果

思路	$n=200$	$n=3000$	$n=10^4$	$n=10^5$	$n=10^6$	$n=4\times10^6$	$n=8\times10^6$
思路 1	5ms	7.37s	超时	超时	超时	超时	超时
思路 2	3ms	16ms	142ms	11.99s	超时	超时	超时
思路 3(快读)	4ms	3ms	4ms	16ms	168ms	645ms	1.3s
思路 4(快读)	4ms	3ms	3ms	5ms	44ms	162ms	291ms
思路 4(cin)	3ms	3ms	5ms	21ms	234ms	893ms	1.56s

可以发现,结果符合之前的分析结果:$O(n^3)$ 的效率特别低,运行时间和数据规模成三次方关系;$O(n^2)$ 效率好一点,运行时间和数据规模成二次方关系;$O(n\log n)$ 和 $O(n)$ 的效率都很高,但是 $O(n)$ 的效率更高。之所以 $O(n)$ 算法相对于 $O(n\log n)$ 算法的效率没有 $\log_2 n$ 倍提升的原因是 $O(n)$ 算法会自带常数 k(k 难以定量求出,但是显然每多一条语句,k 就要大一些),在一定程度上抵消了和对数级别相比的优势。

还有非常重要的一点是,使用 cin 语句输入大量的数字的速度是很慢的,因此这给 $O(n)$ 算法乘上了巨大的常数,以至于使用 cin 的 $O(n)$ 算法甚至还慢于使用读入优化的 $O(n\log n)$ 算法。对于小规模数据,常数对运行时间的影响并不大,所以前面两种思路并没有加上快速读入优化(即使加上了,也照样通过不了大规模的测试数据);而当数据规模较大时,就不能不考虑常数带来的影响了。

常数优化对于进阶选手来说是很重要的技能。举一个浅显的例子,当 $n=1000$ 时,$\frac{1}{100}n^2 <100n\log_2 n$,当数据范围没那么大时,精心优化高复杂度的算法,使其常数降低,可能运行速度比具有大常数的低复杂度算法更快。当然,这并不意味着时间复杂度分析失效。这部分内容学问很深,选手需要积累丰富的经验才能感受到其中的平衡点,最终达到程序运行效率最高的效果。限于篇幅这里不具体介绍读入优化和常数优化的策略,请读者自行查阅相关资料。

读者可以发现,无论测试数据规模多小,运行程序都要花费几毫秒的时间。这是因为需要花费一些时间进行初始化工作(例如分配内存等资源),这些操作的时间和数据规模无关。如果一种算法的运算次数与数据规模无关,那么它的时间复杂度是常数级别的,写成 $O(1)$。如果不使用循环语句,仅使用一些公式来计算答案,那很可能就是 $O(1)$ 时间复杂度的算法。

通过上面的例子,读者应当知道了时间复杂度是什么和如何计算时间复杂度,并可以作为评价算法效率的重要参考。一些程序设计竞赛的题目会给出数据规模不同的子任务,这会暗示可能的复杂度,选手可以根据这些信息,选择合适的算法,并尽可能通过多的子任务。

3. 空间复杂度

评价算法优劣程度的另外一个重要标准就是占用内存空间的大小,也就是**空间复杂度**。相比于时间复杂度,空间复杂度相对没那么受到关注,因为多数情况下内存限制还是比较宽裕的,一般是数百兆字节(MB)。但是这并不意味着内存可以敞开使用,因为一旦超过了给定的内存限制,即使能够在规定时间给出正确答案,也不能得分。因此,需要特别注意自己的程序会不会内存超限。

程序运行的内存也是可以估计的。设立数组、使用 STL 容器存储内容、运行递归函数、建立动态对象等行为都会占用内存。其中定义数组所占用的空间最容易事前估计。

例如,任务给出的内存大小是 128MB,一个 int 数据占用 4 字节的空间,理论上可以存下 32000000 个 int 类型的数字。上例思路 3 中定义了 $8×10^6$ 个 int(占用 4 字节)数组和 long long(占用 8 字节)数组,理论上占用不到 96MB 的空间(实测 92.3MB);思路 4 中定义了 $8×10^6$ 个 int 数组,理论上占用不到 32MB 的空间。显然,这些算法占用的空间大小和数据规模呈线性关系,所以其空间复杂度都是 $O(n)$。

不过,思路 4 占用的空间还是少一些,其差距在于思路 4 不需要记录数组前缀和,因此拥有更低的常数。当内存限制为 128MB 时,如果思路 3 的 a 数组也是 long long 类型,那么占用空间接近 128MB,加上其他变量数据占用的空间,有超过内存限制的风险。内存占用也可进行常数优化,在不会造成答案错误的情况下降低内存,使其不会超过空间限制 3。

如果输入数据规模是 n,建立一个 $n×n$ 大小的二维数组,那么其空间复杂度是 $O(n^2)$。128MB 最多能存储 5600×5600 的二维 int 数组(即使矩阵的元素只访问常数次数,其时间复杂度也会导致运行时间不短了)。所以千万别考虑建立一个 a[100000][100000] 这样的二维数组。而建立多维数组时更是要小心,一定要提前计算将占用的内存,以免内存超限。

有些题目为了增加难度,会对内存进行限制,例如找筷子(洛谷 P1469)、yyy loves Maths VI(P2397)等。由于内存只限制几兆字节,同时输入数据又很多,因此无法开设数组存入所有的数据。这就要求必须将数据读入后立刻处理然后抛弃,对思维要求更高了。读者感兴趣可以去考虑尝试这些题目。

4. 非完美算法

在各类程序设计竞赛中,选手都希望能在自己有限的水平下尽可能获得多的分数。有的比赛,例如 ICPC,要求选手必须通过全部的测试点才能获得这道题的分数;而有的竞赛,例如 NOI 系列比赛,会将一道题的测试数据分为若干子任务,即使仅通过了部分测试数据,也可以获得部分分数。

完全写对一道题目的正确解法可能很难,但是可以通过一些策略写出一个能够通过部分子任务的"非完美算法",从而获得部分分数。获得部分分数的思路主要有以下几方面。

思路 1:完成较小的数据范围的高复杂度方法。

就像本附录中提到的例子一样,测试数据的数据范围是有梯度的。如果选手无法想到正确的解法,可以尝试使用枚举、搜索等效率较低的算法完成题意要求。尽管暴力算法的时间复杂度高,但是可以通过一些较小数据范围的子任务,获得一些分数。

有些题目的正确解法是在暴力解法的基础上优化复杂度的,因此可以尝试找到算法的瓶颈,看看是否有办法通过减少枚举量和使用各种算法工具来优化时间复杂度,从而缩短程序的运行时间。

思路 2:解决部分特殊情况。

在 NOI 系列比赛中,有些部分的分数虽然数据范围不小,但是限定了一些特殊情况(例如将树结构退化成链状结构、某些题目规定的情况不会存在等)。这样就可以针对这些特殊情况的特性专门解决这个子任务。虽然这样的算法对于整个题目来说是错误的,但是适用于一些特殊情况,对于这些特殊情况来说是正解。由于只需要考虑这样的特殊情况,所以思维难度会有所降低。

同一个题目可能会有多种特殊情况。选手可以针对每一种特殊情况单独写出对应的算法,然后判断输入数据符合哪一种情况,对这种情况专门进行计算。这样也可以获得力所能及的分数。

思路 3: 使用近似算法。

近似算法包括随机算法、启发式搜索、爬山法、模拟退火等,尽管近似算法可能不会得到正确的答案,但也有可能给出可以接受的答案,而且效率不低。如果选择得当,加上较好的运气,甚至也有可能得到正确的结果。有少量的题目会配置 Special Judge,即使和标准答案不一致也可能会给出部分分数。如果前两种思路都行不通,则可以尝试使用近似算法碰碰运气。

读者练习的时候也并不一定要以通过某题为目标,可以尝试一些难度较大的题目,分析子任务,写出一些非完美解法,通过尽可能多的子任务。这样在竞赛场上,就可以在自己的能力范围内获得尽可能高的分数了。

郑重声明

高等教育出版社依法对本书享有专有出版权。任何未经许可的复制、销售行为均违反《中华人民共和国著作权法》，其行为人将承担相应的民事责任和行政责任；构成犯罪的，将被依法追究刑事责任。为了维护市场秩序，保护读者的合法权益，避免读者误用盗版书造成不良后果，我社将配合行政执法部门和司法机关对违法犯罪的单位和个人进行严厉打击。社会各界人士如发现上述侵权行为，希望及时举报，我社将奖励举报有功人员。

反盗版举报电话　　（010）58581999　58582371
反盗版举报邮箱　　dd@hep.com.cn
通信地址　　北京市西城区德外大街4号
　　　　　　高等教育出版社知识产权与法律事务部
邮政编码　　100120

读者意见反馈

为收集对教材的意见建议，进一步完善教材编写并做好服务工作，读者可将对本教材的意见建议通过如下渠道反馈至我社。

咨询电话　　400-810-0598
反馈邮箱　　gjdzfwb@pub.hep.cn
通信地址　　北京市朝阳区惠新东街4号富盛大厦1座
　　　　　　高等教育出版社总编辑办公室
邮政编码　　100029